中 国 槭 树

樊金拴 饶科亮 唐玉智 著

U0200397

科 学 出 版 社

北 京

内 容 简 介

　　本书在广泛汲取和科学甄辨国内外有关槭树科技文献和研究成果的基础上，全面系统地论述了槭树的物种特性、化学成分、资源状况、利用价值、种苗繁育、高效栽培、产品开发与加工利用技术等，可为从事槭树科研、教学、生产工作的人员有效解决槭树种质资源的保护与可持续经营、良种培育与丰产栽培、高附加值产品开发与综合利用等方面的理论与技术难题，促进槭树产业发展和乡村振兴战略实施提供参考。

　　本书内容丰富，图文并茂，集科学性、理论性和实践性于一体，适合高等院校的林学、环境等相关专业师生阅读，也可供从事造林绿化，沙漠化防治，以及城乡绿地、城市景观、生态环境和风景区的设计、建设、科研、生产和管理的工作者阅读。

图书在版编目（CIP）数据

中国槭树/樊金拴，饶科亮，唐玉智著.—北京：科学出版社，2022.12
ISBN 978-7-03-072133-4

Ⅰ.①中⋯　Ⅱ.①樊⋯　②饶⋯　③唐⋯　Ⅲ.①槭树–育种　②槭树–高产栽培–利用　Ⅳ.①S792.99

中国版本图书馆 CIP 数据核字（2022）第 043028 号

责任编辑：张会格 / 责任校对：郑金红
责任印制：吴兆东 / 封面设计：刘新新

科学出版社 出版
北京东黄城根北街 16 号
邮政编码：100717
http://www.sciencep.com

北京中科印刷有限公司印刷
科学出版社发行　　各地新华书店经销

＊

2022 年 12 月第 一 版　　开本：787×1092 1/16
2025 年 1 月第二次印刷　　印张：20 3/4 插页：3
字数：492 000
定价：238.00 元
（如有印装质量问题，我社负责调换）

前　言

　　槭树是无患子目槭树科槭属中一类具有极高观赏性、经济价值和药用保健功效的树种的泛称，其中的一些种被俗称为枫树。全世界的槭树种类繁多，资源丰富，广泛分布于包括亚洲、欧洲、北美洲和非洲北缘在内的北温带地区，其中90%以上的种类分布在亚洲地区。中国是亚洲地区槭树种类分布最多的国家，其槭树种数约占世界槭树种类总数的75%，被称为世界槭树的起源地和现代分布中心。

　　槭树具有高度的遗传多样性、强大的生态功能、极高的观赏价值、重要的药用价值和特殊的经济价值，是集多功效与高价值于一身，生态、社会和经济效益于一体的树种。其形体挺拔，根系发达，凭借独有的抗逆性可抵御严寒酷暑和病虫危害，适应恶劣的生态环境。其树姿优美，叶果形态丰富，叶花色泽多变，季相色彩浓郁饱满，观赏期稳定持久，凸显世界闻名观赏树种的典雅风姿，在城市生态系统和人文景观构建中占据重要的地位。槭树易整形耐修剪，借助盆景艺术设计，可塑造清新脱俗的景观，给予人类轻松的舒适感。槭树木材坚硬耐磨，材质细密，纹理美观，利用价值独特。槭树叶、花、果、皮、种仁、树液富含多种营养和医疗保健功效成分，是生产食品（茶、食用油等）、化妆品、保健品、医药和化工产品的优质原料。其中所含人体所必需的氨基酸、脂肪酸、脂溶性纤维素、矿质元素和多种生理活性物质有助于维持人体的酸碱平衡，调节血压的正常波动，增强抗氧化酶的活性，抑制肿瘤细胞的再生和修复受损细胞，开发应用前景广阔。槭树栽培历史悠久，文化底蕴广博而深厚，依仗其妩媚的身躯可描绘大地之色彩，象征人们对往事的回忆、人生的沉淀、情感的永恒、柔情的别离、季节的更替和岁月的轮回，寄托对美好生活的期冀和对友谊与爱情的深沉诠释。自古以来，我国的文人墨客吟咏描绘槭树秋叶的诗文屡见不鲜。如西晋人潘岳在《秋兴赋》中有"庭树槭以洒落兮"之句。明人有"萧萧浇绛初碎，槭槭深红雨复然。染得千秋林一色，还家只当是春天。"的诗句。在日本，素有"春樱秋枫"之说，早春观樱花之娇艳，晚秋赏槭叶之秀美。在加拿大，奉糖槭为国树，视槭叶为国宝，不仅国旗、国徽图案上都绘有红色的槭树叶子，每年都举办盛大的"槭树节"，而且以槭叶为标志的商品和印刷品比比皆是。

　　槭树物种资源丰富，应用领域广泛，不仅可以作为用材林、防护林、景观林，而且可以广泛用于油料、食品、医药、化妆品、家庭园艺等领域，为生态环境建设、人文景观构建、人民生产生活、医疗保健、社会经济发展服务。创建槭树"产学研"全国联盟，积极保护和培育槭树资源，聚焦种质创新、乡土自然资源引种驯化、天然生化物质提取利用等产业发展重点领域的技术薄弱环节，开展技术攻关，破解技术瓶颈，对促进槭树产业健康发展，实现碳达峰、碳中和目标，服务"乡村振兴"、"生态文明"和"美丽中国"建设意义重大，任重道远。

　　纵观我国的槭树研究及产业开发，槭树种质资源调查、优良种质引进、观赏槭树品种选育、种苗繁育与抗旱造林技术研究及不同类型槭树自然保护区建设均取得显著成效，但与国外相比，差距很大。国外的槭树资源虽然数量较少，开发利用较晚，但在槭树红叶风景资源的开发利用与选种育种方面已达到较高的水平，并已形成遍及各地的秋景红叶风光的大型和微型景观。而我国对槭树在城市绿化中的应用缺乏系统设计和规划，广泛应用于全国各地景观绿化美化的槭树品种主要源于欧洲、美国、日本等的引进品种。我国发表的有关槭树研究论文不仅数量偏少和各年代之间差异很大，而且研究所涉及的槭树树种极为有限。例如，自 1957 年有记录以来国内学者共发表槭树研究论文 2223 篇，其中硕士博士生论文 200 篇，年均 35.3 篇。从 50 年代开始至 90 年代 44 年间累计发表论文 251 篇，从 2000 年至 2020 年 20 年间累计发表论文 1972 篇，自 2006 年开始至 2020 年的 15 年间年发表论文数接近或超过 100 篇，2016 年创历史新高，达到 160 篇。论文研究所涉及的树种数量虽然涵盖了槭树科 93 个种（含品种，其中元宝枫、茶条槭、鸡爪槭等原种 84 种，日本红枫、美国红枫、自由人槭等园艺品种 9 种），但只占我国槭树种类的 55.3%，且主要聚焦在元宝枫、五角枫、茶条槭、复叶槭、鸡爪槭、三角枫、金钱槭、庙台槭、青榨槭、血皮槭等少数树种，远不到世界槭树种类的 75%，与我国丰富的槭树种质资源大国地位极不相称。目前我国槭树研究的主要领域仅集中在栽培技术、遗传育种、引种驯化、经济用途、油料食品药品、有害生物防治、景观应用等方面，与槭树种质资源的特点和禀赋关系密切。但在遗传育种技术方法创新与成效、乡土槭树种质资源的引种驯化与应用方面十分薄弱。例如，200 篇硕士博士论文中 71 篇为遗传育种领域的研究，尤其是近 10 年来我国授权的槭树新品种不足 30 个（国家林业新品种保护办公室发布的新品种授权公告），与日本（仅鸡爪槭园艺品种 450 种以上）、美国、荷兰等种业发达国家相比差距很大。此外，国内槭树研究获省级以上项目基金支撑少，国际交流合作项目少，文章发表的期刊影响因子普遍较低，基础性研究少，研究方向和趋势不清晰，对槭树科种群分布、新品种培育、开发利用等创新研究的深度和广度远远不够，不仅使槭树的资源优势没有充分被挖掘，而且受自然因素、人类活动、科研开发与生产利用滞后等因素影响，槭树产业发展缓慢，经济效益不高，甚至有些天然种群资源存量锐减，分布地域更加狭窄，处于濒危状态。

自 20 世纪 90 年代以来，我先后参加了"八五"陕西省科技攻关项目"元宝枫开发利用研究"、"九五"国家科技攻关项目"元宝枫丰产栽培和产业化技术研究"和陕西省技术创新引导计划（基金）区域创新引导项目"元宝枫高产优质栽培技术研究和基地建设"，主持了"九五"国家科技攻关项目"黄土高原集流节水型经济林丰产栽培技术研究"、陕西省重点研发计划项目"元宝枫资源培育与高效栽培关键技术研究"和陕西省林业产业发展中心项目"元宝枫产业科技创新关键技术研究与示范"，在槭树种质资源调查、收集与评价，优良品种选育与快繁技术，高效配置模式与丰产栽培技术，化学成分分析与功效评价，产品开发与加工利用等方面进行了深入的探索和研究；指导完成了《元宝枫生长特性研究》、《元宝枫种苗繁育技术研究》、《元宝枫早实丰产优树选择研究》、《五种槭树属植物叶子及种实性状研究》、《五种槭属植物果实特性及 SSR 引物研究》、《陕西扶风元宝枫性状变异研究》、《不同产地元宝枫种实表型性状及化学成分研究》、《水酶法提取元宝枫油的工艺研究》、《元宝枫抗旱栽培技术研究》、《元宝枫高产栽培示范园规划设计》、《不同元宝枫器官的黄酮化合物含量及提取工艺研究》、《元宝枫种仁蛋白饮料加工技术研究》、《元宝枫芽菜开发利用研究》、《元宝枫叶花果实中多酚物质的含量测定及提取工艺研究》、《元宝枫绿原酸提取分离与纯化工艺研究》、《元宝枫蛋白酶的提取分离及活性测定》、《元宝枫即饮型茶饮料的研制》、《H_2SO_4预处理对元宝枫等木质材料转化燃料乙醇的影响》和《元宝枫人工林种实产量预估模型研建》等 20 多篇学位论文；参编了国家林业和草原局普通高等教育"十三五"规划教材《经济林栽培学》（各论）、元宝枫产业国家创新联盟推荐培训用书《中国元宝枫生物学特性与栽培技术》和《中国元宝枫开发利用》，以及"陕西林业高质量发展科技丛书"的《陕西特色经济林轻简化栽培技术》；起草制订了包括元宝枫苗木繁育技术规程、元宝枫丰产栽培技术规程和元宝枫苗木质量等级 3 项技术标准在内的《陕西省元宝枫栽培综合标准》；发表了《元宝枫油抗菌作用研究》、《几种槭属植物的油脂营养成分分析》、《不同产地元宝枫种仁油脂含量及脂肪酸成分研究》、《元宝枫油成分、加工工艺及功能性研究进展》、《中国含神经酸植物开发利用研究》、《油用型元宝枫果实发育过程中油脂积累动态研究》、*Comparative transcriptome analysis two genotypes of Acer truncatum Bunge seeds reveals candidate genes that infuences seed VLCFAs accumulation*、*Genome Survey Sequencing of Acer truncatum Bunge to Identify Genomic Information, Simple Sequence Repeat (SSR) Markers and Complete Chloroplast Genome* 等研究论文。这些研究成果奠定了《中国槭树》学术专著的坚实基础，为实现多用途、多功能和多产业链的槭树资源高效培育与合理开发利用提供了理论依据和技术支持。

本书在广泛汲取和科学甄别国内外有关槭树研究成果的基础上，全面、系统地论述了槭树的形态特征与分类、起源演化与地理分布、物种特性、资源状况、化学成分、利用价值、良种育苗、建园栽培、产品开发与加工利用等理论和技术，并结合科研与生产实际筛选出适宜推广应用的槭树种类及其快速繁殖技术、高效配置模式和科学栽培技术、资源开发与加工利用技术，为解决槭树种质资源的有效保存、可持续发展与高效利用难题，促进槭树产业发展提供依据，也为从事槭树科研、教学、生产工作的人员与工程技术人员提供参考。

本书研究得到了西北农林科技大学林学院、陕西省经济植物资源开发利用重点实验室、贵州两山农林集团有限公司、陕西宝枫园林科技工程有限公司、杨凌金山农业科技有限责任公司的支持，西北农林科技大学陈海兵、张忠良、张博勇、王迪海、李玲俐教授，2017～2018 级硕士研究生成冉冉、李娟娟、刘培、魏伊楚、徐丹、张世杰和 2010～2015 级本科生高海耀、李想、梁宏喆、马文旭、吴璧芸、张翔、赵红等先后参加了部分研究工作，在此一并致谢！

由于著者水平有限，书中难免有错漏与不妥之处，敬请读者批评和指正。

樊金拴
2023 年 1 月

目　录

前言

第一章　植物学特征与分类··1

　第一节　植物学特征···1

　　一、根··1

　　二、干··2

　　三、叶··2

　　四、花··3

　　五、果实与种子··4

　第二节　植物学分类···5

　　一、槭亚属···5

　　二、梣叶槭亚属···9

　　三、尖叶槭亚属··10

　　四、栎叶槭亚属··10

　第三节　国产槭树种类辨识···11

　小结···27

　参考文献···28

第二章　起源演化与地理分布··29

　第一节　起源与演化···29

　　一、起源··29

　　二、演化··30

　第二节　地理分布··33

　　一、世界分布··33

　　二、中国分布··34

　第三节　重要物种的生长环境··39

　　一、乡土树种··39

　　二、引进树种··48

　　三、分布与生境···54

　小结···62

　参考文献···63

第三章　物种特性··64

　第一节　生物学特性···64

　　一、种子休眠··64

二、无性繁殖 ··· 67

三、光合特性 ··· 69

四、生长特性 ··· 70

五、花果特性 ··· 73

第二节 生态学特性 ··· 75

一、盐碱胁迫 ··· 75

二、水分胁迫 ··· 75

三、光照胁迫 ··· 76

四、重金属胁迫 ··· 76

五、抗病虫性 ··· 76

第三节 物候特性 ··· 77

一、形态特性 ··· 77

二、物候特性 ··· 81

三、物种安全性 ··· 84

小结 ··· 86

参考文献 ··· 87

第四章 化学成分 ··· 89

第一节 脂肪酸 ··· 89

一、脂肪酸的组成与结构、特性与功能 ································· 90

二、槭树中的脂肪酸 ··· 93

三、槭树中的特殊脂肪酸 ··· 98

第二节 黄酮类物质 ··· 100

一、黄酮类化合物的组成与结构、性质与功能 ························· 100

二、槭树中的黄酮类物质 ··· 101

第三节 酚类物质 ··· 103

一、酚类物质组成、结构与性质 ····································· 103

二、槭树中的酚类物质 ··· 103

第四节 绿原酸 ··· 108

一、绿原酸的组成与结构、性质与功能 ······························· 108

二、槭树中的绿原酸 ··· 110

第五节 维生素 E ··· 111

一、维生素 E 的组成与结构、性质与功能 ····························· 111

二、槭树中的维生素 E ··· 112

第六节 蛋白质 ··· 114

一、蛋白质的组成与结构、性质与功能 ······························· 114

二、槭树中的蛋白质 ··· 115

第七节 其他重要活性化学成分 ······································· 116

一、萜类及挥发性化合物 …………………………………………………… 116
二、糖类 ……………………………………………………………………… 118
三、甾类 ……………………………………………………………………… 120
四、二芳基庚烷衍生物类化合物 …………………………………………… 121
五、生物碱及其他化合物 …………………………………………………… 122
小结 …………………………………………………………………………… 122
参考文献 ……………………………………………………………………… 123

第五章　资源状况 ………………………………………………………………… 128
第一节　种质资源 …………………………………………………………… 128
一、种实性状 ………………………………………………………………… 128
二、种实质量 ………………………………………………………………… 131
三、苗木质量 ………………………………………………………………… 140
第二节　林木资源 …………………………………………………………… 144
一、天然林 …………………………………………………………………… 144
二、人工林 …………………………………………………………………… 149
第三节　资源保护与利用 …………………………………………………… 150
一、保护与利用价值 ………………………………………………………… 150
二、保护与利用现状 ………………………………………………………… 152
三、保护与利用策略 ………………………………………………………… 153
小结 …………………………………………………………………………… 156
参考文献 ……………………………………………………………………… 157

第六章　利用价值 ………………………………………………………………… 159
第一节　种质价值 …………………………………………………………… 159
一、珍稀资源 ………………………………………………………………… 159
二、多样化性状 ……………………………………………………………… 161
三、独特的化学成分与生理功能 …………………………………………… 167
四、品种选育 ………………………………………………………………… 169
第二节　生态观赏价值 ……………………………………………………… 170
一、生态价值 ………………………………………………………………… 170
二、文化价值 ………………………………………………………………… 171
三、观赏价值 ………………………………………………………………… 173
第三节　食用价值 …………………………………………………………… 176
一、叶 ………………………………………………………………………… 176
二、果实 ……………………………………………………………………… 177
三、树液 ……………………………………………………………………… 179
第四节　药用价值 …………………………………………………………… 180
一、元宝枫 …………………………………………………………………… 181

二、五角枫 ·· 182

三、糖槭 ·· 183

第五节　工业原料新资源 ···································· 185

一、木材 ·· 185

二、单宁 ·· 186

三、饲料 ·· 186

小结 ·· 187

参考文献 ·· 188

第七章　良种育苗 ·· 191

第一节　优良品种 ·· 191

一、品种选育工作概况 ······································ 191

二、槭属植物新品种 ·· 192

三、重要品种简介 ·· 194

第二节　播种育苗 ·· 200

一、圃地选择与规划 ·· 201

二、种子采集与处理 ·· 202

三、播前催芽 ·· 202

四、整地与播种 ·· 204

五、圃地管理 ·· 206

六、苗木出圃和运输 ·· 210

第三节　嫁接育苗 ·· 213

一、砧木与接穗的选择 ······································ 213

二、接穗采集与保存 ·· 213

三、嫁接方法 ·· 213

四、嫁接后管理 ·· 216

五、常见槭树的嫁接育苗 ···································· 217

第四节　扦插育苗 ·· 218

一、扦插设施 ·· 219

二、扦插基质 ·· 219

三、插穗选择与处理 ·· 219

四、扦插方法 ·· 221

五、扦插后的管理 ·· 221

六、影响扦插成活的因素 ···································· 222

第五节　组织培养 ·· 223

一、组培途径 ·· 224

二、影响因素 ·· 225

三、问题与对策 ·· 230

小结 ……………………………………………………………………………… 231
参考文献 ………………………………………………………………………… 233
第八章　人工造林 ……………………………………………………………… 235
　第一节　园地选址 …………………………………………………………… 235
　　一、造林地选择要求 ……………………………………………………… 235
　　二、造林地选择原则 ……………………………………………………… 236
　　三、选择指标 ……………………………………………………………… 238
　　四、选址程序 ……………………………………………………………… 238
　第二节　规划设计 …………………………………………………………… 239
　　一、规划设计的原则 ……………………………………………………… 239
　　二、规划设计的主要环节 ………………………………………………… 241
　　三、规划设计的内容 ……………………………………………………… 242
　第三节　配置模式 …………………………………………………………… 245
　　一、防护生态型 …………………………………………………………… 245
　　二、水源涵养生态型 ……………………………………………………… 249
　　三、生态经济型 …………………………………………………………… 251
　　四、生态观赏型 …………………………………………………………… 254
　　五、生物隔离生态型 ……………………………………………………… 256
　第四节　建园技术 …………………………………………………………… 256
　　一、高规格整地 …………………………………………………………… 256
　　二、选用壮苗 ……………………………………………………………… 257
　　三、标准化栽培 …………………………………………………………… 258
　　四、精细管理 ……………………………………………………………… 263
　第五节　病虫害防控 ………………………………………………………… 267
　　一、病害 …………………………………………………………………… 267
　　二、虫害 …………………………………………………………………… 272
　小结 …………………………………………………………………………… 276
　参考文献 ……………………………………………………………………… 277
第九章　产品开发与加工利用 ………………………………………………… 279
　第一节　油脂生产与利用 …………………………………………………… 279
　　一、翅果采收 ……………………………………………………………… 279
　　二、清选除杂 ……………………………………………………………… 280
　　三、剥壳去皮 ……………………………………………………………… 280
　　四、破碎及其他处理 ……………………………………………………… 281
　　五、油脂制备 ……………………………………………………………… 282
　　六、油脂加工 ……………………………………………………………… 296
　第二节　叶茶制作 …………………………………………………………… 298

一、枫叶茶 …………………………………………………… 299

二、绿茶饮料 ………………………………………………… 299

三、水浸枫叶饮料 …………………………………………… 303

第三节　饮料加工 …………………………………………… 304

一、工艺流程与操作要点 …………………………………… 305

二、工艺条件的筛选 ………………………………………… 306

第四节　芽菜加工 …………………………………………… 311

一、芽菜的生产 ……………………………………………… 312

二、芽菜干制 ………………………………………………… 312

三、芽菜系列产品 …………………………………………… 317

小结 …………………………………………………………… 318

参考文献 ……………………………………………………… 320

图版

第一章　植物学特征与分类

"槭树"又称为"枫树"，为被子植物门（Angiospermae）双子叶植物纲（Dicotyledoneae）原始花被亚纲（Archichlamydeae）无患子目（Sapindales）槭树科（Aceraceae）（按 APG 系统为无患子科 Sapindaceae）槭属（*Acer*）落叶或常绿乔木、灌木植物的统称（中国植物志编辑委员会，1981）。槭树的植物学特征包括槭树树体的结构与形态特征。槭树为乔木，树干多通直，木材坚硬，材质细致，用途广泛；有些种类的嫩叶可代茶，树皮可提取药物或制糖的汁液；种子富含油脂，可榨油供食用或工业用；叶、皮、果中富含的黄酮、神经酸、绿原酸、单宁等生物活性化学成分是生产功能食品、保健药品和化工产品的优质原料；槭树也是重要的绿化观赏树种，其树姿优美、树干挺拔、树冠宽阔，枝叶茂密，遮阴良好且层次分明，叶形秀丽、清秀宜人，具有较高的观赏价值。其中多数落叶种类在秋季叶片凋落之前变为红色、黄色，色彩丰富，也有一些种类的嫩叶颜色鲜艳，是重要的秋色叶、春色叶乃至春秋色叶树种；果实常具长圆形的翅，形态奇特，有些种类的幼果甚至成熟的果呈现鲜红色、紫红色，冬季宿存树梢，十分美丽。

第一节　植物学特征

槭树树体由根、干、叶、花、果实、种子六大器官组成，其中，根、干、叶为营养器官，花、果实、种子为生殖器官。不同的槭树器官具有不同的结构形态与生理功能。现将槭树的根、干、叶、花、果实、种子等的结构与形态的主要植物学特征分述如下。

一、根

根是槭树重要的营养器官，它的主要功能是固定植株并吸收土壤中的水分及溶于水中的无机盐类，然后通过根的维管组织输送到地上部分，根还具有合成、储藏和繁殖的功能。

槭树根系是槭树地下部分所有根的总称，槭树根按来源和发展方向不同可分为主根和侧根两种。主根是指种子萌发时，胚根突破种皮，直接生长而成的根。主根一般垂直向地下生长。侧根是指主根产生的各级大小分枝。侧根从主根向四周生长，与主根呈一定的角度，侧根又可产生分枝。从槭树体固定的部位（胚根）生长出来的主根和侧根被称为定根，而由干、枝条、叶、老根或胚轴等不固定位置发生的根被称为不定根。不定根同样可产生各级侧根。

槭树根系是指一株槭树地下部分所有根的总体。与大多数双子叶植物根系一样，槭树根系也是属于由胚根发育产生的主根及各级侧根组成的直根系，其主根发达，较各级侧根粗壮而长，能明显地区分出主根和侧根。

槭树根系在土壤中的分布范围，常远远大于地上部分（茎、叶的面积），即根系的深度大于植株的高度，而广度大于植株冠幅的扩展范围。根据槭树根系在土壤中的生长和分布可将根系分为深根性和浅根性。具有发达主根，深入土层，垂直向下生长的根系称为深根性；而主根不发达，侧根或不定根向四周扩展长度远远超过主根，根系大部分分布在土壤表层中的根系称为浅根性。与此相对应的槭树树种分别被称为深根性树种和浅根性树种。

二、干

干是植株的营养器官之一，由种子植物中种子的胚芽发育而来。干主要起运输水分、养分，支撑地上部分植株整体的作用。槭属植物根据其形态特性可分为乔木和灌木两大类。乔木类槭树树身高大、有一个直立主干且高达 6m 至数十米。又可依其高度分为伟乔（31m 以上）、大乔（21～30m）、中乔（11～20m）、小乔（6～10m）四级。灌木类槭树树身矮小、有呈丛生状态的多个枝干而无明显主干且高度在 6m 以下。乔木类槭树因 1 株植物仅有 1 个主干，主干再向上分成多级侧枝而形成树冠，一般从根茎到主干分枝处的距离（枝下高）为 2～3m。灌木类槭树因树体矮小，多个枝干丛生，一般可分为观花、观果、观枝干等几类。干皮光滑或具裂纹或片状剥落，干皮颜色多为褐色或灰褐色、灰绿色，甚至有以观赏颜色为主的红色与绿色的青榨槭、葛萝槭等。

槭树树干是槭树主枝着生的基础，槭树枝条是槭树叶、花、果等器官着生的轴。通常在槭树枝条的顶端和叶腋都生有芽。槭树芽是形成槭树枝、叶、花、果等器官的原始体。按照槭树芽在枝条上的着生部位，可分为顶芽和侧芽。按照槭树芽的性质，可分为叶芽、花芽和混合芽。按照槭树芽在同一节上着生的数目，可分为单芽和复芽。按照槭树芽体的不同，可以分为定芽、不定芽、裸芽、鳞芽、活动芽和休眠芽等类型。其中，在顶芽和腋芽等固定位置生长出来的嫩芽，称为定芽。由老根、老茎、叶上长出的芽，由于生长的位置不固定，所以称为不定芽。在营养枝条上生长的原始体称为叶芽；花或花序的原始体称为花芽；既发育形成叶，又形成花或花序的芽称为混合芽。外围有芽鳞片包被的芽称为鳞芽，无芽鳞片的称为裸芽。能在当年生长季节萌发生长的芽称为活动芽；在生长季节也不萌发，暂时处于休眠状态的芽称为休眠芽。槭树冬芽具多数覆瓦状排列的鳞片，或仅具 2 或 4 枚对生的鳞片。

三、叶

叶也属于植株的营养器官，叶片内的叶绿素通过光合作用制造有机营养，并通过输导组织自上而下运达到树体的各个器官。叶片还具有蒸腾作用，叶肉内的气孔使叶组织与大气进行气体交换。槭树叶片对生，形状有单叶或复叶（小叶最多达 11 枚），不裂或分裂（三裂、五裂、多裂等）。颜色在生长期多数为绿色，也有常年红色或紫红色的种类。秋天叶色变化很大，有金黄色、橙黄色、红色、黄褐色或具各种色斑。冬季休眠，落叶或常绿、半常绿。常见的种类中，秋叶红艳的有鸡爪槭、三角枫、五角枫、秀丽槭、五裂槭、三峡槭、东北槭、三花槭等，如五裂槭自 8 月起即有个别枝条的叶片首先变红，至 6 月下旬全株叶片先变为金黄色再转为深红色，11 月初叶片才逐渐脱落，红叶观赏期长达 2 个月；秋叶黄色的有梓叶槭、元宝枫、青榨槭等；春叶红艳的则有红槭等。有些品种如紫红鸡爪槭叶色常年红艳；而小叶青皮槭叶柄或叶脉出现异色，两色槭叶片上面嫩橄榄绿色，下面淡紫色。

部分槭树叶片形态如图 1-1 所示。

元宝枫　　　　　五角枫　　　　　鸡爪槭

紫花槭　　　　　茶条槭　　　　　复叶槭

图 1-1　部分槭树叶片形态

四、花

槭树花为伞房花序，杂性花，黄绿色，雄花与两性花同株；萼片黄绿色，花瓣黄色或白色，雄蕊 8 个，着生于花盆内侧边缘上。其伞房花序由着叶小枝的顶芽生出，下部具叶，或由小枝旁边的侧芽生出，下部无叶；花小，整齐，雄花与两性花同株或异株，稀单性，雌雄异株；萼片与花瓣均 5 个或 4 个，稀缺花瓣；花盘环状或微裂，稀不发育；花的主要组成部分除了花柄（连接花与茎枝的部分）、花托（在花柄顶部，与花器官相连）和花萼（花器官的最外层部分，由离生或合生的瓣片组成，颜色多为绿色）外，还有花瓣、雄蕊和雌蕊（田欣等，2001）。花在形态上是观赏部分，在功能上则属于生殖器官。槭树花从形态至色彩及香味所表现出的丰富性，给人们特殊的美的享受，因而备受青睐。

1. 花瓣

伞房花序，杂性花，花黄绿色，雄花与两性花同株；萼片 5 个，黄绿色；花瓣 5 个，黄色或白色；长在花萼的内层，形状有卵形、圆形、矩圆形、椭圆形、倒卵形等，瓣平展、扭曲或边缘呈波状，1 至多层。

2. 雄蕊

雄蕊 8 个，着生于花盘内侧边缘上。雄蕊由花丝和花药组成。不同种类的花丝长短、数量、色彩、着生部位或方式各不相同,有长于花瓣者、短于花瓣者、长短不一者,两个或两个以上不等;花丝有白色、淡红色、紫红色等;着生部位也多种多样,如有紧贴花瓣呈四射状者,也有紧贴子房或花柱呈抱心状者,更多的则呈辐射状排列。花药一般为黄色,也有紫色、粉红色、紫红色者,以椭圆、长椭圆或扁棒状着生在花丝的顶端。花药内部具花粉囊,囊内有圆形、扁圆形、长椭圆形等花粉粒。成熟时花药开裂,成熟的花粉粒从中散出落到雌蕊柱头上,萌发出花粉管,携带精细胞与胚囊中的卵细胞结合发育成胚(包括子叶、胚轴、胚根),成熟后即是繁衍后代的种子。

3. 雌蕊

雌蕊生长在花的最内层,每朵花有 1 至数个雌蕊。雌蕊由柱头、花柱和子房构成。柱头在雌蕊的顶端,呈圆形、椭圆形或略呈漏斗状,成熟时可分泌黏液,以接受花粉粒并促使萌发,花柱柱头通常反卷。花柱为柱形,是连接柱头与子房的通道,其长短、粗细不一,2 裂稀不裂。子房是被子植物生长种子的器官,由子房壁和胚珠组成的子房位于雌蕊的基部,略为膨大。内含 2 室,室内具胚珠,胚珠的胚囊内有卵细胞和极核,与花粉粒中的精细胞结合发育成胚和胚乳(种子)。

五、果实与种子

槭树果实是由花的子房发育而来的。果实既是槭树的繁殖器官,又是槭树主要的观赏部分。子房壁形成果皮,胚珠形成种子。果实的表皮为外果皮,最里面是发育成熟的种子,种子与外果皮之间的部分为中果皮(也就是果肉),紧贴种子部分为内果皮(黄永江等,2013)。槭树果实属干果类(果皮是干的或硬的),成熟时不开裂,为 2 枚相连的小坚果,凸起或扁平,侧面有长翅,张开成各种大小不同的角度。

槭树种子是由胚珠受精发育而成,是有性繁殖的物质基础,其大小、形状、色彩因种类不同而异。种子一般由种皮、胚和胚乳 3 部分组成。种子的胚由胚芽、胚轴、胚根、子叶 4 部分组成,胚芽将来发育成新植物的茎和叶,胚根发育成新植物的根,胚轴发育成连接根和茎的部位,因此胚芽是种子的主要结构,是新植物的幼体。

槭树果实形态如图 1-2 所示。

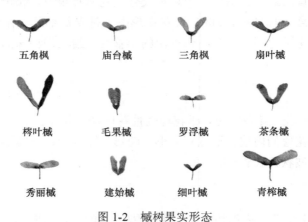

五角枫	庙台槭	三角枫	扇叶槭
梣叶槭	毛果槭	罗浮槭	茶条槭
秀丽槭	建始槭	细叶槭	青榨槭

图 1-2 槭树果实形态

第二节　植物学分类

生物分类是研究生物多样性和保护生物多样性的基本方法（林立等，2017）。它是根据生物在形态结构和生理功能等方面的相似程度，把生物分为种和属等不同的等级，并对每一类群的形态结构和生理功能等特征进行科学的描述，以弄清不同类群之间的亲缘关系和进化关系（杨鹏鸣和李佳美，2010）。植物分类属于生物分类的范畴，是研究植物物种的起源、分布中心、演化过程和演化趋势及对植物资源进行保护与开发利用的基础。植物分类通常都是根据槭树植物根、茎、叶营养器官和花、果实、种子生殖器官的形态结构特征进行的，且主要以花、果实和种子作为依据，原因是生殖器官比营养器官在植物一生中出现得晚，生存的时间比较短，受环境的影响比较小，形态结构也比较稳定（中国植物志编辑委员会，1981）。

槭树科植物的最大特点是具有圆形或镰刀形的翅果。根据其翅果形状的不同，被分为金钱槭属和槭属。金钱槭属（*Dipteronia*）的翅果是圆形的，槭属（*Acer*）的翅果大多呈现出镰刀形。槭属的拉丁文名 *Acer* 就是尖锐的、锋利的意思。槭属最早是由法国学者 Tournefort 于 1719 年建立，描述了欧美的 9 个种。瑞典植物学家 Linnaeus（林奈）于 1753 年在《植物种志》（*Species Plantarum*）中描述了该属产于北美和欧洲的 9 个种，并以 *Acer pseudo*（假广角槭）、*Acer platanoides*（挪威槭）和 *Acer rubrum*（红花槭）作为此属的典型种。俄国分类学家 Bunge 于 1856 年首次描述了元宝枫（*A. truncatum*）这一产自中国的种。德国植物学家 F.Pax 于 1885 年发表了槭属专著，建立起了较全面的分类系统（Pax，1885）。自 19 世纪末以来，各国植物学家对槭属的分类进行了深入的研究，先后建立了几个分类系统。我国学者徐廷志（1996）根据槭属植物芽、花序、性别分化、花、果实、胚、叶等形态特征及其演化关系建立的槭属分类系统包括槭亚属（Subgen. *Acer*）、栎叶槭亚属（Subgen. *Carpiniflia*）、尖叶槭亚属（Subgen. *Arguta*）、梣叶槭亚属（Subgen. *Negundo*）4 个亚属 33 组 33 系 200 余种。现将国产 239 种（含 12 亚种 72 变种 1 变型）槭树及其所属亚属、组、系特征简述如下。

一、槭亚属

乔木或灌木，单叶不分裂或分裂，抑或深裂，稀羽状或掌状复叶。冬芽具多数覆瓦状排列的鳞片，稀仅 2～4 枚鳞片。花杂性，雄花与两性花同株或异株，稀单性异株。花序伞房状或圆锥状，稀总状或穗状，常由着叶的小枝顶端生出，稀由小枝旁边生出，萼片与花瓣均系 5 个，稀 4 个，极稀不发育；雄蕊 4～12 个，通常 8 个；花盘环状或盘状，常微裂。小坚果扁平，或凸起呈长圆卵形、卵圆形抑或近球形，翅张开成各种大小不同的角度。

该亚属共 239 种，分布于北半球。

（一）桐状槭组

乔木，稀灌木。冬芽卵圆形，鳞片稀少、覆瓦状排列。单叶，秋季脱落，通常 3～5

裂或不分裂，如分裂时裂片的边缘常系全缘，稀呈波状，极稀纤毛状或锯齿状，叶柄有乳状液汁。花杂性，雄花与两性花同株，多数花组成伞房花序，着生于小枝顶端；萼片与花瓣各 5 个，黄绿色；雄蕊 5～8 个，生于花盘内侧的边缘；花盘肥厚、盘状。小坚果扁平或压扁状，脉纹不显著，翅张开成水平至近直立。

桐状槭组包括篱笆槭系和桐状槭系 2 个系 41 个种，详见表 1-1。

表 1-1　桐状槭组植物名录

系	种
篱笆槭	庙台槭、羊角槭
桐状槭	细叶槭、薄叶槭、七裂薄叶槭（变种）、元宝枫、五角枫、弯翅五角枫（变种）、大翅五角枫（变种）、岷山五角枫（变种）、三尖五角枫（变种）、青皮槭、短翅青皮槭（变种）、小叶青皮槭（变种）、三尾青皮槭（变种）、长柄槭、南山长柄槭（变种）、城步长柄槭（变种）、卷毛长柄槭（变种）、维西长柄槭（变种）、黄毛槭、丹巴黄毛槭（亚种）、陕甘黄毛槭（亚种）、五裂黄毛槭（变种）、褐脉黄毛槭（变种）、锐角槭、天童锐角槭（变种）、五裂锐角槭（变种）、察隅槭、巴山槭、纳雍槭、湖南槭、梓叶槭、兴安梓叶槭（亚种）、乳源槭、两型叶乳源槭（亚种）、阔叶槭、天台阔叶槭（变种）、建水阔叶槭（变种）、凸果阔叶槭（变种）、梧桐槭

（二）鸡爪槭组

小乔木或灌木。冬芽细小，鳞片稀少，通常 2～4 枚，基部覆叠或镊合状。单叶，冬季脱落，外貌近圆形，常掌状分裂成 5～13 裂片，边缘锯齿状。花杂性，雄花与两性花同株，常由少数的几朵花组成伞房花序。萼片 5 个，紫色或紫绿色；花瓣 5 个，白色；雄蕊 8 个，着生于花盘内侧。翅果小型，小坚果常凸起，脉纹显著，翅张开近水平或呈钝角。

鸡爪槭组包括鸡爪槭组系羽扇槭、紫花槭、小果紫花槭（变种）、临安槭、蜡枝槭、重齿槭、毛鸡爪槭、美丽毛鸡爪槭（变种）、昌化槭、稀花槭、鸡爪槭、小鸡爪槭（变种）、安徽槭、短翅安徽槭（变种）、杈叶槭、河南杈叶槭（变种）、小杈叶槭（变种）17 个种。

（三）槭组

落叶乔木。冬芽卵形，较大，长 8～10mm，具 10～14 枚覆瓦状排列的鳞片。叶大，3～5 裂，边缘圆齿状或牙齿状。花杂性，雄花与两性花同株，常成伞房花序或圆锥状伞房花序，由小枝的顶端生出；萼片与花瓣各 5 个，雄蕊 8 个，生于花盘内侧。翅果大、特别凸起的小坚果和翅共长 4～6cm，张开成钝角至近直立。

槭组包括绒毛槭系深灰槭、太白深灰槭（亚种）2 个种。

（四）茶条槭组

小乔木或灌木。冬芽小，鳞片 8～10 个，覆瓦状排列；叶长圆卵形，不分裂或 3～5 裂，中央裂片常较长于侧裂片，边缘具不整齐的锯齿或重锯齿。花杂性，雄花与两性花同株，成伞房花序，由小枝的顶端生出；花瓣 5 个，长圆形或长圆卵形，与萼片近等长或稍长。翅果较大，翅和基部倾斜的小坚果共长 2.5～3.5cm，张开成锐角或近直立。

茶条槭组包括鞑靼槭系茶条槭、苦茶槭（亚种）、天山槭 3 个种。

（五）穗状槭组

灌木或小乔木。冬芽小，鳞片常仅 4 个。叶通常 3～5 裂、稀 7 裂，裂片锐尖，边缘具锐尖的重锯齿或锯齿。花杂性，成紧密而细长的总状圆锥花序，常直立，生于小枝的顶端；萼片与花瓣各 5 个，花瓣狭窄，有时近线形。翅果小，长 2～2.8cm，翅常近直立。

穗状槭组包括穗状槭系长尾槭、多齿长尾槭（变种）、川滇长尾槭（变种）、花楷槭 4 个种。

（六）小果槭组

乔木。冬芽长圆卵形或卵圆形，鳞片 2～4 枚、稀更多；单叶冬季脱落，常 3～7 裂，裂片有时再分裂为小裂片，边缘有锯齿或全缘。花杂性，雄花与两性花同株，常成圆锥花序或伞房花序；萼片与花瓣均各 5 个，雄蕊常 8 个，生于花盘的内侧；花盘盘状。小坚果凸起，卵圆形、长圆卵形或椭圆形，脉纹显著，翅与小坚果共长 3cm 以内，稀达 3.5cm。

小果槭组包括中华槭和粗柄槭 2 个系 52 个种，详见表 1-2。

表 1-2 小果槭组植物名录

系	种
粗柄槭	粗柄槭、广西槭（亚种）、枫叶槭（亚种）、河口槭
中华槭	扇叶槭、云南扇叶槭（变种）、七裂槭、毛花槭、藏南槭、盐源槭、柔毛盐源槭（变种）、上思槭、安福槭（变种）、密果槭、马边槭、中华槭、绿叶中华槭（变种）、深裂中华槭（变种）、小果中华槭（变种）、波缘中华槭（变种）、信宜槭、西畴槭、黔桂槭、瑶山槭、毛脉槭、细果毛脉槭（变种）、广东毛脉槭（变种）、桂林槭、苗山槭、多果槭、两色槭、圆齿两色槭（变种）、粗齿两色槭（变种）、五裂槭、台湾五裂槭（亚种）、婺源槭、毛柄婺源槭（变种）、秀丽槭、长尾秀丽槭（变种）、橄榄槭、大埔槭、三峡槭、长尾三峡槭（变种）、钝角三峡槭（变种）、岭南槭、小果岭南槭（变种）、细裂槭、大叶细裂槭（变种）、兰坪槭、密叶槭、细齿密叶槭（变种）、江西槭

（七）全缘叶槭组

乔木。冬芽具覆瓦状排列的鳞片。单叶革质或纸质，多数系常绿，不分裂或 3 裂，全缘。花杂性，雄花与两性花同株，常成顶生的伞房或圆锥花序；萼片与花瓣各 5 个，雄蕊 5～10 个，通常 8 个，着生于花盘的内侧，花盘盘状或环状。翅果长 2.5～3.5cm，稀更长，张开成锐角或钝角，稀近直立，小坚果凸起呈卵圆形、椭圆形、四棱形或近球形。

全缘叶槭组包括 3 系 58 种，详见表 1-3。

表 1-3 全缘叶槭组植物名录

系	种
三角枫	川甘槭、瘦果川甘槭（变种）、三角枫、宁波三角枫（变种）、平翅三角枫（变种）、台湾三角枫（变种）、界山三角枫（变种）、雁荡三角枫（变种）、福州槭、金沙槭、半圆叶金沙槭（变种）、平坝槭、角叶槭、富宁槭、异色槭

系	种
三脉槭	樟叶槭、革叶槭、小果革叶槭（变种）、灰毛槭、亮叶槭、剑叶槭、紫白槭、长叶槭、北碚槭、武夷槭、将乐槭、飞蛾槭、绿叶飞蛾槭（变种）、宽翅飞蛾槭（变种）、三裂飞蛾槭（变种）、厚叶飞蛾槭（变种）、峨眉飞蛾槭（变种）、紫果槭、小紫槭（变种）、长柄紫果槭（变种）、都安槭、灰槭
羽脉槭	厚叶槭、滨海槭、海拉槭、天峨槭、缙云槭（亚种）、桉状槭、光叶槭、怒江光叶槭（变种）、罗浮槭、红果罗浮槭（变种）、特瘦罗浮槭（变种）、毛梗罗浮槭（变种）、大果罗浮槭（变种）、毛柄槭、屏边毛柄槭（变种）、广南槭、网脉槭、两型叶网脉槭（变种）、少果槭、俅江槭、海南槭

（八）大花槭组

乔木，树皮有条纹。冬芽有短柄，鳞片 2 对，镊合状排列。单叶 3～5 裂或不分裂，边缘有锯齿。花杂性或单性，雌雄同株或异株，总状花序生于小枝顶端，萼片与花瓣各 5 个，雄蕊 8 个稀 10 个，着生于花盘的外侧，花药椭圆形或卵圆形，平滑或粗糙。子房有短柔毛或无毛，花柱深 2 裂，柱头反卷，翅果略扁平。

大花槭组包括楂叶槭系青榨槭、锐齿槭、圆叶锐齿槭（变种）、锡金槭、细齿锡金槭（变种）、尖尾槭、葛萝槭、长裂葛萝槭（变种）、疏花槭、长叶疏花槭（变种）、丽江槭 11 个种，长梗槭系小楷槭、五尖槭、紫叶五尖槭（亚种）、滇藏槭 4 个种和青楷槭系篦齿槭、尖尾篦齿槭（变型）、怒江槭、独龙槭、红色槭、来苏槭、青楷槭 7 个种。

（九）扁果槭组

常绿乔木。冬芽细小，鳞片复叠或交互对生。叶革质、全缘，近长圆形或椭圆形。花单性，异株或杂性，雄花与两性花同株，常成总状花序，由当年生或二年生小枝的旁边生出，生于当年生枝者其下有 1 叶，生于二年生枝者其下无叶，萼片与花瓣各 5 个，雄蕊 8～12 个，着生于花盘的内侧或外侧，花盘环状。翅果长 3～7cm，张开成锐角，小坚果扁平。

扁果槭组包括十蕊槭系十蕊槭、长翅槭、楠叶槭 3 个种。

（十）尖齿槭组

乔木。冬芽细小，卵圆形，鳞片 2 对，镊合状排列。单叶，秋季脱落，3～5 裂或不分裂，边缘有锯齿或重锯齿。花单性，雌雄异株，成总状花序，雌花的总状花序着生于嫩枝的顶端，其下有叶 1 对，雄花的总状花序由无叶的二年生枝的旁边生出，其下无叶；萼片与花瓣均各 4 个，雄蕊 4 个，着生于花盘外侧，花盘 4 裂。小坚果特别凸起，有显著的脊纹，翅张开近直立或呈锐角。

尖齿槭组包括尖齿槭系髭脉槭、大齿槭、毛叶槭、五脉毛叶槭（变种）、四蕊槭、桦叶四蕊槭（变种）、蒿坪四蕊槭（变种）、长尾四蕊槭（变种）8 个种。

（十一）坚果槭组

乔木。冬芽卵圆形或锥形，鳞片多数、覆瓦状排列。单叶，中段以上常 3 裂，秋季脱落，3～5 裂，裂片边缘牙齿状，粗锯齿状至波状或近全缘。花单性，雌雄异株，成伞房花序、总状花序或圆锥花序，由无叶的小枝旁边生出，萼片与花瓣各 5 个，雄蕊 8～10 个，生于花盘的内侧，花柱深裂几达基部。小坚果特别凸起，近卵圆形或球形，脉纹显著，翅直立至张开成钝角。

坚果槭组包括坚果槭系疏毛槭、天目槭、秦岭槭、雷波槭、白毛雷波槭（亚种）、苹婆槭、房县槭、大果房县槭（变种）、贡山槭、尖裂贡山槭（变种）、龙胜槭、勐海槭、巨果槭 13 个种。

（十二）五小叶槭组

乔木。冬芽细小，锥形，鳞片多数，覆瓦状排列。掌状复叶，有披针形小叶 3～7（通常 5）。花杂性，雄花与两性花同株，常成伞房花序或伞房状圆锥花序，由着叶的小枝顶端生出；萼片与花瓣各 5 个，雄蕊 8 个，生于花盘内侧，花盘环状。翅果张开近锐角或钝角，小坚果凸起，近球形。

五小叶槭组包括五小叶槭系五小叶槭 1 个种。

（十三）三小叶槭组

乔木。冬芽细小，鳞片覆瓦状排列。复叶有 3 小叶，小叶柄很短。花杂性，雄花与两性花同株或异株，常成伞房花序或聚伞房花序，由着叶的小枝顶端生出，萼片与花瓣各 5 个，雄蕊 8～12 个（通常 10 个），生于花盘内侧，花盘肥厚。翅果张开近锐角至钝角，小坚果凸起，近球形。

三小叶槭组包括血皮槭系毛果槭、血皮槭、陕西槭、三花槭、革叶三花槭（变种）、秃梗槭 6 个种和东北槭系东北槭、甘肃槭（亚种）、四川槭、天全槭（亚种）4 个种。

二、梣叶槭亚属

乔木。冬芽细小，鳞片少，镊合状排列。羽状复叶通常有小叶 3～5 枚，稀 7～9 枚，小叶边缘锯齿状或牙齿状，稀全缘。花序通常总状，由无叶的小枝旁边生出；花单性，雌雄异株，通常 4 数，无或有花瓣，雄蕊 4～6 个，花盘不发育或微发育。翅果张开近直立或呈锐角至钝角，小坚果凸起，卵圆形或长圆形，脊纹显著。

本亚属共 4 种，分布于中国 2 种，日本 1 种，美国 1 种。

（一）蔹叶槭组

乔木。冬芽细小，卵圆形，鳞片镊合状排列。复叶由 3 小叶组成。花单性，异株，花的开放与叶的生长同时，雌花与雄花均成下垂的长总状花序，由无叶的小枝旁边生出（雌花序稀由小枝顶端生出）；萼片与花瓣通常 4 个或 5 个，雄蕊 4～6 个，花盘微发育或部分发育，花梗很短。翅果凸起，长圆形，翅张开近直立或呈锐角，果梗较短，长 2～6mm。

蔹叶槭组包括蔹叶槭系建始槭 1 个种。

（二）梣叶槭组

乔木。冬芽细小，鳞片镊合状排列。羽状复叶，有 3～7 枚小叶。花单性，雌雄异株，4 数，开花常在叶的生长以前，雌花成下垂的总状花序，雄花成下垂的聚伞花序，均生于小枝旁边，缺花瓣及花盘，花梗长 1.5～3cm。翅果凸起，长圆卵形，翅张开近直立或锐角，果梗长 2～4cm。

梣叶槭组包括梣叶槭系梣叶槭 1 个种。

三、尖叶槭亚属

尖叶槭亚属是从槭亚属的一个分支演化来的，它可能与红花槭组（Sect. *Rubra*）关系密切。红花槭组雌雄异株，花束状（有 3-5 朵花），花 5 数，雄蕊 5～6 枚，生于花盘外侧，单叶，先端 3 浅裂。这些特征与尖叶槭亚属（Subgen. *Arguta*）十分接近，可以说尖叶槭亚属是从槭亚属（Subgen. *Acer*）的 Sect. *Rubra*（红花槭组）演化来的。尖叶槭亚属与其他亚属不同之处是花 4 数，雌花序顶生，雄花侧生的总状花序（Murray 1970）。从花序角度看，尖叶槭亚属与梣叶槭亚属（Subgen. *Negundo*）近缘。该亚属共 6 种，分布于日本 1 种，欧亚大陆 5 种。

四、枥叶槭亚属

枥叶槭亚属芽鳞 8～12 枚，雌雄异株，总状花序，花 4 数，有时花瓣退化，雄蕊 8～14 个，无花盘，单叶不裂，边缘有锯齿，叶脉为羽状平行侧脉。染色体的变异是生物遗传多样性的重要来源。根据细胞学研究结果，枥叶槭亚属植物的染色体为四倍体（$2n=4x=52$）。该亚属仅有鹅耳枥叶槭（*A. carpinifolium*）1 种，分布于日本岩手以南的四国和九州。

槭属 4 个亚属的特征与地理分布见表 1-4。

表 1-4　槭属 4 个亚属的特征与地理分布

亚属		槭亚属	尖叶槭亚属	梣叶槭亚属	枥叶槭亚属
特征		芽鳞 2～6 个	芽鳞 2 对	芽鳞 2 对	芽鳞 8～12 个
		单叶，不分裂或分裂	单叶，3～5 裂或不裂，掌状脉	3～7 小叶组成的富业	叶长椭圆形，不分裂，叶脉的侧脉 18～25 对羽状平行
		花杂性，雄花与两性花同株或异株	雌雄异株	雌雄异株	雌雄异株
		花序圆锥状或伞房状稀总状或穗状	总状花序	总状花序	总状花序
		花 5 数，极稀不发育，雄蕊 4～12 个（常 8 个）	花 4 数，雄蕊 4 个	花 4-5-6 数，或有时花瓣退化，雄蕊 4～6 个	花 4 数，有时花瓣退化，雄蕊 8～14 个
		花盘发育	无花盘	花盘 4～6 个，微发育	无花盘
地理分布		亚洲、欧洲、北美和非洲北缘	东亚	日本、中国、北美	日本

注：徐廷志，1998

第三节　国产槭树种类辨识

　　槭树种类多、分布广，种质资源非常丰富。据不完全统计，中国现有槭树科植物约242 种，其中，金钱槭属 3 种，槭属 239 种。为满足广大科技人员教学、科研和生产工作需要，按照准确、迅速、简单、实用的原则，根据《中国植物志》（中国植物志编辑委员会，1981）、《中国树木志》（中国树木志编辑委员会，1997）、《中国高等植物科属检索表》（中国科学院植物研究所，1979）以及新近的分类学研究成果（裘宝林等，2021；陈征海等，2021；朱英群等，2008；Chen，2007；邓莉兰等，2003），结合我们近年来野外调查、科研实验与生产实践，编制成中国槭树树种实用检索表，为快速检索槭树植物提供了一条捷径。

中国槭树树种实用检索表

1. 花单性，雌雄异株，通常 4 数，花盘和花瓣不发育或微发育，常生于无叶的小枝旁边；羽状复叶有小叶 3～5 枚，稀 7～9 枚（**梣叶槭亚属 Negundo**）⋯⋯⋯⋯⋯⋯⋯⋯⋯⋯⋯⋯⋯⋯⋯⋯2
   花两性或杂性，稀单性，通常 5 数，稀 3 数，各部分发育良好，有花瓣和花盘，雌雄同株或异株，常生于小枝顶端，稀生于小枝旁边。常为单叶，稀羽状或掌状复叶（有小叶 3～7 枚）
   （**槭亚属 Acer**）⋯⋯⋯⋯⋯⋯⋯⋯⋯⋯⋯⋯⋯⋯⋯⋯⋯⋯⋯⋯⋯⋯⋯⋯⋯⋯⋯⋯⋯⋯3
2. 雌花和雄花均成下垂的长总状花序或穗状花序，由无叶的小枝旁边生出(稀雌花序由小枝顶端生出)，花梗很短至无花梗，花盘和花瓣微发育；羽状复叶有小叶 3 枚（**莪叶槭组 Cissifolia/莪叶槭系 Cissifolia**）⋯⋯⋯⋯⋯⋯⋯⋯⋯⋯⋯⋯1. 建始槭 A. henryi
   雌花成下垂的总状花序，雄花成下垂的聚伞花序，均由无叶的小枝旁边生出，花缺花瓣和花盘，花梗较长，长 1.5～3cm；羽状复叶，有小叶 3～5 枚，稀 7～9 枚（**梣叶槭组 Negundo/梣叶槭系 Negundo**）⋯⋯⋯⋯⋯⋯⋯⋯⋯⋯⋯⋯⋯⋯⋯⋯⋯⋯⋯2. 梣叶槭 A. negundo
3. 单叶，不分裂或分裂成裂片，全缘或边缘有各种锯齿⋯⋯⋯⋯⋯⋯⋯⋯⋯⋯⋯⋯⋯⋯⋯4
   复叶（掌状或羽状），有 3～7 枚小叶⋯⋯⋯⋯⋯⋯⋯⋯⋯⋯⋯⋯⋯⋯⋯⋯⋯⋯⋯229
4. 花两性或杂性，雄花与两性花同株或异株，生于有叶的小枝顶端⋯⋯⋯⋯⋯⋯⋯⋯⋯5
   花单性，稀杂性，常生于小枝旁边（除尖齿槭组的雌花序由有叶的小枝顶端生出外）⋯⋯205
5. 冬芽通常无柄，鳞片较多，通常覆瓦状排列；花序伞房状或圆锥状⋯⋯⋯⋯⋯⋯⋯⋯6
   冬芽有柄，鳞片常 2 对，镊合状排列；花序总状（**大花槭组 Macrantha**）⋯⋯⋯⋯182
6. 叶纸质，通常 3～5 裂，稀 7～11 裂，冬季脱落⋯⋯⋯⋯⋯⋯⋯⋯⋯⋯⋯⋯⋯⋯⋯7
   叶革质或纸质，多系常绿，长圆形，披针形或卵形，通常不分裂，稀 3 裂
   （**全缘叶槭组 Integrifolia**）⋯⋯⋯⋯⋯⋯⋯⋯⋯⋯⋯⋯⋯⋯⋯⋯⋯⋯⋯⋯⋯⋯120
7. 翅果扁平抑或压扁状；叶裂片全缘或浅波状，叶柄有乳汁（**桐状槭组 Platanoidea**）⋯⋯8
   翅果凸起；叶裂片的边缘锯齿状或细锯齿状，叶柄无乳汁⋯⋯⋯⋯⋯⋯⋯⋯⋯⋯⋯42
8. 叶 3～5 裂，裂片钝形，边缘浅波状，常有纤毛；果翅扁平，脉纹显著（**篱笆槭系 Campestria**）⋯⋯9
   叶 3～7 裂，裂片的先端锐尖或钝尖；翅果通常压扁状，脉纹不显著（**桐状槭系 Platanoidea**）⋯⋯10
9. 小枝无毛，果序长 5cm，无毛；翅果较小⋯⋯⋯⋯⋯⋯⋯⋯⋯3. 庙台槭 A. miaotaiense
   小枝有短柔毛，果序长 3.5cm，有长柔毛；翅果较大⋯⋯⋯⋯4. 羊角槭 A. yangjuechi
10. 果序的总果梗较长，通常长 1～2cm⋯⋯⋯⋯⋯⋯⋯⋯⋯⋯⋯⋯⋯⋯⋯⋯⋯⋯⋯11
    果序的总果梗较短，通常不足 1cm 长，其中最短的 5mm 近无总果梗⋯⋯⋯⋯⋯⋯34
11. 叶下面无毛⋯⋯⋯⋯⋯⋯⋯⋯⋯⋯⋯⋯⋯⋯⋯⋯⋯⋯⋯⋯⋯⋯⋯⋯⋯⋯⋯12

叶下面有宿存的毛 ···25

12. 叶较小，直径在 7cm 以内，长度大于或近等于宽度，轮廓近圆形或卵形 ·······13
  叶较大，宽 7～20cm，长 5～17cm，宽度大于长度，轮廓近椭圆形 ···········16

13. 翅果较长，叶常 7 裂 ··14
  翅果较短，张开近水平；叶长 4～6cm，常 3 裂，稀不分裂 ·······5. 薄叶槭 *A. tenellum*

14. 翅果张开成钝角或近水平 ··15
  翅果张开成锐角 ··································6. 细叶槭 *A. leptophyllum* [1]

15. 小坚果与翅近等长，翅果张开成钝角或锐角 ·················7. 蒙山槭 *A. mengshanensis*
  小坚果长远小于翅长，翅果张开近水平或稍反卷 ···8. 七裂薄叶槭（变种）*A. tenellum* var. *septemlobum*

16. 小枝灰色或灰褐色 ··17
  小枝紫绿色 ··22

17. 果翅与小坚果近等长 ··18
  果翅长度为小坚果长度的 2～3 倍 ··19

18. 小坚果两侧平行，张开成锐角或钝角 ·····················9. 元宝枫 *A. truncatum*
  小坚果直立张开，常向内弯曲而先端略近交接 ···10. 弯翅五角枫（变种）*A. mono* var. *incurvatum* [1]

19. 叶与其他变种相比较小 ·························11. 三尖五角枫（变种）*A. mono* var. *tricuspis*
  叶与其他变种相比较大 ··20

20. 叶片显著 3 裂，裂片三角形 ·················12. 岷山五角枫（变种）*A. mono* var. *minshanicum*
  叶片常 5 裂，稀 3 裂，裂片卵形或近卵形 ·······································21

21. 果翅较大，连同小坚果长 3.5～4cm，张开近水平 ··13. 大翅五角枫（变种）*A. mono* var. *macropterum*
  果翅较小，连同小坚果长 2～2.5cm，张开成锐角或近钝角 ············14. 五角枫 *A. mono*

22. 叶较小，长 5～8cm ··23
  叶较大，长 14～20cm ·························15. 青皮槭 *A. cappadocicum*

23. 叶基部近心脏形或截形，常 5～7 裂 ···24
  叶基部近截形或圆形，常 3 裂，有时 5 裂 ···16. 三尾青皮槭（变种）*A. cappadocicum* var. *tricaudatum*

24. 翅果张开成钝角或近水平，常略反卷 ····17. 短翅青皮槭（变种）*A. cappadocicum* var. *brevialatum*
  翅果张开成锐角，稀近钝角 ··········18. 小叶青皮槭（变种）*A. cappadocicum* var. *sinicum*

25. 子房有腺体 ··26
  子房无腺体 ··30

26. 小坚果张开近水平 ························19. 维西长柄槭（变种）*A. longipes* var. *weixiense*
  小坚果张开成锐角或近直立 ··27

27. 叶较小，长 5～6cm ·······················20. 卷毛长柄槭（变种）*A. longipes* var. *pubigerum*
  叶较大，长 7～15cm ···28

28. 翅果较大，长 4.2～4.5cm ·············21. 城步长柄槭（变种）*A. longipes* var. *chengbuense* [2]
  翅果较小，长 3～3.6cm ···29

29. 小坚果长圆卵形，长 1～1.5cm，宽 5mm，翅倒卵形，近顶端最宽，常宽 1～1.2cm
  ·························22. 南川长柄槭（变种）*A. longipes* var. *nanchuanense* [2]
  小坚果压扁状，长 1～1.3cm，宽 7mm，翅宽 1cm ··········23. 长柄槭 *A. longipes*

30. 翅果较小，长 2.5～2.8cm，张开成钝角或近锐角 ·······························31
  翅果较大，长 3～3.8cm，张开成钝角或近水平 ·································32

31. 叶膜质或薄纸质，下面淡绿色，被淡白色短柔毛，叶脉褐色
  ·····················24. 褐脉黄毛槭（亚种）*A. fulvescens* subsp. *fuscescens*
  叶纸质，下面密被短柔毛，初系浅灰色，后变淡黄色
  ·····················25. 五裂黄毛槭（亚种）*A. fulvescens* subsp. *pentalobum*

32. 叶嫩时下面密被淡黄绿色短柔毛，其后毛渐稀疏至近无毛状·······················
   ····················26. 陕甘黄毛槭（亚种）*A. fulvescens* subsp. *fupingense*
   叶下面密被宿存的淡黄色、黄色或褐色长柔毛································33

33. 叶长 7～10cm，宽 5～11cm，基部心脏形或近心脏形，通常 3 裂，稀 5 裂或不裂·········
   ·······························27. 黄毛槭 *A. fulvescens*
   叶宽度大于长度，常宽 9～13cm，长 8～9cm，基部截形，稀略近心脏形，常 5 裂··········
   ····················28. 丹巴黄毛槭（亚种）*A. fulvescens* subsp. *danbaense*

34. 叶下面有毛或至少沿叶脉有毛····································35
   叶下面无毛（有时脉腋有丛毛除外）································44

35. 叶的长度大于宽度，轮廓近卵形····································36
   叶的宽度大于长度，轮廓近椭圆形····································39

36. 小坚果嫩时紫绿色，成熟时淡黄色，较大，连同翅长 3cm 以上····················37
   小坚果紫红色，较小，连同翅长在 3cm 以下····························38

37. 翅果长 5～5.5cm，展开成锐角或近直角·············29. 梓叶槭 *A. catalpifolium*
   翅果长 3～3.5cm，张开成钝角········30. 兴安梓叶槭（亚种）*A. catalpifolium* subsp. *xinganense*[3]

38. 叶不分裂或 2～3 裂，果序长 6cm，果翅长圆形·············31. 乳源槭 *A. chunii*[9]
   叶 3 裂和不分裂的同生，果序长约 4cm，果翅近倒卵形或镰刀形··················
   ····················32. 两型叶乳源槭（亚种）*A. chunii* subsp. *dimorphophyllum*

39. 叶常 5 裂，稀 3 裂或不裂，翅果长 3.5～4.5cm，张开成锐角或钝角··············40
   叶常 3 裂，稀不分裂；果序长 6～7cm，直径 14～15cm；翅果近水平或略反卷·········
   ·······························33. 梧桐槭 *A. firmianioides*[3]

40. 翅果张开成钝角····································41
   翅果张开成锐角····································42

41. 叶较大，长 9～16cm，宽 10～18cm；翅果较大，长 3.5～4.5cm····34. 阔叶槭 *A. amplum*
   叶较小，长 6～14cm，宽 7～16cm；翅果较小，长 2.5～3cm··················
   ····················35. 天台阔叶槭（变种）*A. amplum* var. *tientaiense*

42. 小坚果压扁状；翅长圆形或近长圆形，宽 8～10mm，连同小坚果长 3～3.2cm·········43
   小坚果略凸起，近圆形，直径约 1cm，翅上段较宽，下段较窄，宽 1～1.5cm，连同小坚果长 3.5～
   4.5cm ················36. 凸果阔叶槭（变种）*A. amplum* var. *convexum*[3]

43. 叶基心脏形，常 5-7 裂；小坚果连同翅长 3～3.5cm··············37. 锐角槭 *A. acutum*
   叶基近圆形，常 3 裂达于叶片的中段；小坚果连同翅长 2.5～3cm··················
   ····················38. 建水阔叶槭（变种）*A. amplum* var. *jianshuiense*

44. 叶通常 7～13 裂，稀 5 裂；花序伞房状，每花序只有少数几朵花
   （鸡爪槭组 *Palmata*/鸡爪槭系 *Palmata*）····························45
   叶 3～7 裂；花序伞房状、圆锥状或总状花序，每花序有多数的花··············62

45. 子房有毛；叶柄和花梗通常嫩时有毛····································47
   子房无毛；叶柄和花梗通常无毛····································57

46. 叶通常 9～13 裂····································46
   叶通常 5～7 裂····································50

47. 叶较大，直径 9～12cm，通常 9 裂，稀 7 裂或 11 裂，裂片卵形，嫩时有白色绢状毛；花较大，子
   房有长柔毛，长 2.5～2.8cm，张开成钝角·············39. 羽扇槭 *A. japonicum*
   叶较小，直径 5～10cm····································48

48. 叶较大，直径 6～10cm，嫩时两面有白色绒毛；子房有白色疏柔毛，小枝无蜡质白粉·········49

叶较小，直径 5～6cm，除脉腋有丛毛外两面均无毛；子房有淡黄色长柔毛；小枝有蜡质白粉······
·······40. 临安槭 *A. linganense*

49. 翅果较大，长约 2.5cm，翅展开近直角······41. 紫花槭 *A. pseudosieboldianum*
翅果较小，仅长 1.5～2cm，翅的两侧近平行······
·······42. 小果紫花槭（变种）*A. pseudosieboldianum* var. *koreanum*

50. 叶常 7 裂······51
叶常 5 裂······52

51. 小枝有灰色长柔毛和蜡质白粉，叶的裂片长圆卵形，边缘有锐尖的细锯齿，下面的脉腋有丛毛；
翅果张开近水平······43. 蜡枝槭 *A. ceriferum*
小枝有白色长柔毛，无蜡质白粉，叶的裂片长圆披针形，边缘有重锯齿，两面的脉腋有长柔毛；
翅果张开成钝角······44. 重齿槭 *A. duplicatoserratum*

52. 叶较小，直径 3～4cm；翅果较小，长 1.5cm，张开成直角······45. 稀花槭 *A. pauciflorum*
叶较大，直径常在 5cm 以上；翅果较小，长达 2cm，张开成钝角······53

53 当年生嫩枝、叶下面和叶柄有宿存的灰色或浅黄色长柔毛；叶裂片长圆卵形······54
当年生嫩枝有白色绒毛；叶下面和嫩叶柄嫩时有白色长柔毛或近无毛；叶裂片披针形······56

54. 叶片通常 5 裂，叶基具 1 或 2 个微小裂片，叶柄被柔毛······46. 昌化槭 *A. changhuaense* [5]
叶片 3 裂，稀不明显 4 或 5 裂，侧裂片显著短小，叶基具或稀具 1 或 2 个微小裂片······55

55. 叶片通常 3 裂，中央裂片狭卵形、狭卵状三角形或披针形，先端渐尖，侧裂片显著短小，稀基部
具 1 或 2 个微小裂片；果序梗被柔毛······47. 三裂叶昌化槭（变种）*A. changhuaense* var. *triobum*
叶片 5 裂，上面黯绿色；小枝、叶柄、叶片下面均密被宿存柔毛······
·······48. 脱毛昌化槭（变种）*A. changhuaense* var. *glabrescens*

56. 叶上面深绿色，长 4～5.5cm，宽 5～7.5cm，叶下面和叶柄嫩时有白色长柔毛，叶柄细瘦，长 2～
4cm；翅果较大，长 2～4cm······49. 毛鸡爪槭 *A. pubipalmatum* [5]
叶系淡红色，下面近无毛，叶柄较短，仅长 1.5～2.5cm；翅果较小，长 9～15mm······
·······50. 美丽毛鸡爪槭（变种）*A. pubipalmatum* var. *pulcherrimum* [5]

57. 翅果较大，张开近水平······58
翅果较小，张开成钝角······59

58. 叶较大，长 6～8cm，宽 7～12cm，7～9 裂，裂片长圆形或近卵形······51. 杈叶槭 *A. robustum* [4]
叶较小，长 4.5～5cm，宽 5～6cm，通常 7 裂······52. 小杈叶槭（变种）*A. robustum* var. *minus* [4]

59. 叶较大，直径 13～14cm，通常 9 裂······60
叶较小，直径 10cm 以下，通常 7 裂······61

60. 叶的裂片先端锐尖，边缘具紧贴的细锯齿，裂片中间的凹缺钝尖；下面有宿存的灰色短柔毛，沿
叶脉较密······53. 安徽槭 *A. anhweiense* [4]
叶的裂片通常锐尖，边缘具锯齿而非细锯齿，嫩时下面仅沿叶脉被灰色疏柔毛，其后无毛······
·······54. 短翅安徽槭（变种）*A. anhweiense* var. *brachypterum* [4]

61. 叶较大，直径 6～10cm，边缘具紧贴的尖锐锯齿；小坚果球形，翅与小坚果总长 2～2.5cm······
·······55. 鸡爪槭 *A. palmatum*
叶较小，直径约 4cm，常深 7 裂，裂片狭窄，边缘具锐尖的重锯齿；小坚果卵圆形，具短小的翅······
·······56. 小鸡爪槭（变种）*A. palmatum* var. *thunbergii*

62. 翅果较大，长 4～6cm；冬芽较大，长 8～10mm，通常有 10 多个覆叠的鳞片
（槭组 *Acer*/绒毛槭系 *Velutina*）······63
翅果较小，长 2～3.5cm；冬芽较小，长 2～4mm，通常有几个覆叠的鳞片······64

63. 叶较大，长 12～14cm，宽 15～21cm，基部心脏形，常 5 裂······57. 深灰槭 *A. caesium*

　　　叶较小，直径 11～12cm，基部近心脏形，常 5 裂，稀 3 裂 ····················
　　　　　　　　　　　　　　　58. 太白深灰槭（亚种）*A. caesium* subsp. *giraldii*

64. 小坚果的基部常 1 侧较宽，另 1 侧较窄致呈倾斜状（茶条槭组 **Ginnala**/鞑靼槭系 **Tatarica**）········65
　　　小坚果凸起成卵圆形、长圆形或近球形，基部不倾斜 ···67

65. 叶纸质，较大，翅果无毛 ··66
　　　叶近革质，较小，长 1.2～2.5cm，宽 1～3.2cm，3～5 裂，边缘有稀疏的圆齿或重锯齿；伞房花序
　　　有腺毛；翅果嫩时有疏柔毛和腺毛 ····························59. 天山槭 *A. semenovii*

66. 叶长 6～10cm，宽 4～6cm，纸质，长圆卵形或长圆椭圆形，常 3～5 裂，各裂片的边缘均具不整
　　　齐的钝尖锯齿 ··60. 茶条槭 *A. ginnala*
　　　叶长 5～8cm，宽 2.5～5cm，系薄纸质、卵形或椭圆状卵形，不分裂或不明显的 3～5 裂，边缘有
　　　不规则的锐尖重锯齿 ·······················61. 苦茶槭（亚种）*A. ginnala* subsp. *theiferum*

67. 花常成总状圆锥花序；翅果较大，长 2～2.8cm，张开近直立或呈锐角，稀近直角
　　　（穗状槭组 **Spicata**/穗状槭系 **Spicata**）···68
　　　花常成圆锥花序或伞房花序；翅果较小，长 1～3cm，张开近水平或呈钝角，稀呈锐角
　　　（小果槭组 **Microcarpa**）···71

68. 叶近圆形，长和宽均 8～12cm；翅果较大，长 2.5～2.8cm，张开近直立或呈锐角 ·············69
　　　叶近长圆形，长 10～12cm，宽 7～9cm，裂片阔卵形，先端锐尖，边缘有粗锯齿，下面有浓密的
　　　淡黄色绒毛；翅果较小，长 1.5～2cm，张开成直角 ···········62. 花楷槭 *A. ukurunduense*

69. 幼嫩小枝、叶柄和叶的下面均有很密的短柔毛，叶的裂片卵形，边缘有很密的锐尖锯齿 ·········
　　　　　　　　　　　　　63. 川滇长尾槭（变种）*A. caudatum* var. *prattii*[6]
　　　叶柄无毛或仅其顶端附近有稀疏的短柔毛，叶的裂片三角形或三角状卵形 ·····················70

70. 叶裂片为较短的三角形，下面有短柔毛或无毛，边缘的锯齿较粗，子房有较稀疏的短柔毛 ·········
　　　　　　　　　　　　64. 多齿长尾槭（变种）*A. caudatum* var. *multiserratum*[6]
　　　叶裂片为三角卵形，边缘有锐尖的重锯齿，下面淡绿色，嫩时有淡黄色短柔毛，成熟时除叶脉上
　　　有短柔毛外其余部分无毛；子房密被黄色绒毛 ···············65. 长尾槭 *A. caudatum*

71. 叶通常纸质，常自叶片中段以下 3～7 裂，裂片卵形至披针形，边缘有锯齿或细锯齿，稀全缘或浅
　　　波状，叶柄比较长而细瘦（中华槭系 **Sinensia**）···72
　　　叶近革质，常自叶片中段以上 3 裂，裂片通常为三角形，边缘近全缘或浅波状，叶柄比较短而粗
　　　壮（粗柄槭系 **Tonkinensia**）···118

72. 叶 5～7 裂 ··73
　　　叶 3 裂 ···106

73. 叶常 7 裂，有时同一株上的叶既有 7 裂又有 5 裂的 ···74
　　　叶常 5 裂，有时同一株上的叶既有 5 裂又有 3 裂的 ···84

74. 翅果张开近水平；小坚果近球形 ··75
　　　翅果张开成钝角，小坚果卵圆形或长圆卵形 ···80

75. 翅果较大，长 2.5～3.5cm；叶的边缘有锯齿 ···76
　　　翅果较小，长 2.3～2.8cm；叶的边缘有细锯齿 ···79

76. 圆锥花序比较宽大，直径 2～3cm，花较稀疏，萼片内侧无毛；小坚果的脉纹不显著 ·············77
　　　圆锥花序比较狭窄，直径 1～1.8 cm，花多而紧密，萼片内侧有长柔毛，子房有淡黄色长柔毛；翅
　　　果长 2.5～3cm，张开近水平 ·······························66. 毛花槭 *A. erianthum*

77. 叶边缘有不整齐的钝尖锯齿，下面仅嫩时沿叶脉有长柔毛，脉腋有丛毛；子房无毛或仅有稀少的
　　　疏柔毛 ··78
　　　叶 7 裂，边缘有紧贴的钝尖锯齿，下面有宿存的短柔毛，脉腋有白色丛毛；子房有黄色短柔毛；
　　　翅果长 3.2～3.4cm，张开近水平 ···················67. 七裂槭 *A. heptalobum*[7]

78. 叶裂片卵状长圆形，稀卵形或三角卵形，子房无毛 ·················68. 扇叶槭 *A. flabellatum*
    叶裂片常系卵状长圆形，子房被很稀少的疏柔毛
    ·······················69. 云南扇叶槭（变种）*A. flabellatum* var. *yunnanense* [7]

79. 叶较大，长 8～15cm，宽 9～20cm，常 7 裂，稀 5 裂，裂片披针形或卵状披针形，下面嫩时有疏
    柔毛，其后仅脉腋有丛毛；萼片内侧有长柔毛 ·················70. 藏南槭 *A. campbellii*
    叶较小，长与宽均 7～8cm，5～7 裂，裂片长圆形或三角状卵形，萼片内侧无毛 ·················80

80. 叶的下面除脉腋有丛毛外其余部分无毛；小坚果特别凸起，近球形，翅长圆形或长圆倒卵形 ·······
    ·························71. 盐源槭 *A. schneiderianum* [10]
    叶的下面有很密的淡黄色短柔毛，小坚果近球形，翅倒卵形
    ·························72. 柔毛盐源槭（变种）*A. schneiderianum* var. *pubescens* [10]

81. 果序较短，仅长 5～6cm，常直立；翅果较大，长 2.5～3cm ·························82
    果序较长，通常长 14～16cm，常下垂；翅果较小，长 2～2.2cm，张开成钝角，小坚果长圆卵形；
    叶 7 裂或 5 裂，裂片边缘有紧贴的锯齿 ·················73. 马边槭 *A. mapienense* [7]

82. 叶基部深心脏形，裂片长圆卵形或三角状卵形，边缘浅波状或有紧贴的锯齿 ·················83
    叶基部近于心脏形或截形，裂片长圆卵形或卵形，边缘有稀疏的圆齿；小坚果卵圆形，翅倒卵形
    ·························74. 密果槭 *A. kuomeii*

83. 叶较大，宽 12～14cm，长 10～12cm，7 裂，裂片锐尖，边缘有紧贴的锯齿 ·················
    ·························75. 上思槭 *A. shangszeense* [7]
    叶较小，宽 7～10cm，长 6～7cm，常 7 裂，裂片边缘浅波状
    ·························76. 安福槭（变种）*A. shangszeense* var. *anfuense* [7]

84. 翅果张开成锐角或直角 ·························85
    翅果张开成钝角或近水平 ·························93

85. 翅果较大，长 3～3.5cm ·························86
    翅果较小，仅长 1.5～2cm ·························92

86. 叶基部近心脏形或截形，叶常较大，直径在 10cm 以上 ·························87
    叶基部近圆形，叶较小，直径通常 6～8cm，5 裂深达叶片长度的 1/3，裂片长圆卵形或三角状卵
    形，边缘有锐尖锯齿；翅果长 3～3.2cm，张开成锐角 ·················77. 西畴槭 *A. sichourense* [12]

87. 叶近革质或纸质，下面略有白粉 ·························88
    叶纸质，长 10～11cm，宽 12～13cm，5 裂深达于叶片长度的 4/5，裂片狭窄披针形，边缘有较粗
    的锯齿，下面无白粉；翅果张开成锐角 ·················78. 信宜槭 *A. sunyiense* [8]

88. 叶纸质，上面有光泽，5 裂，裂片卵形或长圆卵形，边缘浅波状或近全缘，翅果张开成钝角 ·······
    ·························79. 波缘中华槭（变种）*A. sinense* var. *undulatum* [8]
    叶近革质 ·························89

89. 叶常 5～7 深裂，裂片狭窄呈披针形，基部裂片常下垂，裂片边缘具紧贴的粗锯齿，小坚果近于球
    形，翅张开近水平 ·················80. 深裂中华槭（变种）*A. sinense* var. *longilobum* [8]
    叶常 5 裂，裂片长圆卵形或三角状卵形 ·························90

90. 叶的裂片常较短而宽，翅果较小，翅亦较短，小坚果连同翅仅长 2cm，张开成锐角 ·················
    ·························81. 小果中华槭（变种）*A. sinense* var. *microcarpum* [8]
    翅果较大，长 3cm 以上，张开成直角或近水平 ·························91

91. 叶上面深绿色，下面淡绿色，裂片除靠近基部的部分外其余的边缘有紧贴的圆齿状细锯齿，翅果
    张开成直角 ·························82. 中华槭 *A. sinense*
    叶 5 裂，两面均系绿色，裂片边缘近全缘或浅波状；翅果张开近水平 ·························
    ·························83. 绿叶中华槭（变种）*A. sinense* var. *concolor* [8]

92. 叶较大，直径约 10cm，5 裂，裂片披针形，先端锐尖，近先端边缘有紧贴的锯齿，基部近全缘；

翅果长 1.8～2cm，张开成锐角 ·· **84. 黔桂槭** *A. chingii*

叶较小，直径 4～5cm，5 裂，裂片卵形或长圆卵形，先端尾状锐尖，边缘有细锯齿；翅果长 1.5cm，张开成锐角 ·· **85. 瑶山槭** *A. yaoshanicum*

93. 叶下面沿叶脉和叶柄有毛 ··· 94

叶下面和叶柄无毛或近无毛 ·· 98

94. 翅果长 2.3～2.5cm，常张开成钝角 ·· 95

翅果长 2.5～2.7cm，张开成水平；叶革质，较大，直径 7～11cm，5 裂或 3 裂，裂片边缘有小圆齿，下面沿叶脉有淡黄色长硬毛 ································· **86. 苗山槭** *A. miaoshanicum*

95. 子房有淡黄色疏柔毛；翅果张开成钝角或稀近水平 ·································· 96

子房有淡黄色长柔毛；翅果张开成钝角；叶较小，5 裂，裂片边缘有紧贴的锐尖锯齿，下面沿叶脉有淡黄色长柔毛 ································ **87. 桂林槭** *A. kweilinense*

96. 叶边缘除近裂片基部全缘外其余部分均具紧贴的钝尖锯齿，下面沿叶脉有淡黄色短柔毛或长柔毛，翅果张开成钝角 ································ **88. 毛脉槭** *A. pubinerve*

翅果张开近水平 ··· 97

97. 小枝被淡黄色疏柔毛，叶裂片较狭窄，边缘有较粗的锯齿，叶柄密被长硬毛，翅果较大 ······················· **89. 广东毛脉槭（变种）** *A. pubinerve* var. *kwangtungense* [9]

小枝无毛，叶边缘有显著的钝尖锯齿，翅果较小 ··· **90. 细果毛脉槭（变种）** *A. pubinerve* var. *apiferum* [9]

98. 翅果较大，长 2.8～3.5cm ··· 99

翅果较小，长 2～2.5cm ·· 108

99. 叶革质或近革质，较大 ··· 100

叶纸质，较小 ··· 105

100. 叶长 8～12cm，宽 9～13cm，绿色，3～5 裂，裂片三角状卵形，边缘有紧贴的锯齿；翅果长 3～3.5cm，张开近水平 ···························· **91. 多果槭** *A. prolificum* [8]

叶嫩时上面绿色，下面淡紫色或绿色，老时橄榄色 ······························· 101

101. 叶较大，长 8～14cm，宽 12～20cm，下面嫩时紫色，5 裂，裂片卵状披针形或卵形，全缘或有明显的圆齿；翅果长 3cm，张开成钝角 ················· **92. 两色槭** *A. bicolor* [8]

叶较小，直径 10cm 以下 ··· 102

102. 叶 5 裂，裂片近卵形，先端锐尖，边缘有显著的细圆齿，翅果长 3～3.5cm ································· **93. 圆齿两色槭（变种）** *A. bicolor* var. *serrulatum* [8]

叶常 5 裂，稀 3 裂，裂片卵形，先端尾状锐尖，边缘有紧贴的粗锯齿，翅果较小 ·················· **94. 粗齿两色槭（变种）** *A. bicolor* var. *serratifolium* [8]

103. 花序伞房状 ·· 104

花序圆锥状 ·· 103

104. 叶基部近心脏形或近截形，5 裂，裂片三角状卵形或长圆卵形；花的子房无毛；翅果较大，长 3～3.5cm ····································· **95. 五裂槭** *A. oliverianum*

叶基部近截形，5 裂，裂片三角形，脉纹比较显著；花的子房有疏柔毛；翅果较小，长 2.5cm，张开成钝角 ································ **96. 台湾五裂槭** *A. serrulatum*

105. 叶直径 7～9cm，叶柄和叶下面无毛，翅果长 2.8～3cm ········· **97. 婺源槭** *A. wuyuanense*

叶直径 5～7cm，叶柄和叶下面的叶脉有淡黄色疏柔毛；翅果较小 ·················· **98. 毛柄婺源槭（变种）** *A. wuyuanense* var. *trichopodum*

106. 叶纸质，绿色 ··· 107

叶革质，橄榄色，5 裂（稀 7 裂），裂片卵形或三角状卵形，边缘有钝尖锯齿；翅果长 2～2.5cm，张开成钝角稀近水平 ································ **99. 橄榄槭** *A. olivaceum*

107. 叶中央裂片与侧裂片卵形或三角状卵形，先端短急锐尖；翅果较大，长 2～2.3cm，张开近水平

··· 100. 秀丽槭 *A. elegantulum*

叶的中央裂片和侧裂片系长圆卵形，先端长尾状锐尖；翅果较小，长 1.2～1.5cm，张开近水平或略反卷 ·· 101. 长尾秀丽槭（变种）*A. elegantulum* var. *macrurum*[11]

108. 花序圆锥状 ··· 109
　　花序伞房状 ··· 115

109. 叶革质，3 裂，裂片边缘浅波状；果序长 13cm；小坚果长圆形或长圆卵形，长 7mm，宽 5mm，连同翅长 3.5cm，张开水平 ····························· 102. 大埔槭 *A. taipuense*[12]
　　叶纸质或膜质，3 裂，裂片全缘或有锯齿；果序较短，长度在 8cm 以内；翅果较小，长 2～3cm，张开成钝角或近水平 ·· 110

110. 花 5 数，花盘无毛，子房有长柔毛 ··· 111
　　花 4 数，花盘有长柔毛，子房有疏柔毛 ··· 114

111. 叶系纸质或近革质，常 3 裂、裂片披针形或长圆卵形近全缘；翅果长 2.5～3cm，张开成钝角 ································· 103. 钝角三峡槭（变种）*A. wilsonii* var. *obtusum*[12]
　　翅果张开近水平 ··· 112

112. 叶系纸质，3 裂，裂片狭窄披针形，长 7～9cm，边缘有稀疏而紧贴的锯齿，先端长尾状锐尖，尖尾长 2～3cm，有时基部还有 2 个小的钝尖裂片，致成 5 裂 ······································ 104. 长尾三峡槭（变种）*A. wilsonii* var. *longicaudatum*[12]
　　叶纸质，3 裂，裂片三角形卵形，边缘全缘或仅近先端有细锯齿 ················· 113

113. 叶薄纸质或膜质，3 裂，裂片卵状长圆形或近披针形，先端锐尖或尾状锐尖，全缘或仅近先端有细锯齿，并且偶尔有两个额外的基叶；圆锥状花序长且下垂，萼片黄绿色；翅片小得多 ··· 105. 三峡槭 *A. wilsonii*
　　叶深 3 裂，裂片三角状卵形，先端渐尖；伞房花序短且顶生，通常每个花序只有一个发育良好，萼片紫红色；翅片大得多 ······················· 106. 三裂槭 *A. calcaratum*

114. 叶边缘有稀疏的锐尖锯齿；小坚果近球形，直径 6mm，连同翅长 2～2.5cm，张开成钝角 ··· 107. 岭南槭 *A. tutcheri*
　　叶缘锯齿较细而显著；翅果细瘦，仅长 1.5cm，张开成锐角 ····················· 108. 小果岭南槭（变种）*A. tutcheri* var. *shimadai*

115. 叶常自叶片中段以下深 3 裂，裂片披针形、长圆形或长圆披针形，边缘全缘近先端有粗锯齿或细锯齿 ··· 116
　　叶常自叶片中段浅 3 裂，裂片卵形，稀近钝尖，边缘有细圆齿或细锯齿 ····· 122

116. 叶纸质；翅果张开近锐角或直角 ··· 117
　　叶近革质，长 4～6cm，宽 5～7cm，基部近圆形，深 3 裂达叶片长度的 2/3，裂片披针形或近卵状披针形，基部全缘，近先端有细锯齿；果序长 6～7cm，淡紫色，翅果张开近水平 ··· 109. 兰坪槭 *A. lanpingense*

117. 叶较小，长 3～5cm，宽 3～6cm，裂片长圆形或长圆披针形 ··········· 110. 细裂槭 *A. stenolobum*
　　叶较大，长 7～8cm，宽 10～12cm，叶的裂片宽 1.5～1.8cm ······················· 111. 大叶细裂槭（变种）*A. stenolobum* var. *megalophyllum*[13]

118. 叶革质或薄纸质 ··· 119
　　叶纸质，长 3.5～5cm，宽 3～4cm，自叶片中段 3 裂，中裂片卵形，侧裂片较小，钝尖，裂片边缘有紧贴的锐尖细锯齿，叶柄长 1.2～1.5cm；果序长 4～5cm，小坚果卵圆形，连同翅长 2.5cm ··· 112. 江西槭 *A. kiangsiense*

119. 叶革质，基部心脏形，自叶片中段 3 裂，裂片卵形，先端锐尖，边缘有细圆齿 ··· 113. 密叶槭 *A. confertifolium*
　　叶系薄纸质，基部近圆形，3 裂，裂片卵形，先端略钝，边缘有很密的细锯齿 ·········

·················· 114. **细齿密叶槭（变种）** *A. confertifolium* var. *serrulatum* [14]

120. 嫩枝、叶下面、叶柄、小坚果和果梗无毛，张开近水平 ························· 121

嫩枝、叶下面、叶柄、果梗和小坚果有灰色至黄色绒毛；小坚果连同翅长 3.5～3.8cm；张开成钝角 ·········· 115. **河口槭** *A. fenzelianum*

121. 叶中段以上 3 裂，裂片三角形，通常向前直伸，先端渐尖或锐尖 ········116. **粗柄槭** *A. tonkinense*

叶基部深心脏形或心脏形，通常深 3 裂，裂片长圆卵形或长圆披针形，先端渐尖或锐尖，侧裂片向侧面伸展，有时基部还有 2 个钝尖形小裂片 ·········· 117. **广西槭（亚种）** *A. tonkinense* subsp. *kwangsiense* [15]

122. 叶常 3 裂，裂片全缘，稀浅波状或锯齿状 ························ 123

叶常不分裂成裂片 ······························ 136

123. 叶中裂片长圆披针形或披针形 ······················· 124

叶 3 裂，中裂片常系卵形、三角形或三角状卵形，侧裂片向前伸展 ······· 125

124. 叶比较细瘦，侧裂片向上直伸，较小或稀不发育，叶柄较短，仅长 1.5～2cm，翅果比较细瘦 ·········· 118. **瘦果川甘槭（变种）** *A. yui* var. *leptocarpum* [16]

叶阔卵形，侧裂片近卵形，常近平展，叶柄长 3～4cm；小坚果凸起，卵圆形，翅与小坚果共长 2.1～2.4cm ·········· 119. **川甘槭** *A. yui*

125. 叶的侧裂片与中裂片大小近相等 ····················· 126

叶的侧裂片常小于中裂片（有时在同一株上还生有不分裂的叶）········ 133

126. 叶柄较短，长 2.0～5cm ························· 127

叶系薄纸质，下面有白粉和灰色疏柔毛，叶柄较长，常长 7～8cm；果序有灰色疏柔毛；小坚果凸起，直径约 7mm，连同翅长 2.3cm，张开近直立 ·········· 120. **福州槭** *A. lingii* [17]

127. 小坚果 2 翅，稀 3 翅或 4 翅 ······················ 128

小坚果 3 翅，稀 2 翅或 4 翅 ·········· 121. **三翅槭** *A. trialatum* [17]

128. 翅果张开近水平 ·········· 122. **平翅三角枫（变种）** *A. buergerianum* var. *horizontale*

翅果张开成锐角、直角或钝角 ······················· 129

129. 叶薄纸质、卵形或椭圆形，基部近圆形或心脏形，不分裂或浅 3 裂，侧裂片短而钝尖 ·········· 123. **台湾三角枫（变种）** *A. buergerianum* var. *formosanum*

叶纸质 ································· 130

130. 叶较小，长 3cm，宽 3～5cm，下面有白粉，下段近圆形，上段 3 裂，裂片卵形；翅果较小，常单生，翅连同小坚果长 1.5～1.8cm ····· 124. **宁波三角枫（变种）** *A. buergerianum* var. *ningpoense* [17]

叶较大，长 6～10cm ··························· 131

131. 小坚果凸起，直径约 6mm，连同翅长 2.5～3cm，张开成锐角或近直立 ·········· 125. **三角枫** *A. buergerianum*

翅果张开成钝角 ····························· 132

132. 当年生小枝和花序密被淡黄色或灰色绒毛，叶长与宽均 5～6cm，下面有疏柔毛 ·········· 126. **界山三角枫（变种）** *A. buergerianum* var. *kaiscianense*

叶近于圆形，下段圆形，上段深 3 裂，嫩时沿叶脉有短柔毛；果序嫩时有短柔毛 ·········· 127. **雁荡三角枫（变种）** *A. buergerianum* var. *yentangense*

133. 叶的侧裂片较长，通常系渐尖至尾状锐尖 ·················· 134

叶的侧裂片较短，通常系钝尖至钝形 ····················· 138

134. 叶纸质或厚革质 ···························· 135

叶革质，近圆椭圆形、卵形或倒卵形，裂片尾状锐尖，叶柄长 2.5～5（9）cm；小坚果近球形、直径 5mm，连同翅长约 2.3cm，张开成钝角 ·········· 128. **平坝槭** *A. shihweii*

135. 叶系厚革质，近长圆卵形或倒卵形，中裂片渐尖，侧裂片三角形，向前直伸 ······ 129. **金沙槭** *A. paxii*

叶系纸质，下半段近半圆形，上半段 3 裂而侧裂片平斜向伸展·····························
·····························130. 半圆叶金沙槭（变种）*A. paxii* var. *semilunatum* [18]

136. 叶较小，长 4～7cm，宽 2～4cm·····························137
叶较大，长 7～17cm，宽 5～9cm，下面有白粉，边缘有稀疏的钝锯齿；小枝、花序和叶柄无毛；
小坚果近球形，连同翅长 2.5cm，张开成钝角·····························131. 异色槭 *A. discolor*

137. 小枝和叶柄无毛，花序嫩时有长柔毛；叶革质，长椭圆形，下面略有白粉，边缘不反卷，侧裂片
钝形；小坚果长圆形，连同翅长 2～2.2cm，张开成钝角·····························132. 角叶槭 *A. sycopseoides*
小枝、花序和叶柄密被淡黄色绒毛；叶革质，卵形，下面有绒毛，边缘反卷，侧裂片锐尖；小坚
果椭圆形，连同翅长 1.8～2.2cm，张开成钝角·····························133. 富宁槭 *A. paihengii*

138. 叶基部生出的 1 对侧脉较长于由中脉生出的侧脉，常达于叶片的中段。（三脉槭系 Trinervia）
·····························139
叶基部生出的 1 对侧脉和由中脉生出的侧脉近等长，彼此平行而呈羽状。（羽脉槭系 Penninervia）
·····························162

139. 小枝、叶柄和叶下面都有很显著的绒毛·····························140
小枝和叶柄无毛，叶下面常有白粉，但无毛·····························141

140. 小枝、叶柄和叶下面有黄色或淡黄色绒毛；翅果较大，长约 3cm······134. 樟叶槭 *A. coriaceifolium*
小枝紫绿色，嫩时有灰色绒毛；叶近革质，叶片下面和叶柄均有灰色绒毛；翅果较小，仅长 1.7cm，
张开成锐角·····························135. 灰毛槭 *A. hypoleucum*

141. 叶披针形，稀倒披针形·····························142
叶长圆形、长圆卵形或卵形·····························145

142. 叶较短，长度常不超过 10cm；翅果较大，长 2～2.6cm·····························143
叶较长，长度常超过 10cm；翅果较小，仅长 1.7～2cm·····························144

143. 叶厚革质，披针形，比较短而宽，先端渐尖，基部钝形，长 6～8.5cm，宽 2.5～3.5cm，叶柄长 1～
1.5cm；翅果长 2～1.5cm，张开成锐角或近直立·····························136. 亮叶槭 *A. lucidum*
叶革质，披针形，比较长而窄，先端长渐尖，稍弯曲，基部楔形，长 8～10cm，宽 1.7～2cm，
叶柄长 2～2.5cm；翅果长 2.6cm，张开近直角·····························137. 剑叶槭 *A. lanceolatum*

144. 叶近革质，披针形，长 8～13cm，宽 2.5～5cm，下面淡紫白色，侧脉 7～8 对；翅果长 1.7～2cm，
张开成钝角·····························138. 紫白槭 *A. albopurpurascens*
叶革质，倒披针形，长 10～17cm，宽 3～5cm，下面灰色，侧脉 10～12 对；翅果长 2cm，张开
近于直角或钝角·····························139. 长叶槭 *A. litseaefolium*

145. 叶长圆形或长圆卵形；翅果张开成锐角至钝角·····························146
叶卵形；翅果张开近直立·····························161

146. 叶长圆形，小叶脉不发育，叶下面平滑·····························147
叶长圆卵形，小叶脉发育，在叶下面呈网状·····························148

147. 叶较大，长 7～11cm，宽 3～4.5cm；果序较长，常长 8cm，果梗长 2～2.5cm；翅果张开成钝角
·····························140. 北碚槭 *A. pehpeiense* [19]
叶较小，长 6～7cm，宽 2～3cm；果序较短，仅长 6cm，果梗长 1cm；翅果张开成锐角·····························
·····························141. 武夷槭 *A. wuyishanicum* [19]

148. 叶革质；翅果张开成锐角或近直角·····························149
叶纸质·····························154

149. 翅果紫红色，长 2cm，张开成直角，果梗紫红色·····························142. 将乐槭 *A. laikuanii* [19]
翅果嫩时淡绿色，后变淡黄色·····························152

150. 叶常 3 裂，裂片边缘具稀疏的锐尖锯齿·······143. 三裂飞蛾槭（变种）*A. oblongum* var. *trilobum* [20]
叶革质，全缘·····························151

151. 叶革质，较大，椭圆形，背面密被柔毛。果也较大，褐色，微凸起。翅宽约 1.5cm，连同小坚果长 5～6cm，无毛,张开直立 ·· 144. 巨蛾槭 *A. macropterum* [30]

    叶革质，较小；果也较小；翅宽小于 1.5cm，张开近直角 ·· 150

152. 叶系厚革质，常为卵形或长圆卵形，稀近长圆形

    ·················· 145. **厚叶飞蛾槭（变种）** *A. oblongum* var. *pachyphyllum* [19]

    叶革质 ·· 153

153. 叶比较长而窄，常系披针形或长椭圆形，稀长圆卵形，基部阔楔形

    ·················· 146. **峨眉飞蛾槭（变种）** *A. oblongum* var. *omeiense*

    叶长圆卵形 ··· 156

154. 叶下面系淡绿色，无白粉 ············ 147. **绿叶飞蛾槭（变种）** *A. oblongum* var. *concolor* [20]

    叶下面有白粉 ··· 155

155. 翅果的翅较宽，最宽的翅的中段部分常宽 1～1.2cm，常向外侧反卷呈镰刀形

    ·················· 148. **宽翅飞蛾槭（变种）** *A. oblongum* var. *latialatum* [20]

    翅果嫩时绿色，成熟时淡黄褐色，张开近直角 ········· 149. **飞蛾槭** *A. oblongum* [20]

156. 叶边缘有细锯齿，总状花序，雄蕊着生于花盘与花瓣之间 ······· 150. **纸叶槭** *A. pluridens* [25]

    叶先端部分具稀疏的细锯齿，其余部分全缘;伞房花序，雄蕊着生于花盘内侧的边缘 ·········· 157

157. 叶较小，仅长 3.5～7cm，宽 1.5～2cm，稀达 2.5cm，翅果较小，小坚果近球形

    ·················· 151. **小紫果槭（变种）** *A. cordatum* var. *microcordatum* [21]

    叶较大，长 6～9cm，宽 3～4.5cm ··· 158

158. 叶片比较长而狭窄，不分裂或分裂，叶基生出的 1 对侧脉常较短，可伸至叶片长度的 1/5～1/2，叶柄较长，常长 1.5～3.5cm ··· 159

    叶片不分裂，基出脉延伸至叶片长度的 1/2,叶柄较短，紫色或淡紫色，长约 1cm，细瘦，无毛

    ·················· 152. **紫果槭** *A. cordatum*

159. 叶侧脉 2～4 对；伞房花序，具花 5～10 朵；翅果长 1.4～2.2cm

    ·················· 153. **长柄紫果槭（变种）** *A. cordatum* var. *subtrinervium* [21]

    叶侧脉 5～10 对；圆锥花序，具花 20～40 朵；翅果长 2.5～3.5 cm ·································· 160

160. 基出脉伸达叶片长度的 1/4 ～1/3，决不达 1/2；圆锥花序，具花 20～40 朵；翅果较小，长 2.5～3cm ·················· 154. **两型叶闽江槭（变种）** *A. subtrinervium* var. *dimorphifolium*

    基出脉不裂者延伸至叶片长度的 1/5～1/3；2 或 3 浅裂至中裂者可伸至叶片长度的 1/2；圆锥花序，具花 30～40（～80）朵；翅果较大，长 2.5～3.5 cm ········· 155. **闽江槭** *A. subtrinervium*

161. 叶纸质，长 3.5～4.5cm，宽 1.5～2cm，先端有长尖尾；翅果较小 ······ 156. **都安槭** *A. yinkunii*

    叶革质，长 6～7cm，宽 3～4.5cm，先端渐尖，无尖尾；翅果较大 ····· 157. **灰叶槭** *A. poliophyllum*

162. 叶下面有白粉，常系灰色 ·· 163

    叶下面无白粉，常系淡绿色或绿色 ·· 168

163. 叶椭圆形、长椭圆形或长圆形，侧脉较少，最多 10 对；翅果较大，长 2.8～3.2cm ··········· 164

    叶披针形或长椭圆形，侧脉较多，通常 10～15 对；翅果较小，长 2～2.5cm ···················· 166

164. 叶革质或厚革质，椭圆形或长椭圆形；翅果无毛 ·· 165

    叶纸质，长圆形，较小，长 6～8cm，宽 2.2～3cm，侧脉 8～10 对；翅果长 2.4～3cm，嫩时被短柔毛，张开成锐角 ·················· 158. **海拉槭** *A. hilaense*

165. 叶厚革质，长椭圆形，较大，长 8～14cm，宽 3.5～6cm，侧脉 8～10 对；翅果嫩时紫色，张开近直立 ·················· 159. **厚叶槭** *A. crassum*

    叶革质，椭圆形，较小，长 6～9cm，宽 2～4cm，侧脉 5～7 对；翅果淡黄色，张开成锐角········

    ·················· 160. **滨海槭** *A. sino-oblongum*

166. 小枝常 4～6 个密生于前一年生枝的顶端；果序被绒毛，翅果张开成锐角 ······················· 167

叶披针形，较宽，常宽 3～5cm，长 8～12cm，侧脉 10～12 对，叶柄长 2.5～5cm；一小枝常 2
个对生；果序无毛，翅果张开成直角 ·· 161. **桉状槭 A. eucalyptoides**

167. 叶披针形，较窄，宽 2～3cm，长 9～11cm，叶柄较短，长 1.5～2cm ···· 162. **天峨槭 A. wangchii**
叶长圆形，长 8～10cm，宽 2.5～3cm，稀达 4cm，先端渐尖或短急锐尖，基部近圆形，叶柄较
长，长 3～4cm ··· 163. **缙云槭（亚种）A. wangchii** subsp. *tsinyunense* (19)

168. 花序伞房状 ··· 169
花序圆锥状 ··· 181

169. 叶披针形 ··· 170
叶长圆形或椭圆形 ··· 182

170. 叶革质，叶柄无毛 ··· 171
叶纸质 ··· 178

171. 叶长 10～15cm，宽 4～5cm，侧脉 7～8 对，小叶脉干后很显著；小坚果椭圆形或长椭圆形，连
同翅长 3～3.7cm，张开成钝角至锐角 ··· 164. **光叶槭 A. laevigatum**
小叶脉不显著；小坚果近球形 ··· 172

172. 翅果较大，长 3cm 以上 ·· 173
翅果较小，长 3cm 以下 ·· 175

173. 花序总轴和花梗均被长柔毛；翅果较大，长 4.5～4.8cm，张开成钝角 ·······
··· 165. **毛梗罗浮槭（变种）A. fabri** var. *virescens* (23)
花无毛或嫩时被绒毛 ··· 174

174. 翅果较大，长 3.5～4cm，稀达 4.3cm，每果梗上的 2 个翅果中通常仅有 1 个发育良好，另外 1 个
不发育 ·· 166. **大果罗浮槭（变种）A. fabri** var. *megalocarpum* (23)
翅果较小，翅与小坚果长 3～3.4cm，宽 8～10mm，张开成钝角 ··········· 167. **罗浮槭 A. fabri**

175. 叶较小，近椭圆形，常长 4～4.5cm，宽 2～2.5cm；每果序有 2～3 个较小的翅果，仅长 1.8～2cm
··· 168. **特瘦罗浮槭（变种）A. fabri** var. *gracillimum* (23)
叶较大，近披针形，长 4.5～6cm，宽 1.5～2cm，比较平滑而有光泽；翅果较大，张开成钝角，
翅与小坚果长 3～3.4cm，宽 8～10mm，红色或红褐色 ····································
··· 169. **红果罗浮槭（变种）A. fabri** var. *rubrocarpum* (23)

176. 叶柄有毛或无毛，基部圆形或微近心脏形；伞房花序 ·· 177
叶柄无毛，叶片边缘绝对无锯齿，基部楔形，两面绝对无毛；圆锥状花序 ···························· 176

177. 叶柄有长柔毛，边缘全缘或近先端具几个很稀的小锯齿；坚果连同翅长 3.4cm，张开成钝角 ······
·· 170. **毛柄槭 A. pubipetiolatum**
叶柄较长而无毛，翅果较小，仅长 2.8～3cm ·································
··· 171. **屏边毛柄槭（变种）A. pubipetiolatum** var. *pingpienense*

178. 叶革质或厚革质；果梗和总轴比较粗壮，果序直立 ··· 179
叶纸质，长圆形、椭圆形或长椭圆形；果序伞房状或圆锥状 ··· 178

179. 叶基圆形，侧脉 6～7 对，叶柄长 1～1.4cm；果序伞房状，果梗和总轴纤瘦，果序平展或下垂，
翅果长 2.5～2.8cm，张开近锐角 ·· 172. **少果槭 A. oligocarpum**
叶基楔形，叶薄纸质，侧脉 7～8 对，网脉干时两面凸起；果序圆锥状。果翅连小坚果长约 2.4cm，
开张几为直角 ·· 173. **贵州槭 A. guizhouense** (22)

180. 叶革质，长圆形，长 8～14cm，宽 3.5～4.2cm，叶柄长 2～4cm；果序被短柔毛，翅果较大，长
4～4.2cm，张开近直立 ··· 174. **广南槭 A. kwangnanense**
叶厚革质，长 1～1.5cm；果序无毛。小坚果凸起，球形 ···················· 175. **网脉槭 A. reticulatum** (22)

181. 叶纸质，长 7～9cm，宽 2.5～4cm，侧脉 9～12 对，叶柄紫绿色，长 1.1～1.8cm；翅果长 2.5～
2.8cm，被短柔毛，张开近水平 ···················· 176. **怒江光叶槭 A. laevigatum** var. *salweenense*

叶近革质，长 5～8cm，宽 3～4cm，侧脉 5～7 对，叶柄长 1.3～1.8cm；翅果长 2.5cm，无毛，

张开成钝角（海南岛）······················177. **海南槭 *A. hainanense*** [22]

182. 叶的长度很显著地大于宽度，通常长度较宽度大 1/3～1 倍，常不分裂，稀 3～5 浅裂，侧裂片钝

形，较小；翅果张开近水平或呈钝角，稀呈锐角。（**楂叶槭系 Crataegifolia**）················183

叶的长度略大于宽度，通常长度较宽度大 1/10～3/10，常显著地 3～5 裂，裂片尾状锐尖，锐尖

或钝尖··193

183. 叶通常不分裂··184

叶 3～5 浅裂，侧裂片较小，钝尖或钝形，基部裂片微发育或不发育·····················191

184. 果梗较长，常长 1～1.5cm··185

果梗较短，仅长 2～7mm··190

185. 叶纸质，侧脉 8～12 对；总状花序,翅连同小坚果共长 2.5～5.5cm·····················186

叶纸质或近革质，下面仅脉腋有丛毛，侧脉 8～10 对·····································187

186. 叶较大，长 6～14cm，宽 4～9cm，边缘有不整齐的细圆齿，下面嫩时沿叶脉有紫褐色短柔毛，

侧脉 11～12 对；总状花序,翅果长 2.5～2.8cm，张开成钝角或近水平·····179. **青榨槭 *A. davidii***

叶较小，长 6.2～8.5cm，侧脉每边各 8～9 条，与中脉和细脉均为红色；果序总状，长 4～5.5cm，

果梗较短，长 5～9mm，小坚果一面凸起，一面凹下··········179. **红脉槭 *A. rubronervium*** [24]

187. 叶卵形，长 10～14cm，宽 6～8cm，边缘有锐尖重锯齿；翅果张开近直角或钝角·····

···180. **锐齿槭 *A. hookeri*** [27]

叶近圆形，宽 5～7cm，长 8～11cm，边缘有不规则的锐尖细锯齿；翅果淡紫色，较小，长 1.8～

2cm，张开成钝角·····················181. **圆叶锐齿槭（变种）*A. hookeri* var. *orbiculare***

188. 叶近革质，侧脉 5～6 对；果序长 13～15cm···189

叶纸质，卵形，长 5～11cm，宽 3～5cm，边缘有紧密的锐尖细锯齿，侧脉 7～8 对；果序长 6～

8cm，翅果张开近钝角或直角·····················182. **尖尾槭 *A. caudatifolium***

189. 叶全缘或近先端有紧密的细锯齿或重锯齿，翅果近直角或钝角状张开·····················188

叶的边缘有紧密锐尖的细锯齿，翅果常张开成钝角·····································

···183. **细齿锡金槭（变种）*A. sikkimense* var. *serrulatum*** [25]

190. 叶脉及脉腋被丛毛；花为两性，雌雄同株··········184. **墨脱槭 *A. medogense*** [25]

叶片无毛；花为单性，雌雄异株··········185. **锡金槭 *A. sikkimense***

191. 叶卵形，较小，长 5～6cm，宽 4～5cm···192

叶长圆卵形，较大，长 7～12cm，宽 5～9cm，先端尾状锐尖·····························193

192. 叶 5 裂；中裂片三角形或三角状卵形，先端钝尖·····················186. **葛萝槭 *A. grosseri***

叶常深 3 裂，侧裂片常较长，先端锐尖·····················187. **长裂葛萝槭（变种）*A. grosseri* var. *hersii*** [26]

193. 叶嫩时下面沿叶脉有红褐色短柔毛，侧裂片钝尖，叶柄长 4～7cm·····················194

叶下面有白粉，侧裂片锐尖，叶柄长 2.5～5cm，无毛；翅果长 2.3～2.5cm，张开成钝角·····

···188. **丽江槭 *A. forrestii***

194. 叶较小，长 7～12cm，宽 5～8cm，常 3 裂，稀 5 裂，中央裂片细长，先端尾状锐尖，两侧的裂

片较小，钝尖，翅果张开成钝角或近水平·····················189. **疏花槭 *A. laxiflorum***

叶较大，长圆卵形，先端锐尖，常长 14cm，宽 6.3cm，下面的脉腋和叶柄的顶端均被短柔毛，

微 3 裂，侧裂片很小，翅果的翅基部较宽，张开几乎呈水平或略反卷·····························

···190. **长叶疏花槭（变种）*A. laxiflorum* var. *dolichophyllum*** [27]

195. 叶长 6～11cm，宽 6～9cm，裂片尾状锐尖或长尾状锐尖。（**长梗槭系 Micrantha**）·········196

叶长 6～15cm，宽 4～12cm，裂片钝尖或锐尖，稀尾状锐尖。（**青楷槭系 Tegmentosa**）·······200

196. 翅果的果梗较短，仅长 6～7cm；叶 5 裂，裂片卵形，先端尾状锐尖·····················197

叶近卵形，直径 7～9cm，深 3 裂，裂片长圆卵形、先端长尾状锐尖，裂片间的凹缺锐尖，叶柄

长 3～5cm，翅果长 2.2～2.5cm，张开成钝角，果梗长 1～2cm ················191. 滇藏槭 *A. wardii*

197. 叶长圆卵形，长约 6～10cm，宽 6～8cm，裂片间的凹缺深而狭窄，深达叶片长度的 2/3～4/5，
叶柄长 4～5cm；翅果长 2～2.5cm，张开成钝角，果梗长 7mm ···········192. 小楷槭 *A. komarovii*
　　叶近卵形，裂片间的凹缺锐尖，深达叶片长度的 1/3 ···198

198. 叶片边缘微裂并有紧贴的双重锯齿，锯齿粗壮，齿端有小尖头，叶背面侧脉的脉腋和主脉的基部
有红褐色的短柔毛；花瓣萼片长，花盘无毛 ··199
　　叶片边缘全缘，背面密被黄色柔毛，花瓣比萼片短，花盘上密被白色柔毛
　　··193. 短瓣槭 *A. brachystephyanum*

199. 叶较大，长 8～11cm，宽 6～9cm，上面深绿色，无毛，下面淡绿色或黄绿色；翅果紫色，成熟
后黄褐色 ··194. 五尖槭 *A. maximowiczii*
　　叶较小，常长 6～7cm，宽 4～6cm，上面淡紫绿色，干后深紫色，下面有白粉，灰紫色，叶柄细
瘦，紫色；果序紫色，翅果紫色
　　··195. 紫叶五尖槭（亚种）*A. maximowiczii* subsp. *porphyrophyllum* [28]

200. 叶常 3 裂，稀 5 裂 ···201
　　叶常 5 裂 ···207

201. 叶柄无毛 ···202
　　叶柄有短柔毛 ···204

202. 叶近卵形，常 3 裂，边缘有牙齿状粗锯齿，叶柄长 3～5cm；翅果张开成钝角 ·························
　　··196. 南岭槭 *A. metcalfii*
　　叶近圆形，3 裂，有时因基部的裂片发育而成 5 裂，边缘有锐尖的细锯齿，叶柄长 6～7cm ·······203

203. 叶的侧裂片三角形，先端锐尖，常短于中裂片，稍向侧面伸展 ··········197. 篦齿槭 *A. pectinatum*
　　叶的侧裂片尾状锐尖而较长，常与中裂片近等长 ··
　　··198. 尖尾篦齿槭（变型）*A. pectinatum* f. *caudatilobum* [29]

204. 叶近圆形或卵状长圆形，裂片锐尖，边缘有锐尖的细重锯齿，叶柄有很密的红褐色短柔毛；果序
直立，翅果较大，长 2.2～2.5cm，张开成钝角 ··········199. 独龙槭 *A. pectinatum* subsp. *taronense*
　　叶椭圆形或长椭圆形，中段以上 3 裂，裂片钝尖，边缘有不整齐的细锯齿，叶柄有紫褐色短柔毛；
果序常下垂，翅果较小，长 1.6～1.8cm，张开成钝角 ···200. 怒江槭 *A. chienii*

205. 叶革质，近圆形，先端尾状锐尖，长 8～10cm，宽 6～8cm，常浅 5 裂，裂片钝尖，边缘有钝尖
的重锯齿，上面深绿色，干后淡绿红色，叶柄长 5～7cm，淡紫红色；果序长 8cm，果梗长 7～
10mm，翅果长 1.8～2.3cm，张开成钝角 ·······································201. 红色槭 *A. rubescens* [4]
　　叶纸质，先端钝尖 ···206

206. 叶 5 裂，裂片钝尖，边缘有不整齐的圆齿，叶柄长 4～5cm，淡紫绿色；果梗长 1～1.2cm，翅果
较小，长 2～2.2cm，张开近水平 ···202. 来苏槭 *A. laisuense*
　　叶 3～7 裂，通常 5 裂，边缘有细重锯齿，叶柄长 4～7cm；果梗长 5mm，翅果较大，长 2.5～
3cm，张开成钝角或近水平 ··203. 青楷槭 *A. tegmentosum*

207. 叶常绿而全缘，常近长圆形或椭圆形；翅果扁平（扁果槭组 Hyptiocarpa/十蕊槭系 Decandra）
　　···208
　　叶冬季凋落，常分裂成裂片或边缘有锯齿；翅果常凸起，近球形 ···210

208. 叶革质，侧脉仅 5～6 对；翅果较大，长 6～7cm ···209
　　叶纸质，稀近于革质，长圆椭圆形，较长，常长 10～14cm，宽 3～6cm，侧脉 10～11 对，叶柄
长 2～3.5cm；翅果无毛，长 2.8～3cm，张开成锐角 ······················204. 楠叶槭 *A. machilifolium*

209. 叶卵状椭圆形，长 8～15cm，宽 4～7cm，叶柄长 5～7cm；翅果无毛，长 6～7cm，张开成锐角
　　··205. 十蕊槭 *A. laurinum*
　　叶长圆卵形或长圆形，长 9～12cm，宽 4～6cm，叶柄长 3cm；翅果有淡黄色短柔毛，长 7～7.5cm，

张开成锐角 ··206. 长翅槭 *A. longicarpum*

210. 花 4 数，单性，雄花序由无叶的小枝旁边生出，雌花序由着叶的小枝顶端生出；冬芽细小，鳞片镊合状排列（**尖齿槭组 Arguta/尖齿槭系 Arguta**）······················211
花 5 数，单性，雄花和雌花均由小枝旁边无叶处生出；冬芽卵圆形，较大，有多数覆瓦状排列的鳞片（**坚果槭组 Lithocarpa/坚果槭系 Litbocarpa**）·····················218

211. 叶常 5～7 裂 ···212
叶常不分裂，稀微分裂 ···213

212. 叶近圆形或卵形，长 5～8cm，宽 4～7cm，先端尾状锐尖，常 5 深裂，裂片锐尖，边缘有钝锯齿，下面有白色长硬毛和短柔毛；翅果长 3.5～4cm，张开成钝角··········207. **髭脉槭 *A. barbinerve***
叶卵形，长 6～8cm，宽 4～6cm，先端锐尖，常 5～7 浅裂，裂片钝尖，边缘有较大的牙齿状锯齿，下面无毛；翅果长 4cm，张开成直角···················208. **大齿槭 *A. megalodum*** [32]

213. 叶卵形，常不分裂，下面有宿存的淡黄色绒毛 ···214
叶不分裂或微分裂，嫩时有灰色短柔毛，其后无毛 ·····································215

214. 叶下面有宿存的淡黄色绒毛，初生脉 3～5 条，次生脉 8～9 对；翅果长 3～4.5cm，张开近直立或成锐角···209. **毛叶槭 *A. stachyophyllum***
叶下面有灰色或淡黄色绒毛，基部生出 3～5 条叶脉；翅果较小，长 3～3.2cm，张开成钝角·······
······················210. **五脉毛叶槭（变种） *A. stachyophyllum* var. *pentaneurum*** [31]

215. 翅果张开成锐角或近直立 ···216
翅果张开成钝角 ··217

216. 叶卵形或长圆卵形，较小，长 5～7cm，宽 2.5～4cm，不分裂或微分裂成短小的裂片···········
··211. **四蕊槭 *A. tetramerum***
叶常近椭圆形或圆形，较大，长 7～10cm，宽 4～7cm，基部近圆形，中段以上常 3～5 浅裂，裂片近于钝尖，先端长尾状，长 2cm，稀不分裂···············
······················212. **长尾四蕊槭（变种） *A. tetramerum* var. *dolichurum*** [31]

217. 叶菱形或长圆卵形，略小，长 5～7cm，宽 3～4cm，微分裂或不分裂；翅果长 3～4cm，张开常呈钝角，翅较宽，常宽 1.2～1.6cm···213. **桦叶四蕊槭（变种） *A. tetramerum* var. *betulifolium*** [32]
叶常微分裂，下面有白色疏柔毛；果实的翅倒卵形，宽 1.4cm，连同小坚果长 3.5cm ···········
······················214. **蒿坪四蕊槭（变种） *A. tetramerum* var. *haopingense*** [32]

218. 翅果较小，长度常在 7cm 以内 ···219
翅果较大，长度在 8cm 以上 ···231

219. 叶较小，直径 5～10cm ···220
叶较大，直径 10～25cm ···224

220. 果序较短，仅长 4～7cm ···221
果序较长，长 15cm 或 25cm ···223

221. 叶长 3～6cm，宽 4～7cm，深 3 裂，凹缺深几达叶片的基部，裂片披针形或长圆披针形，全缘或有时钝锯齿状；翅果长 2cm，嫩时有疏柔毛，张开成锐角·········215. **疏毛槭 *A. pilosum***
叶中段以上 3～5 浅裂，裂片长圆卵形或三角状卵形；翅果较大，长 3～4cm···············222

222. 叶 3～5 裂，边缘全缘或有稀疏的钝锯齿；翅果有短柔毛，长 3.5～3.7cm，张开近直角·········
··216. **天目槭 *A. sinopurpurascens***
叶 3 裂，边缘浅波状；翅果有宿存的疏柔毛，长 4～4.2cm，张开近直立·····················
··217. **秦岭槭 *A. tsinglingense***

223. 叶下面有绿色短柔毛和白粉；果序长 25cm ···················218. **雷波槭 *A. leipoense***
叶下面有淡白色短柔毛；果序较短，仅长 15cm···········
······················219. **白毛雷波槭（亚种） *A. leipoense* subsp. *leucotrichum*** [33]

224. 叶 3～5 裂或 5～7 裂，裂片钝尖 ·· 225
　　　叶 3 裂，裂片锐尖 ·· 227

225. 叶的长度和宽约为 15～20cm，常 5 裂，裂片钝尖，边缘有稀疏的粗锯齿；翅果嫩时淡紫绿色，
　　　有长柔毛，长 5～6cm，张开近于直立 ················· 220. 苹婆槭 A. sterculiaceum
　　　叶常 3 裂；翅果有淡黄色绒毛 ·· 226

226. 翅果较小，长 4～4.5cm，稀达 5cm，翅镰刀形，宽 1.5cm；果序长 6～8cm ···············
　　　·· 221. 房县槭 A. franchetii
　　　翅果较大，长 6～6.5cm，翅较宽，常宽 2.2～2.5cm；果序较长，常长 12cm，果梗粗壮，长 1.5～
　　　3cm ····························· 222. 大果房县槭（变种）A. franchetii var. megalocarpum [34]

227. 叶下面有稠密而宿存的淡黄色短柔毛或嫩时两面有毛，长大后近于无毛 ··················· 228
　　　叶革质，长 14～18cm，宽 12～15cm，3 裂，裂片锐尖，边缘浅波状或稀疏的小圆齿状，无毛；
　　　果序长 12cm，果梗较短，长 7～15mm，翅果无毛，长 6～6.5cm，张开近直角 ··············
　　　··· 223. 龙胜槭 A. lungshengense

228. 叶下面有稠密而宿存的淡黄色短柔毛；果序长 7～9cm，果梗粗壮，长 1.5～3cm，翅果张开近直
　　　立 ··· 224. 贡山槭 A. kungshanense
　　　叶嫩时两面有毛，长大后近无毛；果序长 12cm，果梗粗壮，长 1.5～2cm，翅果张开成锐角 ······
　　　·························· 225. 尖裂贡山槭（变种）A. kungshanense var. acuminatilobum [36]

229. 叶侧裂片小而不明显，叶柄有毛；果梗短，长仅 1～1.2cm，翅果较小，长 5～6.5cm ···········
　　　·· 226. 利川槭 A. lichuanense [35]
　　　叶有明显的 3 裂片，叶柄无毛；果梗长 2.5～4cm，翅果长 8～12cm ····················· 230

230. 叶革质，近圆形，长 15～18cm，宽 12～15cm，3 裂，边缘浅波状，主脉 3 条，侧脉 15～17 对；
　　　果序长 16cm，翅果长 8～8.5cm，张开近直立 ··············· 227. 勐海槭 A. huianum
　　　叶近革质，长和宽均 8～15cm，3 裂或不分裂，边缘有钝锯齿或全缘，主脉 5 条，侧脉 6～8 对；
　　　果序长 10～12cm，翅果长 8～12cm，张开成锐角 ··········· 228. 巨果槭 A. thomsonii

231. 掌状复叶，有 4～7 小叶（通常 5 小叶）。（五小叶槭组 Pentaphylla／五小叶槭系 Pentaphylla）
　　　··· 229. 五小叶槭 A. pentaphyllum
　　　羽状复叶，有 3 小叶。（三小叶槭组 Trifoliata） ·························· 232

232. 嫩枝、花序和小叶下面通常有毛(小叶下面全部有毛或沿叶脉有毛)；翅果有毛（血皮槭系 Grisea）
　　　·· 233
　　　嫩枝、花序和小叶下面通常无毛；翅果无毛。（东北槭系 Mandshurica） ············ 236

233. 小叶下面有很稠密的毛 ·· 234
　　　小叶下面仅沿叶脉有毛 ·· 239

234. 小叶较小，仅长 4～5cm，宽 1.2～2cm，下面沿叶脉有短柔毛；翅果较小，仅长 3～3.2cm，被淡
　　　黄色短柔毛，张开成锐角 ······················· 230. 中条槭 A. zhongtiaoense [37]
　　　小叶较大，长 5～14cm，宽 3～6cm；翅果张开近锐角或直角 ······················ 235

235. 小叶长圆椭圆形或长圆披针形，长 7～14cm，宽 3～6cm，先端锐尖，边缘有稀疏的钝锯齿，下面
　　　有长柔毛，叶柄有长柔毛；翅果有短柔毛，长 4～5cm，张开成钝角 ······ 231. 毛果槭 A. nikoense
　　　小叶椭圆形或长圆椭圆形，长 5～8cm，宽 3～5cm，先端钝尖，边缘有 2～3 个粗的钝锯齿，下
　　　面有白粉和淡黄色疏柔毛，叶柄有疏柔毛；翅果有黄色绒毛，长 3.2～3.8cm，张开近锐角或直角
　　　··· 232. 血皮槭 A. griseum

236. 小枝和果梗有毛，小叶较大 ·· 237
　　　小枝紫色，无毛；小叶长圆椭圆形，较小，长 3～3.5cm，宽 1.5～2cm，下面微有白粉，沿中脉
　　　有短柔毛，叶柄无毛；翅果较小，长 3.5～3.8cm，有黄色短柔毛，张开近直立 ···············
　　　··· 233. 秃梗槭 A. leiopodum

237. 小枝紫褐色，有宿存的灰色疏柔毛；小叶长椭圆形，下面沿叶脉有疏柔毛，叶柄长 2.5～3.5cm，淡绿色，有灰色疏柔毛；翅果长 4.5cm，有灰色疏柔毛，张开近直立 ·· **234. 陕西槭 *A. shensiense*** (37)

     小枝紫色；翅果有淡黄色疏柔毛 ·····························238

238. 叶纸质，下面淡绿色，略有白粉，沿叶脉有疏柔毛 ··············· **235. 三花槭 *A. triflorum***

     叶革质或近革质，下面有小的乳头状凸起 ··············· **236. 革叶三花槭（变种）*A. triflorum* var. *subcoriacea*** (38)

239. 小叶披针形或长圆披针形稀披针形或长圆椭圆形，先端锐尖 ··············240

     小叶长圆形或长圆卵形，先端短急锐尖；翅果长达 6cm，张开成钝角 ··············· **237. 甘肃槭（亚种）*A. mandshuricum* subsp. *kansuense***

240. 小叶披针形，长 7～8.5cm，宽 2～3cm，边缘具粗锯齿；翅果长 3～3.5cm，张开成锐角或近直角 ··············· **238. 东北槭 *A. mandshuricum***

     小叶长圆披针形，长 7～12cm，宽 2～4cm，边缘具齿牙状钝锯齿；翅果长 2～2.2cm。张开近直立 ··············· **239. 四川槭 *A. sutchuenense***

注：

1. 表中 239 个槭树种中含有 12 个亚种、72 个变钟和 1 个变型。主要参考资料为：毛鸡爪槭、安徽槭、昌化槭、临安槭、橄榄槭、闽江槭（裘宝林等，2021）；三裂昌化槭、脱毛昌化槭、两型叶闽江槭（陈征海等，2021）；三翅槭（邓莉兰等，2003）；蒙山槭（朱英群等，2008）；三裂槭（Chen，2007）；其他树种（中国植物志编辑委员会，1981；中国树木志编辑委员会，1997）。

2. 十蕊槭、樟叶槭、台湾五裂槭的正名分别采用 *A. laurinum*、*A. coriaceifolium* 和 *A. serrulatum*。枫叶槭的正名采用 *A. tonkinense*（粗柄槭）。峨眉槭和天全槭的正名均采用 *A. sutchuenense*（四川槭）（中国科学院植物研究所系统与进化植物学国家重点实验室等，2019）。

3. 表中（1）～（38）分别为五角枫、长柄槭、阔叶槭、蜡枝槭、稀花槭、长尾槭、扇叶槭、中华槭、毛脉槭、五裂槭、秀丽槭、三峡槭、细裂槭、密叶槭、粗柄槭、川甘槭、三角枫、金沙槭、亮叶槭、飞蛾槭、紫果槭、光叶槭、罗浮槭、青榨槭、锡金槭、葛萝槭、疏花槭、五尖槭、篦齿槭、十蕊槭、毛叶槭、四蕊槭、雷波槭、房县槭、龙胜槭、贡山槭、血皮槭、三花槭的俗名和异名（中国科学院植物研究所系统与进化植物学国家重点实验室等，2019）。

小 结

    槭树，又称为枫树，为被子植物门双子叶植物纲原始花被亚纲无患子目槭树科（APG 系统无患子科）槭属落叶或常绿乔木或灌木的统称。冬芽具多数覆瓦状排列的鳞片，稀仅具 2 或 4 枚对生的鳞片或裸露。叶对生，具叶柄，无托叶，单叶稀羽状或掌状复叶，不裂或掌状分裂。花序伞房状、穗状或聚伞状；花小，绿色或黄绿色，稀紫色或红色，花瓣 4 或 5 个；果实系小坚果常有翅又称为翅果。

    槭树树体由根、干、叶、花、果实、种子六大器官组成，其中，根、干、叶为营养器官，花、果实、种子为生殖器官。不同的槭树器官具有不同的结构形态与生理功能。

    槭树是兼具生态效益和经济价值的乡土树种资源，具有极高的开发利用价值。其形体挺拔，树姿优美，叶形秀丽，秋季树叶渐变为红色、黄色、青色、紫色，为著名的秋色叶树种，果实具长形或圆形的翅，冬季宿存于树上，非常美观，拥有很好的观赏价值，是理想的行道树或城市绿化庭园树种。槭类木材坚硬耐磨，材质细密，纹理美观，价值独特。槭树富含人体所必需的氨基酸、脂肪酸、脂溶性纤维素、矿质元素和多种生理活性物质，医药保健效果显著。

　　槭树种类繁多，分布广泛，栽培历史悠久。据不完全统计，中国现有槭树科植物约242 种，其中金钱槭属 3 种，槭属 239 种。按照其芽、叶、花、果实等形态特征可将常见国产槭树分为 4 个亚属（槭亚属、梣叶槭亚属、尖叶槭亚属、栀叶槭亚属）15 个组 22 个系 239 种（含 12 亚种 72 变种 1 变型）。理论联系实际编制的中国槭树树种实用检索表为快速检索槭树植物提供了一条捷径。

参 考 文 献

陈清霖. 2018. 两种五角枫的形态识别与应用[J]. 辽宁林业科技, (6): 54-55.

陈征海, 谢文远, 陈锋, 朱遗荣, 金孝锋. 2021. 浙江槭属植物新资料(Ⅱ)[J]. 浙江林业科技, 41(3): 69-73.

邓莉兰, 魏开云, 樊国盛. 云南槭属植物一新种[J]. 2003. 云南植物研究, 25(2): 197-198.

黄永江, 朱海, 陈文允, 周浙昆. 2013. 槭属翅果种内形态变异性及对其化石鉴定的意义[J]. 植物分类与资源学报, 35(3): 295-302.

李倩中, 刘晓宏, 苏家乐, 陶俊. 2010. 槭属种质资源遗传多样性及亲缘关系的 SRAP 分析[J]. 江苏农业学报, 26(5): 1032-1036.

林立, 林乐静, 祝志勇, 丁雨龙, 删本科. 2017. 中国槭属植物的分类和系统发育研究[J]. 园艺学报, 44(8): 1535-1547.

裘宝林, 陈锋, 谢文远, 张芬耀, 陈征海. 2021. 浙江槭树属植物新资料[J]. 杭州师范大学学报(自然科学版), 20(1): 34-40.

田欣, 金巧军, 李德铢, 韦仲新, 徐廷志. 2001. 槭树科花粉形态及其系统学意义[J]. 云南植物研究, 23(4): 457-465.

徐廷志. 1996. 槭属的一个系统[J]. 云南植物研究, 18(3): 277-292. //1998. 槭属的系统演化与地理分布[J]. 云南植物研究, 20(4): 383-393.

徐廷志. 1998. 槭属的系统演化与地理分布[J]. 云南植物研究, 20(4): 383-393.

杨鹏鸣, 李佳美. 2010. 槭树科分类研究进展[J]. 河南科技学院学报(自然科学版), 38(1): 36-39.

中国科学院植物研究所. 1979. 中国高等植物科属检索表[M]. 北京: 科学出版社.

中国科学院植物研究所系统与进化植物学国家重点实验室, 植物图像与智能识别平台. 2019. 植物智——植物物种信息系统[DB/OL]. ;http: //www. iplant. cn/ ;2019. 12. 10

中国树木志编辑委员会. 1997. 中国树木志(第三卷)[M]. 北京: 中国林业出版社: 4242-4336.

中国植物志编辑委员会. 1981. 中国植物志(第四十六卷)[M]. 北京: 科学出版社.

朱英群, 谢兰禹, 戴宪德, 许继发, 苏艳. 2008 山东槭属一新种[J]. 山东林业科技, (5): 37-38.

邹学忠, 李作文, 王书凯. 2018. 辽宁树木志[M]. 北京: 中国林业出版社.

Chen Y. 2007. Two newly recorded species of Acer (Aceraceae) in China[J]. 植物分类学报, 45 (3): 337-340.

Pax F. 1885. Monographie der Gattung Acer[J]. Bot. Jahrb. (Botanische Jahrbücher fur Systematik, Pflanzengeschichte und Pflanzengeographie), (6): 287-347.

第二章　起源演化与地理分布

　　槭树是无患子目槭树科槭属树种的泛称，种类繁多，分化明显，广泛分布于亚洲、欧洲、北美洲和非洲北缘，是构成现代北半球落叶林最大的植物属之一。槭属植物物种的多样性、性能的独特性、分布的广泛性和其具有的观赏价值、药用价值、工业价值等优良特性，既是槭属植物与其环境长期相适应的结果，又是槭属植物长期进化的结果。研究槭属植物的起源和演化历史，对于深入理解槭属植物与全球气候系统的联系和槭属植物与环境的相互作用等，以及充分利用槭属植物资源为人类服务具有十分重要的理论和实践意义。

第一节　起源与演化

　　槭树的显著特点为乔木或灌木，叶片对生及翅果。大多数槭树是虫媒型花，少数种类是风媒型花。槭树中有很多是世界闻名观赏树种。槭树观赏价值主要由叶色和叶形决定。槭树大多种类枝干挺拔，姿态婆娑，清新宜人；叶片多奇数裂，常 3 裂、5 裂、7裂，甚至 9 裂、11 裂、13 裂，或掌状复叶，或羽状复叶，形态各异，奇特迷人；叶色丰富多彩，秋季变为黄、橙、红、紫等色，色彩斑斓；翅果秋天变红或黄色，凋落时随风飘荡，趣味横生，极具特色。在世界众多的红叶树种中，槭树的秋叶独树一帜，极具魅力。可作庇荫树、行道树，或风景园林中的伴生树，与其他秋色叶树或常绿树配置，彼此衬托，相映生辉。槭树营养丰富，保健效果和医疗功效较高，是化妆品、保健品、保健茶、食用油、医药和化工产品的上等原料。树叶、树汁、树皮、树根、果皮和种仁的提取液中富含人体所必需的氨基酸、脂肪酸、脂溶性纤维素、矿质元素和多种生理活性物质，有助于维持人体的酸碱平衡，调节血压的正常波动，增强抗氧化酶的活性，抑制肿瘤细胞的再生，并对人体细胞产生一定的修复作用。槭树文化底蕴深厚，加拿大奉糖槭为国树，每年都举办盛大的"槭树节"。日本素有"春樱秋枫"之说，早春观樱花之娇艳，晚秋赏槭叶的秀美。槭树性格坚韧，抗逆性强，凭借自身的韧性抵御严寒酷暑，适应恶劣的生态；依仗妩媚的身躯来描绘大地之色彩，象征人们对往事的回忆、人生的沉淀、情感的永恒、柔情的别离、季节的更替和岁月的轮回，寄托对美好生活的期冀及对友谊与爱情的深沉诠释。槭树将多功效与高价值相互融合与统一，集生态、社会、经济、医药保健和景观于一体，开发潜力巨大。探明槭属植物的分类依据、起源和演化规律及地理分布，可以更好地保护槭属资源，实现槭林资源合理和高效利用与生态环境可持续发展，使丰富多彩的槭林资源更好地服务人类和造福人类。

一、起源

　　化石是石化了的生物遗体、遗迹。植物化石是指存留在岩石中的植物遗骸。植物化石在植物系统演化、植物地理和古环境演变的研究中起着至关重要的作用。槭属的化石，包括叶片和翅果化石等类型，其中翅果化石是研究和了解槭属在地质时期的物种多样性和分布格局的演化最可靠的依据之一。

化石证据表明，槭属树种起源于白垩纪晚期（约 6600 万年前），在第三纪（距今 6500 万年～260 万年）由太平洋沿岸扩散至北半球。广泛分布于第三纪的北半球的槭属化石与槭属的现代分布特征相似。化石研究证明，槭属植物于侏罗纪时期（约 2 亿年前）在中国的云南、四川东部、湖北、湖南及其邻近地区起源后，逐渐向西、向南和向东北方向扩散，形成了在北温带地区广泛分布的格局。渐新世末期（约 2500 万年前），槭属开始分化出大量新种，但此后的冰河作用也造成了许多种的灭绝，导致一些在槭属系统发育史上起过渡作用的类群消失，进而形成了槭属组间相对独立的种系发生历史，构成现代北半球落叶林最大的属之一。

目前约有 200 种槭属植物主要分布于北温带，主产地为中国和日本，在中国，广布于南北各地，其中，长江上游的横断山区的气候和生态环境优越，适宜植物繁衍生息，中国产槭属 14 个组，每个组在横断山区都有其代表，原始的、过渡的和进化的类群兼而有之。横断山区槭属种类丰富，分布集中，分化明显，特有种多。再加上横断山自古生代隆起以来，陆地范围虽有几次变化，但从未被海水全部淹没，故为槭属的繁衍提供了优越的条件。从地史上讲，横断山脉是很适宜槭属植物生长和发展的。中生代（2.5 亿～0.65 亿年前）海西运动所造成的影响并不明显，只是康滇古陆的范围有所缩小。白垩纪中期（约 9900 万年前）以后被子植物很快分化成许多新类群，槭属就是其中之一，所以横断山区无疑是槭属的起源地之一。四川西部的峨眉山是世界槭树种类最多的山体之一，已知分布约 26 种；长江三峡地处中国-日本植物区系的核心部位，地貌类型复杂，生态环境多样，垂直地带分异明显，为特有属和特有种分布的多度中心，最能体现槭属的古老性、多样性和特有性。从槭树科的现代分布格局看，中国是槭树资源丰富且种类最多的国家之一，槭属植物起源于中国四川东部、湖北、湖南及其邻近地区，主产于长江流域及其以南各地。中国的长江流域及其以南地区为槭属的地理起源中心和现代分布中心，而中国横断山区是这个中心的核心（应俊生和陈梦玲，2011）。元宝枫为"三北"地区乡土树种，广泛分布于秦岭以北的吉林、辽宁、内蒙古、山西、山东、江苏北部、河南、陕西、甘肃等地海拔 400～2000m 疏林中，属于典型的温带树种，34°N 是其自然分布的南界。当然，也有诸多学者认为槭树科起源于北美，理由是在北美发现第三纪留下来的槭树科化石，然而在亚洲却没有发现。长江流域及其以南地区是其多样化中心即演化中心是不争的事实，但是关于其起源中心还有待研究。

二、演化

国内外研究表明，起源于东亚（特别是中国四川东部、湖北、湖南及其邻近地区）的槭树科植物从渐新世初期发生了极大的变化和分化，此后，各类群的发展与消亡在北半球各地反反复复直到现在。由于槭树科长期占据长江流域地区，种群数量大，群体的适应多态性和变异性也大，产生了多种适应的基因型向边缘地区扩散。

根据吴征镒的观点，槭树科被分为金钱槭属（*Dipteronia*）、槭属（*Acer*）、梣叶槭属（*Negundo*）3 个属，其中，梣叶槭属仅有 4 种，属原始类群（吴征镒等，2003）。金钱槭属为中国特有古老残遗二型属，果具圆周翅，2 种分布于中国中部和东南部；槭属是槭树科中较进化的类群，其物种形态高度分化，其最易识别的特征为叶对生，无托叶，小坚果两端各有延长而稍平伸或稍上举的翅 1 枚。

槭属的系统演化是在原始的典型的槭属植物基础上展开的。在漫长的演化历史过程中，槭属中间有许多绝灭的断代，各组似乎相对独立发展。槭属植物在长期的扩散和自然进化过程中，保留了独特的翅果形态，而其他诸如芽鳞片、花序、叶形和果形等许多表型形态特征则发生了高度变异，至上新世形成真正意义上的独立种类和现代分布格局。

（一）槭亚属

槭亚属在槭属（*Acer*）中是最原始的一个亚属。其所具有的单叶、圆锥花序、花杂性、雄花与两性花同株、花 5 数、雄蕊 8～12 个、有花盘等特征与原始而典型的槭属植物十分接近。研究表明，在漫长的演化进程中，槭亚属中有不少类群绝灭，形成了以下 3 个支系的演化格局。

1. 鸡爪槭组（包括小果槭组、罗浮槭和光叶槭）、穗状槭组、尖齿槭组、莜叶槭组和梣叶槭组类群

鸡爪槭组花杂性，雌花与两性花同株，常由少数的花组成伞房花序；小坚果常凸起；叶掌状常分裂成 5～11 枚裂片，边缘有锯齿；冬芽细小，仅有镊合状排列的鳞片 2 或 4 枚。

小果槭组花杂性，雄花与两性花同株，圆锥花序或伞房花序，花 5 数，雄蕊 8 个，着生于花盘内侧，花盘盘状。单叶，掌状分裂为 5～13 裂。小果槭组的特征接近典型的槭属原始类型。

尖齿槭组的花系单性异株，总状花序，雄花序由枝顶端的叶腋生出，雌花序由二年生枝的不定芽生出；花 4 数，雄蕊生于花盘的外侧，花盘 4 裂。冬芽仅具 2 枚鳞片，镊合状。上述特征表示该组在演化进程中其地位较为高等。

日本植物学家小泉源一于 1911 年建立莜叶槭组。该组不仅具花单性，雌雄异株，总状花序和冬芽具 2 个镊合状排列的鳞片等特征与梣叶槭组很近，而且该组花有花瓣及微发育的花盘，与梣叶槭组有显著区别。实际上，该组与球果槭组有很近的亲缘关系，是由球果槭组演变为梣叶槭组时的一个中间过渡的独立的组（方文培，1966）。

2. 槭组、茶条槭组、扁果槭组、三小叶槭组、五小叶槭组和全缘叶槭组聚群

全缘叶槭组芽鳞都系覆瓦状；单叶，多为常绿，不裂或 3 裂，边缘通常全缘；花杂性，伞房花序或圆锥花序，花 5 数，雄蕊 5～10 个（常 8 个），着生于花盘内侧。表示该组在演化中的地位不是很高。

三小叶槭组花杂性，雄花与两性花同株或异株，伞房花序或聚伞花序，花 5 数，雄蕊 8～12（通常 8）个，着生于花盘内侧，3 小叶组成复叶。大花槭组萼片与花瓣均为 5 枚，雄蕊 8～10 枚为花瓣数 2 倍，但着生于花盘的外侧较着生于内侧为进步。叶由不分裂到分裂，边缘有锯齿。冬芽有短柄，鳞片镊合状排列。以上的特征表示该组在演化进程中已达到相当高的地位。

3. 桐状槭组、坚果槭组和大花槭组类群

桐状槭组具发育良好的乳管，在叶柄中尤为发达，均具乳汁状液；单叶，3～5 裂或不分裂，裂片边缘全缘；花杂性，雄花与两性花同株，伞房花序，花 5 数，雄蕊 5～8个，着生于花盘内侧边缘，花盘发育良好，常较肥厚；小坚果扁平。冬芽被多数覆瓦状排列的鳞片。上述特征表示该组在槭亚属中较原始。

坚果槭组花单性异株，均由 2 年生枝的不定芽生出，花 5 数，雄蕊 8～12 枚，生于花盘内侧；芽鳞多数，覆瓦状排列。该组有一些演化地位很高的特征，但其演化过程中的地位应低于尖齿槭组。

（二）梣叶槭亚属

梣叶槭亚属是从槭亚属的三小叶槭组直接演化来的。三小叶槭组花杂性，雄花与雌花同株或异株，总状花序。梣叶槭亚属由 3 个小叶的复叶演化成 3～7 个小叶的复叶，花通常为 4 数，有时花瓣退化，雄蕊 4～6 枚，花盘微发育或退化。这些表明梣叶槭亚属在演化上已进了一步。

（三）尖叶槭亚属

尖叶槭亚属是从槭亚属的一个分支演化来的，它可能与 *Rubra*（红色槭）组关系密切。*Rubra*（红色槭）组雌雄异株，花束状（有 3～5 朵花），花 5 数，雄蕊 5～6 个，生于花盘外侧，单叶，先端 3 浅裂。这些特征与尖叶槭亚属十分接近，可以说尖叶槭亚属是从槭亚属的 *Rubra*（红色槭）演化来的。尖叶槭亚属与其他亚属不同之处是花 4 数，雌花序顶生、雄花侧生的总状花序。从花序角度看，尖叶槭亚属与梣叶槭亚属近缘。

（四）栎叶槭亚属

栎叶槭亚属可能是从槭亚属的总状花序组演化来的。总状花序组花杂性，雄花与两性花同株，总状花序有 30～100 朵小花，花 5 数，雄蕊 8 个，单叶不分裂；在此基础上，栎叶槭亚属有长足的进步，其芽鳞 8～12 枚，雌雄异株，总状花序，花 4 数，有时花瓣退化，雄蕊 8～14 枚，无花盘，但叶保留了单叶不裂、边缘有锯齿的特征，而其叶脉演化为羽状平行侧脉。从细胞染色体方面讲，原始的、典型的槭属植物染色体 $x=13$。槭属的 4 个亚属除栎叶槭亚属为四倍体（$2n=4x=52$）外，其他 3 个亚属均为二倍体（$2n=2x=26$）（徐廷志，1998）。

槭属植物分类、进化和特异性鉴定的基础是系统发育、亲缘关系和遗传多样性，目前，此方面的研究主要集中在同工酶、ITS、trn L-F、ISSR、SRAP 和 AFLP 分析上。国内学者的研究认为，槭属遗传多样性较高，品种或物种间的平均遗传相似性系数可达0.627，亲缘关系较近。槭属树种之间，东北槭与三花槭、花楷槭与簇毛槭、糖槭与元宝枫和五角枫的亲缘关系较近，形态学特征相似，茶条槭与假色木槭亲缘关系较远，形态差异较大。广泛的基因交流和自由组合、分离与重组的复杂性，决定了槭属种质间在DNA水平上存在较高的遗传多样性，植物内多态性比率为98.4%，平均遗传相似系数为0.387，且秀丽槭、三峡槭和鸡爪槭之间的亲缘关系较近；羊角槭与栓皮槭、长尾秀丽槭与毛脉槭、桦叶槭与剑叶槭之间的亲缘关系最近。挪威'皇家红'与挪威槭、元宝枫、五角枫的亲缘关系较近，其中与挪威槭的亲缘关系最近，而与桦叶槭、银白槭、红花槭和三角枫的亲缘关系较远，银白槭与红花槭的同源性很近。五角枫和元宝枫的亲缘关系较近。

第二节 地 理 分 布

槭树科（Aceraceae）包括金钱槭属（Dipteronia）和槭属（Acer）。槭属植物是温带落叶阔叶林、针阔混交林和热带山地森林的建群种和重要组分，适宜于混交林或灌木丛环境，仅少数种类占据天然林的顶层。全世界的槭属树种200多种，主要分布在包括亚洲、欧洲、北美洲和非洲北缘的北半球温带地区和热带高山地区，集中分布于东亚，主要产地为中国和日本。在中国大陆境内，广泛分布于自西南至东北的整个森林地带，尤以长江流域及其以南地区的种类集中，堪称世界槭属植物的现代分布中心。

一、世界分布

槭树主要分布于北温带，包括亚洲、欧洲、北美洲和非洲北缘，亚洲地区拥有90%的种类，主要分布在喜马拉雅南麓、马来西亚、印度尼西亚（爪哇、婆罗洲）和菲律宾（吕宋岛）的山区，除了地中海地区的常绿种类，它们通常分布在沿着小河或其斜坡上、非常湿润的混交林或灌木丛的生境。仅在印度尼西亚穿越赤道到达10°S。在美洲槭树分布最南达危地马拉；在北非有1~2种槭树生长在阿特拉斯山脉；而在北亚以色列北部是最南的分布地区。槭树的分布北界位于亚洲的45°N，北美西部和欧洲西北部的65°N。中国、韩国和日本，占世界种类的81%，欧洲及西亚地区分布的槭树资源占总属数的12%，北美洲东部和西部地区的槭树分别占全球种类的5%和4%（徐廷志，1998）。中国是世界上槭树种类最多的国家，从海滨到4000m的高寒山区均有分布。

槭属植物在欧洲和北美阿拉斯加往北可达亚北极，在美洲往南可达中美洲和南美洲。在亚洲可达亚热带山区，并超越赤道达苏门答腊、爪哇和苏拉威西。从世界各大洲分布格局来看，槭属植物的绝大多数种都分布在亚洲，只有极少数种分布在欧洲和北美洲，非洲北部和南美洲北部各分布有1种。从国家分布来看，槭属植物分布从多到少依次为中国、日本、俄罗斯、印度、土耳其、美国、加拿大、朝鲜、尼泊尔、巴基斯坦、法国、不丹、越南、泰国、缅甸、英国、意大利、伊朗、马来西亚、印度、印度尼西亚、菲律宾和埃及。中国有槭树科植物多种，广泛分布于自西南至东北的整个森林地带，尤以长江流域及其以南地区的种类集中，堪称世界槭属植物的现代分布中心。

槭树为中等大小的乔木，喜欢部分遮阴，适宜于混交林或灌木丛环境，是温带落叶阔叶林、针阔混交林和热带山地森林的建群种和重要组分，通常分布在山区，在喜马拉雅东南部，它们可达到海拔3300m。小河或其斜坡上、非常湿润的混交林或灌木丛的环境最适生长。仅少数种类占据天然林的顶层，高达 40m 以上，如大叶槭和糖槭。

二、中国分布

槭树科植物几乎遍布中国各地。其中，金钱槭属为中国特有属，是北温带植物区系中残遗的、古老的木本属之一，其化石存在于东亚及北美的中新世，其仅有云南金钱槭（*D. dyerana*）和金钱槭（*D. sinensis*）2 个种及 1 个变种太白金钱槭（*D. sinensis* var. *taipaiensis*）。2 个种分别被列为国家二级和三级保护植物，仅残存于我国的陕西、甘肃、河南、湖北、湖南、四川、云南和贵州等地，居群小而分散，数量极其有限。金钱槭的分布区北起秦岭北坡，南达贵州黄平、施秉，东起河南嵩山、鲁山和鄂西神农架山区，西至四川新龙、九龙一带，生于海拔 1000～1700m 的疏林中。云南金钱槭则局限于云南东南的文县、蒙自和屏边，多生于海拔 2000～2500m 的疏林中。太白金钱槭分布于陕西南部和甘肃东南部海拔 1000～1700m 的疏林中。中国是世界槭属植物分布种类最多、分布范围最广、分布面积最大的国家，主要分布于全国各地海拔 50～4000m 的地区。其中，70 种为特有种，38 种为濒危和极危种，32 种既是濒危和极危种，又是特有种。例如，秀丽槭、金钱槭和元宝枫等 13 种被列为近危种；庙台槭和梓叶槭等 44 种被列为易危种；血皮槭和剑叶槭等 26 种被列为濒危种；梧桐槭和羊角槭等 13 种被列为极危种。从槭树分布状况来看，槭树科植物的现代分布中心在长江流域，核心区域在横断山地区。

（一）种类分布

槭亚属全球共 18 组，产于亚洲、欧洲及北美洲，中国分布有槭属树种 14 组，是资源最丰富的地区。槭树科在中国大陆的地理分布见表 2-1。

表 2-1　槭树科在中国大陆的地理分布

省份	金钱槭属	槭属	槭亚属	梣叶槭亚属
云南	+	+	+	
广西		+	+	
广东		+	+	
贵州	+	+	+	
四川	+	+	+	
福建		+	+	
河北		+	+	+
湖北	+	+	+	+
湖南		+	+	
浙江		+	+	+
陕西	+	+	+	+
江西		+	+	+
西藏		+	+	

续表

省份	金钱槭属	槭属	槭亚属	梣叶槭亚属
江苏		+	+	+
河南	+	+	+	+
辽宁		+	+	+
安徽		+	+	
甘肃	+	+	+	+
山西		+	+	
内蒙古		+	+	+
吉林		+	+	
山东		+	+	
黑龙江		+	+	
青海		+	+	
新疆		+	+	
宁夏		+	+	

资料来源：胡洁，2013

　　中国分布的特点是以长江流域及其以南地区为分布中心向四周扩散，离分布中心越远，种类越少。据不完全统计，槭树种数（包括亚种、变种和变型在内）在各大区分布为，西南地区 151 种，华中地区 51 种，华东地区 45 种，华南地区 41 种，西北地区 34种，东北地区 17 种，华北地区 7 种；在各省份分布数量依次为，云南省 59 种，四川省32 种，湖北省 30 种，广西壮族自治区 29 种，重庆市、贵州省、陕西省各 28 种，浙江省 25 种，安徽省 23 种，甘肃省、江西省、西藏自治区各 22 种，广东省 21 种，湖南省19 种，河南省 18 种，福建省 11 种，辽宁省 10 种，黑龙江省、吉林省、江苏省和台湾省各 9 种，山西省 8 种，山东省 6 种，内蒙古自治区和河北省各 4 种，海南省 2 种，宁夏回族自治区和新疆维吾尔自治区各 1 种。由此可见，我国不仅是槭属植物资源最丰富的国家，而且是世界槭属植物现代分布中心。虽然不同研究表明，各省份槭属植物分布数量有所差异，但是其分布特点是一致的，均表现出槭属植物在起源地分布种类最多，之后向各方扩散，离起源地越远，种类越少。

　　江苏位于我国北亚热带的边缘，过渡性气候明显，其植物区系组成既含有较为耐寒冷的温带树种，又含有喜湿热的热带、亚热带树种。据《江苏植物志》记载，江苏槭属植物共有 13 种（含 3 变种），近年调查研究发现，江苏槭属野生和栽培植物共有 20 种以上（含引进栽培品种及变种），分别为五角枫、茶条槭、梣叶槭、三角枫、羽扇槭、樟叶槭、毛黑槭、鸡爪槭、青榨槭、三峡槭、红翅槭、飞蛾槭、阔叶槭、樟叶槭、天目槭、紫果槭、秀丽槭、毛脉槭、毛鸡爪槭、建始槭、元宝枫。按照其地理分布，这些种类属于 4 种地理分布类型。①温亚分布型：2 种，五角枫（*A. mono*）、茶条槭；②北美分布型：1 种，梣叶槭；③东亚分布型：5 种，三角枫、羽扇槭（日本槭）、山楂叶槭、鸡爪槭、毛黑槭；④中国特有分布型：13 种，青榨槭、建始槭、三峡槭、红翅槭、飞蛾槭、樟叶槭、紫果槭、天目槭、元宝枫、秀丽槭、毛脉槭、毛鸡爪槭、阔叶槭。其中，在江苏各地分布较多的有五角枫、茶条槭、三角枫，中国特有分布型占相当大的比例，为65%，常绿成分有红翅槭、飞蛾槭、樟叶槭、紫果槭均来自外省，说明江苏槭属植物以温亚成分为主（江苏省植物研究所，1986；李冬林和王宝松，2004）。

河南省槭树科植物自然分布有2属23种2亚种9变种，主要分布在豫北太行山区、豫西伏牛山区、豫南桐柏及大别山区（李家美，2003）。伏牛山区分布有22种2亚种7变种，包括庙台槭、血皮槭、五角枫、青榨槭、房县槭、权叶槭、建始槭等。位于河南省南部地处大别山系余脉的鸡公山自然保护区自然分布有槭树科植物15种1亚种，主要有金钱槭、茶条槭、飞蛾槭、葛萝槭、五角枫、三角枫、鸡爪槭、元宝枫、建始槭、血皮槭、苦茶槭（亚种）、青榨槭、五裂槭、中华槭、长柄槭、五尖槭（李学松，2014）。鸡公山自然保护区自然分布的槭树科植物种类约占河南全省槭树科分布种类的61.5%，约占全国槭树科植物种类的6.9%。

内蒙古地区分布的槭树资源共计8种，包括，乡土槭树4种，分别为元宝枫、五角枫、茶条槭、大叶细裂槭；引进种4种，分别为梣叶槭、三花槭、紫花槭、花楷槭。其中：元宝枫主要分布在大兴安岭南段（巴林右旗）、燕山北部（喀喇沁旗、宁城县、敖汉旗）落叶阔叶林带的阴坡、半阴坡及沟谷底部。五角枫（色木槭）主要分布于大兴安岭南段（科尔沁右翼中旗、阿鲁科尔沁、巴林左旗、巴林右旗、林西县、克什克腾旗）、辽河平原（大青沟）、赤峰丘陵（翁牛特旗）、燕山北部（喀喇沁旗、宁城县黑里河林场、敖汉旗）、锡林浩特（正镶白旗、正蓝旗）的落叶阔叶林带和森林草原带的林下、林缘、杂木林中、河谷、岸旁。茶条槭（华北茶条槭）分布于大兴安岭南段（阿鲁科尔沁旗、巴林右旗、克什克腾旗、西乌珠穆沁旗、锡林浩特市）、燕山北部（喀喇沁旗、敖汉旗）、阴山（大青山、蛮汗山、乌拉山）、阴山丘陵、鄂尔多斯（伊金霍洛旗）草原带山地的半阳坡、半阴坡及杂木林中。细裂槭分布于阿拉善盟贺兰山荒漠带的山谷灌丛、阴湿沟谷（鲁敏等，2020）。

辽宁省宽甸地区自然分布的槭树仅有槭属1属，9种，包括五角枫、元宝枫、假色槭、三花槭、茶条槭、青楷槭、花楷槭、簇毛槭、小楷槭。槭树在宽甸地区的自然分布以北部最多、中部和东部次之、南部较少，主要与天然次生阔叶林、针阔混交林等树种伴生，尤其以大顶子山、野鸡膀子岭、烟筒顶子山等连绵一脉形成的天华山、天桥沟、老佛爷座子等，锅头峪山脉延伸的小东沟，四方顶子山脉延伸部分，七盘岭、黑沟岭山构成簸箕地形的三道湾最为集中。其中，五角枫分布最为广泛，主要生长于天然次生林、针阔混交林内。元宝枫生长于高山杂木林中，分布较广。假色槭普遍呈单株或丛生状生长于阔叶林、针阔混交林内。三花槭又名拧筋槭，当地俗称拧筋子，主要呈单株生长于低山阔叶林、针阔混交林下、林缘、河谷等地。茶条槭又名茶条子，落叶灌木，因其耐阴、耐水涝，普遍生长于沟谷、路旁、河边、涝洼等地，多呈灌丛状、墩状生长，萌生能力强，当地多是农民樵采破坏。青楷槭（又名青楷子、辽东槭）、花楷槭（又名花楷子）、簇毛槭（又名毛脉槭、髭脉槭）、小楷槭等，落叶亚乔木或灌木，呈单株、灌丛状、墩状等零星生长于山间杂木和人工混交林内或林缘（袁玉明，2019）。

（二）地域分布

不同地区的槭树生境不同，天然槭树大多分布于石砾地，少数分布于沙地土壤中；且多见于山坡及沟底，少数生长于山顶。受山顶环境的影响，野生居群一般生长势弱，具体表现为植株较矮，枝条较粗壮但伸展性差。

长江流域是世界槭树的现代分布中心，有 100 余种，约占世界槭树种类的 1/2。其上游的横断山区（包括甘肃南部、四川西部、云南西北部）具有槭属植物繁衍的优越条件，是槭属植物起源地之一，种类丰富，现分布有黄毛槭、长柄槭、五角枫、察隅槭、扇叶槭、权叶槭、深灰槭、茶条槭、长尾槭、毛花槭、七裂槭、兰坪槭、马边槭、五裂槭、多果槭、盐源槭、中华槭、红翅槭、灌县槭、光叶槭、飞蛾槭、少果槭、金沙槭、毛柄槭、川甘槭、黔桂槭、青榨槭、丽江槭、锐齿槭、来苏槭、疏花槭、五尖槭、篦齿槭、滇藏槭、毛叶槭、四蕊槭、房县槭、雷波槭、川南槭、苹婆槭、五小叶槭、峨眉槭、四川槭、建始槭、梓叶槭、青皮槭和乳源槭 47 种槭树。且分布集中，分化明显，特有种多，是世界槭树资源最丰富的地区之一。

长江三峡库区地处中国-日本植物区系的核心部位，自然条件优越，地貌类型复杂，生态环境多样，垂直地带分异明显，是世界上最能体现槭树科植物起源的古老性、多样性及特有性的地区，分布有金钱槭、薄叶槭、五角枫、小叶青皮槭、长柄槭、阔叶槭、权叶槭、太白深灰槭、扇叶槭、毛花槭、中华槭、五裂槭、三峡槭、异色槭、革叶槭、北碚槭、缙云槭、飞蛾槭、紫果槭、光叶槭、红翅槭、短瓣槭、青榨槭、五尖槭、毛叶槭、四蕊槭、房县槭、血皮槭、四川槭、建始槭等原始和较原始、过渡和进步的槭树多种类型 29 种 2 亚种 13 变种。三峡库区的槭树资源主要集中分布在两个地区。在槭树资源最丰富的山体南川金佛山海拔 800～2000m 的狭窄范围内，广泛地分布有红翅槭、青榨槭、五裂槭、五尖槭、五角枫、七裂薄叶槭、三尖五角槭、小叶青皮槭、南川长柄槭、权叶槭、扇叶槭、中华槭、深裂中华槭、五裂槭、三峡槭、异色槭、革叶槭、峨眉飞蛾槭、绿叶飞蛾槭、光叶槭、红果红翅槭、短瓣槭、房县槭等 22 个种和 6 个变种，是组成该山亚热带常绿阔叶林和落叶阔叶混交林的重要成员。在三峡库区槭树分布中心的巫山、巴东、兴山三地海拔 500～2800m 的山地，分布有金钱槭、薄叶槭、五角枫、小叶青皮槭、三尾青皮槭、长柄槭、阔叶槭、权叶槭、太白深灰槭、扇叶槭、毛花槭、中华槭、绿叶中华槭、五裂槭、三峡槭、飞蛾槭、宽翅飞蛾槭、三裂飞蛾槭、光叶槭、红果红翅槭、青榨槭、五尖槭、毛叶槭、四蕊槭、房县槭、血皮槭、四川槭、建始槭等，占三峡库区植物种类的 72%。在巫峡、瞿塘峡、西陵峡海拔 1400～2000m 的疏林中，三峡槭十分普遍，与中华槭等 6 种槭树和该地的红叶植物黄栌共同组成壮丽的"巫山红叶"景观。

江西庐山分布有阔叶槭、天台阔叶槭、三角枫、细叶槭、毛果槭、鸡爪槭、毛脉槭、梣叶槭、中华槭、五裂槭、青榨槭、五角枫、建始槭 13 种槭树。安徽黄山在海拔 1500m 左右的中心地带，自然分布有毛果槭、五角枫、五裂槭、青榨槭、鸡爪槭等 6 种槭树，它们都是重要的秋季色叶树种。

四川峨眉山是世界槭树种类最多的山体之一，从山脚到山顶海拔 1500～2500m 分布有小叶青皮槭、梓叶槭、五角枫、黄毛槭、杈叶槭、川滇长尾槭、毛花槭、扇叶槭、七裂槭、五裂槭、多果槭、盐源槭、马边槭、飞蛾槭、红翅槭、光叶槭、青榨槭、丽江槭、疏花槭、五尖槭、独龙槭、毛叶槭、桦叶四蕊槭、房县槭、四川槭 26 种槭树。

（三）槭树的生态环境

从槭树资源的分布来看，槭树生境主要为以下 5 个类型：①生于科尔沁沙地荒漠草原、针阔混交林或林中空地，与其他秋色叶植物形成"看万山红遍，层林尽染"的壮丽景观，如五裂槭、中华槭、五角枫；②生长在政府机关、学校企业、居民小区及大面积草坪中形成小面积植物群落或孤植，作为前景树或中层树种，在整个群落景观中起画龙点睛的视觉效果，形成"万绿丛中一点红，动人春色无须多"的意境美，如鸡爪槭、三角枫、紫红鸡爪槭（刘仁林，2003）；③生长于旅游风景区、森林公园的小溪驳岸，与假山石、景桥、水生植物相结合，形成层次丰富、色彩多样的水岸景观效果，如鸡爪槭、樟叶槭；④生长于道路两侧作为行道树，用作绿化和观赏，如元宝枫、三角枫等；⑤制作成盆景景观（臧德奎，2003）。

元宝枫为喜温植物，具有很强的环境适应能力，生长于海拔 380～2300m 阳光充足、土层深厚、排水良好的山坡、疏林和灌丛、平原沙丘等，各种生态环境都有其分布区，而且萌芽率特别强。通过对辽宁、内蒙古、山东、陕西、河南、河北 6 省（自治区）13县（区）15 个元宝枫天然分布核心地带的实地调查发现，不同元宝枫产地生态环境的较大差异，不仅造成各地元宝枫生长有所不同，而且各地元宝枫在外观形态、叶色的表现、各器官间化学成分含量等方面均存在较大差异。主要调查地生态环境条件概况见表 2-2。

表 2-2　元宝枫调查地环境生态因子

调查地	纬度（N）	经度（E）	海拔/m	年均温/℃	年降水/mm	无霜期/天	生境
内蒙古翁牛特	43°13′50″	119°32′23″	2025	7	375	115	荒漠沙地
内蒙古喀喇沁	45°24′15″	120°58′52″	1890.9	5	400	135	荒漠砂地
内蒙古科左后	43°42′	123°42′	308.4	5.8	451.1	146	荒漠沙地
内蒙古科右中	45°18′28″	121°45′00″	209.1	5.6	388	120	荒漠沙地
辽宁法库	42°39′29″	123°45′14″	106	6.7	600	150	山谷石砾地
辽宁凤城	41°06′	124°32′	500	8.1	1013.6	156	山坡石砾地
辽宁彰武	42°51′	122°58′	313.1	7.1	510	156	荒漠沙地
山东济宁	39°49′	117°13′	498	13.6	666.3	199	山谷石砾地
陕西杨凌	34°20′	108°08′	540.1	12.9	635.1	211	黄土沟坡地
山西运城	35.29°	111.93°	759	15.0	606.5	186	山谷石砾地
河南信阳	31.81°	114.07°	493	15.1	1200	220	山坡石砾地
甘肃天水	34.36°	106.00°	1393	11.0	700	170	山坡石砾地
陕西安康	33.07°	108.44°	563	15.4	851	256	山坡石砾地

调查点的最北端为内蒙古自治区喀喇沁旗，最东端为辽宁凤城，最南端位于河南信阳，最西端位于甘肃天水。从垂直高度看，不同种源分布于海拔 106～2025m，海拔上限与下限之间相差 1819m，野生元宝枫居群集中分布于 500～2000m。从气候角度看，

采样点分布于温带大陆性气候、温带季风气候及亚热带季风气候 3 个不同气候区，加上地形地势的影响，使之年均温、年降水量差异较大，年均温为 5.0～15.4℃，温差为 10.4℃；年降水量在 350～1200mm，降水最丰沛的地区为河南信阳，降水量最少的地方位于内蒙古赤峰市翁牛特旗松树山，该地区为沙地，气候十分干旱，每年降雨集中在 7 月、8 月，年蒸发量却高达 2300mm。

第三节　重要物种的生长环境

槭属植物中有很多是世界闻名的观赏树种。叶形和叶色是决定槭树观赏价值的主体。槭树树姿优美、叶形秀丽、叶色靓丽，其秋叶在世界众多的红叶树种中独树一帜，极具魅力，为著名的秋色叶树种，常被用作庇荫树、行道树或风景园林中的伴生树，或与其他秋色叶树或常绿树配置，彼此衬托掩映，增加秋景色彩之美。在众多的槭树中，现就除红花槭、羊角槭、紫花槭、羽扇槭、粗齿槭、落基山槭、佛罗里达槭外，国内常见有代表性观赏价值的主要槭树种类做一简介。

一、乡土树种

（一）五角枫（*A. mono*）

1. 别名

地锦槭、色木槭、五角槭、色木。

2. 形态与特征

落叶乔木，高可达 20m。树皮粗糙，常纵裂，灰色，稀深灰色或灰褐色。

[茎（枝）] 小枝细瘦，无毛，当年生枝绿色或紫绿色，多年生枝灰色或淡灰色，具圆形皮孔。冬芽近球形，鳞片卵形，外侧无毛，边缘具纤毛。

[叶] 叶纸质，基部截形或近心脏形，单叶对生，通常掌状 5 裂，裂片卵状三角形，全缘，先端锐尖或尾状锐尖，两面绿色无毛或仅下面脉腋有簇毛，裂片长度达 7～15cm。叶柄细瘦，无毛。

[花] 花多数，杂性，伞房花序顶生。雄花与两性花同株，生于有叶的枝上，花的开放与叶的生长同时；萼片黄绿色，长圆形，花瓣淡白色，椭圆形或椭圆倒卵形；花药黄色，椭圆形；子房无毛或近无毛。

[果实] 翅果嫩时紫绿色，成熟时淡黄色；小坚果压扁状，果翅长圆形，果翅张开成钝角，翅长为坚果长的 2 倍。

[花期，果期] 花期 4～5 月，果期 9～10 月。

3. 分布与习性

该种分布很广，是我国槭树科中分布最广的一个种。产于东北、华北和长江流域各省份干旱山坡，河边，河谷，林缘，林中，路边，山谷栎林下，疏林中，谷水边，山坡阔叶林中、林缘、阴坡林中，杂木林中。俄罗斯西伯利亚东部、蒙古国、朝鲜和日本也有分布。稍耐阴，深根性，喜湿润肥沃土壤，在酸性、中性、石灰岩风化形成的土壤（碱性）上均可生长。

4. 特性及用途

五角枫树形优美；叶、果秀丽，入秋后叶色变为红色或黄色；花期4月，黄绿色，为北方重要的秋天观叶树种和优良的彩色叶绿化树种资源，常用做园林绿化庭园树、行道树和风景林树。叶片能吸附烟尘及有害气体，分泌挥发性杀菌物质，净化空气。树皮纤维良好，可作为人造棉及造纸的原料，叶含鞣质，种子可榨油，可供工业方面的用途，也可食用。木材细密，可供建筑、车辆、乐器和胶合板等制造之用。枝、叶具祛风除湿、活血止痛作用，主治偏正头痛、风寒湿痹、跌打瘀痛、湿疹、疥癣。

（二）元宝枫（*A. truncatum*）

1. 别名

元宝树、平基槭、华北五角槭、色树、枫香树。

2. 形态与特征

落叶乔木，高8～12m，胸径可达60cm。树冠伞形或倒广卵形或近球形。树皮黄褐色或深灰色，纵裂。

[茎（枝）]一年生的嫩枝绿色，后渐变为红褐色或灰棕色，无毛。冬芽卵形。

[叶]单叶，宽长圆形，长5～10cm，宽6～15cm，掌状5裂，裂片三角形，先端渐尖，有时中裂片或中部3裂片又3裂，叶基通常截形或近心形，最下部2裂片有时向下开展。掌状脉5条，两面光滑或仅在脉腋间有簇毛。叶柄长2.5～7cm。

[花]花杂性同株，小而黄绿色，常6～10个花组成顶生的伞房花序；萼片黄绿色，长圆形；花瓣黄色或白色，长圆状卵形；雄蕊4～8个，生于花盘内缘；花盘边缘有缺凹。

[果实]翅果连翅长2.5cm左右，果体扁平，有不明显的脉纹。翅较宽而等于或略长于果核。翅宽约1cm，果柄长约2cm；两果翅开张成直角或钝角，形似元宝。

[花期，果期]花期4～5月，果期8～10月。

3. 分布与习性

元宝枫是我国的特有树种。中国大部分地区均有分布，主要分布于中国吉林、辽宁、内蒙古、河北、山西、河南、陕西、甘肃及江苏等省份。耐旱，较喜光，稍耐阴，较耐寒，不耐涝。对土壤要求不严，适应性强，在酸性土、中性土及石灰性土中均能生长，但以湿润、肥沃、土层深厚的土中生长最好。而且对二氧化硫、氟化氢的抗性较强，吸附粉尘的能力亦较强。

4. 特性及用途

元宝枫树姿优美，树冠伞形或倒广卵形，枝叶浓密，庇荫性能好；叶形秀丽，嫩叶红色，入秋后叶颜色渐变成橙黄色或红色，红绿相映，甚为美观；花期4月，在叶前或稍前于叶开放，满树黄绿色花朵，颇为雅致。为优良的城市庭荫树、行道树和风景林树种，也是优良的防护林、用材林、工矿区绿化树种和北方秋季主要红叶树种之一。木材坚韧细致，可做车辆、器具等。种子可榨油，供食用及工业用。

5. 元宝枫与五角枫

元宝枫（别名：平基槭、华北五角枫、色树、枫香树）和五角枫（别名：秀丽槭、地锦槭、色木槭、色木枫）均为槭树科槭属落叶乔木，且两种树种都冠大荫浓，树姿优美，叶形美丽，嫩叶红色，秋季叶变成橙黄色或红色，是观叶树种的上品，具有独特的园林观赏价值，特别是近几年，园林中应用的丛生型树（4～10 条），包括丛生元宝枫和丛生五角枫，因其冠形美观，枝叶繁茂秀丽，枝冠整齐，春、秋叶色鲜亮，秋天果色艳丽、果形奇特，是备受欢迎和喜爱的庭园观赏树种，市场前景看好（陈清霖，2018）。但在《中国树木志》第四卷（中国树木志编辑委员会，1997）和《辽宁树木志》（邹学忠等，2018）中记载，其中文名称均称为五角枫（俗名）。这就是植物分类学中的同名异物现象，其形态区别见表 2-3。

表 2-3　元宝枫与五角枫的形态区别

项目		元宝枫	五角枫
相同点	形态特征	单叶对生，掌状裂，全缘，叶表无毛，仅叶背脉腋有簇毛。花杂性，雄花与两性花同株；伞房花序；萼片 5，花瓣 5。翅果，为 2 分果组成	
	经济用途	抗旱造林、园林绿化、药用价值。种子可榨油，油品高，可食用	
不同点	树高、树冠和树皮	树高 8～10 m，树势较弱；树冠近圆形；树皮灰褐色，深纵裂	树高达 20 m；树冠倒卵形；树皮暗灰色，浅纵裂，常有不规则白斑，上部枝条常有黑色斑点
	枝、叶	小枝红褐色或黄褐色，一年生嫩枝嫩绿色，光滑无毛。叶掌状 5 裂，叶裂片较狭，有时中央裂片或上部 3 裂片再分裂成 3 裂片，裂片先端渐尖，叶基近截形，或最下 2 裂片向下开展，两面均无毛	小枝灰色，被柔毛，后逐渐脱落。叶掌状 5 裂，稀 7 裂，叶裂片较宽，裂沟较浅，先端长渐尖或尾尖，叶裂片不再分为 3 裂，但有时可再分裂出 2 小裂片，叶基部心形，最下 2 裂片不向下开展；叶柄常为淡紫色，叶表无毛，叶背有时沿脉有毛或脉腋有簇生毛
	花	花黄绿色，5 月花与叶同放	花淡白色，花期 5～6 月
	果实	果翅展开角度较小，略呈直角，因形似元宝而得名。果较大，果核扁，长圆形，果翅与果核近等长	果翅展开角度较大，基本为钝角。果较小，果核扁平或稍凸出，呈卵形，果翅较长，为果核的 1.5～2 倍
	入药部位	根皮入药，祛风除湿，主治腰背痛	枝、叶入药，祛风除湿，活血止痛，主治风湿骨痛、骨折、跌打损伤

（三）三角枫（*A. buergerianum*）

1. 别名

三角枫、丫枫、鸡枫。

2. 形态与特征

落叶乔木，高 5～10m，稀达 20m。树皮灰褐色，粗糙裂片向前伸，全缘或有不规则锯齿。薄条片剥落，剥落后光滑。树冠卵形。

[茎（枝）] 小枝细瘦；当年生枝紫色或紫绿色，近无毛；多年生枝淡灰色或灰褐色，稀被蜡粉。冬芽小，褐色，长圆卵形，鳞片内侧被长柔毛。

[叶] 叶纸质，基部近圆形或楔形，叶卵形、长卵形或倒卵形，长 4～10cm，通常浅 3 裂或不裂，全缘或略有疏浅锯齿；裂片向前延伸，稀全缘，中央裂片三角卵形，急尖、锐尖或短渐尖；侧裂片短钝尖或甚小，以至于不发育，裂片边缘通常全缘，稀具少数锯齿；裂片间的凹缺钝尖；上面深绿色，下面黄绿色或淡绿色，被白粉，略被毛，在叶脉上较密；初生脉 3 条，稀基部叶脉也发育良好，致成 5 条，在上面不显著，在下面显著；侧脉通常在两面都不显著。叶柄长 2.5～5cm，淡紫绿色，细瘦，无毛。

[花] 花多数常成顶生被短柔毛的伞房花序，直径约 3cm，总花梗长 1.5～2cm，开花在叶长大以后；萼片 5 个，黄绿色，卵形，无毛，长约 1.5mm；花瓣 5 个，淡黄色，狭窄披针形或匙状披针形，先端钝圆，长约 2mm；雄蕊 8 个，与萼片等长或微短，花盘无毛，微分裂，位于雄蕊外侧；子房密被淡黄色长柔毛，花柱无毛，很短、2 裂，柱头平展或略反卷；花梗长 5～10mm，细瘦，嫩时被长柔毛，渐老近无毛。

[果实] 翅果黄褐色；小坚果特别凸起，直径 6mm；小坚果带翅长 2～2.5cm，稀达 3cm，宽 9～10mm，中部最宽，基部狭窄，张开成锐角或近直立。

[花期，果期] 花期 4 月，果期 8 月、9 月。

3. 分布与习性

产于山东、河南、江苏、浙江、安徽、江西、湖北、湖南、贵州和广东等省。日本也有分布。弱阳性树种，耐寒，稍耐阴，较耐水湿，喜温暖、湿润环境及中性至酸性土壤。树系发达，根蘖性强，萌芽力强。

4. 特性及用途

三角枫枝叶浓密，夏季浓荫覆地，入秋叶色变成暗红色，颇为美观。宜孤植、丛植作庭荫树，也可作行道树及护岸树。在湖岸、溪边、谷地、草坪配植，或点缀于亭廊、山石间都很合适。此外，栽培可作绿篱。老桩可制盆景。木材优良，可制农具。根能治风湿关节痛。根皮、茎皮可清热解毒、消暑。

5. 主要栽培变种

三角枫（原变种）（*A. buergerianum* var. *buergerianum*）。产于山东、河南、江苏、浙江、安徽、江西、湖北、湖南、贵州和广东等省。生于海拔 300～1000m 的阔叶林中。日本也有分布。

台湾三角枫（变种）（*A. buergerianum* var. *formosanum*）。叶系薄纸质、卵形或椭圆形，基部近圆形或心脏形，不分裂或浅 3 裂，侧裂片短而钝尖，翅果长 2.5～3cm，张开近钝角或水平。产于我国台湾北部至中部。生于沿海疏林中。

平翅三角枫（变种）（*A. buergerianum* var. *horizontale*）。果实的翅张开近水平。产于浙江南部。生于低海拔的丛林中。

界山三角枫（变种）（*A. buergerianum* var. *kaiscianense*）。叶近圆形，下段圆形，上

段深 3 裂；翅果较小，翅宽 7mm，连同小坚果长 1.8～2cm，张开成钝角。产于湖北西北部、陕西南部和甘肃东南部。生于海拔 1000～1500m 的山坡疏林中。

宁波三角枫（变种）（*A. buergerianum* var. *ningpoense*）。当年生小枝和花序有很密的淡黄色或灰色绒毛，叶长与宽均为 5～6cm，下面有疏柔毛，雄蕊较花瓣长 2 倍，翅果张开成钝角。生于江苏、浙江、江西、湖北、湖南、云南等省低海拔的山坡林中。

雁荡三角枫（变种）（*A. buergerianum* var. *yentangense*）。叶较小，仅长 3cm，宽 3～5cm，下面有白粉，下段近圆形，上段 3 裂，裂片卵形。翅果常单生，较小，翅连同小坚果长 1.5～1.8cm，张开成钝角。产于浙江中部。生于海拔 700～900m 的山坡疏林中。

（四）鸡爪槭（*A. palmatum*）

1. 别名

鸡爪枫、青枫。

2. 形态与特征

落叶小乔木，高可达 7～13m，树冠伞形。树皮平滑、深灰色。

[茎（枝）] 当年生枝紫色或淡紫绿色；多年生枝淡灰紫色或深紫色。

[叶] 叶纸质，近圆形，直径 6～10cm，基部心脏形或近心脏形稀截形，5～9 掌状分裂，通常深 7 裂，裂片长圆卵形或披针形，先端锐尖或长锐尖，边缘具紧贴的尖锐锯齿；裂片间的凹缺钝尖或锐尖，深达叶片直径的 1/2 或 1/3；上面深绿色，无毛；下面淡绿色，在叶脉的脉腋被有白色丛毛；主脉在上面微显著，在下面凸起。叶柄长 4～6cm，细瘦，无毛。

[花] 花紫色，杂性，雄花与两性花同株，生于无毛的伞房花序，总花梗长 2～3cm；萼片 5 个，卵状披针形，先端锐尖，长 3mm；花瓣 5 个，椭圆形或倒卵形，先端钝圆，长约 2mm；雄蕊 8 个，无毛，较花瓣略短而藏于其内；花盘位于雄蕊的外侧，微裂；子房无毛，花柱长，2 裂，柱头扁平。花梗长约 1cm，细瘦，无毛。

[果实] 翅果嫩时紫红色，成熟时淡棕黄色。小坚果球形，直径 7mm，脉纹显著；翅与小坚果共长 2～2.5cm，宽 1cm，张开成钝角。

[花期，果期] 叶发出以后才开花。花期 5 月，果期 9 月。

3. 分布与习性

原产我国长江流域，北达山东，南至浙江。主要分布于山东、河南南部、江苏、浙江、安徽、江西、湖北、湖南、贵州等省。朝鲜和日本也有分布。喜凉爽、湿润气候和湿润、肥沃土壤，对酸性、中性及石灰质土均可适应，较耐阴，在高大树木庇荫下长势良好。

4. 特性及用途

鸡爪槭树姿婆娑；叶形奇特而秀丽，叶色平时为绿色，入秋后叶色变为黄色或红色，为名贵的观赏乡土树种和较好的"四季"绿化树种，常用于行道树和观赏树栽植。鸡爪槭晒干, 切段后的枝、叶性味辛、微苦, 平。具有行气止痛功效, 能够解毒消痈, 主治气滞腹痛、痈肿发背等病症。

5. 变种和变型

鸡爪槭在各国早已引种栽培, 其变种和变型很多, 其中有红槭（变型）和羽毛槭（变种）均在中国东南沿海各省份庭园中已经广泛栽培, 常见栽培的有以下 9 个。

（1）紫红鸡爪槭（*A. palmatum* f. *atropurpureum*）又名红枫, 紫叶鸡爪槭。高不足 10m, 枝条紫红色, 叶分裂稍深裂, 春秋鲜红, 盛夏紫红, 极美丽, 果较鸡爪槭稍大。

（2）金叶鸡爪槭（*A. palmatum* f. *aureum*）又名黄枫。叶全年金黄色。

（3）深红细叶鸡爪槭（*A. palmatum* 'Omatum'）又名红纹鸡爪槭, 红叶羽毛枫。枝条开展下垂, 叶掌状 7～11 深裂, 裂片有皱纹。

（4）线裂鸡爪槭（*A. palmatum* 'Linearilobum'）叶深裂几达基部, 裂片线形, 缘有疏齿或近全缘。

（5）小叶鸡爪槭（*A. palmatum* var. *thunbergii*）又名蓑衣枫。叶较小, 掌状 7 深裂, 基部心形, 裂片较窄, 缘有尖锐重锯齿, 先端长尖。

（6）细叶鸡爪槭（*A. palmatum* 'Dissectum'）俗称羽毛枫, 叶掌状深裂几达基部, 裂片狭长又羽状细裂; 树冠开展而枝略下垂, 通常树体较矮小。

（7）花叶鸡爪槭（*A. palmatum* 'Reticulatum'）叶黄绿色, 边缘绿色, 叶脉暗绿色。

（8）斑叶鸡爪槭（*A. palmatum* 'Nersicolor'）绿叶上有白斑或粉斑。

（9）红边鸡爪槭（*A. palmatum* 'Roseco-marginatum'）嫩叶及秋叶裂片边缘玫瑰红色。

（五）血皮槭（*A. griseum*）

1. 别名

红皮槭、马梨光。

2. 形态与特征

落叶乔木, 树高 10～20m, 冠幅可达 5～6m, 干径可达 70cm。树皮赭褐色, 常呈卵形, 纸状的薄片脱落。

[茎（枝）] 小枝圆柱形, 当年生枝淡紫色, 密被淡黄色长柔毛, 多年生枝深紫色或深褐色, 2～3 年的枝上尚有柔毛宿存。冬芽小, 鳞片被疏柔毛, 覆叠。

[叶] 复叶有 3 小叶; 叶纸质, 卵形、椭圆形或长圆椭圆形, 长 5～8cm, 宽 3～5cm, 先端钝尖, 边缘有 2～3 个钝形大锯齿, 顶生的小叶片基部楔形或阔楔形, 有 5～8mm 的小叶柄, 侧生小叶基部斜形, 有长 2～3mm 的小叶柄, 上面绿色, 嫩时有短柔毛, 渐老则近无毛; 下面淡绿色, 略有白粉, 有淡黄色疏柔毛, 叶脉上更密, 主脉在上面略凹下, 在下面凸起, 侧脉 9～11 对, 在上面微凹下, 在下面显著。叶柄长 2～4cm, 有疏柔毛, 嫩时更密。

[花] 聚伞花序有长柔毛, 常仅有 3 花; 总花梗长 6～8mm; 花淡黄色, 杂性, 雄

花与两性花异株；萼片 5 个，长圆卵形，长 6mm，宽 2～3mm；花瓣 5 个，长圆倒卵形，长 7～8mm，宽 5mm；雄蕊 10 个，长 1～1.2cm，花丝无毛，花药黄色；花盘位于雄蕊的外侧；子房有绒毛；花梗长 10mm。

[果实] 果实为翅果，翅宽 1.4cm。小坚果黄褐色，凸起，近卵圆形或球形，长 8～10mm，宽 6～8mm，密被黄色绒毛；翅宽 1.4cm，连同小坚果长 3.2～3.8cm，张开近锐角或直角。

[花期，果期] 花期 4 月，果期 9 月。

3. 分布与习性

血皮槭为中国特有种，原产自我国中部地区，1901 年被引入欧洲，随后不久就又被引入北美。分布于中国河南西南部、陕西南部、甘肃东南部、湖北西部和四川东部的半阳坡、半阴坡、阴坡及沟谷环境中海拔 1500～2000m 的疏林中。较喜欢阴湿环境的湿润山地的半阳坡、半阴坡和湿润沟谷环境，喜生于微酸性棕壤、黄棕壤和褐土，有较强的耐瘠薄能力。幼年喜欢庇荫环境，成年喜欢中性偏阳环境，耐热能力强，稍耐旱，抗病虫害。

4. 特性及用途

血皮槭为优良的绿化树种。树皮薄纸状剥裂，色彩奇特，观赏价值极高。秋叶变色，从黄色、橘黄色至红色。落叶晚，是槭树类中最优秀的树种之一，常被作为庭园主景树。木材坚硬，可制各种贵重器具，树皮纤维良好可以制绳和造纸。

（六）茶条槭（*A. ginnala*）

1. 别名

华北茶条槭、茶条牙、茶条木、茶条树、茶条子、麻良子、红枝槭。

2. 形态与特征

落叶灌木或小乔木。树高可达 6m，干径可达 20～40cm。树皮薄，幼时光滑，成熟后粗糙、微纵裂，灰色，稀深灰色或灰褐色。

[茎（枝）] 小枝近圆柱形，细瘦，无毛，当年生枝绿色或紫绿色，多年生枝淡黄色或黄褐色，皮孔椭圆形或近圆形、淡白色。冬芽细小，淡褐色，鳞片 8 枚，近边缘具长柔毛。

[叶] 叶片长圆卵形，长 6～10cm，宽 4～6cm，对生，通常有 3 或 5 深裂，其中有 2 个小的基部裂片（有时无）和 3 个大的顶部裂片。中央裂片锐尖或狭长锐尖，叶面光滑，上面深绿色，无毛，下面淡绿色，近无毛，叶缘有不规则粗锯齿，无毛，秋叶变为明亮的橙色至红色，羽状脉，基部三出。叶柄细长，通常呈粉红色，长 3～5cm。

[花] 伞房花序无毛，具多数的花；花梗细瘦，花杂性，雄花与两性花同株；萼片 5 个，卵形，黄绿色，外侧近边缘被长柔毛，长 1.5～2mm；花瓣 5 个，长圆卵形，白色，较长于萼片；雄蕊 8 个，与花瓣近等长；花丝无毛，花药黄色；花盘无毛，位于雄蕊外

侧；子房密被长柔毛；花柱无毛，长 3～4mm，顶端 2 裂，柱头平展或反卷。

[果实] 果实为翅果，黄绿色或黄褐色。小坚果嫩时被长柔毛，脉纹显著，长 8mm，宽 5mm；翅连同小坚果长 2.5～3cm，宽 8～10mm，中段较宽或两侧近平行，张开近直立或呈锐角。

[花期，果期] 花期 5 月，果期 10 月。春季开花，果在夏末秋初时成熟。

3. 分布与习性

原产自亚洲东北部，现产于我国东北（黑龙江、吉林、辽宁）、黄河流域（内蒙古、河北、山西、河南、陕西、甘肃）及长江下游一带。蒙古国、俄罗斯西伯利亚东部、朝鲜和日本也有分布。阳性树种，耐阴，耐寒，喜湿润土壤，耐旱，耐瘠薄，抗性强，适应性广。

4. 特性及用途

叶形美丽。秋季叶色红艳，夏季刚刚结出的双翅果呈粉红色，十分秀气、别致，是良好的庭园观赏树，用于小型行道树、绿篱、庭园和盆栽等小型景观。叶、芽性味苦、寒，含有槭鞣质（aceritannin，$C_{20}H_{20}O_{13}$）等成分，具有清热明目功效。取其适量用白开水冲饮可治肝热目赤，视物昏花。

（七）梣叶槭（*A. negundo*）

1. 别名

梣叶槭、羽叶槭、美国槭、白蜡槭、灰叶槭、糖槭。

2. 形态与特征

落叶乔木，树高可达 10～25m，干径可达 30～50cm。树冠分枝宽阔，多少下垂。树皮暗灰色，纵浅裂。

[茎（枝）] 小枝灰绿色，秋后变紫色，平滑无毛，被白粉，具灰褐色的圆点状皮孔；老枝灰色。芽小，卵形，褐色，密被灰白色的绒毛。

[叶] 奇数羽状复叶，小叶 3～7（9）个。小叶片卵形至长椭圆状披针形，基部广楔形或钝圆形，先端锐尖，边缘有不整齐的疏锯齿；顶生小叶有柄，长约 1.5cm，小叶片常 3 浅裂。侧生小叶柄短，长 3mm；小叶片歪卵状披针形，长 4～7cm，宽 2.5～3cm，基部歪楔形或近圆形，先端锐尖，边缘具 3～5 个粗锯齿，表面绿色，背面黄绿色，脉及边缘生有短绒毛。

[花] 花单性，雌雄异株，先于叶开放；雄花序有毛，呈伞房状下垂；花萼狭钟形，5 裂，被柔毛，萼片小，长 1.5cm；雄蕊 5，长 3～3.5mm，花丝伸长，毛发状，花药线形；雌花序下垂，疏总状花序，长 10～20cm；萼片基部合生；子房初被毛，后渐无毛。

[果实] 翅果扁平，淡黄褐色，长约 3cm，小坚果中央部凹入，为细长圆形，宽约 4mm，具有疏细脉纹，翅长约 1.8cm，宽约 7mm，翅开展为锐角（70°左右）；果柄细长，达 2cm，稍具微毛，黄褐色。

[花期，果期] 花期 4～5 月，果期 9 月。

3. 分布与习性

原产于北美洲。早在 100 多年前就引入中国华东、东北、华北。现在在辽宁、内蒙古、河北、山东、河南、陕西、甘肃、新疆、江苏、浙江、江西、湖北等省份的各主要城市都有栽培。喜光，喜干冷气候，暖湿地区生长不良，耐寒、耐旱、耐干冷、耐轻度盐碱、耐烟尘。

4. 特性及用途

该种生长迅速，树冠广阔，枝叶茂密，夏季遮阴条件良好，入秋叶色金黄，颇为美观，宜作庭荫树、行道树、"四旁"绿化树及防护林树种。早春开花，花蜜很丰富，是很好的蜜源植物。此外，树液中含有糖分，可制糖；树皮可供药用。

5. 常见栽培品种

（1）金叶梣叶槭（*A. negundo* 'Aurea'）又名金叶梣叶槭、金叶糖槭、金叶美国槭、金叶白蜡槭。落叶乔木，最高可达 18m。树皮深黄色。小枝柱形，无绒毛，一年生枝条淡绿色，多年生枝条深黄色。冬芽较小，鳞片 2。羽状复叶，长 8～26cm，叶小，纸质，椭圆形，长 7～11cm，宽 1.5～4.5cm，先端渐尖，基部呈楔形，边缘具齿，小叶柄长 2.5～4.5cm，淡绿色，无绒毛。雄花花序呈伞状，下垂，花梗长 1.0～3.5cm；花小，淡黄色，先叶开花，雌雄异株；雄蕊 4～6 个，花丝较长；子房无绒毛。坚果，椭圆形，无绒毛。花期 4～6 月，果期 8～9 月。原产于北美洲。华北、东北、西北、华南及华东地区均用作园林绿化植物栽培。喜阳树种，较耐寒、耐旱，生长能力极强，对土壤要求不高，贫瘠土壤也能生长，腐殖质肥沃且排水良好的砂壤土生长最好。

（2）花叶梣叶槭（*A. negundo* var. *variegatum*）落叶灌木，小枝光滑，羽状复叶对生，小叶 3～5 枚，春季萌发时小叶卵形，有不规则锯齿，呈黄色、白粉色、红粉色，十分美丽。成熟叶呈现黄白色与绿色相间的斑驳状。花单性，无花瓣，3～4 月叶前开放。生长强健，喜光，喜冷凉气候，耐干冷，耐轻盐碱，喜深厚、肥沃、湿润土壤，稍耐水湿，抗烟尘能力强。在中国东北地区生长良好，华北尚可生长，但在湿热的长江下游却生长不良，且多遭病虫危害。该种枝叶茂密，入秋叶色金黄，颇为美观，宜作庭荫树、行道树及防护林树种。

（3）粉叶梣叶槭（*A. negundo* 'Flamingo'）又名红叶梣叶槭。落叶灌木或小乔木，奇数羽状复叶，树形美观大方，幼叶为柔和的粉色，成熟中呈现黄白色与绿色相间的斑驳叶色，老叶浅绿色，具白色边缘。当年生枝红色，多年生枝红褐色。春季冒芽红色，夏季绿色，到每年 7 月下旬开始变成红色，冬天枝条景观看的是红色。观赏价值相当高，为彩叶树种红叶美中极品。喜光，耐寒，耐旱，喜欢肥沃和湿润的土壤。主要分布在山东到江苏、浙江地区及东北沿海区。可在城市绿化中广泛使用。

（4）青竹梣叶槭（*A. negundo* 'Qingzhu'）又名竹节树。落叶乔木，原产于美国。树冠圆形；树干绿色呈竹节状；侧枝对生，上下成排呈鱼翅状；花粉红色，先花后叶。

耐旱、耐瘠薄、耐涝、耐盐碱，抗风、抗污染，生态适应性强，速生，树干粗度年增长量可达 3cm 以上。园林、绿化、经济价值很高。

二、引进树种

（一）红花槭（*A. rubrum*）

1. 别名

美国红枫、北方红枫、北美红枫、沼泽枫、加拿大红。

2. 形态与特征

落叶小乔木，树高 12～18m，最高可达 30m，冠幅 12m，胸径 60cm，树型直立，树形呈椭圆形或圆形。树干笔直，深褐色，材质坚硬、纹理好。新树皮光滑，浅灰色；老树皮粗糙，深灰色，有鳞片或皱纹。

[茎（枝）] 茎干光滑无毛，有皮孔，通常为绿色，冬季常变为红色。春天幼芽为浅红色，夏天碧绿色，秋天为鲜红色。

[叶] 单叶对生，掌状，3～5 裂，叶长 5～10cm，叶表面亮绿色，叶背泛白，新生叶正面呈微红色，之后变成绿色，直至深绿色，叶背面是灰绿色，部分有白色绒毛。秋天叶片由黄绿色变成黄色，最后成为红色，极为绚丽。

[花] 花红色，稠密簇生，少部分微黄色。

[果实] 果实为翅果，多呈微红色，成熟时变为棕色，长 2.5～5cm。

[花期，果期] 3 月末～4 月开花，果期 9～11 月。

3. 分布与习性

原产于北美洲，主要分布于加拿大和美国东部大部分地区，从佛罗里达沿海到得克萨斯州、明尼苏达州、威斯康星州。观赏性强，常被用于园林种植。喜光、喜温暖湿润的气候环境和酸性土壤，适合沙土、黏土等多种土壤环境，耐涝、耐肥，但不耐旱、不耐盐。在 2000 年前引入中国。主要分布在辽宁、山东、安徽一带，用于盆景、草坪与小区装饰及公路两旁的缓冲带。特殊的地理位置使红花槭（美国红枫）在北方变色效果很好。

4. 特性及用途

红花槭因其树冠整洁，灰色树皮，春天花和果实非常漂亮，秋天叶片呈亮红色和黄色，加之对有害气体抗性强，尤其是对氯气的吸收力强，深受人们的喜爱，在园林绿化中被广泛应用，是欧美经典的彩色行道树、园林造景树、干旱地防护林树种和防污染绿化树种。

5. 常见栽培品种

红花槭（美国红枫）有许多改良园艺品种，比较有代表性的有阿姆斯特朗、秋火焰、酒红、北木、十月光辉、夕阳红、夏日红、太阳谷等。

（二）银白槭（*A. saccharinum*）

1. 别名

银糖槭、银枫、银叶枫、北美糖槭、糖槭、糖枫、加拿大枫等。

2. 形态与特征

落叶乔木，成年树通常高 15～25m，最高可达 35m。冠幅 11～15m，高大的达 21m。树干通直，树冠卵形至圆形。树皮灰色，毛茸茸的。

[茎（枝）] 茎呈有光泽的红色或褐色。春天刚刚长出的嫩梢是绯红色的，远观就像是树冠上的一抹红晕；年轻的树枝和树干，皮光滑，银灰色。

[叶] 叶掌状，对生，长 8～16cm，宽 6～12cm，5 深裂，秋季变色效果一般，淡黄色，有的也能变为黄色、橙色或红色，变色和落叶都较其他槭树为早。纤细的叶茎长 5～12cm，叶片在 4 月形成，正面亮绿色，背面银白色，故名银白槭。秋叶黄；花黄绿色至红色但不是很突出，十分漂亮。

[花] 花簇生，先叶开放。

[果实] 果实为翅果，每个翅形果实中都包含一个单一的种子，翅长 3～5cm，种子直径 5～10mm。

[种子] 银白槭与红花槭是近亲，都是鸡爪槭的变型种。银白槭和红花槭均是在春季而不是在秋季结种子的槭树。

[花期，果期] 花在早春叶之前生成，种子在初夏成熟。

3. 分布与习性

原产自北美东部和中部，从加拿大的安大略、魁北克直到美国的佛罗里达州均有分布。适应性广，从温带到亚热带，中国可在北至辽宁及内蒙古南部，南至云南、广西、广东北部区域内生长，辽宁北部较多。银白槭树具有侵袭性和根系浅的特点，不宜种植在公用设施管线、化粪池、住宅地基和人行道旁边。好光，喜温凉气候，耐寒耐干燥，忌水涝。能适应各种土壤，包括潮湿的河岸、湖边、黏土地等，甚至在大多数树种不易成活的土壤中均能生长良好，而且非常耐寒。栽植在排水良好土壤上，很容易成活。

4. 特性及用途

树形开展，生长迅速，树枝通常下垂；叶淡绿色，叶背银白色，随着秋意渐深，叶色由黄色变为橙红色，最后变为红色；花黄绿色，是非常美丽的观赏树。用材乔木树种，也是糖料植物。适合种植在较开阔的地域，可用于遮阴行道树、园林观赏树。

5. 常见栽培品种

（1）裂叶垂枝银白槭（*A. saccharinum* 'Beebe Cutleaf Weeping'）其特色是叶片裂得更细，枝条更柔软。

（2）土黄色银白槭（*A. saccharinum* 'Lutescens'）其特色是叶片春天是黄色的，夏天是绿色的，秋天又是黄色的。

6. 银白槭与红花槭

来自北美的银白槭与红花槭虽然都属于槭树科槭属落叶乔木，且新品种众多，但银白槭并不是红花槭的一种，它们之间还是有很大区别的，如银白槭的树干为棕灰色而红花槭为深褐色；银白槭的叶片均为 5 裂，春夏为绿色，红花槭叶片 3～5 裂，叶背面泛白；银白槭的果实为翅果，红花槭为蒴果；红花槭的幼树侧枝较银白槭的侧枝直立向上生长。二者的形态区别见表 2-4。

表 2-4 银白槭与红花槭的形态区别

项目	银白槭	红花槭
形态特征	株高 12～24m，冠幅可达 9～15m。直立生长，树形为卵圆形。树势雄伟、典雅	树高 12～18m，高可达 27m，冠幅达 10 余米，树型直立向上，树冠呈椭圆形或圆形，开张优美
树皮	幼树树皮光滑，银灰色。长大后会变得粗糙，棕灰色	新树树皮光滑，浅灰色。老树树皮粗糙，深灰色，有鳞片或皱纹，所以又称为鳄鱼树
叶	叶 5 裂，长 12.5cm，宽 12.5cm；对生，叶缘有齿，叶绿色，秋季会变为黄色至金黄色以至橘红色	叶 3～5 裂，长 5～16cm，单叶轮生于枝干上，叶表面亮绿色，叶背泛白，部分白色绒毛，叶缘有不规则锯齿；春季新叶泛红，夏季转为绿色，秋季呈现为红色
花	花期在 4 月，在叶展开前开放，小花黄绿色	3 月末～4 月开花，花为红色，稠密簇生，少部分微黄色，先花后叶
果实	翅果，绿色，成熟时变成褐色	翅果，多呈微红色，成熟时变为棕色
树高、冠幅	株高 12～24m，冠幅可达 9～15m；树冠为卵圆形	株高 18～36m，冠幅 0.6～1.2m；树冠呈椭圆形或圆形
经济用途	从树干流出的液汁可制砂糖	园林绿化和防污染绿化树种

（三）大叶槭（*A. macrophyllum*）

1. 别名

红国王、国王枫、红帝挪威槭、大叶红枫、紫叶挪威枫。

2. 形态与特征

大型落叶乔木，树高 10～20m（偶有高达 30m 的大树），圆形树冠。树皮幼时光滑，后渐渐块状开裂，褐色。

[茎（枝）]小枝粗壮，绿色，芽圆形，有 3、4 枚红绿色鳞片，顶芽大。冬芽具多数覆瓦状排列的鳞片，或仅具 2 或 4 枚对生的鳞片。

[叶]叶对生，单叶或复叶（小叶最多达 11 枚），不裂或 3～5 深裂。叶长 15～30cm，叶面具光泽；叶柄长 25～30cm，断裂时流乳汁。

[花]花序由着叶小枝的顶芽生出，下部具叶，或由小枝旁边的侧芽生出，下部无叶。花小，整齐，雄花与两性花同株或异株，稀单性，雌雄异株；花为黄绿色，总状花序下垂，长 10～15cm。萼片与花瓣均 5 个或 4 个，稀缺花瓣；花盘环状或微裂，稀不

发育；雄蕊 4～12 个，通常 8 个，生于花盘内侧、外侧，稀生于花盘上；子房 2 室，花柱 2 裂稀不裂，柱头通常反卷。

[果实] 果实为翅果，小坚果凸起或扁平，侧面有长翅，翅长 4～5cm，张开成各种大小不同的角度。

[花期] 花朵春季开放。

3. 分布与习性

原产自北美西部，生长在温哥华岛和邻近岛屿及大陆上。

4. 特性及用途

大叶槭的边材是微浅红色，心材是微浅红褐色。木质均匀，强度适中，硬度适度高，不防腐，具有良好的机械加工性能和粘接性能，对铁钉和螺丝钉的夹持力和精加工特性良好。

（四）挪威槭（*A. platanoides*）

1. 形态与特征

落叶乔木。树高 9～12m，最高可达 20～30m，干径可达 1.5m，树冠卵圆形。树皮灰褐色。

[茎（枝）] 枝条粗壮，树皮表面有细长的条纹。

[叶] 叶对生，掌状 5 裂，长 7～14cm 或 8～20cm，叶柄长 8～20cm，叶秋季变黄，有时变为橙黄色。

[花] 花 15～30 朵聚为伞状花序；萼片 5 个，黄色；花瓣黄绿色。

[果实] 果实为翅果，翅长 3～5cm，夹角近 180°。

[花期] 早春开花。

2. 分布与习性

原产于欧洲，分布在挪威到瑞士的广大地区海拔 1400m 以下针叶林和混合落叶林中，以小群体或个体生长，很少在纯林中生长。中国可在北至辽宁南部，南至江苏、安徽、湖北等区域内生长，目前，上海、北京等地均有引种栽培。喜光照充足。较耐寒，能忍受干燥的气候条件。喜肥沃、排水性良好的土壤。生长速度中等，每年可以长 25～40cm。

3. 特性及用途

挪威槭叶片光滑、宽大、浓密，是一种适宜城市条件、观赏价值极高的园林树种，用于公园、行道树栽培。

4. 常见栽培品种

挪威槭有十余个园艺品种，比较知名的有普林斯顿黄金和红国王等。

（1）紫叶挪威槭（*A. platanoides* 'Crimson King'）又名红国王、国王枫、红帝挪威

槭、大叶红枫、紫叶挪威枫等。是挪威槭最好的一个变种。落叶乔木。树干挺拔直立，树高 12～15m，冠幅 9～12m，树冠圆形或卵圆形。枝条粗壮，叶片宽大浓密，单叶星形，长 10～20cm，5 裂，紫红色（栗色），秋天橙红色。春天叶片紫色或红色，夏天红褐色，秋季呈黄色、褐色、暗栗色或青铜色。早春开花，伞状花序黄绿色。适应各种土壤，酸性、碱性或瘠薄的土壤均可，但喜肥沃、排水良好的土壤。喜充足光照，耐部分遮阴。耐干旱、盐碱能力中等，耐干热，较耐寒，耐空气污染。

（2）挪威槭黄金枫（*A. platanoides* 'Princeton Gold'）新叶黄色，夏季变成黄红色，秋季变成金黄色，4 月开花，黄色，有香味。喜光、耐高温、耐寒性强（可耐–12.3℃～–40℃的绝对低温），抗风性强，适应于各种土壤，极具观赏价值。适应城市环境标准的公园、庭园、草坪、景观、行道或小区绿化树种。

（3）花叶挪威槭（*A. platanoides* 'Drummondii'）落叶乔木。树高 8～10m，叶片硕大，叶缘带有较宽的金边，具有较高的观赏价值。我国黄河以南地区生长良好。北京及其以南地区可引种栽培。

（五）栓皮槭（*A. campestre*）

1. 形态与特征

小乔木或灌木。树高可达 7.5～10m，最高可达 35m，干径可达 1m，树冠茂密，冠幅可达 11～15m，树皮幼龄期光滑，呈银灰色，成熟后变为灰色，栓质，有细裂缝。冬芽呈深棕色。

［叶］叶对生，长 5～16cm，宽 5～10cm，由 5 个叶片组成；叶柄长 3～9cm。叶较小，三裂片，裂尖圆且钝，叶缘平滑，具银白色边，幼叶和嫩枝春季泛粉色，秋季变黄色。

［花］雌雄同株，长 4～6cm，黄绿色，簇生。

［果实］果实为翅果，翅长 2cm，两翅夹角近 180°。

［花期］春季开花，与叶同放。

2. 分布与习性

原产于欧洲、非洲。我国可在北至黑龙江南部，南至湖南、江西、四川北部区域生长。耐旱，耐热，极耐寒，对光照和土壤无特殊要求，适应性非常强；比较适宜在肥沃、排水良好的土壤中生存，在 pH 较高的土壤里长势很好。可以适应较干燥的土壤环境。

3. 特性及用途

可用于行道树和公园绿化，也可剪成树篱。是广泛种植在公园和大花园的观赏树种。木材坚硬，被用作家具、木材车削和乐器。

（六）藤槭（*A. circinatum*）

1. 别名

葡萄槭、藤枫。

2. 形态与特征

落叶灌木或小乔木，树高可达 7～8m，树干光滑。树冠具明亮的绿色，伞形或圆球形。树皮灰色或棕色。

[茎（枝）]藤槭的小枝纤细，紫色或灰紫色。树干可以轻易弯曲，有时树干会在土里扎根，形成一个天然的拱形，这一特性在槭树集群里是独有的。

[叶]叶片近圆形，掌状，大幅双齿，通常 7～11 浅裂，裂深 5～7cm，裂片卵状长椭圆形至披针形，叶缘具细重锯齿，下面仅脉腋有簇毛，秋季颜色可从黄色变成红色。

[花]花很小，直径 6～9mm，有 1 个深红色花萼和 5 个黄绿色的短花瓣；以 10～20 朵成一簇，伞状花序，群杂性，紫红色，宽 12mm。

[果实]果长翅形，长 4cm，两果翅张开成直角至钝角，幼时紫红色，成熟后棕黄色。

[花期，果期]花期 5 月，果期 9 月。

3. 分布与习性

原产于北美洲太平洋沿岸地区，向南延伸到不列颠哥伦比亚省西部和加利福尼亚州的海岸山脉。在野外一般生长在山脉沿岸土壤条件比较潮湿的地方，尤其是沿河流的边缘和针叶林的阴影下。也可以在空旷地生长。

4. 特性及用途

木质坚硬，常用于制作雪靴的框边、鼓圈、汤匙、盘子等用具。树姿优美，叶形秀丽，从夏季到冬季树叶的颜色由绿色变成黄色、橙色、红棕色、红色等多种色调，为著名的秋色叶树种，可作庇荫树、行道树或风景园林中的伴生树。

（七）鞑靼槭（*A. tataricum*）

1. 形态与特征

落叶灌木或小乔木，高度可达 4～12m。树冠紧缩的直立椭圆形。树皮薄，淡棕色，平滑。

[叶]单叶对生，阔卵形，长 4.5～10cm，宽 3～7cm，不裂或有 3 或 5 浅裂，叶缘有粗的不规则锯齿。

[花]花白绿色，圆锥花序，直径 5～8mm。

[果实]果实为红色翅果。

[花期，果期]花朵春季与叶同放，果夏末秋初成熟。

2. 分布与习性

广泛分布于欧洲中部和东南部、亚洲温带地区及俄罗斯远东地区，由俄罗斯南部的鞑靼民族命名。

3. 特性及用途

树种树干直立，树冠茂密，初夏具有明亮的红色翅果，色彩变化均匀，呈现出优美整齐的苗圃形态，明亮的秋色叶极具观赏价值。

（八）糖槭（A. saccharum）

1. 形态与特征

落叶乔木，树高可达 30m 以上。芽圆锥形，呈灰褐色，小而尖。叶掌状，对生，基部心形，先端渐尖，叶缘有锯齿，叶柄与叶片接近等长，断裂时伴有糖液外流。生长季节叶色多为浅绿或深绿色，秋季常变为金黄、橘红、橘黄等颜色。伞房状花序，无花瓣，花萼 5 片，花为黄绿色，一般 4 月初开放。果实 9-10 月成熟，翅果长 3～4cm。

2. 分布与习性

喜阳光耐阴凉，适宜冷凉气候，较耐干冷、干旱，耐瘠薄，耐修剪，不耐盐碱，适应性强，根萌芽性强，生长较缓慢。在多种土壤类型下都能生长，其中以疏松深厚肥沃、湿度中等、排水良好的微酸性土壤为优。适应的土壤 pH 范围是 3.7～7.3。

原产北美东部，主产于加拿大新斯科舍、安大略省，美国佐治亚州等地。我国辽宁、内蒙古、河北、山东、河南、陕西、甘肃、新疆，江苏、浙江、江西、湖北等地的各主要城市目前都有栽培。在东北和华北各省份生长较好。湖北省植物研究所引种的糖槭已采割糖液。

3. 特性与用途

糖槭树干通直挺拔，树冠浓密秀美，是优良的行道树、风景树、观赏树、防护林树种。亦是材用树种，木质坚硬，具有良好的强度性能，是制作家具、木地板、书柜和乐器等的上等原料。糖槭树液含糖分很高（一般为 2%～6%），用糖槭树液熬出的糖浆，香甜如蜜，营养价值很高，除供食用外，还可用于食品加工。

三、分布与生境

中国槭树种类多，分布广，资源丰富。为了便于科研与生产，结合已有的相关研究成果，现就国产 230 种槭树科植物中主要种类的地理分布及其生态环境列于表 2-5。

表 2-5　中国主要槭属植物及分布

序号	名称/别名	地理分布范围	海拔/m	生境
1	庙台槭/留坝槭 A. miaotaiense	陕西西南和甘肃东南	1300～1600	阔叶林
2	羊角槭 A. yangjuechi	浙江西北部	700	疏林
3	细叶槭 A. leptophyllum	江西西北部	300	疏林
4	薄叶槭/瘦槭 A. tenellum	四川东部	1200～1900	疏林
5	蒙山槭 A. mengshanensis	山东	600～1500	疏林
6	七裂薄叶槭（变种）A. tenellum var. septemlobum	四川东南部	1400～1700	疏林
7	元宝枫/元宝树；平基槭；华北五角槭；色树；枫香树 A. truncatum	东北、华北、西北及山东、河南等省	400～1000	阴坡、半阴坡及沟谷底部

续表

序号	名称/别名	地理分布范围	海拔/m	生境
8	五角枫/色木槭；地锦槭；五角槭 *A. mono*	东北、华北和长江流域各省份	800～1500	干旱山坡，河边，河谷，路边
9	弯翅五角枫（变种）*A. mono* var. *incurvatum*	浙江西北部	400	丛林
10	大翅五角枫（变种）*A. mono* var. *macropterum*	甘肃、四川、云南和西藏	2100～2700	疏林
11	岷山五角枫（变种）*A. mono* var. *minshanicum*	四川和云南西北部	2300～2800	疏林
12	三尖五角枫（变种）*A. mono* var. *tricuspis*	贵州及四川	1000～1800	疏林
13	青皮槭 *A. cappadocicum*	西藏南部	2400～3000	疏林
14	短翅青皮槭（变种）*A. cappadocicum* var. *brevialatum*	西藏南部	2750	山谷林边
15	小叶青皮槭（变种）*A. cappadocicum* var. *sinicum*	湖北、四川和云南等省区	1500～2500	疏林
16	三尾青皮槭（变种）*A. cappadocicum* var. *tricaudatum*	陕西、甘肃、湖北、四川和云南等省	2000～3000	林边或疏林
17	长柄槭 *A. longipes*	河南、陕西、湖北、四川	1000～1500	疏林
18	南川长柄槭（变种）*A. longipes* var. *nanchuanense*	四川东南部	1100	溪边疏林
19	城步长柄槭（变种）*A. longipes* var. *chengbuense*	湖南西南部	350	疏林
20	卷毛长柄槭（变种）*A. longipes* var. *pubigerum*	浙江和安徽南部	800～1200	阔叶林或林边
21	维西长柄槭（变种）*A. longipes* var. *weixiense*	云南西北部	2700～3000	疏林
22	黄毛槭 /褐毛槭 *A. fulvescens*	四川	2700～3200	疏林
23	丹巴黄毛槭（亚种）*A. fulvescens* subsp. *danbaense*	四川西部	2800～2900	疏林
24	陕甘黄毛槭（亚种）*A. fulvescens* subsp. *fupingense*	陕西南部和甘肃东南部	1200～2100	山坡或山谷
25	五裂黄毛槭（亚种）*A. fulvescens* subsp. *pentalobum*	四川、云南和西藏	2000～2500	疏林
26	褐脉黄毛槭（亚种）*A. fulvescens* subsp. *fuscescens*	陕西东南部	1200～1300	疏林
27	锐角槭 *A. acutum*	浙江西北部	800～1000	疏林
28	梓叶槭 *A. catalpifolium*	四川	400～1000	阔叶林
29	兴安梓叶槭（亚种）*A. catalpifolium* subsp. *xinganense*	广西东北部	1600	山谷疏林
30	乳源槭 *A. chunii*	广东北部	800～1200	疏林
31	两型叶乳源槭（亚种）*A. chunii* subsp. *dimorphophyllum*	四川西南部	1000～1500	疏林
32	阔叶槭/高大槭；黄枝槭 *A. amplum*	华中、华东、西南和广东	1000～2000	疏林
33	天台阔叶槭（变种）/天台高大槭，天台黄枝槭 *A. amplum* var. *tientaiense*	浙江、江西、福建	700～1000	疏林
34	建水阔叶槭（变种）*A. amplum* var. *jianshuiense*	云南南部至西部	1200～500	疏林
35	凸果阔叶槭（变种）/马蹄槭 *A. amplum* var. *convexum*	贵州中部	1200	疏林
36	梧桐槭 *A. firmianioides*	湖北西部	1400	疏林
37	羽扇槭/日本槭 *A. japonicum*	辽宁、江苏	300～1200	引种
38	紫花槭 *A. pseudosieboldianum*	东北地区	700～900。	针阔叶混交林
39	小果紫花槭（变种）*A. pseudosieboldianum* var. *koreanum*	吉林、辽宁	700～900	疏林

序号	名称/别名	地理分布范围	海拔/m	生境
40	临安槭 A. linganense	浙江	600～1300	山谷或溪边
41	蜡枝槭 A. ceriferum	湖北西部	1500	山谷疏林
42	重齿槭 A. duplicatoserratum	台湾北部至中部	1600～2000	阔叶林
43	稀花槭/蜡枝槭 A. pauciflorum	浙江中部	50～300	疏林
44	昌化槭 A. pauciflorum	浙江西北部	500～1000	沟谷溪边、山坡林下、林缘石隙
45	三裂昌化槭 A. changhuaense var. trilobum	浙江武义，莲都、建德	200～800	疏林
46	脱毛昌化槭 A. changhuaense var. glabrescens	浙江临安、桐庐、淳安、浦江	200～800	疏林
47	鸡爪槭 A. palmatum	华东、华中和贵州	200～1200	林边或疏林
48	毛鸡爪槭 A. pubipalmatum	浙江	700～1000	疏林中或林边
49	美丽毛鸡爪槭 A. pubipalmatum var. pulcherrimum	中南、浙江及山东、江苏、安徽、江西、贵州	500～700	疏林
50	杈叶槭 A. robustum	陕西、甘肃、湖北、四川和云南	1000～2000	疏林中或林边
51	小杈叶槭 A robustum var. minus	河南西部	1000～1300	疏林
52	小鸡爪槭（变种）/簑衣槭 A. palmatum var. thunbergii	华中及福建、江西	65～600	疏林
53	安徽槭 A. anhweiense	安徽南部	1500～1700	疏林
54	短翅安徽槭（变种）A. anhweiense var. brachypterum	浙江西北部	700～1000	疏林
55	深灰槭/粉白槭 A. caesium	西藏南部	2000～3700	疏林
56	太白深灰槭（亚种）/纪氏槭 A. caesium subsp. giraldii	陕西、甘肃、四川、云南、西藏	2000～3700	疏林
57	茶条槭/茶条；华北茶条槭 A. ginnala	东北、华北和河南、陕西、甘肃	<800	半阳坡、半阴坡
58	苦茶槭（亚种）/苦津茶；银桑叶 A. ginnala subsp. theiferum	华东和华中各地	1000	阳坡疏林
59	天山槭 A. semenovii	新疆西部天山	2000～2200	河谷和斜坡林
60	长尾槭 A. caudatum	西藏南部	3000～4000	山谷松杉疏林
61	多齿长尾槭（变种）/光叶长尾槭；陕甘长尾槭 A. caudatum var. multiserratum	河南、陕西、甘肃、湖北和四川	1800～3000	林边或疏林
62	川滇长尾槭（变种）/康藏长尾槭；川康长尾槭 A. caudatum var. prattii	四川、西藏和云南西北部	1700～4000	林边或疏林
63	花楷槭 A. ukurunduense	东北地区	500～1500	疏林
64	扇叶槭 A. flabellatum	西南、湖北等省区	1500～2300	疏林
65	云南扇叶槭/云南槭树（变种）A. flabellatum var. yunnanense	云南南部至西部	3000～3500	疏林
66	七裂槭 A. heptalobum	云南及西藏	2500～3100	混交林
67	毛花槭/阔翅槭 A. erianthum	陕西、湖北及西南地区	1800～2300	混交林
68	藏南槭 A. campbellii	西藏	2500～3700	混交林
69	盐源槭/宁远槭 A. schneiderianum	四川西南部	2500～3000	疏林

序号	名称/别名	地理分布范围	海拔/m	生境
70	柔毛盐源槭（变种）*A. schneiderianum* var. *pubescens*	云南西北部	3300	疏林
71	上思槭 *A. shangszeense*	广西南部	800～1000	阔叶林
72	安福槭（变种）*A. shangszeense* var. *anfuense*	江西西部	1200	山谷林边
73	密果槭/国楣槭 *A. kuomeii*	云南和广西西部	1200～2100	疏林
74	马边槭/纤瘦槭 *A. mapienense*	四川西南部	2000～2500	山坡疏林
75	中华槭/华槭 *A. sinense*	湖南、湖北、西南及广东	1200～2000	混交林
76	绿叶中华槭（变种）*A. sinense* var. *concolor*	四川和湖北西部	1500～2000	混交林
77	深裂中华槭（变种）*A. sinense* var. *longilobum*	湖北西部、四川东部及西南部	1500～2000	混交林
78	小果中华槭（变种）*A. sinense* var. *microcarpum*	广西西北部	1400	疏林
79	波缘中华槭（变种）*A. sinense* var. *undulatum*	云南南部	1300	山谷疏林
80	信宜槭 *A. sunyiense*	广东西南部	1000～1700	山谷疏林
81	西畴槭 *A. sichourense*	云南东南部	1200～1800	疏林
82	黔桂槭/桂北槭 *A. chingii*	贵州和广西北部	1200～2000	混交林
83	瑶山槭 *A. yaoshanicum*	广西东部	1600	山坡混交林
84	毛脉槭 *A. pubinerve*	浙江、福建、安徽和江西	500～1200	疏林
85	细果毛脉槭（变种）*A. pubinerve* var. *apiferum*	浙江东部	60	疏林
86	广东毛脉槭（变种）*A. pubinerve* var. *kwangtungense*	广东西北部、贵州南部和广西北部	500～1300	疏林
87	桂林槭 *A. kweilinense*	贵州和广西	1000～1500	疏林
88	苗山槭 *A. miaoshanicum*	广西北部	900～1200	疏林
89	多果槭 *A. prolificum*	四川	1500～1700	混交林
90	两色槭 *A. bicolor*	广西东部至西部	500～900	疏林
91	圆齿两色槭（变种）*A. bicolor* var. *serrulatum*	湖南、贵州、广东和广西	900～1400	疏林
92	粗齿两色槭（变种）*A. bicolor* var. *serratifolium*	广西南部十万大山	600～800	山谷疏林
93	五裂槭 *A. oliverianum*	华中、西南、陕西、甘肃	1500～2000	林边或疏林
94	台湾五裂槭 *A. serrulatum*	台湾北部至中部	1000～2000	混交林
95	婺源槭 *A. wuyuanense*	江西北部至南部	500～1200	疏林
96	毛柄婺源槭（变种）*A. wuyuanense* var. *trichopodum*	江西东部	700～1200	疏林
97	秀丽槭 *A. elegantulum*	浙江、安徽和江西	700～1000	疏林
98	长尾秀丽槭（变种）*A. elegantulum* var. *macrurum*	浙江西北部	700～1000	疏林
99	橄榄槭 *A. olivaceum*	浙江、安徽和江西	200～1000	疏林
100	大埔槭 *A. taipuense*	广东东部	200～750	山坡疏林
101	三峡槭/武陵槭 *A. wilsonii*	华中、西南及广东	1400～2000	疏林
102	长尾三峡槭（变种）*A. wilsonii* var. *longicaudatum*	广东西北部、广西北部和云南南部	1400～2000	疏林
103	钝角三峡槭（变种）*A. wilsonii* var. *obtusum*	江西西北部	500～1500	疏林

序号	名称/别名	地理分布范围	海拔/m	生境
104	岭南械 *A. tutcheri*	华中及福建、广东和广西	300～1000	疏林
105	小果岭南械（变种）/台湾岭南械 *A. tutcheri* var. *shimadae*	台湾中部	1000	阔叶林
106	细裂械 *A. stenolobum*	内蒙古、山西、宁夏、陕西和甘肃	1000～1500	山坡或沟谷
107	大叶细裂械（变种）*A. stenolobum* var. *megalophyllum*	宁夏东南部	2200	山坡疏林
108	兰坪械 *A. lanpingense*	云南西北部	2600～2700	疏林
109	密叶械 *A. confertifolium*	广东东北部	1297	石质山坡
110	细齿密叶械（变种）*A. confertifolium* var. *serrulatum*	福建东部	120	山谷丛林
111	两型叶紫果械 *A. cordatum* var. *dimorphifolium*	江西东部	500～1200	疏林
112	粗柄械 *A. tonkinense*	广西西南部	≤1000	疏林
113	广西械（亚种）*A. tonkinense* subsp. *kwangsiense*	广西东部至西部	≤1000	疏林
114	河口械 *A. fenzelianum*	云南南部	1100～1500	混交林
115	川甘械 *A. yui*	甘肃和四川	1800～2000	林中或溪边
116	瘦果川甘械（变种）*A. yui* var. *leptocarpum*	四川西北部	1550	溪旁林边
117	三角枫/三角械 *A. buergerianum*	华东、华中及贵州和广东	300～1000	阔叶林
118	平翅三角枫（变种）*A. buergerianum* var. *horizontale*	浙江南部	80～300	丛林
119	台湾三角枫（变种）*A. buergerianum* var. *formosanum*	台湾北部至中部	80～300	疏林
120	界山三角枫（变种）*A. buergerianum* var. *kaiscianense*	湖北西部、陕西南部和甘肃东南部	1000～1500	山坡疏林
121	雁荡三角枫（变种）*A. buergerianum* var. *yentangense*	浙江中部	700～900	山坡疏林
122	福州械 *A. lingii*	福建东部	70～150	山坡疏林
123	金沙械/川滇三角枫；金江械 *A. paxii*	四川和云南	1500～2500	疏林
124	半圆叶金沙械（变种）*A. paxii* var. *semilunatum*	云南中部	2100	疏林
125	平坝械/世纬械 *A. shihweii*	贵州中部	960～1645	密林
126	角叶械/丝栗械 *A. sycopseoides*	贵州和广西	600～1000	阔叶林
127	富宁械/丽械；伯衡械 *A. paihengii*	云南东南部	700～1100	混交阔叶林
128	异色械 *A. discolor*	陕西、甘肃、四川	1200～1800	疏林
129	樟叶械 *A. coriaceifolium*	四川、湖北、贵州及广西	1500～2500	疏林
130	灰毛械 *A. hypoleucum*	台湾东部	3200	阔叶林
131	亮叶械/蝴蝶械；红翅械 *A. lucidum*	广东及广西	800～1200	石质山坡疏林
132	剑叶械/拔针械 *A. lanceolatum*	广西西部	2500～3000	江边
133	紫白械 *A. albopurpurascens*	台湾北部至南部	≤1000	疏林
134	长叶械/木姜叶械 *A. litseaefolium*	台湾中部	300～700	疏林
135	北碚械 *A. pehpeiense*	重庆北碚区	800	阔叶林

续表

序号	名称/别名	地理分布范围	海拔/m	生境
136	武夷槭 *A. wuyishanicum*	江西和福建	500～1000	疏林
137	将乐槭/米官槭 *A. laikuanii*	福建西部	950～1000	疏林
138	飞蛾槭/飞蛾树 *A. oblongum*	西南、陕西、甘肃、湖北	1000～1800	阔叶林
139	绿叶飞蛾槭（变种）*A. oblongum* var. *concolor*	河南、湖北、四川及云南	1000～1500	阔叶林
140	宽翅飞蛾槭（变种）/鄂西飞蛾槭 *A. oblongum* var. *latialatum*	湖北西北部和西部	1000～1500	阔叶林
141	三裂飞蛾槭（变种）*A. oblongum* var. *trilobum*	湖北西部	<800	阔叶林
142	厚叶飞蛾槭（变种）*A. oblongum* var. *pachyphyllum*	江西东部	500	林边或溪边
143	峨眉飞蛾槭（变种）*A. oblongum* var. *omeiense*	四川	1200～1700	疏林
144	纸叶槭 *A. pluridens*	西藏墨脱、达木、格当	1700～2100	疏林
145	紫果槭/紫槭 *A. cordatum*	华中、华南及四川、浙江、贵州	500～1200	山谷疏林
146	小紫果槭（变种）/小紫槭 *A. cordatum* var. *microcordatum*	浙江、福建、江西、广东及广西	500～1200	疏林
147	长柄紫果槭（变种）*A. cordatum* var. *subtrinervium*	浙江南部及福建西北部	500～1000	疏林
148	都安槭/荫昆槭 *A. yinkunii*	广西中部	1000～2000	疏林
149	灰叶槭 *A. poliophyllum*	贵州西南部	1000～1200	疏林
150	厚叶槭 *A. crassum*	广西、云南	1000～1500	阔叶林
151	滨海槭 *A. sino-oblongum*	广东东南部		山坡或疏林
152	海拉槭/顺宁槭；昌宁槭 *A. hilaense*	云南西部	2500	林中
153	天峨槭/黄志槭 *A. wangchii*	广西北部	1500	阔叶林
154	缙云槭（亚种）*A. wangchii* subsp. *tsinyunense*	四川东部	700～800	阔叶林
155	桉状槭 *A. eucalyptoides*	西藏南部	2200	常绿林
156	光叶槭/长叶槭树 *A. laevigatum*	陕西、湖北、四川、贵州和云南	1000～2000	溪边或山谷
157	怒江光叶槭（变种）*A. laevigatum* var. *salweenense*	云南东南部和西南部	1000～2500	山谷疏林
158	罗浮槭/红翅槭 *A. fabri*	广东、广西、湖北、湖南、四川	500～1800	疏林
159	红果罗浮槭（变种）*A. fabri* var. *rubrocarpum*	华中和四川、贵州、广东、广西	800～2000	阔叶林
160	特瘦罗浮槭（变种）*A. fabri* var. *gracillimum*	广东西南部	500～1800	石质山坡
161	毛梗罗浮槭（变种）/毛梗红翅槭；绿果罗浮槭 *A. fabri* var. *virescens*	广西西部	500～1800	疏林
162	大果罗浮槭（变种）/大果红翅槭 *A. fabri* var. *megalocarpum*	云南东南部	700	混交林
163	毛柄槭 *A. pubipetiolatum*	云南怒江、澜沧江流域	1900～2600	疏林
164	屏边毛柄槭（变种）*A. pubipetiolatum* var. *pingpienense*	云南东南部	1000～1500	疏林
165	广南槭 *A. kwangnanense*	云南东南部	1000～1500	疏林
166	网脉槭 *A. reticulatum*	广东东南部	200～400	山坡疏林

续表

序号	名称/别名	地理分布范围	海拔/m	生境
167	两型叶网脉槭（变种）*A. reticulatum* var. *dimorphifolium*）	福建南北和广东东部	200～700	疏林
168	少果槭 *A. oligocarpum*	西藏南部	2000～3000	疏林
169	贵州槭 *A. guizhouense*	贵州省黄平县新州镇	700～1000	常绿阔叶落叶混交林
170	海南槭:*A. hainanense*	海南	500～1400	山谷溪边疏林
171	青榨槭 *A. davidii*	华北、华东、中南、西南	500～1500	疏林
172	红脉槭 *A. rubronervium*	湖南及贵州黔东南地区	1100～1200	常绿阔叶阔叶混交林
173	锐齿槭 *A. hookeri*	西藏南部	2600～3300	疏林
174	圆叶锐齿槭（变种）*A. hookeri* var. *orbiculare*	西藏南部	2600	山坡疏林
175	锡金槭 *A. sikkimense*	西藏南部	2500～3000	疏林
176	细齿锡金槭（变种）*A. sikkimense* var. *serrulatum*	云南和西藏南部	2000～3000	丛林中
177	尖尾槭 *A. caudatifolium*	台湾大部分地区	200～2100	疏林
178	葛萝槭 *A. grosseri*	华中和河北、山西、陕西、甘肃、安徽	1000～1600	疏林
179	长裂葛萝槭（变种）*A. grosseri* var. *hersii*	中南及江西、安徽、浙江等省	500～1200	疏林
180	疏花槭/川康槭 *A. laxiflorum*	四川和贵州	1800～2500	林边或疏林
181	长叶疏花槭（变种）*A. laxiflorum* var. *dolichophyllum*	四川西南部	2500	疏林
182	丽江槭/和氏槭 *A. forrestii*	云南和四川	3000～3800	疏林
183	小楷槭 *A. komarovii*	吉林、辽宁	800～1200	疏林
184	短瓣槭 *A. brachystephanum*	重庆，福建	1380	小河沟边
185	五尖槭/马氏槭 *A. maximowiczii*	华中，西北、山西、四川及贵州等	1800～2500	林边或疏林
186	紫叶五尖槭（亚种）*A. maximowiczii* subsp. *porphyrophyllum*	广西东北部和贵州东南部	1800～2400	疏林
187	滇藏槭 *A. wardii*	云南和西藏	3000～3700	林边或林中
188	南岭槭 *A. metcalfii*	湖南、贵州、广东和广西	800～1500	山坡、溪边
189	篦齿槭 *A. pectinatum*	西藏及云南	2900～3700	山坡林
190	尖尾篦齿槭（变型）*A. pectinatum* f. *caudatilobum*	云南西北部	2500～3500	丛林
191	怒江槭/雨农槭 *A. chienii*	云南西北部	2500～3000	疏林
192	独龙槭 *A. taronense*	云南、四川和西藏	2300～3000	疏林
193	红色槭 *A. rubescens*	台湾东部至中部	1800～2200	混交林
194	来苏槭 *A. laisuense*	四川西北部	2500～3000	林边
195	青楷槭/辽东槭 *A. tegmentosum*	东北地区	500～1000	疏林
196	十蕊槭/海南槭 *A. decandrum*	云南、广西、广东和海南	800～1500	阔叶林
197	长翅槭 *A. longicarpum*	云南东南部	1300	疏林
198	楠叶槭 *A. pinnatinervium*	云南西部和北部	1600～2400	疏林
199	髭脉槭/簇毛槭 *A. barbinerve*	东北地区	500～1200	疏林

续表

序号	名称/别名	地理分布范围	海拔/m	生境
200	大齿槭 *A. megalodum*	陕西和甘肃	1500～2300	山谷疏林
201	毛叶槭 *A. stachyophyllum*	西藏、四川和云南	2000～3500	山地疏林
202	五脉毛叶槭（变种）*A. stachyophyllum* var. *pentaneurum*	四川西南部和云南西北部	2800～3200	疏林
203	四蕊槭/红色槭；*A. tetramerum*	河南、陕西、甘肃、湖北、四川和西藏	1400～3300	疏林
204	桦叶四蕊槭（变种）*A. tetramerum* var. *betulifolium*	河南、陕西、甘肃、四川和云南	1500～3000	疏林
205	蒿坪四蕊槭（变种）*A. tetramerum* var. *haopingense*	陕西南部和甘肃东南部	1500～2300	山谷疏林
206	长尾四蕊槭（变种）*A. tetramerum* var. *dolichurum*	西藏南部	2800～3000	林缘
207	疏毛槭/秦陇槭；陇秦槭 *A. pilosum*	甘肃南部	1000～2000	疏林
208	天目槭 *A. sinopurpurascens*	浙江和江西北部	700～1000	混交林
209	秦岭槭 *A. tsinglingense*	河南、陕西和甘肃	1200～1500	疏林
210	雷波槭 *A. leipoense*	四川西南部	2100～2200	混交林
211	白毛雷波槭（亚种）*A. leipoense* subsp. *leucotrichum*	四川西部	2000～2700	疏林
212	苹婆槭 *A. sterculiaceum*	西藏南部	2300～3100	林中
213	房县槭 *A. franchetii*	华中、西南及陕西	1800～2300	混交林
214	大果房县槭（变种）*A. franchetii* var. *megalocarpum*	四川西部	2000～2500	疏林
215	贡山槭 *A. kungshanense*	云南西北部	2500～3200	沟边与山谷
216	尖裂贡山槭（变种）*A. kungshanense* var. *acuminatilobum*	云南西北部和南部	2000～2500	疏林
217	龙胜槭 *A. lungshengense*	贵州和广西	1500～1800	山谷疏林
218	勐海槭/步曾槭 *A. huianum*	云南南部	1800	山坡林
219	巨果槭 *A. thomsonii*	西藏南部	2300～3000	疏林
220	五小叶槭/五叶槭 *A. pentaphyllum*	四川西部	2300～2900	疏林
221	毛果槭/日光槭 *A. nikoense*	浙江、安徽、江西和湖北西部	1000～1800	疏林
222	血皮槭/马梨光 *A. griseum*	华中、陕西、甘肃及四川	1500～2000	疏林
223	三花槭/拧筋槭；伞花槭 *A. triflorum*	东北地区	400～1000	针阔混交林
224	革叶三花槭（变种）*A. triflorum* var. *subcoriacea*	吉林和辽宁	400～1000	石质山坡
225	秃梗槭 *A. leiopodum*	陕西南部	1500～1700	疏林
226	东北槭/东北槭 *A. mandshuricum*	东北地区	500～1000	杂交林
227	甘肃槭（亚种）*A. mandshuricum* subsp. *kansuense*	甘肃东南部	1700～2300	疏林
228	四川槭/川槭 *A. sutchuenense*	四川和湖北西部	2000～2600	疏林
229	建始槭/亨利槭；三叶槭 *A. henryi*	山西、河南、陕西、江苏、四川等省	500～1500	疏林
230	桦叶槭/复叶槭；美国槭；白蜡槭；糖槭 *A. negundo*	原产北美洲。辽宁、山东等省引种	100～1500	用作行道树或庭园树栽培

注：表中所列230个槭树种中含67个变种、12个亚种、1个变型

小 结

槭树是槭树科中较进化的类群，起源于侏罗纪时期我国的云南、四川东部、湖北、湖南及其邻近地区，此后逐渐向西、向南和向东北方向扩散。在长期扩散和进化中，槭属保留了独特的翅果形态，高度变异了芽鳞、花序、叶形和果形等表型形态，至上新世形成真正意义上的独立种类和现代分布格局。

全世界槭树主要分布于北半球温带地区，包括欧亚大陆、北美和非洲北缘。分布较多的区域和国家有东亚地区的中国、日本、朝鲜、韩国，西亚地区的土耳其、伊朗、格鲁吉亚、亚美尼亚、阿塞拜疆，南亚地区的尼泊尔、印度、巴基斯坦，东南亚地区的越南、泰国、缅甸、印度尼西亚，西欧地区的英国、法国，中欧地区的德国、波兰，南欧地区的意大利及北欧地区的瑞典，北美地区的美国、加拿大，东欧地区的俄罗斯。中国是世界上槭树种质资源最为丰富的国家，也是世界槭树的地理起源中心和现代分布中心，中国的槭树遍布全国各地海拔 800m 以下的低山丘陵和平地，槭树种类占世界槭树总种类的 75%。在中国众多的槭树种类中，元宝枫、色木槭、茶条槭、梣叶槭、三花槭的分布范围较广，在内蒙古东部及中部地区均有分布，在东部区的科尔沁沙地分布有大面积元宝枫及五角枫野生资源。其中，元宝枫分布在大兴安岭南段（巴林右旗）、燕山北部（喀喇沁旗、宁城县、敖汉旗）落叶阔叶林带的阴坡、半阴坡及沟谷底部；五角枫分布在大兴安岭南段（科尔沁右翼中旗、阿鲁科尔沁旗、巴林左旗、巴林右旗、林西县、克什克腾旗）、辽河平原（大青沟）、赤峰丘陵（翁牛特旗）、燕山北部（喀喇沁旗、宁城县黑里河林场、敖汉旗）、锡林浩特（正镶白旗、正蓝旗）的落叶阔叶林带和森林草原带的林下、林缘、杂木林中、河谷、岸旁；茶条槭分布在大兴安岭南段（阿鲁科尔沁旗、巴林右旗、克什克腾旗、西乌珠穆沁旗、锡林浩特市）、燕山北部（喀喇沁旗、敖汉旗）、阴山（大青山、蛮汗山、乌拉山）、阴山丘陵、鄂尔多斯（伊金霍洛旗）的草原带山地的半阳坡、半阴坡及杂木林中；细裂槭分布在阿拉善盟贺兰山的荒漠带的山谷灌丛、阴湿沟谷中。据不完全统计，目前全国天然元宝枫林总面积约 8.0 万 hm^2，人工林面积约 6.7 万 hm^2。天然元宝枫主要集中分布于内蒙古兴安盟科右中旗代钦塔拉苏木元宝枫保护区，内蒙古自治区松树山自然保护区，内蒙古乌旦塔拉自治区级自然保护区，内蒙古大青沟国家级自然保护区，沈阳法库叶茂台圣迹山景区，辽宁省高山台省级森林公园，北京西山国家森林公园、小龙门林场和八达岭林场，河北平泉（小西梁村大杖子后山），山东泰山罗汉崖和凤仙山；散生分布于内蒙古科尔沁左翼后旗甘旗卡镇、常胜镇、散都苏木、阿古拉镇，辽宁省建平县、喀左县、阜新蒙古族自治县、彰武县、法库县，河北省承德市兴隆县（雾灵山）。人工林各省份均有分布。

目前，除红花槭、羊角槭、紫花槭、羽扇槭、粗齿槭、落基山槭、佛罗里达槭外，国内常见有代表性观赏价值的主要槭树种类有乡土树种五角枫、元宝枫、三角枫、鸡爪槭、茶条槭、血皮槭、梣叶槭和引进树种红花槭（包括美国红枫）、银白槭（包括北美糖槭）、大叶槭、挪威槭、栓皮槭、藤槭、鞑靼槭等，其中桐状槭组桐状槭系植物元宝枫和五角枫等，因富含神经酸等特殊功能成分，开发应用前景看好，而备受关注。

参 考 文 献

陈清霖. 2018. 两种五角枫的形态识别与应用[J]. 辽宁林业科技, (6): 54-55.

方文培. 1966. 中国槭树科的修订[J]. 植物分类学报, 11(2): 139-187.

胡洁. 2013. 福州槭树科植物资源调查及景观应用评价[D]. 福建农林大学硕士学位论文.

江苏省植物研究所. 1986. 江苏植物志[M]. 南京: 江苏人民出版社.

李冬林, 王宝松. 2004, 江苏槭属植物资源分布与应用前景分析[J]. 江苏林业科技, 31(2): 6-8.

李家美. 2003. 河南槭属植物分类研究[D]. 河南农业大学硕士学位论文,

李学松. 2014. 鸡公山自然保护区槭树科植物资源及其保护对策[J]. 中国林福特产, (4): 72-74.

刘仁林. 2003. 园林植物学[M]. 北京: 中国科技出版社.

鲁敏, 刘平生, 赵丽, 李佳陶, 吴振廷, 白照日格图, 郗雯, 王海国. 2020. 槭树资源研究进展及其对内
    蒙古槭树应用的启示[J]. 内蒙古林业科技, 46(3): 56-60, 64.

吴征镒, 路安民, 汤彦承, 陈之端, 李德铢. 2003. 中国被子植物科属综论[M]. 北京: 科学出版社.

徐廷志. 1998. 槭属的系统演化与地理分布[J]. 云南植物研究, 20(4): 383-393.

应俊生, 陈梦玲. 2011. 中国植物地理[M]. 上海: 上海科学技术出版社.

袁玉明. 2019. 宽甸地区槭树资源及其保护对策[J]. 辽宁林业科技, (6): 72-73.

臧德奎. 2003. 彩叶树选择与造景[M]. 北京: 中国林业出版社.

中国树木志编辑委员会. 1997. 中国树木志第三卷[M]. 北京: 中国林业出版社: 4242-4336.

邹学忠, 李作文, 王书凯. 2018. 辽宁树木志[M]. 北京: 中国林业出版社.

第三章 物 种 特 性

　　槭树不仅具有广泛的物种与形态多样性，而且还具有一些共同的物种特征和属性（物种特性）。槭树树种的物种特性包括植物学特征（树体结构与形态特征）、植物学特性（主要是根、茎、叶、花、果实、种子等器官的特性）、生物学特性（生物与生俱来的特有的内在品质，主要是植物的生长习性）和生态学特性即生态习性（树木对环境条件的要求和适应能力）等。掌握槭树树种的植物学特性、生物学特性和生态学特性是选择适宜栽培的立地条件进行科学造林、营林、护林和合理开发利用的基础，具有重要的理论和实践意义。

第一节 生物学特性

　　槭树是槭树科槭属树种的泛称，乔木或灌木，枝条横展，树姿优美，其形态学基本特点为叶对生，单叶或复叶；下部有叶的花序从着叶小枝的顶芽生出，下部无叶的花序从小枝旁边的侧芽生出；雌雄异株，雄蕊生于花盘内侧、外侧，花柱头通常反卷。花小、绿色，先开花后生叶或嫩叶长大后才开花，秋后落叶前常变红色。大多数是虫媒型，少数是风媒型。果实是 2 枚相连的小坚果，侧面有长翅，张开可呈不同的角度，又称为翅果。常根据槭属植物在冬季落叶与否，将其分为落叶与常绿两大类，其中落叶品种主要有褐脉槭（*A. rufinerve*，又名红脉槭、瓜皮槭）、秀丽槭（*A.elegantulum*）、条纹槭（*A.pensylvanicum*）、元宝枫、羊角槭、糖槭、建始槭、葛萝槭、鸡爪槭、茶条槭、光叶槭、栓皮槭、青榨槭、深裂中华槭、血皮槭、三峡槭、三角枫、五裂槭、毛脉槭等；常绿品种主要有樟叶槭、罗浮槭等（张宏达，2004）。根据已有的研究，现就槭树的主要生物学特性介绍如下。

一、种子休眠

　　槭属树种多以种子繁殖为主来延续和扩大天然群体数量，但槭属植物种子具有休眠的特性，种子萌发率极低。自然状态下，大多数槭属植物种子翌年春天才能萌发，且自然条件下种子常受到鼠类啃食、病虫害侵染等导致种子丧失繁衍能力，严重影响了槭属植物的开发利用。因此，研究槭属种子的休眠机制、寻找到有效解除槭属种子休眠的方法，开发经济、实用、简单、有效的催芽技术，显著提高场圃发芽率，是人工辅助培育扩大槭属天然种群数量、有效遏制槭属种质资源基因库丧失等诸多问题的关键技术所在，意义重大而迫切。

（一）休眠的原因

　　研究表明，果皮、种皮透水、透气性差或果皮、种皮及胚存在萌发抑制物或胚存在生理后熟现象是种子休眠的主要原因。

1. 果皮、种皮透水、透气性差

果皮、种皮的存在不仅影响种子的透水性、透气性，也会对胚的生长产生机械阻碍作用。物种不同，果皮、种皮对种子萌发产生的抑制影响不同，即使是同类物种，果皮、种皮的作用方式也是有区别的。大量研究证明，果皮、种皮不是抑制茶条槭、五角枫、三角枫、安徽槭、昌化槭、毛鸡爪槭、毛果槭、橄榄槭、梓叶槭种子萌发的主要因素，但果皮、种皮的存在在一定程度上阻碍了血皮槭、羊角槭种子对水分的吸收，严重影响了元宝枫种子氧气的吸入量和发芽率，且在 25℃恒温、8h 光照/16h 黑暗、基质为滤纸的培养条件下，去果皮、种皮的元宝枫种子 1.5 天开始萌发，6 天萌发率达到 99%；完整种子第 19 天才开始萌发，30 天萌发率仅为 2%；只去果皮的种子第 3 天才开始萌发，10 天萌发率仅为 30%（杨兰芳等，2013）。其原因是元宝枫种子果皮细胞壁上聚集了许多排列紧密的条纹状物质会限制胚的增大，内含萌发抑制物质的扩散状微纤丝；种皮含有大量会抑制种子与外界的气体交换、降低氧气吸入量的果胶质、石细胞、鱼鳞坑状的微团。血皮槭低温层积处理 2 年后有少量种子开始萌发和播种在蛭石内层积 90 天的血皮槭种子去皮种仁也能萌发的实验结果充分说明果皮、种皮的存在严重阻碍了种子的萌发。种子解剖观测结果和种子层积试验证明，槭属种子休眠程度和萌发所需要的时间与种子的大小、种皮的厚度密切相关。

2. 果皮、种皮及胚存在萌发抑制物质

大量研究表明，种子萌发受阻与其自身所含的抑制物质密切相关。这些抑制物质会在不同程度上降低种子吸水速率、影响呼吸、抑制酶的活性、限制胚的增大、改变渗透压，从而导致种子萌发受阻。研究证明，槭树种子各部位均含有抑制物质，但树种不同，每个部位含有的抑制物质的量也存在差异。三角枫、羊角槭、三花槭、假色槭、血皮槭、梣叶槭的果皮、种皮、胚均含有抑制物质，且胚的抑制强度大于果皮、种皮（林士杰等，2016）；五角枫种子各部分也都含有抑制物质，其抑制活性为种皮＞种胚＞果皮（卢芳和李振华，2014）。研究表明，鸡爪槭、美国红枫、三角枫、青榨槭种子层积处理前，采用 GA$_3$ 处理可有效提高种子的萌发率；大叶槭去除种皮 25℃条件下 16 天发芽率达到 55%；在 25℃条件下培养的元宝枫、五角枫、美国红枫、鸡爪槭种胚 3 天子叶展开，7 天胚轴、子叶开始增大，子叶由浅绿色变成深绿色，证实种子中可能是所有部位，也可能是某一部位含有发芽抑制因素。国外试验结果表明，欧亚槭（*A. pseudoplatanus*）种子休眠一部分归因于内源 ABA，一部分归因于种子内部的中性混合物。内源 ABA 对挪威槭种子的休眠起到一定抑制作用。五角枫种子 ABA 含量随着时间的延长显著下降的实验结果证明，ABA 在种子胚休眠调控中起重要作用（杨玲等，2012）。

3. 胚存在生理后熟现象

胚休眠包括胚的形态休眠、生理休眠及二者共同作用所引起的休眠。槭属植物种子解剖学观察证实，槭属植物种子为无胚乳而且双子叶发育完全。试验证明，大叶槭、元

宝枫、五角枫、美国红枫、鸡爪槭种胚并不存在休眠现象,血皮槭种胚存在深度的生理休眠现象(张川红等,2012)。

(二)解除休眠的方法

实践证明,采用机械和水处理、低温层积处理、植物生长调节剂处理、化学物质处理、离体胚的培养等方法均可解除种子休眠,提高种子萌发率。

1. 机械和水处理

机械和水处理能有效解除种子休眠,提高种子萌发率。研究证实,剥除种皮后的大叶槭在适宜培养条件下就会萌发。经清水浸泡过的元宝枫、鸡爪槭等种子所需层积时间明显短于干种子所需的层积时间,元宝枫、五角枫、美国红枫、鸡爪槭去除种皮后离体胚子叶 3 天展开,7 天开始膨大;浸泡 24h 后置于不同培养方式下的美国红枫种子发芽率达 85.5%~91.5%。血皮槭种子低温层积 8 个月才会有 10 多粒种子露白,但是经过敲击后再进行低温层积,4 个月左右就会有 10 多粒种子露白(张川红等,2012)。

2. 层积和低温处理

槭树科植物种子具有休眠的特性,层积处理是打破木本植物种子休眠的有效方法之一。研究发现,低温层积可有效打破三角枫、青榨槭、糖槭、贵州槭种子的休眠。安徽槭、昌化槭、毛鸡爪槭、毛果槭、橄榄槭、五角枫的种子在常温条件下催芽,种子发芽率只有 20%左右;进行低温处理,萌发率可达 70%以上。假色槭采用室外层积法,东北槭采用二次冷冻变温层积法,出苗率均达到 80%左右。雪藏元宝枫种子出苗快而整齐,侧根多,在鲜重、高生长上具有明显优势(杜娟等,2011)。

3. 化学物质处理

采用适宜的化学物质处理槭树种子可以打破种子休眠,有效提高槭树种子发芽率。研究发现,0.4%次氯酸钠溶液处理鸡爪槭种子 24h,置于恒温培养箱中培养最终发芽率高达 67%,40mg/L 赤霉素(GA$_3$)处理鸡爪槭种子 40h,置于恒温培养箱中培养最终发芽率高达 61%。红花槭、鸡爪槭经 500mg/L GA$_3$ 处理 48h 再经变温层积 10 天即可解除休眠,而低温层积需要 25 天,大大缩短了层积时间。GA$_3$ 处理能有效缩短三角枫种子的低温层积时间。GA$_3$ 处理能够显著提高青榨槭种子新采收或贮藏 1~2 个月的种子的萌发率,随着贮藏时间的增加,促进作用也会逐渐变弱。200mg/L GA$_3$ 能显著提高光叶槭种子的萌发率,而 6-苄氨基嘌呤(6-BA)则呈现低浓度促进、高浓度抑制的现象。

4. 离体胚的培养

建立难生根的槭树品种种质优良且组织稳定的培养体系,发展组培苗生产具有重要的科研价值和实际生产意义。

(1)外植体选择。

一般选择槭树嫩茎和早春生长健壮的嫩茎作为外植体。研究证明,以挪威槭无菌苗顶芽作为外植体比以幼嫩茎段作为外植体效果更佳;以茶条槭顶芽、侧芽及带侧芽茎段作为主要的外植体，诱导萌发的概率是茎段＞顶芽＞侧芽。另外，利用五角枫早春休眠枝进行水培发芽，随后使用嫩茎生根，最终生根率为99%；选取在春季生长健壮且无病虫害的茶条槭植株嫩枝作为外植体效果比较好，可见，使用槭树嫩茎能够保证较高的繁殖成功率，顶芽和侧芽的污染率相对较低，也是挺好的外植体来源。

（2）培养基选择。

培养基是给离体植物组织输送营养物质的，培养基能够直接影响到植物组织的培养是否成功，不同植物、同种植物在不同阶段会有不同的营养需求。试验证实，大叶槭、元宝枫、五角枫、红花槭、鸡爪槭的胚并不存在休眠，去除种皮，离体胚就会萌发。红花槭种胚愈伤诱导最佳培养基为 1/2MS＋2mg/L 6-BA＋0.5mg/L IAA，增殖最佳培养基为 1/2MS＋2mg/L 6-BA＋0.5mg/LNAA。以未成熟东北槭种子胚为材料，采用改良 MS＋1.0mg/L 6-BA＋1.0mg/L TDZ＋0.5mg/L NAA＋0.2mg/L 2,4-D 进行诱导分化，改良 MS＋0.25mg/L 6-BA＋0.25mg/L KT＋0.1mg/L NAA＋1.0mg/L GA$_3$ 进行增殖培养，1/2MS＋0.1mg/L NAA＋0.1mg/L IBA 进行生根培养，最终生根率达 87.5%，移栽苗成活率达 70% 以上。梣叶槭定芽与不定芽两种途径组织培养再生体系中，确定适合茎节和顶芽的增殖培养基为 MS＋0.005mg/L TDZ 和 MS＋0.05mg/L 6-BA＋0.05mg/L NAA，分化培养基为 MS＋0.01mg/L TDZ，生根的最佳培养基为 MS＋0.1mg/L NAA（孟庆敏，2006）。

（3）外源激素选择。

植物细胞的分裂及诱导器官的形成在一定程度上受到外源激素的影响。发育阶段不同，其需求浓度配比自然也不相同。通常认为，生长素与细胞分裂素的比例较高，则愈伤组织仅生成根；在二者比值较低时，生成苗。2,4-二氯苯氧乙酸（2,4-D）、萘乙酸（NAA）、吲哚乙酸（IAA）和吲哚丁酸（IBA）等对愈伤组织的诱导、增殖和植物生根具有重要作用。梣叶槭茎段和叶片组织培养的研究证明，低浓度 2,4-D 能够很好地帮助瘤状愈伤组织的生成，相对地，使用高浓度的 2,4-D 过程当中，其愈伤组织会出现玻璃化。

二、无性繁殖

播种育苗是槭树繁殖的传统方法，其相对较低的繁殖系数与后代的性状分离制约了槭树良种壮苗的培育和产业发展。目前，广泛应用于生产的槭树扦插繁殖因地域和树种不同，插穗选择、扦插时间、生根剂及其浓度配比、扦插基质和环境调控技术各异。关于提高槭属树种扦插成活率的技术措施主要有以下几个方面。

（一）插穗的选择

在扦插繁殖中，影响插条生根的形成因素很多，其中内在因素包括植物种类、插条的年龄及母树年龄、插穗大小等。另外，插条自身的成熟程度对插条生根率的影响也比较大。

就扦插难生根的槭树顶端嫩枝、中部半木质化枝段和硬枝 3 种插穗而言，使用中部半木质化枝段得到的扦插效果是最理想的。带 2～3 个顶芽的紫红鸡爪槭嫩枝扦插苗要优于带 1 个顶芽的紫红鸡爪槭嫩枝扦插苗,这很可能是由于顶端的嫩枝组织相对幼嫩,且含水量比较高,很容易造成失水,甚至从基部出现腐烂,最终死亡。使用中部半木质化枝段,其中已经含有一定碳水化合物,可以很好地在生根之前为该枝段输送比较理想的营养物质,比起硬枝,其生理活性更高一些,很容易形成愈伤,形成不定根。试验证明,扦插时间、处理方式和扦插基质对插穗生根的影响较大,以透气性良好的火山石或腐殖土与蛭石的混合基质,且经生根粉溶液处理,扦插生根率最高。另外,半木质化时期为茶条槭的最适扦插时期;生根剂以低浓度(一般在 100mg/L 左右)为佳,插穗在生根剂中处理 4h 左右较好,生根最快,生根率最高,效果最好,缩短了育苗周期。

(二)影响插穗生根形成的环境因素

从根本上说,插条生根的情况是内外因子共同作用的结果。故对环境进行适当的调控可以提升插穗成活率,帮助生长。大量的研究证明,将插床温度调节在 15～35℃,能够很好地帮助槭树科插条生根。红花槭生根发芽需要 20～30℃的温度。茶条槭在光照强度为 90μmol/(m^2·s)、温度在 15～25℃、相对湿度为 90%时扦插效果最好,生根率可达 80%以上。五角枫为极难生根植物,但在全光照装置内培养,生根率最高可达 90%。

(三)插穗处理的方法

插穗处理比较常用的措施都是使用一些能够促进生根的植物生长调节剂来进行插穗处理,目的是通过补充外源激素和促进植物体内的内源激素合成,促进不定根的形成,降低生根的时间,提升生根概率。在选择槭树科树种生根剂的过程当中,生长素类激素作用明显,并选择 2 种或 2 种以上混合生根剂更有利于生根剂作用的发挥。研究证明,以珍珠岩作为主要基质,用 100mg/L ABT 6 号生根剂进行处理,金叶梣叶槭嫩枝扦插的生根率达到 90.0%,比对照提高 82.3%甚至更多。借助混合激素进行处理,能够显著地增加皮部及愈伤组织的生根数量。单独地使用 IBA 进行三翅槭扦插的生根率远低于使用(NAA＋IBA)混合激素的生根率(黄晓霞,2005)。

(四)扦插的基质组成结构及配比

合适的扦插基质不但能够支持并固定植物本身,还可以为植物的生长建造出一个稳定且适合的根系环境,如基质总孔隙度、通气孔隙差异等,都会造成基质当中的水分及空气容量发生变化,可能会对植物的扦插生根概率及成活概率产生影响。选择合适的基质,最主要的依据就是不同的树种。在相同的处理条件下,青榨槭、毛脉槭、建始槭 3 种槭属树种生根能力由大到小依次为青榨槭＞毛脉槭＞建始槭。使用高浓度的外源激素虽然能提高插穗生根率和生根质量,但并非最优的选择。外源激素的低浓度配方更有利于提高生根率和生根质量。500mg/L 萘乙酸和吲哚丁酸以 1：2 混合不但可以提高扦插成活率而且可以增加皮部和愈伤组织生根数。红花槭插穗在蛭石与珍珠岩(1：1)的混合基质上的扦插生根率可达到 87.3%。不同基质对红花槭生长的影响研究表明,泥炭土含量越高,植株死亡率越高,纯食用菌下脚料作培养基质时,生根效果最好(陆秀君等,2015)。云南金钱槭插穗在珍珠岩基质上扦插时的平均生根率能达到 67%,较对照明显地提高 17% 以上。银白槭绿枝扦插在全光迷雾条件下的关键技术是：①选择母树树冠上部与外围发育充实、直径 5mm 以上、具一定程度木质化的枝条作为插穗，插穗长 10～15cm，入土深度为插穗的 1/3～1/2，留上部或顶部 2～3 片叶露出地面。②插穗基部用 ABT 1 号生根粉 250～500mg/L 的溶液浸泡 30min。③移栽时，在遮阴下炼苗 4～8 天（胥明，2014）。

三、光合特性

研究表明，在高等植物中，决定叶片颜色的主要色素是叶绿素、类胡萝卜素和花青素等。叶绿素主要包括叶绿素 a 和叶绿素 b，在颜色上，叶绿素 a 呈蓝绿色，而叶绿素 b 呈黄绿色。类胡萝卜素包括叶黄素和胡萝卜素，前者呈黄色，后者呈橙黄色。花色素苷是花青素和植物体内各种单糖结合形成的糖苷，在酸性条件下显红色，在碱性条件下显蓝色。秋色叶叶色的变化主要是光合产物的变化引起植物叶片内各种色素的比例发生变化，致使叶片呈现不同的色彩。三角枫、五角枫、元宝枫和小叶鸡爪槭叶片的颜色是由叶绿素、类胡萝卜素和花色素苷共同决定的，当叶片中叶绿素占绝对优势时（60% 以上），叶片呈现绿色；当叶片中花色素苷占绝对优势时（60%～80%），叶片呈现红色；当叶片中叶绿素和花色素苷比例减少到一定程度时（降到 40% 以下），叶片呈现出类胡萝卜素的黄色。自由人槭（*A. × freemanii*）是红花槭（*A. rubrum*，又名美国红枫、北美红枫或加拿大红枫）与银白槭（*A. saccharinum*）的杂交种。因其适应性广、抗逆性强，深受人们的喜爱。园林中常用的品种主要有秋焰（*A. × freemanii* 'Autumn Blaze'）、颂扬（*A. × freemanii* 'Celebration'）、秋之梦幻（*A. × freemanii* 'Autumn Fantasy'）、冷俊（*A. × freemanii* 'Marmo'）等。对红花槭改良品种自由人槭秋焰和元宝枫在春季幼红期、秋季转色期和不同叶位叶片呈色的生理特性与叶色变化生理机制研究结果表明，①自由人槭秋焰和元宝枫春季枝梢嫩叶呈现红色，随着叶片成熟逐渐转绿，在秋季又随着叶片衰老逐渐变红。且春季转色期与秋季转色期的生理呈现规律性变化，说明叶色变化受一定内在生理机制的影响。②自由人槭秋焰与元宝枫在同一转色期的叶色表现相似，叶片颜色是由花色素苷（anthocyanin）与叶绿素（chlorophyll）的比值大小决定。在春季转色期当叶色完全转绿时两树种花色素苷/总叶绿素（Ant/Chl）值都维持在 2.5 左右，秋季转色期 Ant/Chl 值在叶色完全变红时分别达到 41.8 和 10.1。③叶色表现是由各色素的比例决定的。当叶绿素所占比例大于 57.9% 时叶片呈现叶绿素的颜色绿色，当比例小于 57.9% 时叶片呈现花色素苷的颜色红色。④幼叶和老叶呈现红色可能是由环境胁迫造成的。叶绿素荧光参数 Fv/Fm［光系统 II（PSII）原初光能转换效率］的研究显示，春季转色期幼叶 Fv/Fm 都维持在 0.48～0.55，随叶片成熟逐渐增大到 0.8；秋季转色期两个树种 Fv/Fm 随着叶片衰老由 0.8 逐渐减小到 0.34 和 0.45（宋岩，2018）。

在槭属植物光合特性及光谱特性研究方面，取得的主要结果有：五角枫和假色木槭的气孔处于开放状态，气体交换效率较高；东北槭对林下光环境的适应性最好，栅栏组织和海绵组织比例最高，光合能力最强。引种的红花槭园艺品种夕阳红（*A. rubrum* 'Red Sunset'）和十月光辉（*A. rubrum* 'October Glory'）的光补偿点和光饱和点均高于挪威槭；夕阳红、十月光辉和挪威槭 3 种槭树净光合速率的日变化曲线是不对称的双峰曲线，峰值出现在 11：00 左右和 16：00 左右。金叶梣叶槭和秋焰红花槭净光合速率日变化则呈单峰型曲线。不同性别、年龄、光照条件下的梣叶槭叶片中水溶性酚类物质和叶绿素含量及二者关系的研究结果表明，梣叶槭植株叶片中水溶性酚类物质的含量与植株的性别密切相关；与叶绿素含量也存在显著相关，两类物质的含量均可作为该树种幼苗性别鉴定的生理指标。研究证明，重度干旱胁迫使元宝枫光合受抑，光合有效面积明显降低，相对生长速率下降。适量施用氮、磷肥有助于提高茶条槭植株的光合作用及水分利用率（卞黎霞，2014）。

四、生长特性

（一）播种出苗特性

试验表明：东北槭、紫花槭、五角枫和茶条槭 4 种槭属植物的播种出苗期基本相似，播种 10～15 天即可出苗，出苗期集中在 5 月中旬，此时气温 15～17℃，7 天以后基本出齐。紫花槭和东北槭的出苗时间一致，较茶条槭和五角枫的出苗时间晚 7 天左右。在供试的东北槭、紫花槭、五角枫和茶条槭 4 种槭树中东北槭出苗率最低，出苗期较长，且出苗不齐、长势较弱；其他 3 种槭树出苗率较高，出苗整齐，长势强（表 3-1）。

表 3-1　紫花槭、东北槭、五角枫和茶条槭播种当年出苗情况

物种	出苗时间/日/月	出苗天数/天	整齐度	出苗率/%	长势
紫花槭	27/5～30/5	15～20	整齐	80～84	强
东北槭	27/5～30/5	20～25	不整齐	78～80	弱
茶条槭	18/5～20/5	10～15	整齐	86～95	强
五角枫	20/5～22/5	10～15	整齐	85～90	强

资料来源：梁鸣等，2014.

（二）生长期叶色变化

东北槭、紫花槭、五角枫和茶条槭 4 种槭树春、夏季新生嫩叶多为粉红色，随着叶的生长逐步呈现浅绿色、深绿色等不同颜色，其中东北槭叶正面为深绿色、背面为灰白色，从 9 月中上旬开始，此时气温 16～17℃，进入秋叶变色期，变色最早的是茶条槭，最晚的是东北槭，秋季紫花槭叶为大红色，东北槭深红色，茶条槭暗红色，五角枫橙黄色。秋叶变色期持续 11～18 天。4 种槭属植物的秋叶最佳观赏期集中在 9 月中、下旬至 10 月上旬，约为 20 天。在安徽省芜湖地区，红边细叶鸡爪槭（A. palmatum 'Roseo-marginatum'；又名红边羽毛枫）、紫红鸡爪槭（A. palmatum var. atropurpureum；又名红枫，三季红日本红枫）、金贵鸡爪槭（A. palmatum atropurpureum 'Dragoceni Huang Feng'；又名日本黄枫，金贵黄枫）、红皇后鸡爪槭（A. palmatum 'Disgarnet'；又名红皇后羽毛枫）、橙之梦鸡爪槭（A. palmatum 'Orange dream'；又名荷兰黄枫）、羽扇槭（A. japonicum；又名鹅掌枫）、葡萄叶羽扇槭（A. palmatum 'Vitifoliun'）、红皇后细叶鸡爪槭（A. palmatum

'Dissectum'；又名红皇后细叶羽毛枫）、蝴蝶鸡爪槭（*A. palmatum* 'Butterfly'；又名蝴蝶枫）、红王子鸡爪槭（*A. palmatum* 'Kurenai'；又名红狮子枫）、梣叶槭（*A. negundo*；又名复叶槭，细叶糖槭）、绯红王鸡爪槭（*A. palmatum* 'Crimson king'；又名绯红王槭）、红叶细裂鸡爪槭（*A. palmatum* 'Dissectum Ornatum'；又名红叶羽毛枫），金叶鸡爪槭（*A. palmatum* 'Aureum'）等槭树科植物的叶片在 3～4 月期间均呈现彩色，其中金贵鸡爪槭、橙之梦鸡爪槭、金叶鸡爪槭叶色为黄色，红王子鸡爪槭、鹅掌枫羽扇槭、葡萄叶羽扇槭、红边细叶鸡爪槭、红叶细裂鸡爪槭等叶色为红色。在 9 月至 11 月期间，红王子鸡爪槭、绯红王鸡爪槭、红皇后细叶鸡爪槭、羽扇槭、葡萄叶羽扇槭、红边细叶鸡爪槭、红叶细裂鸡爪槭的叶色由绿色变为红色，金贵鸡爪槭、梣叶槭、金叶鸡爪槭、橙之梦鸡爪槭的叶色由绿色变为黄色；其中，红王子鸡爪槭、绯红王鸡爪槭、红皇后细叶鸡爪槭、红边细叶鸡爪槭的春季彩色叶色持续时间长达 60d，梣叶槭春季叶色经历由绿色新生叶转变成红绿相间的色彩叶再变为绿色的过程，蝴蝶鸡爪槭秋季叶色则保持黄绿相间的花叶，金叶鸡爪槭的叶片常年为黄色。常年紫红鸡爪槭（*A. palmatum* 'Semperpuniceum'；又名常年红枫）的叶片自萌发至落叶，始终为紫红色或红色。这些品种叶色的丰富性，彩叶时间的持续性，增加了景观色彩层次感，有利于延长景观最佳观赏时间（卢梦云，2016）。紫花槭茎节间大小一般在 2～9cm，成叶（绿色叶）长×宽约 8.0cm×9.2cm，紫花槭在春夏季节，许多萌生小叶为淡红色，其最大色叶长×宽约 7.1cm×7.4cm，发生部位为植株上部的当年萌生条上端，亦有萌生叶不是淡红色，偶有整个植株不发生春季色叶。色叶的数量与树龄、树的生长态势及年份气候因素等有关。每株发生的淡红色小叶，持续整个生长季。驯化和人工栽培的紫花槭秋季叶色为大红至深（暗）红色，叶与叶之间的色度有差别，植株顶端色叶的色度较高，植株下部枝叶密集处色叶色度较低。秋色叶发生率为 98%～100%。秋色叶发生趋势是由植株顶端向植株下部发展。秋叶观赏期约 20 天。

（三）株形及冠形发育特点

槭树一般在移植后的 3～4 年内，高生长量小，侧枝萌生量少，随着树龄的增加生长量明显加大。5 年后植株平均每年的高生长量在 100cm 以上，由于萌生枝条数量多，生长量大，故其冠幅增大显著。另外，其冠幅和树形的发育与栽植密度亦相关。

茶条槭呈现灌木状生长，年生长量较大；紫花槭枝条干梢现象导致其植株矮化、主干不明显，呈现出合轴和假二叉分枝；五角枫和东北槭为乔木状生长，五角枫长势显著，为典型的单轴分枝，且从第 6 年开始，出现横向生长加快的趋势；东北槭从第 3 年开始生长量逐渐增大，顶端生长优势明显，为单轴分枝，冠形发育呈长圆卵形。

东北槭、紫花槭、五角枫和茶条槭 4 种槭树 3～6 年苗株形特点是：五角枫侧枝长度生长量极小，其冠形横向生长几乎为零，主干明显，主干上叶互生且量大，生长势强；茶条槭丛生萌生芽条丰富，植株整体自然形态呈现阔卵圆形，当年生枝条长度生长与其上侧生枝生长比例均衡，整株长势较强；东北槭高生长与横向生长较均衡，株形完好，长势相对较弱；紫花槭由于干梢现象较重，其植株主干或相对主干生长点死亡，故高生长量小，整体呈现灌木状形态，相对长势最弱（梁鸣等，2014）。

　　元宝枫系落叶乔木，树体高大，侧枝发达，干形较差。分枝方式特别，属于不完全的主轴分枝式和多歧分枝式，顶芽优势有强有弱，强者成为主干延长枝，弱者冬季易冻死或生长瘦弱。元宝枫枝条向斜上方伸展，分枝角度30°～80°，枝条无毛，具圆形髓心；侧枝多对生，顶芽破坏后，侧枝往往丛生；当年生枝绿色，后渐变为红褐色或灰棕色，表皮光滑，具细小而明显的皮孔；多年生枝表皮粗糙，呈灰褐色，具不规则的纵向裂纹。元宝枫芽的形态因不同年龄阶段及不同生长季节而差别较大。越冬芽一般为卵形，长2～5mm，宽1～3mm，先端尖，外被棕褐色（或绿色）鳞片，一般8～14枚，鳞片两两对生，外层鳞片角质化，由外向内鳞片逐渐变薄，最内层4片鳞片为过渡叶。元宝枫芽按性质可分为叶芽、花芽（混合花芽、雄花芽）；按在枝条上的位置可分为顶芽和腋芽，腋芽常对生；按其萌发情况可分为主芽与副芽，副芽成对位于主芽两侧之下，内着生一个主芽，在主芽两侧又着生多个肉眼几乎看不见的小副芽。一般情况下，这些副芽不萌发，又称为潜伏芽，只有主芽萌发抽枝。但当主芽受损或抹去后，或枝干被剪断或锯断后，潜伏芽也可萌发抽生枝条。元宝枫萌蘖性特强，潜伏芽寿命较长，可达20～30年之久，这种特性有利于树体更新。

（四）根系的生长特点

　　槭树属直根系。一般人工苗根系发育主根非常明显，移植苗主根不明显，常从下胚轴发育而成的部分主根上生长出一些不定根。随树龄的增长，人工小苗根系侧根年增加量较平均，主根发育明显；移植苗木，Ⅰ级侧根数增加明显，但小部分能发育成较粗壮的侧根，多数逐渐退化、消失，Ⅱ级、Ⅲ级侧根发生较少。元宝枫属直根系树种，其根皮木栓层由8～12列排列紧密的黄棕色长方形细胞组成，壁木质化，略增厚，有草酸钙方晶散在其中。表层为3～5列不规则的扁长形细胞，壁增厚。元宝枫侧根发达，具有固磷的内生菌根（VA菌根即泡囊-丛枝菌根 Vesicala-Arbuscular）和外生菌根，耐旱耐寒耐瘠薄，适应干旱瘠薄的土地或沙丘恶劣生态环境的沙丘，是我国北方干旱和半干旱地区造林与荒漠化治理的理想树种。

（五）营养生长节律

　　槭树萌芽始期普遍较晚，5～6月高生长缓慢，7～8月进入速生期，9月后生长缓慢，9月底至10月初停止生长，进入落叶或叶变色期，年生长节律为慢—快—慢。其中紫花槭速生期较其他有推迟，为8～9月。孟庆法等（2009）对13种河南省野生槭属树种1年生幼苗的研究显示，其年生长规律表现为双高峰、单高峰和匀速生长3种类型，以匀速生长型表现最好。另外，光照强度对不同槭属苗木初期生长的影响有较大差异。其中，房县槭、元宝枫、三角枫、茶条槭、飞蛾槭幼苗在全光照条件下生长良好，金钱槭、建始槭、葛萝槭、青榨槭、五角枫、长柄槭、杈叶槭、血皮槭在苗期均需要不同程度的遮阴。东北槭、紫花槭、五角枫和茶条槭4种槭树生长发育状况与时间呈正相关，即从出苗至第2年期间，4种槭树幼苗相对生长速度较快；而从第3年开始，槭树的高生长特点发生变化，其中五角枫和茶条槭在第3～5年中生长迅速，紫花槭和东北槭则生长缓慢；但是从第6年开始，紫花槭和东北槭生长加速，而五角枫和茶条槭相对生长开始减缓。五角枫和茶条槭苗木圃地育苗 7 年期间生长发育呈现出快—快—慢的特点，紫花槭和东北槭呈现出快—慢—快的特点。

东北槭、紫花槭、五角枫和茶条槭 4 种槭树苗木径向生长发育特点基本一致，即生长节律呈现为慢—慢—快。4 种槭树生长势强弱依次为五角枫＞茶条槭＞东北槭＞紫花槭（李虹，2016）。

从美国北部引进的自由人槭在辽宁地区生长期为 165～186 天；5 年达到快速生长期，树高连年生长量在 1.5m 以上，胸径连年生长量在 2cm 以上（叶景丰，2015）。

五、花果特性

（一）花粉

1. 花粉特性

解剖学研究发现，在红花槭、元宝枫、紫花槭、青楷槭、花楷槭、茶条槭、梣叶槭、金叶梣叶槭、粉叶梣叶槭 9 种供试槭属植物在沈阳地区的花期为 4～6 月，群体花期为 20～30 天。红花槭、梣叶槭、金叶梣叶槭与粉叶梣叶槭为雌雄异株，雄蕊 5 个；元宝枫、青楷槭、紫花槭、花楷槭、茶条槭为雌雄同株，雄蕊 8。除梣叶槭、金叶梣叶槭和粉叶梣叶槭外，其余都有花盘及 5 枚花萼和花瓣。子房上位，花柱 2 个。同一槭树中，不同性别花的形态也有差异。雄花的花萼、花瓣和花丝一般比两性花的大。而两性花中的雄蕊一般都不能完全发育并散粉。其中，红花槭、梣叶槭、金叶梣叶槭、粉叶梣叶槭具有明显的风媒传粉特征；元宝枫、紫花槭、青楷槭、花楷槭、茶条槭具有虫媒传粉的特征。几种槭属植物的花粉均为长球形，赤道面观为椭圆形，极面观为三裂圆形，具 3 条萌发沟。极轴长 29.90～47.91μm，赤道轴长 14.76～23.98μm。花楷槭的萌发沟为 3 孔沟，其余槭树均为 3 沟，并延伸至花粉两极。梣叶槭、金叶梣叶槭、粉叶梣叶槭的表面纹饰为网状，其余为条形纹，条纹平行排列或不规则排列，花粉粒的网眼大小和沟间距不同。槭树花粉孔径的排列呈一定的规律性。红花槭、元宝枫扁球状的花粉左右对称，且 3 条萌发沟均匀分布在极轴上，花粉外壁表面波浪形。红花槭花粉粒表面有条纹纹饰，元宝枫花粉粒表面纹饰为条纹-纹孔纹饰。糖槭（*A. saccharum*）、金叶梣叶槭（*A. negundo* 'Aurea'，又名金叶复叶槭）的花粉粒呈扁球状，具有 3 条萌发沟，花粉粒表面有皱纹-纹孔纹饰。

2. 花粉贮藏

研究发现，贮藏温度越低，花粉的活力保存效果越好。在-80℃条件下贮藏时，花粉活力随贮藏时间延长而下降得最慢，在贮藏 90 天后，红花槭、元宝枫、梣叶槭、金叶梣叶槭和粉叶梣叶槭的花粉萌发率仍能保持在 40% 以上。

3. 花粉的萌发条件

研究发现，红花槭花粉在培养温度 28℃、蔗糖 75g/L+硼酸 150mg/L 的培养基中萌发率最高为 81.95%；元宝枫花粉在培养温度 25℃、蔗糖 100g/L+硼酸 250mg/L 的培养基中萌发率最高为 66.7%;梣叶槭花粉在培养温度 28℃、蔗糖 25g/L+硼酸 350mg/L 的培养基中萌发率最高为 88.37%;金叶梣叶槭花粉在培养温度 28℃、蔗糖 75g/L+硼酸 350mg/L 培养基中萌发率最高为 93.34%;粉叶梣叶槭花粉在培养温度 28℃、蔗糖 75g/L+硼酸 150mg/L 的培养基中萌发率最高为 90.31%。在五角枫花开放的过程中,不同时间开放的花其形态构造存在着极大差别,可分为 2 种类型、3 个开放时间。即第 1 批花为雄蕊伸长型,第 2 批花为雌蕊伸长型,第 3 批既有雄蕊伸长型,亦有雌蕊伸长型。雌蕊伸长型最终发育成小幼果,存在部分花果同期现象(康德星,2018)。

(二)果实

槭属植物具有 2 枚相连的小坚果,各自侧面膨大成翅而区别于其他类群,槭属的果实也因此被称为翅果。槭属翅果十分稳定的形态是鉴定槭属的重要分类依据,并在种一级也具有某些性状的形态稳定性,如小坚果的特征,但翅果在种内的形态多样性依然显著,主要体现在翅果的总体形状和大小上,同一个种分布在不同地区的植物具有不同形态特征的翅果,这可能与地区间不同的气候环境条件有关。

从外部形态变化来看,元宝枫翅果开始出现到成熟,主要经历了果翅发育、种皮发育和种仁发育成熟 3 个阶段。在陕西杨凌地区,元宝枫翅果发育从出现翅果开始,至 4 月底大小基本定型,6 月底开始形成种仁,之后不断生长发育至 10 月下旬成熟;果翅发育在花后开始出现,4 月下旬基本定型。种皮发育从 4 月底开始,逐渐生长至 6 月中下旬长度和宽度基本定型,进入 8 月后种皮逐渐变为黄白色,9 月种皮外部逐渐出现褐色斑块,之后褐色斑块面积逐渐变大,直至 10 月底果实成熟时种皮由嫩绿色完全变为褐色;种仁发育从 6 月底开始形成,此时种仁呈绿色,之后种仁逐渐增大,8 月中旬种仁基本充满种皮,9 月底种仁逐渐变黄,大约在 10 月底种仁整体呈现亮黄色,达到成熟状态(王瑶,2019)。在果实发育期间,果翅、种皮、种仁生长发育前期为绿色,是为了更好地进行光合作用,储存营养物质;翅果含水量从开始一直呈下降趋势,在 10 月中下旬骤减;鲜种大小及百粒重在 9 月基本稳定,干种大小及百粒重从 7 月至 10 月底一直呈增加趋势。

根据果实形态特征等发育动态,可将元宝枫果实生长分为子房膨大期、果翅形成期、种皮生长期、子叶膨大期、子叶硬化期 5 个时期。花后 1~13 天(4 月)子房迅速膨大。花后 13~41 天(5 月)元宝枫果翅与果皮同时生长,为翅果果皮迅速生长期,翅果大小在这一阶段基本形成。花后 41~103 天(5 月下旬至 7 月)主要是种皮的生长发育,此时翅果果皮外部形态生长完成,种皮开始进入快速生长发育。花后 103~159 天(7 月中旬至 9 月中旬)是子叶快速生长期,子叶肥大,种皮由浅绿色变为褐色,果翅尖端开始变黄。花后 159~206 天(9 月中旬至 10 月底)种仁充实整个翅果,翅果基本变黄,树叶也开始由绿色转变为黄色,种皮完全褐变,子叶硬化,进入成熟期。

从果实发育特性来看,在子房膨大期和果翅形成期,元宝枫翅果的横、纵径处于快速增长期,花后 41 天果实横、纵径分别达到(8.29±0.94)mm、(27.21±2.08)mm,从种皮生长期至成熟期,翅果横、纵径均保持稳定。花后 1~192 天,翅果侧径则呈直线增长,在 192 天达到最高值(5.21±0.41)mm;之后随着时间的延长,侧径略有下降。

自子房膨大期至子叶膨大期，元宝枫种仁横、纵径总体呈线性增长，于花后 159 天达最大值，分别为（8.85±0.13）mm、（9.66±0.38）mm；花后 159 天，随着时间的延长，种仁横、纵径生长总体比较稳定。花后 1～185 天，种仁侧径总体呈线性增长，并于花后 185 天达到最大值，为（4.34±0.60）mm，之后随时间的延长，种仁侧径无明显变化。花后 1～165 天，果实百粒鲜重总体呈增加趋势，于花后 165 天达到最大值（36.15±0.54）g，之后随时间延长呈降低趋势。花后 1～192 天，果实百粒干重总体呈增加趋势，于花后 192 天达到最大值（16.28±2.73）g；花后 192～206 天，百粒干重略有下降。在整个发育期，果实含水率总体呈下降趋势，其中在子叶硬化期下降明显（刘晓玲等，2020）。

元宝枫寿命较长。一般在集约化管理下，实生苗栽后 1～5 年为营养生长及树冠形成期，5～8 年开始结果，嫁接苗 3～4 年开花结实。10～12 年进入盛果期，盛果期可持续到 30～40 年，50～60 年以后出现衰老现象。

第二节　生态学特性

自然环境是植物生长发育的基础。槭属植物主要分布于北半球温带地区，尤其我国从热带到寒温带多种气候环境，垂直海拔 50～4000m 的山区蕴藏着最为丰富的槭属种质资源。其中，大多数品种主要适应 100～1500m 的中海拔地区，少数品种适应＞1500m 的高海拔地区。不但如此，槭属植物特别是在北半球的温带和亚热带的中山至高山地带常组成大面积的混交林。现代存活的槭属种类虽为数不多，却在自然界中占有重要地位，大多是森林组成的主要伴生树种。研究槭属植物的生境特点，不难发现槭树不仅耐寒耐旱耐瘠薄，而且容易栽培、适生范围广。现存的槭属植物在自然界一般分布在环境条件比较优越的地方，一是生长在土壤比较肥沃深厚的山地，二是分布于气候湿润的地区，三是分布在温度较低的高山、亚高山地区（陈有民，1990）。

一、盐碱胁迫

植物在盐碱胁迫的条件下，既能维持正常的生理过程，又可保持较高的生长势，是耐盐碱植物品种选育的根本标准。槭树对盐碱胁迫的反应相似，生长量均随盐碱浓度的增大而呈递减的趋势。槭树的耐盐碱性与原产地土壤状况密切相关，茶条槭主产于东北及内蒙古、山西、河北，耐盐碱性较高；鸡爪槭主产于山东、河南及长江流域，在盐碱性土壤地区分布相对较少，耐盐碱性较低；秀丽槭主要分布于浙江和安徽南部酸性土壤区，不耐盐碱性；红花槭主要分布在北美东北部的落叶林中及北半球北部的森林中，对盐碱度甚为敏感。

二、水分胁迫

槭树的抗旱性与原产地的水分状况密切相关，且不同种类抵御干旱的能力各异。研究表明，在室内干燥条件下，橄榄槭、建始槭、青榨槭、茶条槭、鸡爪槭、梣叶槭的耐脱水能力强，而红花槭、三角枫、五角枫、元宝枫、红翅槭的耐脱水能力弱（金雅琴等，

2017）。在幼苗综合抗旱能力和耐水性方面，长柄槭的综合抗旱能力强，中华槭次之，五裂槭较差；鸡爪槭的抗旱耐涝能力弱，只能适应短期的水分胁迫（吴静，2014）；青竹梣叶槭（*A.negundo* 'Qingzhu'；又名青竹复叶槭）对淹水胁迫具有一定的抗性，但对低温逆境的抗性较弱，而青榨槭的耐阴性和抗旱性均较强。槭属植物对干旱胁迫具有极大的生态适应性。研究表明，过氧化物酶指标对水淹胁迫最为敏感，外施 $CaCl_2$ 能提高其对低温逆境的抗性。干旱胁迫能显著降低茶条槭幼苗总叶面积，增大根冠比，且茶条槭抗干旱能力优于秋子梨和山桃（王永臻等，2018）。干旱和半干旱条件下，元宝枫抗旱性很强，随着干旱胁迫程度的加深和时间的延长，净生长率呈下降趋势，但叶片游离脯氨酸、可溶性蛋白质和可溶性糖的含量显著增加。

三、光照胁迫

不同种类的槭树对光照胁迫的响应不同。研究表明，青榨槭的低温半致死温度为 $-29.93℃$，其耐阴性和抗寒性均强于流苏树（*Chionanthus retusus*）。三角枫、青榨槭和元宝枫幼树可忍耐一定的干旱和庇荫，对光强的响应明显。光照能提高株高、根生物量、根冠比和最大净光合速率，干旱和庇荫明显抑制幼树的生长，但是庇荫在一定程度上缓和了干旱的负面效应（郭霄，2014）。

四、重金属胁迫

研究表明，部分槭属树种具有较强的抵御重金属污染胁迫的能力，如红翅槭在低质量分数铜胁迫（50mg/kg）时植株长势良好并优于对照，在质量分数超过 100mg/kg 时才逐渐表现出一定的毒害症状，其对铜的富集能力由大到小依次为叶＞根＞茎，随土壤中铜离子质量分数的增加，富集系数增大，可用于轻度铜污染土壤的绿化修复（张秋英，2014）。五角枫、元宝枫的光合产物转运率较高，耐铝污染能力较强；茶条槭、五角枫对铝和镉胁迫具有一定的耐受性，可作为铝、镉胁迫环境下的绿化树种，且茶条槭对 2 种重金属的耐受性均强于五角枫（张明宏，2015）。

五、抗病虫性

整体来说，槭属抗病虫能力较强，病虫害种类较少，危害程度也较轻。研究发现，红花槭类和挪威槭类病虫害发生较为严重，而元宝枫类的危害则较轻，其病害主要有焦油斑点病，虫害主要为星天牛、光肩星天牛、绿盲蝽、咖啡豹蠹蛾、茶长卷蛾、黄刺蛾和朱砂叶螨等。梣叶槭对光肩星天牛具有明显的引诱作用，其平均引诱比可达到 4∶1。虽然梣叶槭是光肩星天牛的嗜食树种，但受到天牛咬食或其他方式危害后，也具有直接的防御能力。挪威槭对光肩星天牛既无引诱作用又无驱避作用，其他槭树对光肩星天牛的引诱效果依次为梣叶槭＞五角枫＞元宝枫＞挪威槭。飞蛾槭、红翅槭、五角枫、金叶梣叶槭等树种主要病害有炭疽病、干枯病、白粉病等，虫害有天牛、小地老虎、蚜虫、吉丁虫、短额负蝗、褐边绿刺蛾等（陈培昶等，2009）。

元宝枫系温带树种，喜光、喜温和气候条件，深根性，抗旱、抗寒、耐瘠薄，萌蘖力强，生长缓慢，寿命较长；较喜光，稍耐阴，喜侧方庇荫，适温凉湿润气候，较耐寒，但不耐干冷。一般在年平均气温 9～15℃，极端最高气温 42℃以下，极端最低气温不低于–30℃的地区，在年降水量 250～1000mm 下，pH6.0～8.0 的酸性土、中性土及石灰性土壤上均能生长，尤以在土层深厚、肥沃、疏松，排水良好的沙质壤土或壤土地上生长最好，在过于黏重、透气性差，以及土层较薄或过于贫瘠的土壤上生长不良。元宝枫生长速度中等，病虫害较少，滞尘吸毒能力较强，可有效吸附空气中的粉尘、二氧化硫、氟化氢等污染物质。目前，我国尚存的百万亩[①]百年以上的元宝枫等槭树天然林，主要分布在春季干旱而多风沙、夏季温热而雨水集中、秋季凉爽而短促、冬季寒冷而漫长，年平均气温 5.2℃、≥10℃积温 2900℃、年降水量 370mm 且集中于 7～8 月（占年降水量的 70%）、年平均蒸发量为 2390mm（为年降水量的 6 倍）、年平均日照 3132h、无霜期 120 天和全年平均风速 3.3～4.2m/s、最大风速 28～31m/s、风沙日数 107 天，其中平均六级和八级以上大风日数分别为 57 天和 39 天的内蒙古自治区科尔沁沙地和半荒漠、半草原的低山丘陵地区。它们是防风固沙的使者、生态环境的卫士、红叶景观的缔造者、旅游经济的载体。

第三节 物 候 特 性

一、形态特性

（一）形态表现

槭树冠幅较大，树形或挺拔或飘逸，姿态婆娑，枝繁叶茂，叶形丰富，叶色多变，观赏性颇高。但不同槭树由于遗传特性、地域环境、气候条件的不同而具有不同的形态表现与形状特点（表 3-2）。

表 3-2　槭树形态表现

树种	树形	花	果	叶
元宝枫	落叶乔木，树冠阔圆形，枝姿斜展，树皮有纵裂条纹	花黄绿色，伞房花序	翅果嫩时淡绿色，成熟时淡黄色或淡褐色；翅与小坚果常等长，张开成锐角或钝角	叶纸质，常 5 裂，基部截形，有时中央裂片的上段再 3 裂。秋叶变红色或黄色
三角枫	落叶乔木，树形较窄，树姿优雅，干形美丽	花黄绿色，圆锥花序	果实黄绿色，8 月中旬转为红色，张开成锐角或直角	叶 3 裂，秋季叶多变红色
五角枫	落叶乔木，枝姿下垂，树形窄冠，树皮粗糙，常纵裂	花期 4 月中下旬，花黄色，伞房花序	果期 5～9 月，果实黄绿色，夏季颜色变浅，秋季转为红色，张开成钝角	叶纸质，常 5 裂，基部截形或近于心脏形。秋季叶黄色、橙色、橙红色、红色等
鸡爪槭	落叶小乔木，枝姿斜展、树形宽冠	花红色，伞房花序	翅果红色，张开成钝角	叶 7 裂，秋季叶红色、橙红色或紫红色等
青枫	落叶小乔木，树冠扁圆形或伞形，枝姿斜展	花紫色，伞形状伞房花序	翅果嫩时淡紫色，成熟时黄褐色，镰刀形，平滑，张开近水平	单叶对生，叶纸质，通常掌状 7 裂，基部近楔形或近心脏形，秋叶橙红色

---

① 1 亩≈666.67m²。

续表

树种	树形	花	果	叶
茶条槭	落叶小乔木，树冠较宽	花黄绿色，圆锥花序	果实5月初转为红色，张开成锐角，30%是正常双翅果，30%的翅果有1个翅退化变小，10%是三翅果	叶3裂，秋季叶红色
梣叶槭	落叶乔木，树形为窄冠形，分枝粗阔，多少下垂	雄花的花序聚伞状，雌花的花序总状，花黄绿色	翅果扁平，淡黄褐色，张开成锐角	羽状复叶，小叶纸质，春季叶色金黄
挪威槭	落叶乔木，枝姿斜展，树冠较窄	花绿色，聚伞房花序	翅果紫红色，张开成钝角	叶7裂，秋季叶色紫红色或金黄色
青楷槭	落叶乔木，树皮灰绿色光滑	花黄色，总状花序	翅果绿色，张开成钝角	叶3~5裂，秋季叶红色
血皮槭	落叶乔木，树皮色彩奇特，观赏价值极高	花黄色，聚伞状花序	翅果绿色，张开成锐角	三回羽状复叶，复叶有3小叶；小叶纸质，秋季全树叶呈红色
紫果槭	常绿小乔木，嫩枝紫色或淡紫绿色；老枝绿色或淡绿灰色	先展叶后开花，花淡紫白色，伞房花序	翅果嫩时紫色，成熟时黄褐色。果翅张开成钝角或水平	新叶红褐色，逐渐变为黄绿色，最后变为绿色。叶革质，长圆形，全缘
罗浮槭	常绿小乔木，树冠紧密，姿态婆娑，枝繁叶茂	先展叶后开花，花淡黄白色，伞房花序	翅果初时淡紫色，而后变为紫红色，成熟后黄褐色或淡褐色，果翅张开成钝角	新叶红色，逐渐变为黄绿色，最后变为深绿色。叶革质，卵长圆形，全缘
樟叶槭	常绿小乔木，树形优美	先展叶后开花，花淡黄绿色，伞房花序	翅果初时绿色，而后变为淡紫色，成熟后黄褐色，翅果张开成钝角	新叶嫩绿色，逐渐变为绿色。叶革质，长圆椭圆形，全缘

（二）性状特点

1. 叶

槭树是彩叶植物中极具代表性的重要树种，研究其叶片形态特征、变色和落叶规律、色彩变化情况，有利于确定观赏特性和观赏时间、合理利用槭树增加园林绿化景观效果和提高环境生态效益。叶长、叶宽、叶裂长、叶裂宽、叶基角、叶柄长等槭树叶片形态特征指标研究证明，紫花槭、五角枫、梣叶槭、茶条槭和鸡爪槭5种观赏槭树的叶长、叶宽、叶裂长、叶裂宽、叶形指数、叶基角、叶柄长等表型性状指标存在差异。数据分析表明，紫花槭和五角枫树叶大小形状相似，裂片数量不同。在5种观赏槭树中，除梣叶槭外，其他4种槭树叶片均为单叶，3~9裂。从叶基角分析，梣叶槭和茶条槭叶基角最大，其次是紫花槭，五角枫和鸡爪槭叶基角最小；从叶的大小分析，五角枫和梣叶槭的叶显著长于紫花槭、茶条槭和鸡爪槭；五角枫的叶最宽，依次是紫花槭、鸡爪槭，梣叶槭和茶条槭叶最窄，除梣叶槭与茶条槭外，叶均显著变窄；从叶形指数分析，梣叶槭和茶条槭叶形指数（>1）显著大于鸡爪槭、紫花槭和五角枫（<1），表明梣叶槭和茶条槭叶呈条形，其他槭树叶呈扁圆形；从叶裂大小分析，鸡爪槭的叶裂显著长于紫花槭、五角枫、梣叶槭和茶条槭，而梣叶槭叶裂最宽，依次是茶条槭、五角枫、紫花槭，鸡爪槭叶裂最窄；从叶裂形指数看，鸡爪槭的叶裂形指数最大，显著高于紫花槭、五角枫、梣叶槭和茶条槭，5种槭树中紫花槭和鸡爪槭叶裂形指数较大（均大于2），说明叶裂片均呈条状；从叶柄长分析，五角枫的叶柄最长，然后依次是茶条槭、紫花槭、鸡爪槭，梣叶槭叶柄最短（表3-3）。槭树叶片形态特征表征指标如图3-1所示。

表 3-3　5 种槭树叶片表型性状指标分析

种名	叶长/cm	叶宽/cm	叶形指数	叶裂长/cm	叶裂宽/cm	叶裂形指数	叶基角/(°)	叶柄长/cm
紫花槭	6.00b	7.78b	0.77b	3.95b	1.47c	2.69b	122.30b	3.36b
梣叶槭	6.73a	4.84d	1.39a	3.98b	3.08a	1.29d	165.60a	1.03d
五角枫	6.58a	9.39a	0.70b	3.96b	2.13b	1.86c	113.10c	6.25a
茶条槭	5.68b	4.69d	1.21a	4.03b	2.25b	1.75c	160.50b	3.38b
鸡爪槭	5.66b	6.67c	0.85b	4.87a	1.44c	3.38a	112.30c	2.55c

注：表中同列不同字母表示差异显著（$P < 0.05$）。叶形指数＝叶长/叶宽；叶裂形指数＝叶裂长/叶裂宽

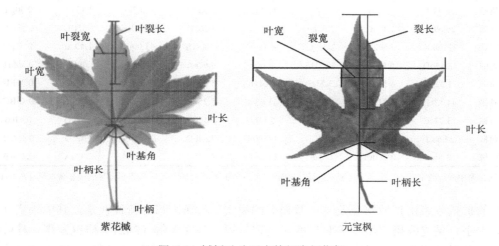

图 3-1　槭树叶片形态特征表征指标

2. 果

槭树果实系小坚果，常有翅又被称为翅果，种子无胚乳，外种皮很薄，膜质，胚倒生，子叶扁平，折叠或卷折。槭树果实形态及其表征指标如图 3-2 所示。吴红等（2021）对秀丽槭、扇叶槭、罗浮槭、羽毛槭、青榨槭、建始槭、毛果槭、细叶槭、小鸡爪槭、五裂槭、五角枫、茶条槭、庙台槭、三角枫、梣叶槭 15 种槭属植物的果实和种子形态特征指标测定结果表明，不同种类槭树的千粒质量、两翅张开角度、种子长度、种子宽度、果翅长度、果翅宽度、种子长宽比和种子长/果翅长等果实形态特征均呈现出显著差异（表 3-4）。植物果实形态和生理等特征与种子的生产、扩散、萌发、休眠、定居等生活史过程密切相关。果实（种子）随风扩散是植物繁殖体传播的一种常见途径，果实（种

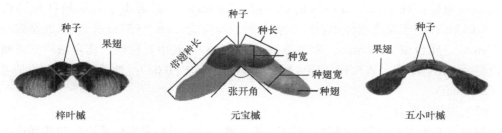

图 3-2　槭树果实形态特征及其表征指标

表3-4　15种槭属植物果实形态特征指标测定结果及分析

树种	千粒重/g	种子长度/mm	种子宽度/mm	果翅长度/mm	果翅宽度/mm	两翅张开角度	种子长宽比	种子长/果翅长
秀丽槭	42.50fF	4.82gF	4.45cd	11.44eE	5.73ef	90.00ef	1.09fg	0.34GH
扇叶槭	38.44gG	5.46EF	3.57fF	12.51dD	6.6DE	106.67cd	1.53de	0.31FI
罗浮槭	16.38mM	2.93iH	2.81gG	2.34jJ	4.19hG	79.33EF	1.05FG	0.28hI
羽毛槭	13.52nN	3.60hH	2.17hG	7.82gG	4.10hH	100.67dC	1.66BC	0.36fD
青榨槭	65.51aA	7.54cC	5.55aA	15.56bB	6.60cd	120.67bB	1.37eD	0.38DE
建始槭	25.24jJ	6.59dD	4.77BC	10.259fF	7.54bc	68.67hF	1.38EF	0.41cd
毛果槭	28.41iI	5.30ef	2.16hG	11.45eE	8.36bB	33.67kI	2.45aA	0.30gh
细叶槭	20.09lL	4.41gG	2.67gh	5.43iI	3.66hH	108.33cd	1.65BD	0.53aA
小鸡爪槭	22.49kK	3.56hH	2.55gG	8.35gG	4.60GH	43.00jk	1.40de	0.31gh
五裂槭	48.15dD	5.76eE	3.87DF	14.60cC	9.67aA	83.33fg	1.49CD	0.30hH
五角枫	31.52hH	6.54dD	3.73ef	10.41fF	5.39FG	99.67CD	1.76bB	0.36EF
茶条槭	44.52eE	8.31bB	4.85BC	11.68eE	8.25bB	149.67aA	1.72bc	0.45BC
庙台槭	53.27cC	4.51gG	5.39ab	6.37hH	6.47DE	57.67iH	0.84gG	0.41cd
三角枫	24.68jJ	5.30EF	4.17CD	13.03dD	7.64bD	113.33bc	1.32fD	0.41CD
梣叶槭	58.24bB	10.71aA	4.55dC	19.35aA	7.83bC	44.07jH	2.37aA	0.47AB

注：表中同列数字后不同小写字母表示差异达显著水平（$P<0.05$），不同大写字母表示差异达极显著水平（$P<0.01$）

子）的扩散方式由扩散媒介及与扩散相关的果实（种子）形态特征决定，其中果实（种子）大小、果皮或果实结构等对扩散起决定作用。马文宝等（2021）研究发现，梣叶槭和五小叶槭的千粒重、果实翅长、果翅面积和种子长等果实形态特征极大影响其风力传播距离和分布范围。

（1）果实大小。

果实和种子的外部形态特征是影响种子传播方式和传播距离的重要性状之一，对采集的15种槭属植物的果实和种子形态特征进行方差分析表明，不同种槭树果实在种子长度和宽度均存在差异：15种槭树种子千粒重为13.52～65.51g，其中较大的是青榨槭（65.51g），其次是梣叶槭（58.24g）和庙台槭（53.27g），千粒重最小的是羽毛槭（13.52g），且各树种间种子千粒重差异极显著（$P<0.01$）。

（2）种子大小。

在种子长度指标中，15种槭树种子长度为2.93～10.71mm，其中较大的是梣叶槭（10.71mm）、茶条槭（8.31mm）和青榨槭（7.54mm），3个种之间差异极显著（$P<0.01$），且长于其他种；种子长度最小的是罗浮槭（2.93mm），显著小于其他树种种子长度（$P<0.01$）。在种子宽度指标中，15种槭树种子宽度为2.16～5.55mm，较宽的是青榨槭（5.55mm）、庙台槭（5.39mm）和茶条槭（4.85mm），其中青榨槭、庙台槭和茶条槭差异极显著（$P<0.01$），青榨槭和庙台槭差异不显著（$P>0.05$）；种子宽度最小的是毛果槭（2.16mm）。

（3）果翅特征比较。

带果翅的果实是典型的风传播果实，其果翅特征是影响果实传播距离和传播速度的重要指标之一。果实形态特征方差分析表明，不同种槭树果实的果翅长度在2.34～

19.35mm 波动，最大的栲叶槭果翅长为 19.35mm，其次为青榨槭（15.56mm）和五裂槭（14.60mm），均极显著高于其他树种，且三者之间差异极显著（$P<0.01$），罗浮槭和细叶槭果翅长度差异极显著（$P<0.01$）低于其他树种，其值分别为 2.34mm 和 5.43mm；15 种槭树果实中果翅宽度最大的是五裂槭（9.67mm），极显著高于其他树种（$P<0.01$），其次为毛果槭（8.36mm）和茶条槭（8.25mm），两者之间无显著差异（$P>0.05$）；果翅宽度较小的是细叶槭（3.66mm）和羽毛槭（4.10mm），但它们之间没有显著差异（$P>0.05$）（表 3-4）。

二、物候特性

（一）物候现象

物候是指植物在一年的生长中，随着气候的季节性变化而发生萌芽、抽枝、展叶、开花、结果及落叶、休眠等规律性变化的现象。区域不同，由于地理位置与地形的差异，就会形成差异明显的气候、水文与土壤环境。动植物则有着其因长期适应环境而培养出来的内在品性（称为习性）及呈现出来的外在表现（称为物候）。

物候现象是指物候生物长期适应自然（主要是温度）条件的周期性变化，形成与此相适应的生长发育节律。例如，植物的冬芽萌动、抽叶、开花、结果、落叶等过程和动物的蛰眠、复苏、始鸣、交配、繁育、换毛、迁徙等，就是物候现象；广义上的物候现象，也包括一些非生物现象，如始霜、始雪、结冻、解冻等，也称为物候现象。当然，因为各地的自然条件不同，同种植物出现同种物候现象的时间有着明显的差异。

（二）生物气候学时期

生物气候学时期（简称物候期）是指与物候相适应的树木器官的动态时期。了解和掌握各种槭树在不同物候期中的习性、姿态、色泽等景观效果的季节变化，不仅可为育种原材料的选择提供科学依据，也可为树种的合理配置、确定栽植时期与栽植先后顺序及科学制定树木的周年管理生产计划提供依据。研究不同树木种类或品种随地理气候变化而变化的规律，是进行树木栽培区划、制定林业生产措施和确定风景区季节性旅游时期所必需。

研究证明，槭树在一年当中，从萌芽、展叶、开花、结实、新梢生长，到落叶、休眠等物候变化，依据树种和气候、管理条件等的不同而有显著差异。

1. 树种与物候期

槭树种类不同，物候期也有差别。安福槭属于落叶乔木，新生叶为暗红色，逐渐变为深绿色；叶片掌状，常 5～7 裂，较大；花序为聚伞圆锥形，生于小枝顶端，花淡黄白色；翅果嫩时淡紫红色，成熟时黄褐色，张开成钝角；先展叶后开花结果。安福槭在南京地区 3 月下旬至 3 月底 4 月初萌芽，3 月底 4 月初至 4 月上中旬展叶，3 月中旬至 5 月初开花结果。元宝枫一般萌芽期为 3 月下旬，展叶开花期为 4 月中旬，果实生长期为 4 月下旬至 10 月下旬，果实成熟期为 10 月下旬至 11 月上旬。

2. 气候与物候期

槭树的生长发育与当年的气候条件是密切相关的。因此，即使是同种槭树在同一个地方，每年因气候不同，它的生长发育也有差异。从 2019 年 3～5 月在陕西扶风县杏林镇对不同元宝枫个体树进行的物候观测结果来看，元宝枫 3 月上旬出现芽膨大发育，4 月上旬为展叶和开花期，中旬为盛花期，花期 20 天左右。4 月下旬开始结果。例如，43 号、31 号、63 号、5 号、53 号、51 号观察树芽膨大期集中在 3 月下旬至 4 月上旬，展叶期和开花期均集中在 4 月上旬至 4 月中旬；25 号、29 号、36 号、12 号、94 号物候期相对较早，芽膨大期集中在 3 月中旬至 3 月下旬，展叶期集中在 3 月下旬至 4 月上旬，开花期集中在 4 月上旬至 4 月中旬；25 号、43 号、29 号、53 号和 51 号结果初期在 5 月上旬，其余供试树 4 月下旬已经开始结果。安福槭 2016～2020 年连续 5 年物候期观测结果显示，安福槭是先展叶后开花结果的，但由于受气候的影响，安福槭在不同年份之间的物候期是不一致的（表 3-5）。

表 3-5 安福槭物候期观测结果（月·日）

年份	萌芽期	展叶初期	展叶盛期	展叶末期	始花期	盛花期	末花期	初果期	盛果期	末果期
2016	3·21～3·27	3·28	4·4	4·9	4·16	4·21	4·28	4·21	4·28	5·1
2017	3·25～4·1	4·1	4·7	4·11	4·19	4·24	4·30	4·24	4·30	5·4
2018	3·22～3·28	3·29	4·5	4·9	4·17	4·23	4·28	4·23	4·28	5·2
2019	3·27～3·30	4·1	4·8	4·10	4·19	4·25	4·30	4·25	4·30	5·5
2020	3·24～4·1	4·2	4·9	4·15	4·23	4·27	4·30	4·27	4·30	5·4

资料来源：刘科伟等，2021

同一树种，在不同地区的物候特征差异明显。例如，元宝枫在辽宁西北部地区全年生长期为 160 天左右。芽发育期在 3 月底至 5 月初。花期出现在 5 月初至 5 月下旬，盛花期出现在 5 月中旬。5 月下旬果实形成，9 月果实成熟。5 月初树木开始高生长，8 月初高生长停止。10 月初，树叶颜色由绿色变为黄色或红色，10 月下旬开始大量落叶，至 11 月中旬，树上叶片基本落光。在陕西杨凌地区，元宝枫全年的生长期为 220 天左右，展叶期在 3 月中下旬，开花期为 3 月下旬至 4 月上旬，4 月上中旬开始逐渐出现元宝枫翅果，10 月下旬至 11 月初翅果成熟，10 月下旬叶片开始变色，之后开始脱落，11 月底叶片基本全部脱落，开始进入休眠期（表 3-6）。其形态变化特征为，4 月中旬开始逐渐出现元宝枫翅果，但只有果翅，未形成种子，在 4 月下旬，开始逐渐形成嫩绿色种皮，之后种皮不断增大，在 6 月中下旬基本定型，前期未形成种仁，但种皮里充满液体物质，主要是水和光合初级产物，进入 8 月后种皮逐渐变为黄白色，9 月种皮外部逐渐出现褐色斑块，之后褐色斑块面积逐渐变大，直至元宝枫成熟时种皮完全变为褐色。在 6 月底开始逐渐形成种仁，此时种仁呈绿色，之后种仁逐渐增大，8 月中旬种仁基本充满种皮。9 月底种仁开始逐渐变黄，10 月底种仁整体呈现亮黄色，达到成熟状态。

表 3-6　元宝枫物候期（月.日）观察结果

物候期	A	B	C	D	E	F
萌芽展叶期	3.20～3.25	3.20～3.25	3.18～3.23	3.23～3.28	3.20～3.25	3.16～3.20
开花期	3.26～4.8	3.26～4.8	3.25～4.7	3.25～4.9	3.26～4.8	3.20～4.1
果实生长期	4.10～10.20					
果实成熟期	10.20～11.9					
叶变色及落叶期	10.15～11.20					
进入休眠期	11 月下旬					

注：表中 A、B、C、D、E、F 分别为在西北农林科技大学校园内观测的 6 棵生长良好的元宝枫树

（三）开花特性

不同槭树的开花始期、开花末期及花期持续时间均差异较大。一般来说，槭属植物的花期在每年 3～6 月，群体花期为 20～30 天。槭属植物花朵开放后，2～3 天花药成熟，开始散粉，6～7 天散粉完毕，花药收缩变干，花朵枯萎。雌蕊授粉后，3～4 天果实开始发育。但不同槭属植物的花期长短是不相同的。据对同一地区生长的红花槭、梣叶槭、金叶梣叶槭、粉叶梣叶槭、元宝枫、青楷槭、紫花槭、花楷槭、茶条槭 9 种槭属植物花期观测，开花最早的是红花槭，初花期为 4 月 4 日，花先于叶开放，但花期持续时间最短，只有 16 天。梣叶槭、金叶梣叶槭和粉叶梣叶槭的花期为 4 月 10 日至 4 月 30 日，雄花比雌花开放略早，花期持续约 20 天。元宝枫、青楷槭、紫花槭、花楷槭的开花时间接近，为 4 月中下旬至 5 月中旬，其中元宝枫的花期持续最长，可达 31 天。开花最晚的是茶条槭，花期为 5 月 5～28 日，花期持续约 23 天。

（四）变色特性

在同一地区，不同槭树的叶片秋季变色时间不同。刘科伟等（2018）按照槭树全株叶片约有 5% 变色时进入开始变色期和依次记录 30%、50%、80%、100% 变色的日期所进行的天目槭、秀丽槭、三峡槭、昌化槭、安福槭、阔叶槭、五角枫、青榨槭、庙台槭 9 种槭树秋色叶在南京地区变色情况观测结果显示，天目槭、三峡槭、安福槭、青榨槭 4 种槭树 10 月下旬进入变色初期，秀丽槭、昌化槭、阔叶槭、五角枫、庙台槭 5 种槭树 11 月上旬进入变色初期，天目槭 11 月中旬完成变色末期，秀丽槭、三峡槭、安福槭、青榨槭、庙台槭 5 种槭树 11 月底至 12 月初完成变色末期，昌化槭、阔叶槭、五角枫 3 种槭树 12 月初完成变色末期。

（五）落叶特性

不同槭树在同一地区的落叶情况不同。刘科伟等（2018）按照槭树的全株叶片约有 5% 凋落时进入开始落叶期和依次记录 30%、50%、80%、100% 落叶的日期所进行的天目槭、秀丽槭、三峡槭、昌化槭、安福槭、阔叶槭、五角枫、青榨槭、庙台槭 9 种槭树秋色叶在南京地区落叶进程观测结果表明，天目槭、青榨槭、庙台槭 3 种槭树 11 月上旬进入落叶初期，秀丽槭、三峡槭、阔叶槭 3 种槭树 11 月中旬进入落叶初期，昌化槭、

安福槭和五角枫 3 种槭树 11 月上旬和中旬进入落叶初期。9 种槭树都在 12 月上中旬完成落叶末期。9 种槭树落叶时间都在 30 天左右。

（六）秋叶色彩变化

同一地区的槭树秋叶色彩依树种不同而不同。根据刘科伟等（2018）在南京地区进行的天目槭、秀丽槭、三峡槭、昌化槭、安福槭、阔叶槭、五角枫、青榨槭、庙台槭 9 种槭树的秋叶色彩变化观测结果，天目槭、秀丽槭、三峡槭、安福槭、青榨槭 5 种槭树 10 月下旬开始变色，昌化槭、阔叶槭、五角枫、庙台槭 4 种槭树 11 月上旬开始变色。9 种槭树变色呈现一定的规律性，其中天目槭和安福槭均呈现出黄色、红色、黄红色、橙红色、橙黄色 5 种颜色，色彩最为丰富，观赏性极佳，三峡槭、昌化槭色彩较为丰富（黄色、红色、血红色、橙红色），秀丽槭、五角枫、青榨槭、阔叶槭次之（黄色、红色），而庙台槭变色只有黄色一种颜色。故天目槭、秀丽槭、三峡槭、昌化槭、安福槭 5 种槭属于红叶类，阔叶槭、五角枫、青榨槭、庙台槭 4 种槭属于黄叶类。2016～2019 年连续 4 年秋季变色进程观测统计表明：安福槭 10 月底 11 月初开始变色，11 月底到 12 月初完全变色，历时 30 余天。

三、物种安全性

中国槭树种类繁多，开发利用历史悠久，由于自然栖息地丧失、破坏或过度开发等原因，许多槭树物种生长稀疏，个体数和种群数低，且分布狭域，生存安全受到不同程度的威胁甚至濒临绝灭。槭树科植物物种灭绝危险程度见表 3-7。

表 3-7　珍稀濒危槭树名录

序号	中文名	拉丁名	濒危级别	国家保护	省级保护	特有性
1	齿裂槭	A. acuminatum	近危			
2	阔叶槭	A. amplum var. amplum	近危			
3	三裂槭	A. calcaratum	易危			
4	青皮槭	A. cappadocicum var. cappadocicum	易危			
5	梓叶槭	A. catalpifolium	濒危	II 级		中国特有
6	尖尾槭	A. caudatifolium	近危			中国特有
7	蜡枝槭	A. ceriferum	近危			中国特有
8	怒江槭	A. chienii	易危			中国特有
9	两型叶乳源槭	A. chunii subsp. dimorphophyllum	濒危			中国特有
10	乳源槭	A. chunii	濒危			中国特有
11	密叶槭	A. confertifolium	易危			中国特有
12	两型叶闽江槭	A. subtrinervium var. dimorphifolium	易危			中国特有
13	厚叶槭	A. crassum	易危			中国特有
14	葛罗槭	A. davidii subsp. grosseri	近危			中国特有
15	河口槭	A. fenzelianum	濒危			
16	丽江槭	A. forrestii	易危			中国特有
17	黄毛槭	A. fulvescens	易危			中国特有

序号	中文名	拉丁名	濒危级别	国家保护	省级保护	特有性
18	长叶槭	*A. gracilifolium*	濒危			中国特有
19	血皮槭	*A. griseum*	易危		1	中国特有
20	海拉槭	*A. hilaense*	极危			中国特有
21	小楷槭	*A. komarovii*	易危			
22	贡山槭	*A. kungshanense*	濒危			中国特有
23	密果槭	*A. kuomeii*	近危			中国特有
24	广南槭	*A. kwangnanense*	易危			中国特有
25	疏花槭	*A. laxiflorum*	近危			中国特有
26	雷波槭	*A. leipoense*	濒危			中国特有
27	临安槭	*A. linganense*	易危			中国特有
28	东北槭	*A. mandshuricum*	易危			
29	庙台槭	*A. miaotaiense*	易危		1（陕西）	中国特有
30	玉山槭	*A. morrisonense*	易危			中国特有
31	毛果槭	*A. nikoense*	近危			
32	少果槭	*A. oligocarpum*	濒危			中国特有
33	富宁槭	*A. paihengii*	濒危		1（云南）	中国特有
34	鸡爪槭	*A. palmatum*	易危			
35	稀花槭	*A. pauciflorum*	易危			中国特有
36	金沙槭	*A. paxii*	近危			中国特有
37	篦齿槭	*A. pectinatum*	易危			
38	五小叶槭	*A. pentaphyllum*	极危			中国特有
39	疏毛槭	*A. pilosum*	易危			中国特有
40	灰叶槭	*A. poliophyllum*	易危			中国特有
41	毛柄槭	*A. pubipetiolatum* var. *pubipetiolatum*	易危			中国特有
42	台湾五裂槭	*A. serrulatum*	易危			中国特有
43	平坝槭	*A. shihweii*	极危			中国特有
44	锡金槭	*A. sikkimense*	易危			
45	滨海槭	*A. sino-oblongum*	濒危			中国特有
46	苹婆槭	*A. sterculiaceum*	易危			
47	四川槭	*A. sutchuenense*	濒危			中国特有
48	青楷槭	*A. tegmentosum*	近危			
49	七裂薄叶槭	*A. tenellum* var. *septemlobum*	极危			中国特有
50	薄叶槭	*A. tenellum*	濒危			中国特有
51	巨果槭	*A. thomsonii*	易危			
52	察隅槭	*A. tibetense*	濒危			中国特有
53	三花槭	*A. triflorum*	近危			
54	秦岭槭	*A. tsinglingense*	易危			中国特有
55	花楷槭	*A. ukurunduense*	近危			
56	天峨槭	*A. wangchii*	易危			中国特有
57	滇藏槭	*A. wardii*	濒危			

续表

序号	中文名	拉丁名	濒危级别	国家保护	省级保护	特有性
58	漾濞槭	*A. yangbiense*	极危			中国特有
59	羊角槭	*A. yangjuechi*	极危	Ⅰ级		中国特有
60	川甘槭	*A. yui*	濒危			中国特有
61	云南金钱槭	*Dipteronia dyeriana*	濒危	Ⅱ级		中国特有

小　结

　　槭树树种的物种特性包括根、茎、叶、花、果实、种子等器官的特性、生长习性和对环境条件的要求和适应能力等在内的植物学特性、生物学特性与生态学特性。

　　槭树因其独特的树形、叶形、叶色和林相，拥有区别于其他树种的美学特性，为世界闻名的观赏树种。在常见槭树中，元宝枫、五角枫、茶条槭、细裂槭、紫花槭为乔木树种，梣叶槭、三花槭及花楷槭属小乔木树种。槭树乔木，大多落叶，树干端直，形体挺拔，树姿优美，叶、花、果均具观赏价值。其中，茶条槭、三花槭、大叶细裂槭及紫花槭秋叶为红色，五角枫、梣叶槭及花楷槭秋叶黄色，元宝枫秋叶颜色依据气候、立地条件的不同变化为黄色或红色。槭树新梢紫红色，叶色浓绿色，花色乳白色，翅果艳红色，秋色叶红色，且春秋色叶期维持时间长，观赏性极佳。槭树的果实脱落期长，飘移距离远，表型特征明显，一对果翅张开成不同的角度。种子无胚乳，种皮含发芽抑制物质，具有一定休眠性。

　　槭树萌芽、抽枝、展叶、开花、结果及落叶、休眠等物候期随树种和生长地区不同而异。槭树萌芽始期普遍较晚，5～6月高生长缓慢，7～8月进入速生期，9月后生长缓慢，9月底至10月初停止生长，进入落叶或叶变色期，年生长节律为慢—快—慢。

　　槭属植物具有良好的耐热、抗旱、抗涝、抗寒、抗重金属污染等生态学特性，其中，三角枫、青榨槭和元宝枫幼树可忍耐一定的干旱和庇荫，对光强的响应明显。青榨槭的低温半致死温度为−29.93℃，其耐阴性和抗寒性均强于流苏树。房县槭、元宝枫、三角枫、茶条槭、飞蛾槭幼苗在全光照条件下生长良好，金钱槭、建始槭、葛萝槭、青榨槭、五角枫、长柄槭、杈叶槭、血皮槭在苗期均需要不同程度的遮阴。五角枫的耐铝性优于元宝枫。茶条槭和五角枫对铅、镉胁迫均具有一定的耐受性，且茶条槭对铅、镉2种重金属的耐受性均强于五角槭。元宝枫生态适应性很好，耐热性、耐寒性、抗病虫能力均较强。飞蛾槭生态适应性一般，耐热性很好，但是耐寒性和抗病虫能力都比较差。梣叶槭、五角枫和茶条槭耐热性、耐寒性、抗病能力均较强，但是虫害发生严重。三角枫耐热性、抗病能力均较强，但是耐寒性、抗虫能力较差。鸡爪槭、青楷槭和挪威槭耐寒性、抗病虫能力较强，血皮槭耐寒性、抗虫能力一般。总之，就耐热性、耐寒性、抗病能力和抗虫能力来讲，常见槭树的生态适应性由大到小依次为元宝枫＞挪威槭＞青楷槭＞茶条槭＞鸡爪槭＞五角枫＞血皮槭＞梣叶槭＞三角枫＞飞蛾槭。可见，元宝枫、挪威槭、青楷槭和茶条槭的生态适应性最好；鸡爪槭、五角枫、血皮槭、梣叶槭和三角枫的生态适应性良好；飞蛾槭的生态适应性一般。

槭树因其独特的树形、叶形、叶色和林相及活性化学成分，拥有区别于其他树种的众多特性，在观赏、食品、医药、工业等方面具特殊用途。槭树材质细密，为室内装饰、家居建材和工艺品的优良用材，五角枫、青楷槭的树皮还可以作为栲胶、造纸等工业原料。元宝枫能提取出黄酮类化合物、绿原酸和单宁；茶条槭树叶含有大量的没食子酸，合成药物对多种慢性疾病均有治疗作用；糖槭可以用来提取槭糖和加工饮料。有些槭树抗旱抗寒耐瘠薄，生态适应性强，可用于干旱、沙漠和高寒地区造林，易于修剪成型，夏季叶片鲜嫩翠绿，秋季叶片色彩斑斓，既可用于庭园观赏，也可栽作行道树、庭荫树及沙区景观。

集观赏、药用、食用、生态等价值于一体的槭树植物生物学特性独特，生态适应性广、抗污染和抵御病虫害能力强，在我国天然分布广泛，人工栽培历史悠久，面积和产量均逐年增长，社会、生态和经济效益日益凸显。汲取和科学甄辨国内外槭树研究成果，科学评述槭树的起源与演化、槭树科植物分类研究的历史和现状及槭树的物种特性等，为槭树种质资源的有效保护、长期保存、高效经营与可持续利用提供基础数据和理论依据具有十分重要的意义。

参 考 文 献

卞黎霞. 2014. 几种槭属植物光合特性的比较研究[J]. 上海农业学报, 30(2): 104-107.

陈培昶, 陆亮, 王铖. 2009. 上海地区大规格北美槭树品种及其主要病虫害[J]. 中国森林病虫, 28(6): 24-26, 32.

陈有民. 1990. 园林树木花卉学[M]. 北京: 中国林业出版社.

杜娟, 兰永平, 王鹃, 刘海燕, 邹天才. 2011. 贵州槭种子形态特征和萌发特性的研究[J]. 种子, 30(8): 9-12.

高风华. 2009. 色木槭开花习性与幼果发育的观察与研究[J]. 吉林林业科技, 38(6): 1-2, 15.

郭霄. 2014. 不同槭属植物幼苗对水分、光照及氮沉降的生理生态学相应[D]. 山东大学博士学位论文.

黄晓霞. 2005. 三翅槭生物学特性及繁殖研究[D]. 昆明: 西南林学院硕士学位论文.

金雅琴, 刘庆翠, 张伟. 2017. 观赏槭树抗旱性初步评价[J]. 金陵科技学院学报, 33(1): 77-80.

康德星. 2018. 几种槭属植物花部形态与花粉特性的研究[D]. 沈阳农业大学硕士学位论文.

李虹. 2016. 4 种槭树幼苗的生长特性浅析[J]. 黑龙江科学, 7(19): 4-7.

李佳霖, 高玉福, 翁卓, 张佳奇, 马艾冰, 荣立苹. 2021. 5 种观赏槭树叶片形态特征及秋季变色规律[J]. 延边大学农学学报, 43(2): 19-24.

梁鸣, 李虹, 杨轶华, 孙波. 2014. 4 种槭树苗木生长特性及其培育措施[J]. 中国林副特产, (6): 9-11.

林士杰, 赵珊珊, 张忠辉, 王梓默, 姚旭东, 张大伟, 周旭昌, 杨雨春, 王君, 包广道. 2016. 槭树属植物种子休眠因素及打破种子休眠方法研究进展[J]. 种子, 35(11): 51-54.

刘科伟, 杨虹, 杨军, 顾永华, 佟海英. 2021. 安福槭物候特征及播种育苗试验[J]. 陕西农业科学, 67(1): 42-44, 48.

刘科伟, 杨虹, 杨军. 2018. 九种槭树科植物变色特性的观察[J]. 陕西农业科学, 64(11): 32-35.

刘晓玲, 李超, 冯毅, 苏淑钗, 敖妍, 张齐, 郑蕊. 2020. 元宝枫果实发育动态及品质形成规律[J]. 西北农林科技大学学报(自然科学版), 48(5): 1-12.

卢芳, 李振华. 2014. 五角枫种子不同部位发芽抑制作用的研究[J]. 种子, 33(1): 44-47.

卢梦云. 2016. 几种槭树科植物叶色及生理年变化动态[D]. 安徽农业大学硕士学位论文.

陆秀君, 洪晓松, 刘景强, 刘广林, 李克壮, 葛根塔娜. 2015. 扦插基质及生根促进剂对美国红枫扦插繁

殖的影响 [J]. 西北林学院学报, 30(5): 138-142.

马文宝, 姬慧娟, 代林利, 张宇阳, 帅伟, 姜欣华, 于涛. 2021. 梓叶槭和五小叶槭果实形态特征和扩散特性[J]. 江苏农业学报, 37(1): 150-154.

孟庆法, 高红莉, 赵凤兰, 郭春长. 2009. 河南省野生槭树种子育苗试验研究[J]. 安徽农业科学, 37(27): 13309-13311, 13373.

孟庆敏. 2006. 梣叶槭组织培养再生体系的建立[D]. 东北林业大学硕士学位论文.

宋岩. 2018. 美国红枫和元宝枫呈色的生理特性研究[D]. 沈阳农业大学硕士学位论文.

王续蕾. 2016. 沈阳地区几种槭属植物花粉特性初步研究[D]. 沈阳农业大学硕士学位论文.

王瑶. 2019. 元宝枫果实成熟过程中主要成分测定及抗氧化能力研究[D]. 西北农林科技大学硕士学位论文.

王永臻, 唐凌凌, 潘森, 范曙峰, 张珏, 郑纪伟, 教忠意. 2018. 槭属植物主要研究概述[J]. 江苏林业科技, 45(4): 45-49.

吴红, 燕丽萍, 李成忠, 夏群, 周霞, 赵宝元. 2021. 槭树属常见树种翅果性状多样性与风传播特征分析[J]. 南京林业大学学报(自然科学版), 45(2): 103-110.

吴静. 2014. 水分胁迫对鸡爪槭幼苗生理生化特性的影响研究[D]. 浙江农林大学硕士学位论文.

胥明. 2014. 三种槭属植物的适应性栽培的研究[D]. 上海交通大学硕士学位论文.

许小连, 金荷仙, 陈香波, 江胜利, 王东良, 郭要福. 2012. 濒危树种羊角槭种子基本生物学特征[J]. 林业科技开发, 26(3): 46-49.

杨兰芳, 张国禹, 黄桂云, 邱利文, 吴笛, 马晓波, 胡梅香, 张海波, 汪磊. 2013. 茶条槭种子休眠原因研究[J]. 现代农业科技, (12): 140.

杨玲, 沈海龙, 张振全, 张军保, 张鹏. 2012. 发育和冷层积过程中色木槭种子发芽能力 与 ABA 含量的变化[J]. 林业科学, 48(12): 116-121.

叶景丰. 2015. 辽宁地区引种美国自由人槭生长特性研究[J]. 辽宁林业科技, (5): 42-43.

张川红, 郑勇奇, 吴见, 陈朋吗, 李伯菁. 2012. 血皮槭种子休眠机制研究[J]. 植物研究, 32(5): 573-577.

张宏达. 2004. 种子植物系统学[M]. 第一版. 北京: 科学出版社: 317-318.

张明宏. 2015. 东北地区色木槭、元宝槭铝胁迫下的生理变化特性[J]. 辽宁林业科技, (3): 24-25, 48.

张秋英. 2014. 红翅槭对铜的抗性与富集性研究[D]. 江西农业大学硕士学位论文.

第四章 化 学 成 分

植物资源的开发利用其实就是其所含化学物质的开发利用,挖掘槭树活性功能化学成分是科学和合理开发利用槭树资源的基础。大量研究证明,槭属植物中含有二芳基庚烷衍生物类、苯丙素类、萜类、甾体类、多酚类及其他一些多功能化合物,如金沙槭枝、叶中含有槲皮素-3-O-β-D-半乳糖苷 $C_{21}H_{20}O_{12}$、槲皮素 3-O-(6″-没食子酰基)-B-D-半乳糖苷($C_{28}H_{24}O_{16}$)、山奈酚($C_{15}H_{10}O_6$)、三叶豆苷($C_{21}H_{20}O_{11}$)、山奈酚-3-O-α-L-阿拉伯糖苷($C_{20}H_{18}O_{10}$)、杨梅酮($C_{15}H_{10}O_8$)、巴马汀($C_{21}H_{22}NO_4^+$)(金颖等,2016);茶条槭叶、皮、种子中含有鞣花酸($C_{14}H_6O_8$)、没食子酸($C_7H_6O_5$)、没食子酸甲酯($C_8H_8O_5$)、没食子酸乙酯($C_9H_{10}O_5$)、花青素($C_{15}H_{11}O_6$)、儿茶素($C_{15}H_{14}O_6$)、槲皮苷($C_{21}H_{20}O_{11}$)、槲皮素鼠李糖($C_{21}H_{20}O_{11}$)、β-谷甾醇($C_{29}H_{50}O$)、甲基肌醇($C_7H_{14}O_6$)、茶条槭素 A($C_{20}H_{20}O_{13}$)、茶条槭素 B($C_{13}H_{16}O_9$)、茶条槭素 C($C_{13}H_{16}O_9$)(谢艳方等,2011;孙静芸等,1981;毕武等,2015;朱晓富,2017;宋纯清等,1982);红花槭和糖槭叶、皮含有苯乙酸异丁酯($C_{12}H_{16}O_2$)、苯乙酸($C_8H_8O_2$)、甲基环戊烯醇酮($C_6H_8O_2$)、5-羟甲基糠醛($C_6H_6O_3$),树液中含有 3-甲氧基-4-羟基苯酚-1-O-β-D-(6′-O-没食子酰)-葡萄糖苷($C_{20}H_{22}O_{12}$)、没食子酸甲酯($C_8H_8O_5$)、香草酸甲酯($C_9H_{10}O_4$)、丁香酸甲酯($C_{10}H_{12}O_5$)、3,4-二羟-5-甲氧基-苯甲酸甲酯($C_9H_{10}O_5$)、3,5-二羟基-4-甲氧基-苯甲酸($C_{10}H_{12}O_3$)、7,8-二羟基-6-甲氧基-香豆素($C_{10}H_8O_5$)等(万春鹏和周寿然,2013;赵宏,2008);苦茶槭、鸡爪槭、三角枫、樟叶槭、羊角槭、毛脉槭、青榨槭的叶中含有 D-柠檬烯($C_{10}H_{16}$)、香芹醇($C_{10}H_{16}O$)、罗勒烯($C_{10}H_{16}$)、石竹烯($C_{15}H_{24}$)、甲酸乙酯($C_3H_4O_2$)、乙酸己酯($C_8H_{16}O_2$)、乙酸龙脑酯($C_{12}H_{20}O_2$)等活性化学成分,它们是一种珍贵的林产化工资源,具有巨大的开发潜力和广阔的应用前景。

第一节 脂 肪 酸

脂肪酸是指一端含有一个羧基(-COOH)长的脂肪族碳氢链,根据碳氢链饱和与不饱和的程度可分为饱和脂肪酸、单不饱和脂肪酸及多不饱和脂肪酸,饱和脂肪酸常温下呈固态,多存在于猪、羊及牛等动物的脂肪中,植物油如核桃油、茶籽油、山桐子油、亚麻籽油、元宝枫油、牡丹籽油中等富含单不饱和脂肪酸与多不饱和脂肪酸,在常温下呈液态。其中多不饱和脂肪酸碳氢链上一般含有两个或两个以上的双键,是油脂中一类重要的营养成分,可促进神经细胞生成、神经突生长、阻止细胞变性及凋亡,从而延缓大脑衰退及神经类疾病的发展,对人类健康有着重要作用(刘志国等,2016)。

近年来,随着槭属植物应用研究的深入,人们发现茶条槭、元宝枫、桦叶四蕊槭、权叶槭等许多槭属植物都是优良的木本油料树种。如茶条槭种仁中不饱和脂肪酸含量达88.61%,其中亚油酸、γ-亚麻酸和 α-亚麻酸等人体必需脂肪酸含量分别为34.39%、6.90%

和 1.31%。元宝枫种仁的含油率在 40%以上，其中不饱和脂肪酸含量更是高达 92%，并且含有较高比例的神经酸，因此获批国家新资源食品。桦叶四蕊槭和权叶槭种子含油率分别为 26.6%和 25.5%，其中都以油酸、亚油酸等不饱和脂肪酸为主要成分。桉叶槭种胚中脂肪酸的含量达到 26.50%。贵州槭种子中的脂肪含量高出玉米 1 倍，略低于大豆和棉籽的脂肪含量。

油脂既是人体必需的营养成分，又是医药、化妆品、皮革等工业的重要原料。随着我国人口的增加和经济的发展，食用油缺口不断加大，每年须从国外大量进口。此外，从我国植物油脂来源看，90%来源于草本油料植物，仅有不到 10%来源于木本油料植物。在当前我国土地资源紧张、粮食供应压力仍较大的情况下，难以依靠大量增加草本油料植物的种植面积来提高脂油产量。因此，无论是从满足人民生活需求，还是从我国农业发展战略来看，开发更多种类的木本油料资源，对于我国经济、社会和环境的发展都具有十分重要的意义。

一、脂肪酸的组成与结构、特性与功能

（一）一般脂肪酸

1. 组成与结构

油脂的主要成分是脂肪酸甘油三酯（95%以上），组成动植物油脂的高级脂肪酸绝大部分是含偶数碳原子的直链羧酸。直链羧酸在饱和脂肪酸中以软脂酸的存在最广，它含在绝大部分油脂中；其次是月桂酸和硬脂酸。直链羧酸在不饱和脂肪酸中，最常见的是油酸、亚油酸、亚麻酸、桐油酸等含 16 个和 18 个碳原子的烯酸。

油脂中所含脂肪酸的种类非常多，目前已经得到鉴定的有 500 多种，它们的主要差异如下：①碳链长度差异。天然植物油脂中的脂肪酸从 2 个碳原子到 30 个碳原子都存在。最常见的是 16 个碳原子和 18 个碳原子的脂肪酸，称为十六碳酸和十八碳酸。②双键个数差异。以碳原子是否为饱和碳原子来判断，不含双键的脂肪酸称为饱和脂肪酸；含有双键的脂肪酸称为不饱和脂肪酸。另外，可以根据双键数量的多少，将脂肪酸称为一烯酸、二烯酸、三烯酸、四烯酸等。一烯酸又被称为单不饱和脂肪酸（1 个双键），二烯酸、三烯酸、四烯酸等为多不饱和脂肪酸（2 个及 2 个以上双键）。③双键位置差异。ω 是希腊字母的最后一位，表示最后的、末端的。在常见的多不饱和脂肪酸中，ω-3 系列[家族成员主要有 α-亚麻酸、二十碳五烯酸（EPA）和二十二碳六烯酸（DHA）]和 ω-6 系列[家族成员主要有亚油酸、γ-亚麻酸和二十碳四烯酸，别称花生四烯酸（ARA）]是两类重要的脂肪酸。④顺式、反式差异。对于不饱和脂肪酸来说，两边的碳链（或者说两个氢原子）在双键的同侧称为顺式，异侧称为反式。⑤脂肪酸在甘油分子上的空间排布差异，决定着甘油三酯的吸收代谢及油脂的应用价值。因为人体内的脂肪酶会选择性地水解 Sn-1 位和 Sn-3 位的脂肪酸，生成游离脂肪酸用于氧化供能；而 Sn-2 位上的脂肪酸则以甘油一酯的形式被人体吸收。

研究表明，元宝枫籽油含有油酸、亚油酸、神经酸、亚麻酸、芥酸等 12 种脂肪酸成分。其中，不饱和脂肪酸含量高达 92.91%，油酸和亚油酸占总脂肪酸含量的 60%以

上，饱和脂肪酸：单不饱和脂肪酸：多不饱和脂肪酸=1：6.89：4.81，且特殊功能性脂肪酸神经酸含量在 5%～7%（王性炎等，2016）。元宝枫籽油中脂肪酸含量最高的为亚油酸（大约占 36%），亚油酸属于多不饱和脂肪酸，是人体必需脂肪酸，它具有降低胆固醇的功效，元宝枫籽油中油酸含量大约为 25%，油酸属于单不饱和脂肪酸，它可以预防动脉硬化，降低低密度脂蛋白胆固醇，而且并不降低对人体有益的高密度脂蛋白胆固醇水平，此外元宝枫籽油中还含有亚麻酸等脂肪酸。

2. 性质

油脂的物理性质由甘油三酯的组成、组成甘油三酯的脂肪酸及甘油三酯结构共同决定。油脂的化学性质由组成甘油三酯的脂肪酸种类、结构（包括碳链长度、不饱和程度、构型等）、数量及性质决定。按照国标规定的方法，元宝枫籽油的酸价、OSI 值、色泽、皂化值、折光指数、相对密度等理化性质测试结果如表 4-1 所示。

表 4-1　元宝枫籽油的理化性质

指标	性质	测试方法
酸价/（mg/g）	0.671	GB 5009.229—2016
OSI/保质期/天	6.45/136	GB /T 21121—2007
色泽	红色 2.9，黄色 142，蓝色 0，灰色 1.1	GB 2716—2018
皂化值/（mgKOH/g）	175	GB /T 5534—2008
折光指数（$nD20℃$）	1.368	GB /T 5527—2010
相对密度（20℃）	0.931	GB /T 5528—2008
溶剂残留/（mg/kg）	8.7	GB 5009.262—2016

注：资料来源于吴隆坤等，2020。$nD20℃$：n 表示折光指数（折光率），D 所示测定时的光源（钠灯 D 线），20℃表示测定时的温度为 20℃

3. 功能

经考证，饱和脂肪酸中除硬脂酸之外都会升高血清胆固醇的含量。不饱和脂肪酸中的油酸具有调节血脂和降低胆固醇等功能，神经酸是大脑神经纤维和神经细胞的核心天然成分，亚油酸及亚麻酸被公认为人体必需的脂肪酸，在人体内可进一步衍化成具有不同功能作用的高度不饱和脂肪酸，如花生四烯酸（AA）、二十碳五烯酸（EPA）、二十二碳六烯酸（DHA）等。大量实验表明，DHA 和 EPA 具有较好的抗癌作用。研究结果表明，元宝枫油的神经酸含量是 5.52%，油酸和亚油酸含量均较高（分别为 25.80%和 37.35%），具有开发利用前景（表 4-2）。

表 4-2　元宝枫油的脂肪酸组成及其相对含量　　　　　　　　　　　　（%）

类别	饱和脂肪酸			单不饱和脂肪酸				多不饱和脂肪酸	
脂肪酸组成	棕榈酸 C16：0	硬脂酸 C18：0	花生酸 C20：0	棕榈油酸 C16：1	油酸 C18：1	芥酸 C22：1	神经酸 C24：1	亚油酸 C18：2	α-亚麻酸 C18：3
相对含量	4.19	2.40	0.25	0.18	25.80	13.08	5.52	37.35	1.85
小计		6.84			44.58			39.20	
总计					90.62				

资料来源：阿拉坦图雅等，2019

（二）神经酸

1. 组成与结构

元宝枫籽油中最具代表性的功能性脂肪酸是神经酸。神经酸（nervonic acid，NA），又名鲨鱼酸，因最早发现于哺乳动物的神经组织中，故得此名；又因其最早是从鲨鱼脑组织中分离出来，故又名鲨鱼酸。神经酸是一种 ω-9 型长链单不饱和脂肪酸，其分子式为 $C_{24}H_{46}O_2$，相对分子质量为 366.6，化学名为顺-15-二十四碳烯酸（24：1Δ15c），化学结构式为 CH_3—$(CH_2)_7$—CHCH—$(CH_2)_{13}$—COOH，如图 4-1 所示。

图 4-1　神经酸的化学结构式

神经酸纯品在常温下为白色片状晶体，溶于醇但不溶于水。

2. 特性与功能

神经酸为透明至淡黄色结晶粉末。密度为（0.9±0.1）g/cm^3；沸点（479.2±14.0）℃（760mmHg）；熔点 42～43℃。折射率 1.468。

神经酸是大脑神经组织和神经细胞的核心天然成分，是目前为止世界上发现的能促进受损神经组织修复和再生的特效物质，对于提高脑神经的活跃性、防止脑神经衰老有很大作用。

（1）治疗脑部疾病。

目前，神经系统紊乱和神经细胞退化而引起的老年痴呆症等退行性脑疾病已成为一类世界性疾病。研究证明，神经酸是脑神经细胞膜的重要组成部分，能够调节细胞膜上的离子通道和受体，激活受损、病变及休眠的神经细胞，修复脑细胞膜结构，促进神经网络的重建，并且神经酸可诱导神经纤维自我生长及分裂，修复堵塞、扭曲、凝聚及断裂的神经纤维，增强大脑各区域神经组织间的信号传导，使损伤的胞体存活和恢复语言、记忆、感觉、肢体等方面的功能（侯镜德和陈至善，2006）；同时神经酸还能够完整地透过血脑屏障，干预神经干细胞在脑内增殖、分化、迁移和存活，促使脑内 ADP 转化为 ATP，促进乙酰胆碱合成，增加多巴胺的释放，并增强神经兴奋的传递，改善脑内新陈代谢状况。研究发现，患有精神病的患者红细胞膜中神经酸含量明显降低，而其他脂肪酸包括二十二碳六烯酸（DHA）或花生四烯酸（AA）没有显著差异。营养不良及饥饿儿童的大脑和小脑细胞中神经酸含量远低于正常儿童。动物实验和人体实验发现，神经酸在增强脑神经细胞间的信息传递和交流，以及提高人体记忆能力等方面有显著作用。在怀孕期或婴儿期摄入一定量的神经酸，会加快脑部的发育。富含神经酸的牛奶对胎儿大脑发育具有显著的促进作用。添加神经酸的奶粉有利于促进婴儿的大脑发育，增强智力水平。除此之外，已有研究报道体内神经酸水平对多发性硬化症、肾上腺脑白质营养不良、Zellweger 综合征（又称为脑肝肾综合征）等诸多神经紊乱疾病具有预防和治疗作用。

（2）改善中枢神经系统功能，治疗中枢神经系统疾病。

多发性硬化是一种发生于中枢神经系统的脱髓鞘疾病，因神经纤维的鞘磷脂被破坏，神经纤维髓鞘呈块状脱落，使神经传输中断，出现视力模糊、站立不稳、语言受阻、烦躁、失眠等症状。由于神经酸是组成中枢神经系统脑白质的结构性成分，能在体内合成神经节苷脂、脑苷脂和鞘磷脂，进而促进神经纤维髓鞘化，使脱落的髓鞘再生，改善多发性硬化症状。对小鼠海马内神经酸鞘磷脂对年龄和性别的依赖性变化研究发现，21月龄雄性和雌性小鼠体内均观察到含有神经酸的鞘磷脂随年龄的增长而增加，同时 21月龄雌性小鼠神经酸合成酶 SCD1 和 SCD2 的转录增强。肾上腺脑白质病，是由于长链脂肪酸分解酶缺乏，过多地结合了长链饱和脂肪酸，引起中枢神经系统进行性脱髓鞘病变，主要表现为进行性的精神运动障碍，视力及听力下降和肾上腺皮质功能低下。试验证明，用富含神经酸的植物油进行"食用疗法"，对肾上腺脑白质萎缩症患者是有益的。神经酸对认知功能障碍、老年痴呆症、抑郁症和帕金森症等中枢神经系统疾病具有很大的改善作用。研究证明，神经酸能有效改善帕金森病模型小鼠的运动障碍症状。盐酸多奈哌齐片联合神经酸治疗对认知功能障碍患者有改善作用。血浆中神经酸是一种诊断重度抑郁障碍的生物标志物。

（3）对心脑血管疾病的作用。

神经酸作为一种降低血脂的天然物质，还能有效降低心脑血管疾病的发生。研究结果表明，血脂中的神经酸含量可能反映了老年病中所见的过氧化物酶体功能障碍和内质网应激增强。较高的神经酸水平可以降低急性缺血性脑卒中发生的风险，并且随着血浆神经酸含量升高，急性缺血性脑卒中的发病风险逐步降低。神经酸对肥胖相关的代谢紊乱疾病具有预防功能。英国 Stirling 大学的学者在研究神经酸对心血管疾病的作用时发现，神经酸作为一种脂肪酸，对人体必需脂肪酸的正常代谢具有一定的促进作用，如迅速降低血液中的脂蛋白含量、促进胰岛 β 细胞的功能、预防糖尿病等一系列的协同作用。

（4）调节血糖血脂。

神经酸可以改善血液微循环，对高血脂、高血压、高血糖、动脉粥样硬化等症状有明显的效果。神经酸作为一种长链脂肪酸，通过促使人体必需脂肪酸 ω-3 和 ω-6 正常代谢，二者协同作用，能迅速降低血液中低密度脂蛋白胆固醇含量，升高高密度脂蛋白胆固醇含量，降低血清中总胆固醇含量，降低血液黏稠度，降低血压，舒张血管，清除血管中多余的脂肪，抑制血小板聚集，能促进胰岛 β 细胞分泌胰岛素。研究结果表明，高浓度的血浆神经酸水平可以降低急性缺血性脑卒中的发病风险。

（5）提高免疫功能及防止艾滋病的作用。

神经酸能促进脾淋巴细胞的增殖转化，提高抗体生成细胞数量和 NK 细胞活性，提高机体免疫力。膳食中添加神经酸还能够改善多囊卵巢综合征。研究发现，神经酸不仅对小鼠脾淋巴细胞的增殖、生成抗体细胞数和血清溶血素水平的提高及小鼠 NK 细胞活性的增强等方面都有促进作用，而且对艾滋病有很强的抑制作用。

二、槭树中的脂肪酸

研究表明，槭树种子油中富含辛酸、癸酸、月桂酸、肉豆蔻酸、十五烷酸、棕榈酸、棕榈油酸、十七烷酸、顺-10-十七碳烯酸、硬脂酸、油酸、亚油酸、α-亚麻酸、γ-亚麻酸、花生酸、二十一碳酸、山嵛酸、顺-13,16-二十二碳二烯酸、二十三碳酸、二十四烷酸和神经酸等数十种脂肪酸。其中，棕榈酸、硬脂酸、油酸、亚油酸、亚麻酸、二十碳烯酸、芥酸和神经酸的相对含量较高（＞5%）。肉豆蔻酸、肉豆蔻油酸、棕榈油酸、花生酸、二十碳二烯酸、二十碳三烯酸、山嵛酸、花生四烯酸和木焦油酸的相对含量较低（＜5%），有的含量甚至＜1%。槭树种子中的脂肪酸成分见表 4-3。

表 4-3 槭树种子中的脂肪酸成分

树种	脂肪酸名称	含量特点	来源
秀丽槭，樟叶槭，天目槭，罗浮槭	辛酸（C8：0）、癸酸（C10：0）、月桂酸（C12：0）、肉豆蔻酸（C14：0）、十五烷酸（C15：0）、棕榈酸（C16：0）、棕榈油酸（C16：1）、十七烷酸（C17：0）、顺-10-十七碳烯酸、硬脂酸（C18：0）、油酸（C18：1）、亚油酸（C18：2）、γ-亚麻酸（C18：3-γ）、α-亚麻酸（C18：3-α）、花生酸（C20：0）、二十一碳酸（C21：0）、山嵛酸（C22：0）、顺-13，16-二十二碳二烯酸（C22：2）、二十三碳酸（23：0）、γ-亚麻酸（C18：3-γ）、α-亚麻酸（C18：3-α）、二十四烷酸（C24：0）和神经酸（C24：1）	共检出 21 种脂肪酸，其中棕榈酸、油酸、亚油酸和 α-亚麻酸的相对含量较高（＞5%），其余 17 种脂肪酸相对含量较低（＜5%）	程欣，等.2019
元宝枫，五角枫，三角枫，鸡爪槭，梣叶槭	棕榈酸（C16：0）、十七酸（C17：0）、硬脂酸（C18：0）、油酸（C18：1）、亚油酸（C18：2）、亚麻酸（C18：3）、花生酸（C20：0）、花生油酸（C20：1）、山嵛酸（C22：0）、芥酸（C22：1）、木蜡酸（C24：0）、神经酸（C24：1）、棕榈油酸（C16：1）、十八碳三烯酸（C18：3）	元宝枫，五角枫，三角枫，鸡爪槭，梣叶槭的主要脂肪酸均为油酸、亚油酸、棕榈酸、花生烯酸、芥酸和神经酸，其不饱和脂肪酸总含量均在 88% 以上，但不同油脂中同种脂肪酸的含量差异较大	李娟娟，等.2018
茶条槭	棕榈酸（C16：0）、棕榈油酸（C16：0）、硬脂酸（C18：0）、油酸（C18：1）、亚油酸（C18：2）、γ-亚麻酸（C18：3-γ）、α-亚麻酸（C18：3-α）、花生酸（C20：0）、花生油酸（C20：1）、山嵛酸（C22：0）、芥酸（C22：1）、木焦油酸（C24：0）、神经酸（C24：1）	主要含 13 种脂肪酸，其中不饱和脂肪酸占 88.61%。亚油酸、γ-亚麻酸和 α-亚麻酸等人体必须脂肪酸含量分别为 34.39%、6.90% 和 1.31%。总量达到 42.6%	王发春，等.1997.
元宝枫	肉豆蔻酸（C14：0）、肉豆蔻油酸（C14：1）、棕榈酸（C16：0）、棕榈油酸（C16：0）、硬脂酸（C18：0）、油酸（C18：1）、亚油酸（C18：2）、花生酸（C20：0）、亚麻酸（C18：3）、二十碳烯酸（C20：1）、二十碳二烯酸（C20：2）、二十碳三烯酸（C20：3）、山嵛酸（C22：0）、花生四烯酸（C20：4）、芥酸（C22：1）、木焦油酸（C24：0）、神经酸（C24：1）	棕榈酸、硬脂酸、油酸、亚油酸、亚麻酸、二十碳烯酸、芥酸和神经酸含量较高，肉豆蔻酸、肉豆蔻油酸、棕榈油酸、花生酸、二十碳二烯酸、二十碳三烯酸、山嵛酸、花生四烯酸和木焦油酸的含量较低（＜1%）	王瑶.2019.
桦叶四蕊槭	棕榈酸（C16：0）、棕榈油酸（C16：1）、硬脂酸（C18：0）、油酸（C18：1）、亚油酸（C18：2）、γ-亚麻酸（C18：3-γ）、α-亚麻酸（C18：3-α）、花生酸（C20：0）、花生油酸（C20：1）、山嵛酸（C22：0）、芥酸（C22：1）、木焦油酸（C24：0）、神经酸（C24：1）	共检出 13 种脂肪酸，其中不饱和脂肪酸含量占 81.54%。亚油酸、γ-亚麻酸、α-亚麻酸等人体必需的脂肪酸含量分别为 38.46%、4.11% 和 2.25%，总量达到 44.8%	宋宁，王发春.1999.
银白槭（糖槭）	油酸、亚油酸	银白槭种子油化学成分以油酸、亚油酸不饱和脂肪酸为主	仝延宇，等.2000.
太白金钱槭	油酸（C18：1）、亚油酸（C18：2）、棕榈酸（C16：0）、芥酸（C22：1）、花生酸（C20：0）、亚麻酸（C18：3）、花生烯酸（C20：0）、棕榈油酸（C16：1）、硬脂酸（C18：0）、山嵛酸（C22：0）、肉豆蔻酸（C14：0）、十六碳二烯酸（C18：2）、二十碳二烯酸（C20：2）	油酸、亚油酸、芥酸含量分别为 33.8%、25.1% 和 18.4%，棕榈酸、花生酸、亚麻酸、花生烯、硬脂酸含量均<8%，肉豆蔻酸、山嵛酸、棕榈油酸、十六碳二烯酸、二十碳二烯酸均为微量	张文澄.1994.

代彦满等（2021）采用超临界二氧化碳萃取法提取元宝枫油，使用气相色谱-质谱联用技术从元宝枫果实成熟种仁中检测出 17 种脂肪酸，包括棕榈酸、硬脂酸、油酸、

亚油酸、亚麻酸、二十碳烯酸、芥酸、神经酸、肉豆蔻酸、肉豆蔻油酸、棕榈油酸、花生酸、二十碳二烯酸、二十碳三烯酸、山嵛酸、花生四烯酸和木焦油酸。采用索氏提取法、安捷伦 1260 液相色谱仪（美国赛默飞世尔科技有限公司）和 ISQ&TRACE ISQ 气质联用仪（美国赛默飞世尔科技有限公司）及 SPSS19.0 软件对 2016 年 10 月下旬至 11 月下旬采自内蒙古、辽宁、山东、陕西等地的元宝枫、五角枫、三角枫、鸡爪槭、梣叶槭 5 种槭属种子油脂肪酸组成及含量的气相色谱-质谱测定结果见表 4-4，图 4-2～图 4-7。

表 4-4 几种槭树种子油脂肪酸组成及含量 （%）

脂肪酸	元宝枫	五角枫	三角枫	鸡爪槭	梣叶槭
棕榈酸 C16：0	4.92±0.08b	4.12±0.04c	6.32±0.08a	5.30±0.04b	3.77±0.42c
棕榈油酸 C16：1	—	—	0.40±0.01	—	—
十七碳酸 C17：0	0.08±0.00b	0.08±0.00b	0.23±0.00a	0.07±0.01b	0.10±0.02b
硬脂酸 C18：0	2.62±0.07a	2.34±0.00a	2.85±0.05a	1.40±0.54b	2.62±0.01a
油酸 C18：1	26.48±0.93bc	27.99±0.07ab	25.37±0.08c	14.16±0.18d	29.31±1.52a
亚油酸 C18：2	32.72±0.25c	30.62±0.18e	36.42±0.00b	38.24±0.06a	31.55±0.29d
亚麻酸 C18：3	1.94±0.05b	1.72±0.01c	0.39±0.03e	3.74±0.04a	1.07±0.02d
十八碳三烯酸 C18：3	—	—	1.35±0.01	1.65±0.01	3.88±0.14
花生酸 C20：0	0.21±0.07a	0.24±0.06a	0.27±0.06a	0.27±0.00a	0.30±0.04a
花生一烯酸 C20：1	8.22±0.14b	8.71±0.08a	5.18±0.01d	4.91±0.03e	6.71±0.01c
山嵛酸 C22：0	0.76±0.02a	0.48±0.16a	0.97±0.02a	1.08±0.00a	1.02±0.59a
芥酸 C22：1	15.81±0.22c	16.64±0.38b	12.75±0.11e	17.79±0.11a	13.60±0.19d
木蜡酸 C24：0	0.16±0.13a	0.21±0.01a	0.16±0.02a	0.18±0.03a	0.27±0.16a
神经酸 C24：1	4.49±1.25b	5.48±0.02b	6.21±0.09b	9.41±0.13b	4.30±0.98b
饱和脂肪酸	8.74 ±0.04	7.46±0.06	10.78±0.09	8.29±0.51	8.07±0.34
不饱和脂肪酸	89.64±0.24	91.15±0.25	88.05±0.09	89.89±0.45	90.40±0.82

注："—"表示未检测到，表中数据为平均值±标准差（SD），相同字母表示同行数据差异不显著，不同字母表示同行数据差异显著（$P<0.05$）

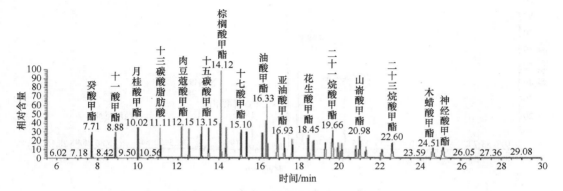

图 4-2 脂肪酸甲酯标准样品色谱图

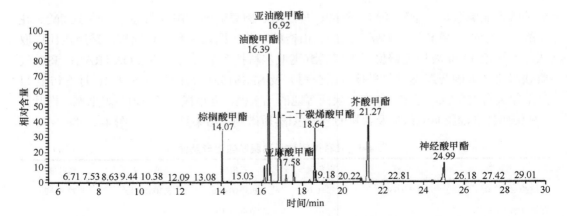

图 4-3　元宝枫种子油脂肪酸甲酯色谱图

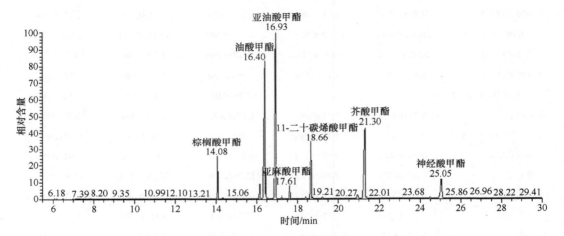

图 4-4　五角枫种子油脂肪酸甲酯色谱图

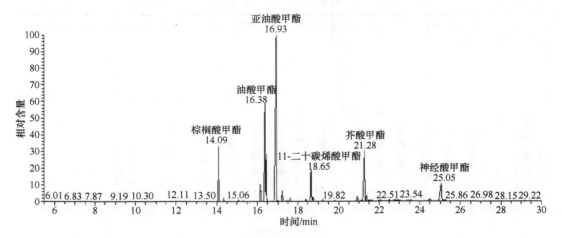

图 4-5　三角枫种子油脂肪酸甲酯色谱图

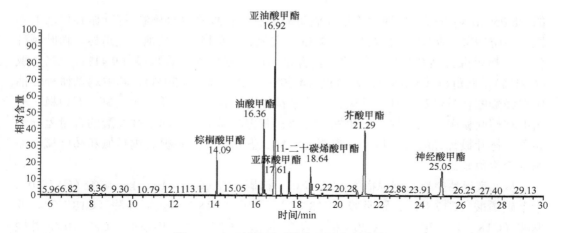

图 4-6 鸡爪槭种子油脂肪酸甲酯色谱图

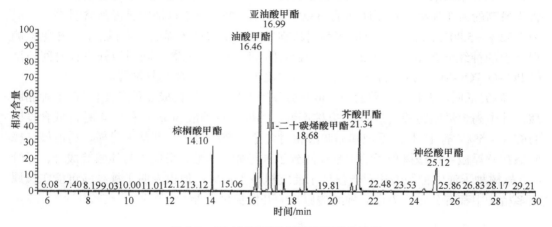

图 4-7 梣叶槭种子油脂肪酸甲酯色谱图

在供试的 5 种槭树种仁油样品中，共鉴定出元宝枫和五角枫种仁油中含有脂肪酸各 12 种，三角枫 14 种，鸡爪槭和梣叶槭各 13 种。供试槭树种仁油的脂肪酸组成种类基本一致，主要脂肪酸组成均为油酸、亚油酸、芥酸、神经酸、花生一烯酸和棕榈酸，另含有少量的亚麻酸、十七碳酸、硬脂酸、山嵛酸、花生酸、木蜡酸等成分，三角枫种仁油还含有棕榈油酸与十八碳三烯酸，鸡爪槭、梣叶槭种仁油含有十八碳三烯酸；但不同油脂中同种脂肪酸的含量存在较大差异，其油酸和亚油酸的含量均高于 50%，不饱和脂肪酸的含量较高，均在 88%以上，具有较高的营养价值。元宝枫、五角枫、三角枫、鸡爪槭和梣叶槭的种仁油中油酸和亚油酸的含量分别为 59.20%、58.61%、61.79%、52.40% 和 60.86%，且差异显著。其中油酸含量由高到低依次为梣叶槭（29.31%±1.52%）、五角枫（27.99%±0.07%）、元宝枫（26.48%±0.93%）、三角枫（25.37%±0.08%）、鸡爪槭（14.16%±0.18%）；亚油酸含量由高到低依次为鸡爪槭（38.24%±0.06%）、三角枫（36.42%±0.00%）、元宝枫（32.72%±0.25%）、梣叶槭（31.55%±0.29%）、五角枫（30.62%±0.18%）。其中元宝枫种仁油中不饱和脂肪酸占总脂肪酸的 89.64%，五角枫种仁油的不饱和脂肪酸占总脂肪酸的 91.15%，三角枫种仁油中不饱和脂肪酸占总脂肪酸的 88.05%，鸡爪槭种仁油的不饱和脂肪酸占总脂肪酸的 89.89%，栌叶槭种仁油的不饱和脂肪酸占总脂肪酸的 90.40%。供试元宝枫、五角枫、三角枫、鸡爪槭、栌叶槭种仁油中都含有较高含量的神经酸，其含量由高到低依次为鸡爪槭（9.41%）、三角枫（6.21%）、五角枫（5.48%）、元宝枫（4.49%）、栌叶槭（4.30%）。其中鸡爪槭种仁油中神经酸的含量最高，且鸡爪槭种子油中神经酸的含量显著高于元宝枫、五角枫、三角枫和栌叶槭中，元宝枫、五角枫、三角枫和栌叶槭的种仁油中神经酸的含量差异不显著，栌叶槭神经酸含量最低。说明元宝枫、五角枫、三角枫、鸡爪槭和栌叶槭的油脂营养价值较高。

从元宝枫油中检测到棕榈酸（C16：0）、棕榈油酸（C16：1）、十七碳酸（C17：0）、十七碳烯酸（C17：1）、硬脂酸（C18：0）、油酸（C18：1）、亚油酸（C18：2）、亚麻酸（C18：3）、花生酸（C20：0）、花生-烯酸（C20：1）、山嵛酸（C22：0）、芥酸（C22：1）、木蜡酸（C24：0）、神经酸（C24：1）16 种脂肪酸成分含量差异较大，其中含量最高的为亚油酸占总脂肪酸的 33.90%～37.35%。元宝枫油中神经酸含量高，一般为 5.52%～5.80%。2017 年，Hu 等利用超临界 CO_2 萃取技术提取元宝枫油，气相色谱测得其中的神经酸含量约为 6.22%，并且采用超高效合相色谱串联四级杆飞行时间质谱（UPC^2-Q-TOF-MS）技术首次从元宝枫油中鉴定了 52 个三酰基甘油酯。

研究证明，天目槭、秀丽槭、樟叶槭和罗浮槭 4 种槭树成熟种子油含有 21 种脂肪酸，其中高含量脂肪酸（≥5%）有棕榈酸、油酸、亚油酸和 α-亚麻酸 4 种，低含量脂肪酸（<5%）有 17 种，不饱和脂肪酸相对含量在 80% 以上。并从天目槭、秀丽槭、樟叶槭和罗浮槭 4 种槭树种子油中都检测到了神经酸、辛酸、癸酸、月桂酸等成分。尽管 4 种槭树种子油中神经酸相对含量低于元宝枫种子油中，但也表明了神经酸可能在槭属更多植物中都有分布，为今后神经酸原料的开发提供了参考。

三、槭树中的特殊脂肪酸

槭树中富含特殊脂肪酸——神经酸。根据马柏林等（2004）人的研究，神经酸含量较高的有蒜头果、盾叶木、欧洲油菜、遏蓝菜、鸡爪槭、苦茶槭、椤木石楠、冬青、五角枫和元宝枫，其中蒜头果、盾叶木和遏蓝菜果实的含油率和果实中神经酸含量都高，是良好的神经酸植物资源。截至目前，我国已经发现有含神经酸的植物 31 种，分布于 11 科 16 属。其中，大戟科血桐属的盾叶木（*Macaranga adenantha*）种仁含油率为 60.3%、神经酸含量为 56.0%，铁青树科蒜头果属的蒜头果（*Malania oleifera*）种仁含油率为 51.9%、神经酸含量为 62.67%，十字花科遏蓝菜属遏蓝菜种子含油率为 25.1%、神经酸含量为 14.6%，槭树科槭属中的元宝枫、五角枫、三角枫、鸡爪槭、栌叶槭、苦茶槭、天目槭、秀丽槭、樟叶槭和罗浮槭种仁均含有神经酸，其中元宝枫、五角枫、三角枫的种仁含油率均在 30% 以上、神经酸含量在 5.0% 以上（李娟娟等，2018）。不难看出，盾叶木和蒜头果是开发神经酸产品较为理想的植物资源，但由于神经酸含量最高的蒜头果分布地带狭窄，资源量少，繁殖难度大，限制了规模化生产，再加上蒜头果蛋白质是一种双链高毒性蛋白质，分离提取安全无毒的蒜头果油难度较大；盾叶木分布有限；遏蓝菜种子含油率较低；而槭树科植物种类多、分布广、资源量大，尤其是元宝枫、五角枫、三角枫油中神经酸含量虽然比蒜头果、盾叶木和遏蓝菜等植物中低，但由于产量高、容易获得，是一种可持续利用的木本植物神经酸资源。含有神经酸的木本植物见表4-5。

表4-5 几种槭树中的神经酸含量

科名	属名	种名	含油率/%	神经酸/%	文献
槭树科	槭属	苦茶槭 A. ginnala subsp. theiferum	7.8	7.1	王性炎，2006
槭树科	槭属	五角枫 A.mono	40.75	5.48	李娟娟等，2018
槭树科	槭属	鸡爪槭 A.palmatum	26.29	9.41	李娟娟等，2018
槭树科	槭属	元宝枫 A.truncatum	37.5	5.0	王性炎，2011
槭树科	槭属	三角枫 A. buergerianum	30.56	6.21	李娟娟等，2018
槭树科	槭属	梣叶槭 A. negundo	17.04	4.30	李娟娟等，2018
槭树科	槭属	天目槭 A.sinopurpurascens	12.62	<5	程欣等，2019
槭树科	槭属	秀丽槭 A. elegantulum	15.60	<5	程欣等，2019
槭树科	槭属	革叶槭 A. coriaceifolium	14.16	<5	程欣等，2019
槭树科	槭属	罗浮槭 A. fabri	15.53	<5	程欣等，2019
冬青科	冬青属	冬青 Ilex chinensis	18.1	5.5	王性炎，2006
大戟科	血桐属	盾叶木 Macaranga adenantha	60.3	56.0	王性炎，2011
铁青树科	蒜头果属	蒜头果 Malania oleifera	51.9	62.67	王性炎，2011
蔷薇科	石楠属	椤木石楠 Photinia davidsoniae	17.2	6.9	王性炎，2006
无患子科	文冠果属	文冠果 Xanthoceras sorbifolium	59.9	2.6	王性炎，2006
马鞭草科	牡荆属	牡荆 Vitex negundo var. cannabifolia	16.1	3.1	王性炎，2006
十字花科	白芥属	白芥 Sinapis alba	29.6	3.4	王性炎，2006
十字花科	芸薹属	芥菜 Brassica juncea	27.1	2.9	王性炎，2006
十字花科	芸薹属	芜菁 Brassica rapa	34.4	2.4	王性炎，2006
十字花科	萝卜属	萝卜 Raphanus sativus	36.9	2.6	王性炎，2006
十字花科	遏蓝菜属	遏蓝菜 Thlaspi arvense	25.1	14.6	王性炎，2006

注：遏蓝菜的分析部位是果，冬青、椤木石楠、牡荆、白芥、芥菜、芜菁、萝卜分析部位是种子，其他为种仁

目前从植物中分离纯化神经酸的方法主要包括金属盐沉淀法、重结晶法、超临界二氧化碳萃取法、薄层层析法、乳化分离法、尿素包合法及分子蒸馏法等。侯镜德和陈至善（1996）采用金属盐沉淀法分离提纯神经酸，并研究了水和丙酮的用量，发现该方法成本低、收率高。熊德元等（2004）首先对蒜头果油进行初步处理，得到了粗品神经酸，之后对粗品神经酸结晶分离提纯进行了研究，结果表明石油醚、无水乙醇结晶分离效果较为理想，混合溶剂能改善结晶分离效果，无水乙醇和石油醚的混合效果最佳；徐文晖等（2007）研究发现尿素包合法分离元宝枫油中神经酸甲酯的最佳参数，包合温度与包合时间分别为-10℃和20 h，脂肪酸甲酯：尿素：甲醇= 1：3：9，经2次尿素包合后样品中神经酸甲酯的相对含量可达到 17.103%；周琴芬（2017）采用低温结晶和分子蒸馏技术，对皂化后的混合脂肪酸进一步纯化得到较高浓度的神经酸，低温结晶优化的最佳条件为，以乙醇作为溶剂，溶剂倍量为 1：4，结晶温度为 4℃，结晶时间为 6h，之后确定适宜的分子蒸馏参数，优化出的条件为，蒸馏温度为 160℃，

进料速度为 2d/s，刮膜器转速为 300r/min，最终神经酸含量可达 717.02mg/g；赖福兵（2018）通过重结晶 4 次得到最高纯度为 92.00%的神经酸；经过重结晶 3 次，再进行尿素包合，再经过重结晶后，结晶 2 次，可以得到纯度为 99.00%的神经酸；混合脂肪酸经过尿素包合后，再经过重结晶，结晶 4 次后，可以得到纯度为 99.42%的神经酸。

第二节　黄酮类物质

一、黄酮类化合物的组成与结构、性质与功能

（一）组成与结构

　　黄酮类化合物是具有 C_6-C_3-C_6 基本分子骨架的一大类化合物的总称，是自然界中的一种多酚类化合物，其分子结构存在一种酮羰基，第一个氧原子显碱性，被强酸氧化成盐类，其羟基衍生物呈现黄色，故又称为黄酮。根据两个 C_6 苯环（A 环和 B 环）上的取代差异及 C_3 色烷环（C 环）的结构变化，又可将黄酮类物质进一步细分为黄酮、黄烷酮（二氢黄酮）、黄烷醇（黄酮醇）、异黄酮、儿茶素、花青素和查尔酮型。存在于植物中的黄酮类化合物是一种次生代谢产物，存在形式主要有糖苷、苷元两种。常以与糖基相结合而形成苷类的形式存在，参与成苷的糖基主要有鼠李糖、葡萄糖、半乳糖和阿拉伯糖。

（二）性质

　　黄酮类化合物主要是固态的，少部分为无定形的粉末。黄酮的外观颜色具有多样性，如灰黄色、浅黄色、橙黄色、黄色、红色、紫色和蓝色。黄酮在颜色上的差异与交叉存在的共轭体系有关，共轭链是否达到一定的长度，以及拥有的助色团 5-OH、-OCH₃ 等在黄酮类化合物中的取代位置、取代数目及其种类的多少决定了它们的颜色。一般而言，没有光学活性的黄酮类化合物是游离状态的。黄酮类化合物的极性规律为三糖苷>双糖苷>单糖苷>苷元；3-*O*-糖苷>7-*O*-糖苷（平面性分子）；花色素（平面性分子，离子型）>非平面性分子>平面性分子。因为大多数黄酮类化合物都具有酚羟基，呈现出酸性，且酚羟基的数目与酸性呈正比关系。所以，黄酮类化合物一般难溶或不溶于水，易溶于有机溶剂和部分稀碱水溶液。糖易溶于水，黄酮结合糖后构成糖苷，在水中的溶解度表现出糖的部分特性，在有机溶剂中的溶解度降低。综合可知，黄酮在水中的溶解度由糖链的长短决定。

（三）功能

　　研究表明，黄酮类化合物不仅具有很强的抗氧化性与强有力的自由基清除性，可调节新陈代谢、预防慢性疾病、抗突变、抗肿瘤、降低心血管疾病死亡率、调节免疫、防止血管硬化、降低血糖，还可抑制醛糖还原酶、环氧合酶、Ca^{2+}-ATP 酶、黄嘌呤氧化酶、磷酸二酯酶和脂肪氧化酶等多种酶的活性，因此常被用于预防或治疗多种疾病，如维护

毛细血管完整性、肝脏解毒、消炎、抗溃疡、抗病毒等。目前，国内外生产黄酮的原料都主要来源于银杏，国际年需求量约 3500t，年产量约 2000t；国内年需求量 1000t，年产量 750t，其中 500t 出口德国、韩国、日本、法国和其他国家。

二、槭树中的黄酮类物质

当前，在植物界中已知的黄酮类化合物接近 5000 种。植物的不同组织部位有不同种类的黄酮类化合物，它们的存在方式是不同的。在木质部中，多以苷元形式存在；在花、叶、果等器官中，以糖苷的形式存在，主要是 O 和 C 糖苷。此外，还有一些特殊类型的黄酮类化合物，如生物碱型的榕碱等。植物体内的黄酮大部分以糖苷的形式存在，主要是 O 苷和 C 苷；还有极少一部分呈现游离态。迄今为止，元宝树叶中仅分离出 9 个黄酮类化合物，这些化合物中除槲皮素是从 95%乙醇提取物的乙酸乙酯层萃取物中分离获得以外，其他的 8 个都是黄酮苷，从 70%乙醇提取物的乙酸乙酯层萃取物中分离得到。

研究表明，槭树科的植物富含各种各样的黄酮类化合物（周荣汉，1988）。红色的春叶中含有花青素-3-芸香苷和花青素-3-葡萄糖苷及 2 种普遍存在的花色素苷：花青素-3-O-［2″-O-（倍酰）］-β-D-葡萄糖苷（21）和 3-O-［2″-O-（倍酰）-6-O-（α-L-鼠李糖基）］-D-葡萄糖苷（22）。花青素-3-葡萄糖苷和花青素-3-芸香糖苷是槭红叶中的主要花色素。青楷槭（A. tegmentosum）树皮含槲皮苷、6-羟基-槲皮苷-3-O-半乳糖和（＋）-儿茶酸（Tung et al.，2008），韩国人常用它治疗肝功能病变引发的疾病。秀丽鸡爪槭和鸡爪槭、三角枫春季红叶中的主要花色素是花青素-3-芸香糖苷和花青素-3-O-葡萄糖苷。鸡爪槭叶黄酮的最佳提取工艺条件为，80%的乙醇，料液比 1∶25，浸提温度 55℃，反应时间 2h，pH 为 13，浸提 2 次，测得黄酮的得率为 3.64%。元宝枫叶片中含有杨梅素-3-O-α-L-吡喃鼠李糖苷（6）、山奈酚-3-O-α-L-吡喃鼠李糖苷（1）、槲皮素-3-O-α-L-吡喃鼠李糖苷（3）、槲皮素 3-O-β-D-半乳吡喃糖苷（2）、异鼠李黄素-3-O-L-吡喃阿拉伯糖苷（5）和槲皮素-3-O-α-L-吡喃阿拉伯糖苷（4）6 个黄酮苷和花色素苷。目前，已从银白槭叶片中鉴定出 3β-羟基-12-齐墩果烯等化合物。从金沙槭中分离出儿茶素等 13 个化合物。从红花槭中分离并鉴定出丁香酸甲酯、香草酸甲酯、没食子酸等 8 个具有抗氧化活性的化学成分。从茶条槭叶乙酸乙酯组分分离得到 β-谷甾醇、没食子酸甲酯、槭单宁等 14 个化合物；从茶条槭叶石油醚组分分离得到蒲公英赛醇、豆甾醇-β-D-葡萄糖苷、杨梅萜二醇等 9 个化合物。从元宝枫叶中鉴定出槲皮素等 3 种黄酮苷元和山奈酚-3-O-α-L-吡喃鼠李糖苷等 6 种黄酮苷，以及绿原酸等。

元宝枫翅果中还含有山奈酚和槲皮素。中央民族大学的学者从元宝枫叶、枝、树皮、果实、根中发现并鉴定了 52 个标识性化合物，其中对树皮抗氧化和抗肿瘤活性贡献最大的 3 个活性标识物为儿茶素、原花青素 B_2/B_3、原花青素 C_1/C_2。这三个化合物均属儿茶酚的衍生物，它们具有广泛的生物活性，包括抗氧化和抗肿瘤活性。通过对元宝枫叶、枝、树皮、果实、根 5 个部位的抗氧化（DPPH）试验和抑制肝癌细胞 HepG2 活性实验结果都表明：树皮具有最强的生物活性。槭属中分离得到的黄酮类化合物情况见表 4-6。

表 4-6　槭树中的黄酮类化合物

树种	部位	化合物	文献
89 个种、204 个栽培种	叶	花青素-3-芸香苷、花青素-3-葡萄糖苷、花青素-3-O-[2″-O-（倍酰）]-β-D-葡萄糖苷、3-O-[2″-O-（倍酰）-6-O-（α-L-鼠李糖基）]-D-葡萄糖苷、3β-羟基-12-齐墩果烯	Ji et al.，1992
鸡爪槭/秀丽鸡爪槭	叶	花青素-3-芸香糖苷、花青素-3-O-葡萄糖苷	Ishikura，1972
		牡荆素、异牡荆素、奥利恩亭和高奥利恩亭	Robinson and Wareing，2010
鸡爪槭/栓皮槭	叶	花青素-3-单糖苷	
鹅耳枥叶槭/脉纹槭/白粉藤叶槭	叶	槲皮苷和缅茄、木樨草素-4′-β-D-葡萄糖苷	Aritomi，1963
三角枫	叶	花青素-3-葡萄糖苷、花青素-3-芸香糖苷	Ishikura，1972
青楷槭	树皮	槲皮苷、6-羟基-槲皮苷-3-O-半乳糖和（+）-儿茶酸	Tung et al.，2008
白粉藤叶槭	叶	槲皮素、槲皮苷、异槲皮苷、山奈酚和缅茄素	Miyazaki et al.，1991
毛果槭	叶	槲皮素、槲皮苷和儿茶素	Inoue et al.，1987
金沙槭		槲皮素 3-O-（6″-没食子酰基）-B-D-半乳糖苷 $C_{28}H_{24}O_{16}$	金颖等，2016
		槲皮素-3-O-β-D-半乳糖苷 $C_{21}H_{20}O_{12}$	
		三叶豆苷 $C_{21}H_{20}O_{11}$	
		山奈酚-3-O-α-L-阿拉伯糖苷 $C_{20}H_{18}O_{10}$	
茶条槭	叶	槲皮素-3-O-L-鼠李糖、槲皮素	吴松兰，2008
		槲皮苷 $C_{21}H_{20}O_{11}$、β-谷甾醇、杨梅萜二醇	毕武等，2015
		槲皮素鼠李糖 $C_{21}H_{20}O_{11}$、豆甾醇-β-D-葡萄糖苷、蒲公英赛醇	
		没食子酸、没食子酸甲酯、槲皮素、槲皮素鼠李糖、五没食子酰基葡萄糖酸、儿茶素	谢艳方等，2011
五角枫	叶	5-O-甲基-（E）-白藜芦醇-3-O-β-D-吡喃葡萄糖苷、5-O-甲基-（E）-白藜芦醇-3-O-β-D-呋喃芹菜糖基-（6）-D-吡喃葡萄糖苷、槲皮素	王立青，2006
元宝枫	叶	杨梅素-3-O-α-L-吡喃鼠李糖苷、山奈酚-3-O-α-L-吡喃鼠李糖苷、槲皮素-3-O-α-L-吡喃鼠李糖苷、槲皮素-3-O-β-D-半乳吡喃糖苷、异鼠李黄素-3-O-L-吡喃阿拉伯糖苷、槲皮素-3-O-α-L-吡喃阿拉伯糖苷	谢百波，2005
		槲皮素-3-O-α-L-吡喃鼠李糖苷、槲皮素-3-O-β-D-半乳糖苷	黄相中等，2007
		3,5,7,3′,4′-五羟基黄酮（槲皮素）、槲皮素-3-O-α-L-吡喃阿拉伯糖苷、槲皮素-3-O-α-L-吡喃鼠李糖苷、紫云英苷	李云志，2005
		花色素苷	杨科家等，2009
		异鼠李黄素-3-O-α-L-吡喃鼠李糖苷	Zhao et al.，2011
		槲皮素黄酮苷元、山奈酚-3-O-α-L-吡喃鼠李糖苷	胡青平等，2006
		紫云英苷 $C_{21}H_{20}O_{11}$、阿福豆苷 $C_{21}H_{20}O_{10}$、金丝桃苷 $C_{21}H_{20}O_{12}$、胡萝卜苷 $C_{35}H_{60}O_6$、番石榴苷 $C_{20}H_{18}O_{11}$、阿夫儿茶素 $C_{15}H_{14}O_5$	谢百波等，2005
	翅果	山奈酚、槲皮素、1,2,3,6-四没食子酰基-O-β-D-吡喃葡萄糖 $C_{34}H_{28}O_{22}$、1,2,3,4,6-五-O-没食子酰基-β-D-葡萄糖 $C_{41}H_{32}O_{26}$	任红剑等，2016；赵文华等，2005
	树皮	儿茶素、原花青素 B_2/B_3、原花青素 C_1/C_2 等 52 个化合物	谷荣辉，2019

研究表明：元宝枫叶内黄酮、绿原酸含量及有关成分含量随月份的不同而不同。元宝枫叶内黄酮含量 8 月最高，绿原酸含量 6 月最高，SOD 酶活性 8 月最高，叶绿素含量 6 月最高，可溶性糖含量 9 月最高，不同月份下黄酮、绿原酸、叶绿素、可溶性糖含量均在 $a=0.01$ 水平上差异极显著，而 SOD 酶活性在 $a=0.05$ 水平上差异显著（樊艳平等，2006）。

第三节 酚 类 物 质

一、酚类物质组成、结构与性质

（一）组成与结构

酚类通常是指芳香环上具有羟基取代的化合物，多酚类则是指在一个或者多个芳香环上具有两个及以上羟基取代的化合物，植物多酚是多羟基类化合物的总称，又被称为植物单宁，是广泛存在于植物体内的一类重要次生代谢产物，常分为酚酸、黄酮类和非黄酮类 3 个大的亚类。

单宁类是一类特殊的多酚类物质，通常具有水溶性，分子量一般在 500～3000Da，能够与蛋白质结合形成可溶 / 不溶的单宁-蛋白质复合体。根据化学结构的不同，通常又分为水解单宁和缩合单宁两类：水解单宁具有一个糖基中心（通常为 D-葡萄糖）及酯化的没食子酸或鞣花酸基团，也偶有酯化的咖啡酸或奎宁酸基团；缩合单宁是最常见的单宁类成分，由多个黄烷-3-醇化合物单元通过碳—碳连接缩合而成，基本结构见图 4-8。

（二）性质与功能

多酚的独特结构使其具有抗肿瘤、抗氧化、抗动脉硬化、防治冠心病与中风等心脑血管疾病，以及抗菌等多种生物活性，在食品、医药、化妆品、日用化学品及保健品等方面都有重要的应用。研究表明，大多数多酚类物质能够抑制 FAS，抑制作用的大小与提取物中多酚类物质含量成正比。

二、槭树中的酚类物质

槭属植物富含没食子酸鞣质类单宁类化合物（周荣汉，1988）。研究证明，糖槭叶中含有具有抗凝血活性的青榨素（4）和牯牛儿素（3）2 种鞣花单宁。糖槭叶中的槭单宁（2,6-di-O-没食子酰基-1,5-酐-D-葡萄糖）对 α-葡萄苷酶具有很好的抑制作用，可用于抵抗人体的高血糖。云南金钱槭叶片中含有 11,12-诃子裂酸二甲酯、12,13-诃子裂酸二甲酯、11-诃子裂酸甲酯、12-诃子裂酸甲酯、13-诃子裂酸甲酯、鞣料云实素、类叶升麻苷、短叶苏木酚酸甲酯、3-O-没食子酰基莽草酸、樱桃苷、山柰酚-3-O-β-D-木糖基-（1→2）-β-D-葡萄糖苷、没食子酸、莽草酸 13 个酚性化合物。研究表明，糖槭树皮中的（7-顺,8-反）-4-氧-（6-香草酰）-β-D-吡喃葡萄糖基-二氢脱氢愈创木醇；4-氧-（6-香草酰）-β-D-吡喃葡萄糖基-香草醇；5-[O-β-D-芹糖基-（1→6）-O-β-D-吡喃葡萄糖基] 龙

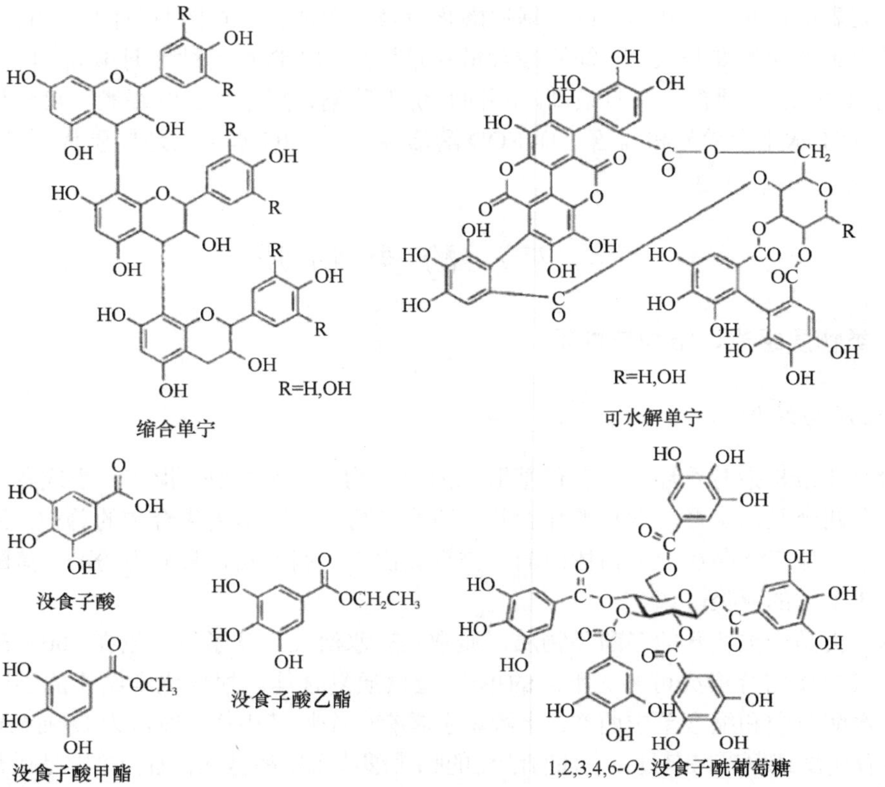

图 4-8 两类单宁基本结构及元宝枫中分离的单宁化合物

胆酸甲酯；5-［O-β-D-芹糖基-（1→2）-O-β-D-吡喃葡萄糖基］龙胆酸甲酯 4 个酚性糖苷在针对人的结肠肿瘤上都具有细胞毒性的生理活性。就三花槭、鞑靼槭、挪威槭、元宝枫、细裂槭、细柄槭等 16 种槭属植物叶片中没食子酸甲酯的含量而言，细裂槭的含量最低，鞑靼槭最高。研究分析结果显示，茶条槭叶片的没食子酸与树龄有关，树龄普遍在 12 年以下时叶片没食子酸含量居高，而树龄在 16 年以上其叶片没食子酸含量则呈下降态势。五角枫翅果皮含缩合类单宁 16.6%，提出率较高的方法是用丙酮-水的混合液提取。茶条槭叶部没食子酸含量个体之间差异显著。梣叶槭植株叶片中水溶性酚类物质的含量与植株的性别密切相关，与叶绿素含量也存在显著相关。

目前，从元宝枫叶中分离得到的水解类单宁为没食子酸、没食子酸甲酯、没食子酸乙酯和 1,2,3,4,6-五-氧-没食子酰基-β-D-葡萄糖 4 个单宁类化合物，其结构见图 5-4。微波萃取三角枫、银白槭、梣叶槭、血皮槭、鞑靼槭、三花槭、条裂鸡爪槭、细柄槭、自由人槭（红花槭×银白槭杂交体）、挪威槭、栓皮槭、茶条槭 12 种槭树叶多酚的最佳提取条件为乙醇浓度 90%、物料颗粒 120 目、液料比 1∶15、微波温度 160℃、提取时间 5min，微波辐射前浸泡时间 10min，提取次数 3 次。在此条件下微波萃取的元宝枫和 12 种槭属植物叶中多酚总含量由高到低依次为自由人槭（104.24mg/g）、茶条槭（92.73mg/g）、元宝枫（93.08mg/g）、鞑靼槭（87.43mg/g）、栓皮槭（66.74mg/g）、银白槭（59.54mg/g）、三花槭（57.96mg/g）、血皮槭（45.22mg/g）、挪威槭（34.04mg/g）、细柄槭（27.25 mg/g）、三角枫（22.20mg/g）、条裂鸡爪槭（20.63mg/g）、梣叶槭（17.81mg/g）。12 种槭属植物叶中都含有没食子酸，元宝枫中含有表没食子儿茶素（EGC），细柄槭、条裂鸡爪槭、自由人槭、鞑靼槭、银白槭、梣叶槭 6 种槭树叶含有儿茶素（C），只有细柄槭和梣叶槭分别含有表儿茶素（EC）和表没食子儿茶素没食子酸酯（EGCG）且含量较少。其中自由人槭叶中没食子酸含量最高（6.7075mg/g），比茶条槭（5.2035mg/g）、元宝枫（1.6226mg/g）还要高，儿茶素（C）含量为 5.3553mg/g，仅低于茶条槭（11.953mg/g）。没食子酸含量较高的还有条裂鸡爪槭（2.2708mg/g）、栓皮槭（1.9855mg/g）、元宝枫（1.6226mg/g）、银白槭（1.6069mg/g），儿茶素（C）含量较高的还有条裂鸡爪槭（3.1014mg/g）、银白槭（1.6111mg/g）、鞑靼槭（1.1296mg/g）。提取槭树叶中儿茶素最佳采摘时间为 5 月。2 种槭属植物叶中部分含有绿原酸、槲皮素、芦丁 3 种黄酮类物质，都不含山柰酚。其中元宝枫、血皮槭、三花槭含有槲皮素；细柄槭、条裂鸡爪槭、三角枫、自由人槭、鞑靼槭、银白槭含有芦丁、槲皮素；梣叶槭含有绿原酸、芦丁；栓皮槭只含有芦丁；挪威槭中不含 4 种黄酮类物质。芦丁含量较高的有鞑靼槭（2.0101mg/g）、梣叶槭（1.9013mg/g）、细柄槭（1.5278mg/g）、栓皮槭（1.9855mg/g）；槲皮素含量较高的有元宝枫（4.6080mg/g）、血皮槭（1.4295mg/g）、三花槭（0.9019mg/g），含有绿原酸的只有梣叶槭、银白槭，且含量较少（蔡霞，2009）。元宝枫叶中水解没食子酸含量为 1.456%，游离没食子酸含量为 0.045%，但不同季节含量不同。元宝枫中儿茶素类物质含量，表没食子儿茶素（EGC）、表儿茶素（EC）和没食子儿茶素没食子酸酯（GCG）平均含量分别为 38.9mg/kg、28.9mg/kg 和 28.4mg/kg。研究表明，没食子酸是鞣质在稀酸和酶作用下的水解产物，具有抗突变、抗氧化、抗肿瘤和保肝消炎等作用；儿茶素具有抑制肿瘤、清除自由基、护肤美容等作用；超氧化物歧化酶（SOD）能够有效地清除植物细胞内的多种活性氧，维持植物正常的生命活动，具有良好的抗氧化作用。

元宝枫叶、果富含单宁。元宝枫单宁品质优良，在医药和工业中有着重要的应用价值。它为优质栲胶原料，还具有明显的止血、止泻、镇静、催眠作用。研究发现，元宝枫种皮和果翅含有优质的缩合类单宁，果翅单宁含量 7.87%，果壳单宁含量 60.24%。通过红外光谱（Infrared Spectroscopy，IR）测定得出元宝枫果壳中的缩合类单宁以黄烷结构为主干，而水解类又分为缩酚酸酯型和鞣花酸两种。元宝枫翅果不同部位总酚、缩合单宁和总黄酮含量的测定结果显示，种皮中总酚含量显著高于果翅和仁粕中，种皮中总酚含量最高（342.83mg GAE/g），高于油茶籽壳和平欧榛子种皮中的总酚含量，其次是果翅中（24.11mg GAE/g），仁粕中总酚含量最低（2.76mgGAE/g），说明翅果中的总酚主要存在于种皮中。总黄酮含量从高到低依次为种皮（57.66mg RE/g）>果翅（11.58mg RE/g）>仁粕（2.48mg RE/g），种皮中的总黄酮含量是果翅中的4.98 倍，是仁粕中的23.25倍。可见，翅果中黄酮类化合物主要存在于种皮和果翅中，这可能是因为其暴露于外部环境中，光照、温度、水分等条件促使其合成更多的黄酮类化合物。种皮中缩合单宁含量高达 847.45mg CE/g，高于鞣料之王黑荆树树皮中的单宁含量（36%～48%），果翅中缩合单宁含量为 30.49mgCE/g，仅为种皮中的 3.60%（表 4-7）。元宝枫栲胶制取的工艺流程为翅果→清洗→脱粒→分离→果壳→粉碎→保温→浸提→过滤→浸提液→浓缩→喷雾干燥→产品。

表 4-7　元宝枫翅果不同部位总酚、缩合单宁和总黄酮含量

项目	总酚（GAE）/（mg/g）	缩合单宁（CE）/（mg/g）	总黄酮（RE）/（mg/g）
果翅	24.11±1.32	30.49±1.67	11.58±0.89
种皮	342.83±12.45	847.45±16.37	57.66±2.12
仁粕	2.76±0.10	未检出	2.48±0.08

元宝枫叶中酚类成分含量高达 340 733～899 617mg GAE/100g，主要为黄酮类和单宁类成分，其他类型（如木脂素、酚酸、简单酚类等）相对较少。元宝枫中的多酚类成分虽然存在季节性含量差异，4 月（67 243.4mg GAE/100g）和 11 月（8996.17mg GAE/100g）的叶中含量相对较高，但元宝枫叶中总酚类含量依然明显高于红茶（2385.00mg GAE/100g）、黑茶（1882.50mg GAE/100g）和银杏叶茶饮料（705.00mg GAE/100g）中的含量。到目前为止，元宝枫中总共报道了 253 个化合物（不包括蛋白质、氨基酸和糖类等营养成分）。据统计，该植物的主要化学成分为多酚类（尤其是黄酮类和单宁类）92 个（占 36.4%）、有机酸或酯类 [主要为脂肪酸（或酯），不包括酚酸及挥发性有机酸（或酯）] 66 个（占 26.1%）、生物源挥发性化合物 85 个（占 33.6%）及其他类型化合物 10 个（占 4%）。槭树科植物中分离得到的多酚类化合物见表 4-8。

表 4-8　槭树中的多酚类化合物

树种	部位	化合物	文献
茶条槭	叶	2,6-二-O-倍酰-1,5-脱氧-D-葡萄糖醇	Perkin and Uyeda，1922
		没食子酸甲酯、没食子酸、五没食子酰基葡萄糖	吴松兰，2008
		没食子酸甲酯、槭单宁等 14 个化合物	李瑞丽等，2013
	叶、皮、种子	鞣花酸 $C_{14}H_6O_8$	谢艳方等，2011
		没食子酸乙酯 $C_9H_{10}O_5$	孙静芸等，1981
		花青素 $C_{15}H_{11}O_6$	
		儿茶素 $C_{15}H_{14}O_6$	
		β-谷甾醇 $C_{29}H_{50}O$	毕武等，2015
		甲基肌醇 $C_7H_{14}O_6$	
		茶条槭素 A　$C_{20}H_{20}O_{13}$	宋纯清等，1982
		茶条槭素 B　$C_{13}H_{16}O_9$	
		茶条槭素 C　$C_{13}H_{16}O_9$	
红花槭	叶、皮、树液	苯乙酸异丁酯 $C_{12}H_{16}O_2$	万春鹏和周寿然，2013；赵宏，2008
		苯乙酸 $C_8H_8O_2$	
		甲基环戊烯醇酮 $C_6H_8O_2$	
		5-羟甲基糠醛 $C_6H_6O_3$	
		3-甲氧基-4-羟基苯酚-1-O-β-D-（6′-O-没食子酰）-葡萄糖苷 $C_{20}H_{22}O_{12}$	
		7,8-二羟基-6-甲氧基-香豆素 $C_{10}H_8O_5$	
		没食子酸甲酯 $C_8H_8O_5$	
		3,4-二羟基-5-甲氧基-苯甲酸甲酯 $C_9H_{10}O_5$	

树种	部位	化合物	文献
		丁香酸甲酯 $C_{10}H_{12}O_5$	
		香草酸甲酯 $C_9H_{10}O_4$	
		3,5-二羟基-4-甲氧基-苯甲酸 $C_{10}H_{12}O_3$	
毛果槭	叶	逆没食子酸	Inoue et al.，1987
糖槭	叶	青榨素和牻牛儿素	Hatano et al.，1990
		2,6-di-O-没食子酰基-1,5-酐-D-葡萄糖	Honma et al.，2010
	树皮	(7-顺,8-反)-4-氧-(6-香草酰)-β-D-吡喃葡萄糖基-二氢脱氢愈创木醇、4-氧-(6-香草酰)-β-D-吡喃葡萄糖基-香草醇；5-[O-β-D-芹糖基-(1→6)-O-β-D-吡喃葡萄糖基]龙胆酸甲酯、5-[O-β-D-芹糖基-(1→2)-O-β-D-吡喃葡萄糖基]龙胆酸甲酯4个酚性糖苷	Yuan et al.，2011
白粉藤叶槭	叶	牻牛儿素	Miyazaki et al.，1991
元宝枫	叶	没食子酸甲酯、没食子酸乙酯	谢百波等，2005
		没食子酸、没食子酸甲酯，没食子酸乙酯和1,2,3,4,6-五-O-没食子酰基-β-D-葡萄糖	Zhao et al.，2011
		海胆素、1,2,3,6-四-O-没食子酰基-β-D-葡萄糖、六没食子酰基葡萄糖、桂皮单宁 B_1、酚酸和其他简单酚	Yang et al.，2017
		甲基没食子酸和1,2,3,4,6-五-O-没食子酰-β-D-葡萄糖（PGG）	李珺等，2005
		表儿茶素、表没食子儿茶素、没食子儿茶素没食子酸酯	吴松兰，2008
		勾儿茶素、南烛木树脂酚、五味子苷等6个木脂素成分，绿原酸和新绿酸及9个其他类型的简单酚类	Dong et al.，2006
		3,5-二羟基-4-甲氧基苯甲酸	黄相中等，2007
		槲皮素、山柰酚和异鼠李素，绿原酸 $C_{18}H_{32}O_{16}$、β-香树素 $C_{30}H_{50}O$、β-香树脂醇乙酸酯 $C_{32}H_{52}O_2$	魏明和廖淑华，2011；赵文华等，2005
	种皮	原花青素二聚体、原花青素三聚体、原花青素四聚体、原花青素五聚体	Fan et al.，2018

目前，有关高纯度多酚提取方法研究较多。其中，大孔树脂分离纯化法以元宝枫叶总多酚的静态与动态吸附量和解吸率为指标筛选大孔树脂，采用紫外分光光度法测定元宝枫叶总多酚含量，通过比较 HPD-100 型、HPD-400 型、AB-8 型、DA201 型、D101型 5 种大孔树脂对元宝枫叶多酚分离效果，发现 HPD100 型大孔树脂分离效果较好，HPD-100 型大孔树脂在筛选出的工艺条件下，树脂的吸附-解吸附性能稳定，且能较好地分离纯化元宝枫叶总多酚，多酚含量纯化前为 28.55%，纯化后为 39.52%，大大提升了多酚的纯度，纯化后的多酚物质提高了其对脂肪酸合成酶（FAS）的抑制能力。微波萃取法明显优于超声波辅助提取法和磁力搅拌法，微波萃取法从元宝枫叶中提取多酚的最佳工艺条件：乙醇浓度90%、物料颗粒120目、料液比（干燥叶用量：90%乙醇用量）为 1∶15、微波温度160℃、提取时间 5min、辐射前常温浸泡时间 10min，在此条件下，元宝枫叶中多酚的提取率为 93.08g/kg。以上方法都可用于元宝枫叶多酚的提取，其中微波萃取法提取率高，且所需时间短，而采用大孔树脂进行元宝枫叶多酚分离纯化则能够提升多酚的纯度，具有可多次重复使用、操作简单等特点，两种方法是否可以同时用于元宝枫叶多酚的提取以提高元宝枫叶多酚的利用率，值得进一步研究。

第四节　绿　原　酸

一、绿原酸的组成与结构、性质与功能

（一）绿原酸的结构

绿原酸类化合物主要有绿原酸（Chlorogenic acid）和异绿原酸（Isochlorogenic acid）。绿原酸，又名咖啡鞣酸，化学名称为 3-O-咖啡酰奎尼酸，系统名为 1,3,4,5-四羟基环己烷羧酸-（3,4-二羟基肉桂酸酯），其化学式为 $C_{16}H_{18}O_9$，相对分子质量 354.3。是由咖啡酸与奎尼酸形成的缩酚酸，属于苯丙素类化合物。

苯丙素是天然存在的一类苯环与三个直链碳连接（C_6-C_3 基团）构成的化合物。苯丙素构成成分有：苯丙烯、苯丙醇、苯丙酸及其缩酯、香豆素、木脂素、黄酮和木质素等。其中的木脂素是一类由两分子苯丙素衍生物（C_6-C_3 单体桂皮酸、桂皮醇、丙烯苯、烯丙苯等）聚合而成的天然化合物。木脂素属于一种植物雌激素，具有清除体内自由基、抗氧化的作用，并能结合雌激素受体，干扰癌促效应。

绿原酸的合成过程非常复杂，需要多种酶的催化作用。首先由 D-葡萄糖反应生成的 5-脱氢奎尼酸结合 H^+ 生成莽草酸，然后经过一系列的反应合成咖啡酸，咖啡酸经过酶催化合成绿原酸。其生物合成途径见图 4-9。

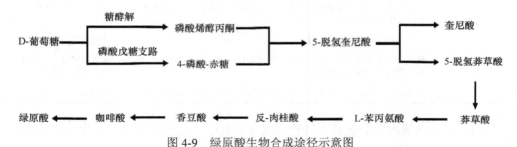

图 4-9　绿原酸生物合成途径示意图

天然存在的绿原酸的种类按其化学性质的差异可分为 10 种（表 4-9）。

表 4-9　天然存在的绿原酸类成分

序号	名称	R1	R2	R3	R4
1	绿原酸（3-咖啡酰奎尼酸）	咖啡酰	H	H	H
2	绿原酸甲酯	咖啡酰	H	H	CH_3
3	绿原酸乙酯	咖啡酰	H	H	CH_3CH_2
4	隐绿原酸（4-咖啡酰奎尼酸）	H	咖啡酰	H	H
5	新绿原酸（5-咖啡酰奎尼酸）	H	H	咖啡酰	H
6	异绿原酸 A	H	咖啡酰	咖啡酰	H
7	异绿原酸 B	咖啡酰	咖啡酰	H	H
8	异绿原酸 C	咖啡酰	H	咖啡酰	H
9	莱蓟素				
10	3-香豆酰奎尼酸	香豆酰	H	H	H

（二）绿原酸的性质

在常温下，绿原酸为白色粉末，熔点208℃，无味，溶解度约4g/100ml，加热后溶解度增加。乙醇和丙酮都能溶解绿原酸，是理想的绿原酸提取溶剂。绿原酸含有酚羟基，酚羟基容易解离或结合其他物质，影响绿原酸的化学性质。

（三）绿原酸的功能

研究表明，绿原酸有抗氧化、抗菌抗病毒、抗诱变及利胆、抗菌、降压、增高白细胞及兴奋中枢神经系统等多种药理作用，且对消化系统、血液系统和生殖系统疾病有显著疗效。另外，绿原酸是多种药材和中成药抗菌解毒、消炎利胆的主要有效成分和质量控制的重要指标。

1. 抗氧化作用

绿原酸及其铁络合物是高效的酚型天然抗氧化剂，其抗氧化能力要强于咖啡酸、对羟苯酸、阿魏酸、丁香酸、丁基羟基茴香醚（BHA）和生育酚。绿原酸之所以具有抗氧化作用，是因为它含有一定量的 R-OH 基，能形成具有抗氧化作用的氢自由基，以消除羟基自由基和超氧阴离子等自由基的活性，从而保护组织免受氧化作用的损害。绿原酸在某些食品中可取代或部分取代目前常用的人工合成抗氧化剂。在猪油中若添加少量绿原酸，可提高猪油氧化稳定性，延长储存期。

2. 抗菌抗病毒作用

绿原酸和异绿原酸对多种致病菌和病毒有较强的抑制和杀灭作用及抗菌消炎、升高白细胞等作用，对急性咽喉炎症和皮肤病有明显疗效，临床上用于治疗急性细菌性感染疾病及放、化疗引起的白细胞减少症；绿原酸的水解产物咖啡酸也具有升高白细胞、止血、利胆及抑制单纯疱疹病毒之效（解跃雄，2015）。

3. 抑制突变和抗肿瘤作用

绿原酸具有较强的抑制突变能力，它可以通过抑制活化酶来抑制致癌物黄曲霉素 B 引发的突变和亚硝酸反应引发的突变，并能有效地降低 γ 射线引起的骨髓红细胞突变。同时绿原酸还可以通过降低致癌物质的利用率及其在肝脏中的运输来达到防癌、抗癌的效果；并能抑制由苯并［α］芘、4-NQO（氧化硝基喹啉）引发的癌症。绿原酸对大肠癌、肝癌和喉癌具有显著的抑制作用，它被认为是癌症的有效化学防腐剂（解跃雄，2015）。

4. 清除自由基、抗衰老及抗肌肉、骨骼老龄化

绿原酸及其衍生物可有效清除 DPPH 自由基（1,1-二苯基-2-三硝基苯肼）、羟基自由基及超氧阴离子自由基，还可以抑制低密度脂蛋白的氧化；绿原酸对有效清除体内自由基、维持机体细胞正常的结构和功能、防止和延缓细胞突变和衰老等现象的发生具有重要作用。绿原酸具有保护胶原蛋白不受活性氧等自由基伤害，并能有效防止紫外线对人体皮肤产生伤害作用的特性受到了关注和应用,现已有利用绿原酸及其衍生物抗氧化特性研制出各类抗衰老护肤品及防止紫外线和染发剂对头发损伤的洗发用品。

5. 其他作用

绿原酸是一种重要的生物活性物质,具有保肝利胆、抗白血病、免疫调节、治疗心血管疾病及解痉、降压、兴奋中枢神经系统等作用,并且可以增加肠胃蠕动能力、促进胃液及胆汁分泌,具有提高葡萄糖水平并且降低血浆和肺中脂质产物的作用。研究还表明,绿原酸具有清除自由基和抗氧化的生物活性有利于保护心血管系统。异绿原酸 B 对血小板血栓素的生物合成和氢过氧化物诱发的内皮素损伤有极强的抑制作用。此外,绿原酸及其衍生物还是 6-磷酸葡萄糖移位酶体系的专一性抑制剂,有助于降低非胰岛素依赖性糖尿病患者所表现出的较高的肝糖排泄速度,显示出绿原酸在治疗糖尿病方面的良好前景。

二、槭树中的绿原酸

绿原酸白色晶体,无气味。它是植物体在有氧呼吸过程中经莽草酸途径产生的一种苯丙素类化合物,主要存在于忍冬科、杜仲科、菊科及蔷薇科等高等双子叶植物和蕨类植物中。其中绿原酸含量较高的植物有咖啡(咖啡豆中含 2%)、杜仲(树皮中可达 5%)、金银花(花中可达 5%)、向日葵(籽实中可达 3%)、菊花(0.2%)、可可树等(席利莎等,2014)。国外多从咖啡豆中提取。我国多以金银花为原料提取。但是,咖啡豆中的绿原酸,在烘干、提取等高温热处理过程中容易分解;金银花的价格昂贵、产量较低,生产绿原酸的成本高;杜仲中的绿原酸不稳定。目前我国使用的绿原酸大部分从国外进口。近年的研究表明:元宝枫叶中绿原酸含量较丰富(3%～7%),而茶叶中绿原酸含量约占干物质重的 0.3%,元宝枫与其相比,含量高出很多。研究表明,元宝枫叶片绿原酸含量在一年内不同月份的动态变化规律如下:4～6 月绿原酸含量逐渐增加,呈上升趋势,5 月增长幅度最大,6 月含量达到顶值,7～11 月逐步下降,9 月下降幅度最大,达到 0.97%(苏建荣等,2004)。

元宝枫绿原酸的提取,目前主要采用水提法和有机溶剂法,但水提法提取温度高,提取率低,且绿原酸易失去活性;有机溶剂法提取率虽高,但存在溶剂残留等缺陷。乙醇提取元宝枫叶绿原酸工艺过程:元宝枫叶→粉碎(40 目)→乙醇浸提 2 次→合并提取液→减压浓缩→绿原酸提取液。提取条件:提取剂为 30%乙醇,浸提时间 2.0h,温度 75℃,料液比 1∶20。试验表明,提取元宝枫叶绿原酸的最佳条件为,加热温度为 40℃,时间为 50min,枫叶与 70%甲醇料液比为 1∶8。在此条件下,绿原酸提取量为 312.95g/kg(康昕等,2019)。

酶提取元宝枫叶绿原酸工艺过程为:元宝枫叶→粉碎(40 目)→加蒸馏水混匀→加入酶液→抽滤→减压浓缩→绿原酸提取液。由于组成植物细胞壁的架构物质主要为纤维素、角质等,特别是纤维素对细胞外壁起到支撑和保护作用,因果胶酶不能破坏细胞壁,而纤维素酶在提取介质中可使纤维素降解,从而破坏植物细胞壁,有利于提取成分的溶出,故绿原酸酶提取法常用纤维素酶。纤维素酶提取元宝枫绿原酸的最佳工艺参数为,

pH 为 4.5、纤维素酶添加量 0.015%、酶解温度 50℃、酶解时间 1.5h，料液比 1∶15（胡青平等，2006）。与常规醇提法比较，酶提取法的绿原酸提取率高于乙醇提取法，加之酶提取条件温和，活性物质不易失活，操作简单，工业生产易于实现，且无溶剂残留问题，有利于后续的加工利用等。

木脂素广泛分布于植物的茎、叶、花、种子、果实等部位，在亚麻、谷类、水果、蔬菜中含量较高，是自然界中广泛存在的一类天然酚类化合物。研究发现，槭树科植物中的苯丙素类化合物主要为绿原酸和木脂素（表 4-10）。

表 4-10 槭树中的苯丙素类化合物

树种	部位	化合物	文献
元宝枫	叶	3,5-二羟基-4-甲氧基苯甲酸	黄相中等，2007
白粉藤叶槭	叶	绿原酸甲酯	Miyazaki et al.，1991
糖槭	叶	绿原酸	Hatano et al.，1990
毛果槭	枝条	木脂素：阿奎洛素、白花菜素	Furukawa et al.，1988
云南金钱槭	枝条	倍半木脂素：7',8'-二脱氢爬山虎醇；木脂素糖苷：（＋）-异落叶松脂素-9'-氧-α-L-鼠李糖基-（1→6）-D-葡萄糖苷	Guo et al.，2008
加拿大糖槭	汁液	木脂素：5-（3″,4″-对苯二甲酸）-3-羟基-3-（4″-羟基 -3″-对甲氧基苄醇）-4-（羟甲基）-二氢呋喃；（赤式）-1-{4-［2-羟基-2-（4-羟基-3-甲氧基苯基）-1-（乙氧基羟甲基）]-3,5-二甲氧基苯基}-1,2,3-丙三醇；（赤式，苏式）-1-{4-［2-羟基-2-（4-羟基-3-甲氧基苯基）-1-（羟甲基）苯乙醚]-3,5-二甲氧基苯基}-1,2,3-丙三醇	Li and Seeram，2011

第五节 维 生 素 E

一、维生素 E 的组成与结构、性质与功能

（一）组成与结构

维生素 E（vitamin E），分子式 $C_{29}H_{50}O_2$，相对分子质量 430.71，化学名称为 dl-2,5,7,8-四甲基-2-（4',8',12'-三甲基十三烷基）色满醇-6-乙酸酯。维生素 E 的化学结构式如图 4-10 所示。

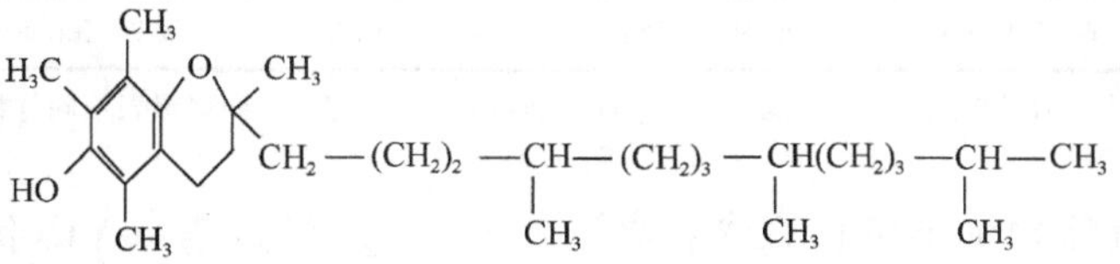

图 4-10 维生素 E 的化学结构式

（二）性质与功能

维生素 E 是一种脂溶性维生素，其水解产物为生育酚，是优良的天然抗氧化剂，常温下为微黄色的透明黏稠液体，多溶于脂肪和乙醇等有机溶剂中，不溶于水，对热、酸

稳定，对碱不稳定，对氧敏感，对热不敏感，沸点 485.9℃（760mmHg）。维生素 E 可抑制眼睛晶状体内的过氧化脂反应，使末梢血管扩张，改善血液循环，预防近视眼发生和发展。能促进性激素分泌，提高生育能力，防治烧伤、冻伤、毛细血管出血等。近年来还发现维生素 E 作为一种抗氧化性较强的脂溶性维生素，在抗衰老、改善血液循环、增强机体免疫力等方面作用显著。对延长油脂的保存期和维持人体生殖器官功能正常有重要作用，且有稳定细胞、促进血流、参与酶系、调节内分泌、降低氧耗等多种功能，能促进生殖，保护 T 淋巴细胞、保护红细胞、抗自由基氧化、抑制血小板聚集从而降低心肌梗死和脑梗的危险性，还对烧伤、冻伤、毛细血管出血等方面有很好的疗效。

目前，作为提取天然维生素 E 最合适的原料是食用油精炼过程中产生的下脚料——脱臭馏出物。脱臭馏出物中维生素 E 的含量随油脂精炼工艺的不同而不同，一般在 3%～8%。通常采用萃取、分子蒸馏、精馏、吸附、色谱等物理化学方法从脱臭馏出物中提取天然维生素 E。但由于各组分物理化学性质差别不大，并且维生素 E 很容易被氧化，所以直接从脱臭馏出物中提取维生素 E 往往比较困难，需要对原料进行预处理，以提高分离过程的选择性。常用的预处理方法有酯化、转酯化、皂化、萃取、尿素络合等。由于脱臭馏出物组分非常复杂，所以提取工艺往往都是各种方法的综合运用。

二、槭树中的维生素 E

高效液相色谱测定结果显示：元宝枫、五角枫、三角枫、鸡爪槭、梣叶槭种仁油中都含有较多的维生素 E，含量在 36.07～70.28mg/100g。它们都可以作为可持续的维生素 E 的资源植物，具有重要的经济价值。其维生素 E 的含量由高到低依次为鸡爪槭 70.28mg/100g、五角枫 67.94mg/100g、元宝枫 66.72mg/100g、梣叶槭 44.87mg/100g 和三角枫 36.07mg/100g。元宝枫、五角枫和鸡爪槭的种子油中维生素 E 的含量显著高于三角枫和梣叶槭，且元宝枫、五角枫和鸡爪槭之间维生素 E 的含量差异不显著，梣叶槭种子油中维生素 E 的含量显著高于三角枫中（表 4-11 和图 4-11）。在液相色谱中，元宝枫油样维生素 E 出峰时间也基本在第 6min 前后。

表 4-11　几种槭树种仁油中的维生素 E 含量　　　（单位：mg/100g）

含量	元宝枫	五角枫	三角枫	鸡爪槭	梣叶槭
维生素 E	66.72±1.66a	67.94±0.85a	36.07±0.73c	70.28±3.65a	44.87±0.48b

注：表中数据为平均值±标准差（SD），相同字母表示同行数据差异不显著，不同字母表示同行数据差异显著（$P<0.05$）

研究显示，元宝枫油维生素 E 含量高达 125.23mg/100g，有 α-VE、β-VE、γ-VE、δ-VE 4 种构型，其中（β+γ）-VE 含量达到了 72.86mg/100g。据胡鹏（2017）研究，元宝枫油生育酚含量为 $9.968×10^{-4}$，其中 γ-生育酚含量最高，其次是 δ-生育酚、α-生育酚和 β-生育酚。甾醇含量为 $8.1×10^{-4}$～$9.146×10^{-4}$，β-谷甾醇是元宝枫油甾醇的主要成分，β-胡萝卜素含量为 $0.94×10^{-6}$～$1.12×10^{-6}$。

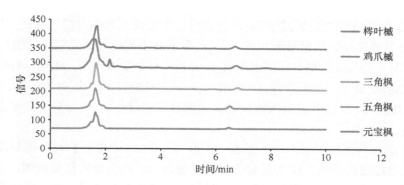

图 4-11　几种槭树种仁油中的维生素 E 液相色谱图

研究表明，元宝枫维生素 E 平均含量为 68.20mg/100g，维生素 E 含量变化范围为58.75～80.75mg/100g，变异系数为 10.50%，标准差为 7.16。且元宝枫生素 E 含量与种实性状和环境因素等有关。

1. 元宝枫维生素 E 含量与种实性状的关系

相关分析显示，维生素 E 含量与元宝枫果实长径、果实张开角、种子长径呈弱负相关关系，而与其他各表型性状呈弱正相关关系（表 4-12）。这一结果说明种子的表型性状对不同产地间元宝枫维生素 E 含量的影响比较小。

表 4-12　元宝枫维生素 E 含量与种实性状相关系数

指标	果实							种子				
	长径/mm	横径/mm	纵径/mm	着生痕/mm	张开角/(°)	百粒重/g	出仁率/%	长径/mm	横径/mm	纵径/mm	百粒重/g	出仁率/%
维生素 E/(mg/100g)	−0.06	0.05	0.23	0.05	−0.10	0.12	0.36	−0.00	0.28	0.50	0.19	0.23

2. 元宝枫维生素 E 与环境因子的关系

研究结果显示，供试 9 个产地元宝枫油样中维生素 E 含量（mg/100g）分别为，内蒙古翁牛特旗松树山林场（NWS）62.86±0.23a、内蒙古喀喇沁旗井子沟（NHJ）60.43±0.14b、内蒙古科尔沁左翼后旗乌旦塔拉林场（NKZHW）58.75±0.04c、内蒙古科尔沁右翼中旗代钦塔拉自然保护区（NKYZD）69.15±0.29d、辽宁法库县圣迹山保护区（LFYS）70.72±0.44e、辽宁凤城市蒲石河森林公园（LFP）74.20±0.57f、辽宁彰武县高山台森林公园（LZG）72.42±0.31g、山东曲阜孔府景区（SQ）64.56±0.18h、陕西杨凌西北农林科技大学（NWAFU）80.75±0.32i，分析结果（$X \pm SD$）表明，不同产地元宝枫油的维生素 E 含量差异显著 [注：式中 X 表示平均值；SD 表示标准差，标注不同字母者表示差异显著（$P < 0.05$）]。其中，供试 9 个产地元宝枫油样中维生素 E 含量最高的是陕西杨凌西北农林科技大学校园（80.75mg/100g）；维生素 E 含量最低的是内蒙古科尔沁左翼后旗乌旦塔拉林场（58.75mg/100g），按由高到低顺序排列为陕西杨凌西北农林科技大学>辽宁凤城市蒲石河森林公园>辽宁彰武县高山台森林公园>辽宁法库县圣迹山保护区>内蒙古科尔沁右翼中旗代钦塔拉保护区>山东曲阜孔府景区>内蒙古翁牛特旗松树山林场>内蒙古喀喇沁旗井子沟>内蒙古科尔沁左翼后旗乌旦塔拉林场。不同产地维生素 E 差异显著性分析结果显示在 $P<0.05$ 水平下 9 个产地间的元宝枫油维生素 E 含量存在显著差异。但是元宝枫种子油维生素 E 含量变异丰富度不高，表明油籽中维生素 E 的含量较稳定。供试 9 个不同产地元宝枫维生素 E 含量变异范围为 $58.75\sim80.75mg/100g$，变异系数 10.50%，从变异系数大小来看元宝枫种子油维生素 E 含量变异丰富度不高，变化较稳定。

从维生素 E 与环境因子的相关系数（表 4-13）可知，维生素 E 与经度呈显著性负相关，说明随着经度的增大，维生素 E 含量会显著减少。相关分析结果表明，在经度、纬度、年均温、年降水量、无霜期、≥10℃积温、海拔 7 个环境因子中，经度是影响不同产地元宝枫维生素 E 含量的最主要因素。方差检验结果表明，经度与维生素 E 含量的变化有显著相关性，说明产地所处的经度对元宝枫维生素 E 的含量变化影响较大。

表 4-13　元宝枫维生素 E 含量与环境因子相关系数

指标	经度/ (°)	纬度/ (°)	年均温/℃	年降水量/mm	无霜期/天	≥10℃积温/℃	海拔/m
维生素 E 含量/ (mg/100g)	−0.68*	−0.44	0.46	0.54	0.52	0.51	−0.40

*在 0.05 水平（双侧）上显著相关

分别以环境因子为自变量，经度（X_1）、纬度（X_2）、年均温（X_3）、年降水量（X_4）、无霜期（X_5）、≥10℃积温（X_6）、海拔（X_7），以维生素 E 含量为因变量（Y），经方差检验，因变量 Y 复合正态分布。进行多元逐步回归分析和剔除回归系数不显著的其他自变量后得到维生素 E 含量与环境因子的最佳回归方程为

$$Y = -1.44X_1 + 128.55(R = 0.684)$$

表明：经度是影响元宝枫油维生素 E 含量的主要因素。

第六节　蛋　白　质

一、蛋白质的组成与结构、性质与功能

（一）组成与结构

蛋白质是由多种氨基酸通过肽键彼此连接的具有一定空间结构的生物大分子，包含 C、H、O、N，通常还含有 P、S 等元素，是所有细胞原生质的主要组成，广泛存在于动物与植物体内。蛋白质按照来源，可分为动物性蛋白质和植物性蛋白质。动物性蛋白质的来源主要是肉、蛋、奶及鱼、虾等，且大多属于优质蛋白质，包含人体必需的各种氨基酸，营养价值较高。植物性蛋白质来源广泛，营养与动物性蛋白质类似，但更易被人体消化吸收且具有降低胆固醇、抗氧化和降血压等多种生理保健功能。随着社会的不断进步，人们对食品及保健品的要求越来越高。来源广泛的植物性蛋白质与动物性蛋白质营养组成相类似，成本低廉，所以开发和利用植物性蛋白质资源显得尤为重要，也是今后研究开发的热点。

（二）性质与功能

蛋白质具有"构造身体，运输物质，参与免疫，提供能量，调节激素"等重要作用，为生命所必需。①蛋白质是人体组织的重要组成部分，也是人体组织代谢更新及修补的主要原料。②人体的蛋白质种类有很多种，有一些蛋白质的主要作用为运输身体必需的氧气、脂肪等，保持身体的渗透压平衡和蛋白质的作用。③人体的免疫细胞都需要蛋白质的参与，一旦身体中蛋白质缺少，就会引起免疫功能障碍，从而出现免疫力下降。④蛋白质是组成人体的重要成分，也是身体中能量的主要来源。⑤胰岛素、生长激素等都是由氨基酸组成的，氨基酸的原料就是蛋白质。

二、槭树中的蛋白质

研究结果显示，槭属植物叶、果组织中均富含蛋白质。其中，元宝枫、五角枫、三角枫、鸡爪槭、梣叶槭种子中蛋白质含量依次为 13.84%、12.81%、21.85%、26.17%、15.20%（李娟娟等，2018）。太白金钱槭（*D. sinensis* var.*taipeiensis*）种子中含有 17 种氨基酸成分、13 种脂肪酸成分、5 种糖分成分。云南元宝枫叶中所含的 17 种氨基酸中，以谷氨酸含量最高，其次为天冬氨酸、亮氨酸、丙氨酸、赖氨酸、苯丙氨酸、缬氨酸、甘氨酸。氨基酸总含量达 11.79%，其中，除色氨酸外的 7 种人体必需氨基酸总含量为 4.89%。必需氨基酸与总氨基酸的比值（E/r）为 41.48%，必需氨基酸与非必需氨基酸比值为 0.71，符合联合国粮食及农业组织（FAO）/世界卫生组织（WHO）提出的参考蛋白质模式，属优质蛋白质资源。太白金钱槭和元宝枫花、叶、果实中所含的主要氨基酸成分见表 4-14。

表 4-14　太白金钱槭和元宝枫花、叶、果实中所含的主要氨基酸成分

化学成分名称	化学式	存在部位	文献来源
胱氨酸	$C_6H_{12}N_2O_4S_2$	种子，叶	刘祥义等，2003；
组氨酸	$C_6H_9N_3O_2$	种子，叶	张文澄，1986
精氨酸	$C_6H_{14}N_4O_2$	种子，叶	
天冬氨酸	$C_4H_7NO_4$	花，叶	
丝氨酸	$C_3H_7NO_3$	花，叶	
谷氨酸	$C_5H_9NO_4$	花，叶	
脯氨酸	$C_5H_9NO_2$	花，叶	
甘氨酸	$C_2H_5NO_2$	花，叶	
丙氨酸	$C_3H_7NO_2$	花，叶	
酪氨酸	$C_9H_{11}NO_3$	花，叶	

元宝枫叶经摊晾、杀青、揉捻、烘干制得槭茶。对云南元宝枫茶的化学成分分析测定表明，元宝枫茶粗蛋白质含量为 13.42%；必需氨基酸占氨基酸总量的 41.48%。单宁含量 10.82%。SOD（超氧化物歧化酶）含量 91.40μg/g 鲜叶。维生素 E 含量 14.13mg/100g 鲜叶。总黄酮含量 4.13%，绿原酸含量 2.38%。

蛋白酶是一种重要的工业酶，随着现代化工业的发展，应用越来越广泛。蛋白酶一般来源于动物、植物和微生物，目前所采用的蛋白酶制剂主要来源为微生物。然而，动植物蛋白酶的制备比起微生物酶的生产有着不可低估的优越性，因此人们重视动植物蛋白酶资源的开发。目前已利用的植物蛋白酶主要有木瓜蛋白酶、菠萝蛋白酶、无花果蛋白酶、剑麻蛋白酶和骆驼刺蛋白酶，但这些酶大多产自热带，产地温度高，从生产地到销售地需经长距离运输，对保持酶活性极为不利，因而在热带以外地区寻找新的蛋白酶资源极为重要。邱业先等（2003）采用改进的 Kunit 蛋白酶活性测定法，对长柄槭、阔叶槭、鸡爪槭、小鸡爪槭、中华槭、毛脉槭、秀丽槭、三峡槭、岭南槭、三角枫、厚叶飞蛾槭、紫果槭、井冈山紫果槭（*A. cordatum* var. *jinggangshanense*）、罗浮槭、红果罗浮槭、青榨槭、建始槭、蒋乐槭、元宝枫、羽扇槭 20 种槭树叶中蛋白酶的活性进行了分析，结果发现，不仅在 4～10 月的槭树生长期内，叶蛋白酶活性一直在增大，10 月达到最大，11 月急剧下降；而且在所选的 20 种树种中以元宝枫在相应的生长期内酶活性最高，青榨槭次之，岭南槭最小，揭示了利用槭树植物蛋白酶的最佳树种和提取蛋白酶的最佳时期。

第七节　其他重要活性化学成分

一、萜类及挥发性化合物

萜类是所有异戊二烯的聚合物及它们衍生物的总称，通式（C_5H_8）$_n$。萜类根据分子中包括异戊二烯单位的数目可分为单萜、倍半萜、二萜、二倍半萜、三萜、四萜、多萜。对于一些在生源上由异戊二烯合成而来，但分子中碳原子数不是 5 的整倍数的化合物，称之为类萜。一萜和倍半萜是挥发油的主要成分，二萜是形成树脂的主要物质，三萜是形成植物皂苷、树脂的重要物质，三萜及其皂苷具有广泛的生物活性，如溶血、抗癌、抗炎、抗菌、杀软体动物，抗生育等活性。四萜主要是植物中广泛分布的一些脂溶性色素。在自然界中，萜类化合物分布很广，有些具有生理活性，如荆芥油、山道年具驱蛔虫作用，青蒿素有抗疟作用，穿心莲内酯有抗菌作用。

生物源挥发性有机化合物通常是指一系列来源于植物初级和次级代谢所产生的，分子量小、沸点低、易挥发的亲脂性小分子。目前比较认同的主要生物源挥发性有机化合物类型不仅包括烯烃、烷烃、醇类、酸类等脂肪酸衍生物，而且还包括具有 6 个碳原子的醇、醛和酯类等绿叶挥发物，同时还包含萜类化合物。王琦等（2016）采用动态顶空气体循环采集法（dynamic headspace，DHS）对苦茶槭、鸡爪槭、三角枫、樟叶槭、羊角槭、毛脉槭和青榨槭 7 种植物释放的挥发性有机化合物进行收集，利用热脱附/气相色谱/质谱（TDS-GC-MS）联用技术对其组分进行分析。结果表明：不同树种释放的挥发性有机化合物（VOCs）种类与相对含量差异明显。动态顶空气体循环采集法和热脱附气质联用技术（TDS-GC-MS）研究结果显示，苦茶槭和青榨槭分别释放 17 种和 20 种以酯类、醛类和醇类物质为主的成分，鸡爪槭、三角枫和毛脉槭分别释放 15 种、19 种和 23 以萜类、酯类和醛类物质为主的成分，樟叶槭释放 24 种以萜类化合物为主的成分，羊角槭释放 25 种以萜类、醛类和醇类物质为主的成分。从元宝枫大树花朵中共检测出烯烃、醇、醛、酯、酮、芳香烃六大类 50 种挥发物成分，其中主要成分是萜烯类化合物，其次是醇类、酯类和酮类及芳烃类物质，主要物质有苅、4,8-二甲基-1,3（E），7-壬烯、（顺，反）-2,6-二甲基辛-2,4,6-三烯、月桂烯、罗勒烯、3-蒈烯、（E）-罗勒烯、莰烯、石竹烯、芳樟醇、α-异松油烯、邻异丙基甲苯、3-乙烯-1,2-二甲基-1,4-环己二烯、桉树醇、醇醋-12 等（任红剑等，2016）。可见，不同树种释放挥发性有机化学物的种类与相对含量差异明显。据不完全统计，已经报道的元宝枫叶和花两个部位的生物源挥发性有机化合物累计多达 85 个，主要为萜类、醇类、酯类和酮类等，见图 4-12。其中，叶中的挥发性成分主要是酯类，其次依次为醇类、醛类、萜烯类，主要物质有乙酸叶醇酯、乙酸己酯、3-己烯醇、3-己烯醛和 P-石竹烯；此外，还报道从元宝枫叶中分离了包括萜类物质 p-香树精和 p-香树脂醇乙酸酯、植物甾醇 P-谷甾醇和海柯皂苷元及淫羊藿苷 B_6、日柳穿鱼苷 A、桃金娘皂苷 E 等在内的其他 10 个化合物。花中的主要挥发性成分是萜烯类物质，而后依次为醇类、酯类、酮类和芳烃成分，主要化合物为 3-蒈烯（34.16%）、4,8-二甲基-1,4-二醇-7-壬烯（23.72%）、（顺,反）-2,6-二甲基辛-2,4,6-三烯（13.57%）、3,7-二甲基-1,3,6-十八烷三烯（5.53%）等（Ren H，et al. 2018）。

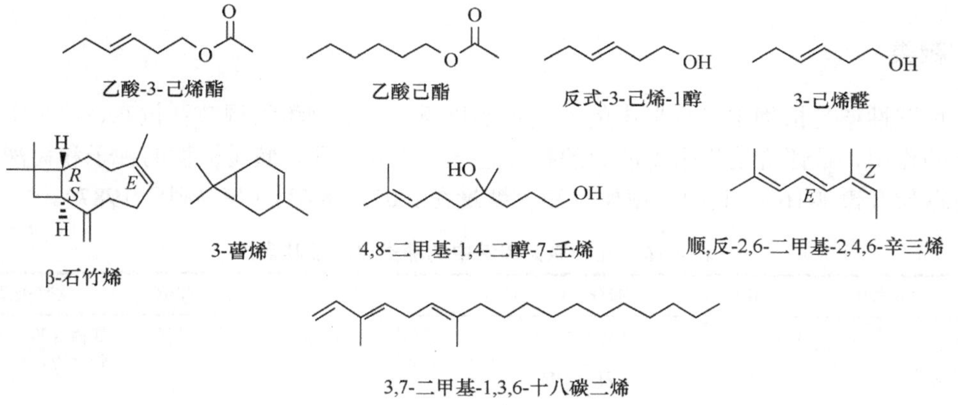

图 4-12　元宝枫中部分主要挥发性成分

槭树叶中的萜类、醇类、酯类、醛类、酮类挥发性有机化合物（VOCs）见表 4-15。

表 4-15　槭树中的挥发性有机化合物（VOCs）

化学成分	树种	文献来源
2,4-己二烯醛 C_6H_8O、（Z）-3-己烯-1-醇 $C_6H_{12}O$	青榨槭	王琦等，2016
乙酸龙脑酯 $C_{12}H_{20}O_2$、乙酰苯 C_8H_8O、2,6,10-三甲基-十四烯 $C_{17}H_{36}$	羊角槭	
别罗勒烯 $C_{10}H_{16}$、萜品醇 $C_{10}H_{18}O$、枯茗醛 $C_{10}H_{12}O$、1,4-桉树脑 $C_{10}H_{18}O$、环蒈烯 $C_{10}H_{16}$、萜品油烯 $C_{10}H_{16}$、松油烯 $C_{10}H_{16}$	樟叶槭	
B-蒎烯 $C_{10}H_{16}$	樟叶槭，毛脉槭	唐雯等，2012
3-蒈烯 $C_{10}H_{16}$、焦烯 $C_{10}H_{16}$	樟叶槭，羊角槭	

化学成分	树种	文献来源
可巴烯 $C_{15}H_{24}$、荜澄茄烯 $C_{15}H_{24}$、衣兰油烯 $C_{15}H_{24}$、法尼醇 $C_{15}H_{26}O$、己内酰胺 $C_6H_{11}NO$	三角枫，毛脉槭	王桃云等，2006
十一醛 $C_{11}H_{22}O$、异佛尔酮 $C_9H_{14}O$	羊角槭，青榨槭	王琦，2014
甲酸乙酯 $C_3H_4O_2$、乙酸乙酯 $C_8H_{16}O_2$、环莳烯 $C_{10}H_{16}$、萜品油烯 $C_{10}H_{16}$、松油烯 $C_{10}H_{16}$、没食子酸 $C_7H_6O_5$、没食子酸甲酯 $C_8H_8O_5$	苦茶槭，鸡爪槭，毛脉槭	
1-癸醇 $C_{10}H_{22}O$、1-十二烯 $C_{12}H_{24}$、(E)-2-壬烯-1-醇 $C_9H_{18}O$	苦茶槭，羊角槭，青榨槭	吴松兰，2008
香叶基丙酮 $C_{13}H_{22}O$	三角枫，青榨槭	刘利，2007
反式罗勒烯 $C_{10}H_{16}$、D-柠檬烯 $C_{10}H_{16}$、香芹醇 $C_{10}H_{16}O$	樟叶槭，毛脉槭，苦茶槭，青榨槭	卢嘉丽，2008
罗勒烯 $C_{10}H_{16}$、卡达烯 $C_{15}H_{18}$、罗汉柏烯 $C_{15}H_{24}$、水杨酸甲酯 $C_8H_8O_3$	鸡爪槭，三角枫，毛脉槭，樟叶槭，羊角槭	郭庆，2010
3,7-二甲基-1-辛醇 $C_{10}H_{22}O$、乙酸-2-乙基己酯 $C_{10}H_{20}O_2$	苦茶槭，鸡爪槭，毛脉槭，青榨槭	汪荣斌等，2011
A-蒎烯 $C_{10}H_{16}$、长叶环烯 $C_{15}H_{24}$、长叶烯 $C_{15}H_{24}$、雪松烯 $C_{15}H_{24}$、石竹烯 $C_{15}H_{24}$、2-乙基-1-己醇 $C_8H_{18}O$、反式-2-十二烯-1-醇 $C_{12}H_{24}O$、乙酸叶醇酯 $C_8H_{14}O_2$、异丁酸叶醇酯 $C_{10}H_{18}O_2$、壬醛 $C_9H_{18}O$、癸醛 $C_{10}H_{20}O$	苦茶槭，鸡爪槭，三角枫，樟叶槭，羊角槭，毛脉槭，青榨槭	毕武等，2015

二、糖类

可溶性糖是植物生命周期中的一类重要物质，在植物激素调节及抗寒、抗旱中起到重要的作用，是评价植物耐受能力的指标之一。研究发现，槭属植物的种子和树液中均含有糖质（表 4-16）。其中，糖槭树液含糖量在 2.0%～8.6%（扈文胜，1987）。

表 4-16　几种槭树树液中的糖类物质及其含量

化学成分名称	化学式	糖分含量/（g/L）	树种	存在部位	文献来源
果糖	$C_6H_{12}O_6$	3.19～22.11	五角枫、三花槭、东北槭、银白槭、太白金钱槭	种子、汁液	江德森等，2004；张文澄，1986
葡萄糖	$C_6H_{12}O_6$	0.71～2.94			
蔗糖	$C_{12}H_{22}O_{11}$	0.54～4.10			
棉子糖	$C_{18}H_{32}O_{16}$	0.64～1.05			
总糖		12.00～26.40			

不同种源元宝枫种子可溶性糖含量测定结果显示，供试材料中可溶性糖含量最高为 3.719 mg/g，最低为 1.678 mg/g，平均含量为 2.494mg/g（表 4-17）。方差分析结果表明，不同种源元宝枫种子的可溶性糖含量之间差异显著（表 4-18）。

表 4-17　不同种源元宝枫可溶性糖含量　　　　　　　（单位：mg/g）

样品	翁牛特旗松树山林场			科尔沁左翼后旗乌旦塔拉林场			科尔沁左翼后旗大青沟地质公园				平均
	03	04	05	08	09	10	11	12	13	14	
可溶性糖	2.311	2.452	2.366	3.719	2.392	1.678	1.767	2.334	2.855	3.054	2.494

注：表中数据为同一样品 5 个重复测定的平均值

表 4-18 不同种源元宝枫可溶性糖含量方差分析

差异源	SS	df	MS	F	P-value	F crit
组间	0.129 773 633	9	0.014 419 293	6.144 584 91	0.000 364 67	2.392 814 10
组内	0.046 933 333	20	0.002 346 667			
总计	0.176 706 967	29				

注：$P < 0.05$，组间差异性显著，表明各样品可溶性糖之间差异显著

影响元宝枫种子可溶性糖含量的因素主要有产地、种实性状、种实营养成分等。

（一）不同产地元宝枫种子可溶性糖含量变异

不同产地元宝枫种子可溶性糖含量的测定结果及分析显示，元宝枫种子中可溶性糖平均含量为4.57%，变异范围为4.16%～4.81%，变异系数为4.52%，标准差为0.21。表明，不同产地元宝枫种子可溶性糖含量变异幅度较大。利用硫酸蒽酮法测得不同产地元宝枫成熟种实的可溶性糖含量（%）（$\overline{X} \pm SD$）分别为内蒙古翁牛特旗松树山林场4.68±0.57c、内蒙古喀喇沁旗井子沟 4.16±0.15f、内蒙古科尔沁左翼后旗乌旦塔拉林场4.73±0.57b、内蒙古科尔沁右翼中旗代钦塔拉保护区 4.46±0.18d、辽宁法库县叶茂台镇西头台村圣迹山 4.81±0.10a、辽宁凤城市蒲石河森林公园 4.70±0.77c、辽宁彰武县高山台森林公园 4.48±0.18d、山东曲阜孔府景区 4.41±0.55e、陕西杨凌西北农林科技大学校园 4.69±0.06c，分析结果显示，不同产地元宝枫成熟种实的可溶性糖含量差异显著［注：$\overline{X}$ 表示平均值；SD 表示标准差，标注不同字母者表示差异显著（$P < 0.05$）］。其中，供试材料中可溶性糖含量最高的是辽宁法库县叶茂台镇西头台村圣迹山（4.81%），最低的是内蒙古喀喇沁旗井子沟（4.16%）；按种子可溶性糖含量高低顺序排列为辽宁法库县叶茂台镇西头台村圣迹山>内蒙古科尔沁左翼后旗乌旦塔拉林场>辽宁凤城市蒲石河森林公园>陕西杨陵西北农林科技大学校园>内蒙古翁牛特旗松树山林场>辽宁彰武县高山台森林公园>内蒙古科尔沁右翼中旗代钦塔拉保护区>山东曲阜孔府景区>内蒙古喀喇沁旗井子沟。此外，元宝枫种子可溶性糖含量还有随着纬度的升高、降水量的增加会微量增高，随着海拔增高呈现下降的趋势。

（二）元宝枫种子营养成分含量与种实性状之间的关系

不同产地元宝枫种实的可溶性糖含量与性状进行的相关性分析结果表明，可溶性糖含量与果实张开角表现出负相关关系，因此降低果实张开角度指标会使元宝枫可溶性糖含量升高（表4-19）。

表 4-19 元宝枫种子主要营养物质含量与种实性状相关系数

营养成分含量	果实							种子				
	长径/mm	横径/mm	纵径/mm	着生痕/mm	张开角/(°)	百粒重/g	出仁率/%	长径/mm	横径/mm	纵径/mm	百粒重/g	出仁率/%
可溶性糖/%	0.45	0.55	0.53	0.72*	−0.29	0.70*	0.8*	0.61	0.71*	0.71*	0.71*	0.57

*在 0.05 水平（双侧）上显著相关

（三）元宝枫种子主要营养成分之间的关系

元宝枫种子油脂、蛋白质、可溶性糖三种营养物质含量间的相关性分析结果（表4-20）显示，种子油脂、蛋白质、可溶性糖联系密切，种子油脂含量与种子蛋白质含量、种子可溶性糖含量分别呈显著正相关关系。

表4-20   元宝枫种子主要营养成分含量间的相关系数

营养成分含量	油脂	蛋白质
蛋白质	0.690*	
可溶性糖	0.782*	0.439

*在0.05水平（双侧）上显著相关

（四）影响元宝枫种子营养成分含量的主要因素

以不同产地元宝枫的种实性状 [果实长径（X_1）、果实横径（X_2）、果实纵径（X_3）、果实着生痕长度（X_4）、果实张开角（X_5）、果实百粒重（X_6）、果实出仁率（X_7）、种子长径（X_8）、种子横径（X_9）、种子纵径（X_{10}）、种子百粒重（X_{11}）、种子出仁率（X_{12}）] 为自变量，种子营养成分 [含油量（Y_1）、蛋白质含量（Y_2）、可溶性糖含量（Y_3）] 为因变量。进行多元逐步回归分析。在剔除回归系数未达到显著水平的变量后得到元宝枫油脂含量与种实性状、蛋白质含量与种实性状、可溶性糖含量与种实性状的最佳回归方程分别为

$$Y_1 = 0.67X_7 + 2.44(R = 0.93) \tag{4-1}$$

$$Y_2 = 1.97X_2 - 0.26(R = 0.810) \tag{4-2}$$

$$Y_3 = 0.01X_7 + 3.82(R = 0.797) \tag{4-3}$$

多元回归分析结果证明在显著性水平为0.05水平下，油脂含量与果实出仁率之间有线性关系，蛋白质含量与果实横径之间有线性关系，可溶性糖含量与果实出仁率之间有线性关系。在元宝枫的果实长径、果实横径、果实纵径、果实着生痕长度、果实张开角、果实百粒重、果实出仁率、种子长径、种子横径、种子纵径、种子百粒重、种子出仁率共 12 个种实性状中，果实出仁率（X_7）是影响不同产地元宝枫油脂含量及可溶性糖含量的最主要因素，说明在元宝枫良种选育和丰产栽培的过程中可以通过提高果实的出仁率来提高种子油脂含量的目的。

三、甾类

甾类化合物，是具有甾核即环戊烷多氢菲碳骨架的化合物群的总称。它们在结构上有一共同点，即具有环戊烷多氢菲的基本骨架结构，此外在环戊烷多氢菲母核上通常带有两个角甲基（C-10、C-13）和一个含有不同碳原子数的侧链或含氧基团如羟基、羰基等（C-17）。"甾"字形象地表示了这类化合物的基本骨架。几乎所有的生物都能生物合成甾类化合物，它是天然物质中最广泛出现的成分之一。甾类化合物种类繁多，很多

都是具有重要生理作用的化合物，如维生素、性激素、肾上腺皮质激素等。

研究发现，槭树科植物中也存在一些萜类和甾醇类化合物。从糖槭叶片中分离提取了 2 种三萜和 1 个甾醇，分别是 3-酮基-乌苏烷、3β-羟基-12-齐墩果烯、5-烯-3-羟基谷甾醇。从梣叶槭叶片和枝条的乙醇提取液中分离提取出 2 个槭苷，琼脂糖酰胆碱和阿克罗菌素，被确认为是新型三萜酯糖苷配基，经活性测试表明，具有抗肿瘤的活性。从毛果槭树皮中提取出 β-香树精乙酸酯、β-谷甾醇苷、β-谷甾醇、β-香树精、豆甾醇、菜油甾醇。从毛果槭枝条中也得到了 β-谷甾醇。从梣叶槭叶片中提取出 1 个具有抗癌活性的新皂苷。此皂苷经过酸水解去除苷键后生成异槭皂苷元、槭皂苷元和糖，这 2 个苷元互为异构体。它们的 E 环上的 2 个酯键再经碱性水解生成相同的槭萜酯。从云南金钱槭的枝条当中分离提取得到 5 个新的三萜内酯皂苷（敌百虫苷 A、敌百虫苷 B、敌百虫苷 C、敌百虫苷 D、敌百虫苷 E），经活性测试表明，这 5 个三萜皂苷分别对人白血病 K562 细胞和肝癌细胞 HepG2 具有抑制的生物活性。此外，茶条槭中还含有甾体类化合物 β-谷甾醇。研究结果表明，提取五角枫叶总皂苷的适宜工艺为，80%乙醇回流提取 3 次，每次 2h，加醇量为每次 30 倍量（李启照和赵海亮，2014）。

四、二芳基庚烷衍生物类化合物

二芳基庚烷类化合物是自然界中存在的十分重要的一大类代谢产物，因其分子中含有 2 个芳环取代的七碳脂肪链结构，故而得名。二芳基庚烷类化合物基本骨架是，两个芳环通过一个庚烷脂肪链连接在一起。其结构变化特点是 2 个芳环上取代基种类及取代位置的不同；同时，在庚烷母链上 C3 或 C7 位通常被羟基、烷氧基或羰基等官能团取代。另外，在庚烷母链的 C1-C2、C6-C7 之间往往会存在一个或两个双键。研究表明，二芳基庚烷衍生物类化合物在植物中分布相对比较集中，大部分存在于以下 12 个科的植物中，槭树科、姜科（Zingiberaceae）、杨梅科（Myricaceae）、桦木科（Betulaceae）、豆科（Leguminosae）、薯蓣科（Dioscoreaceae）、苦木科（Simaroubaceae）、木麻黄科（Casuarinaceae）、橄榄科（Burseraceae）、蝶形花科（Papilionaceae）、核桃科（Juglandaceae）和马尾树科（Rhoipteleaceae）植物的根茎、皮、花蕊及果实中。截至目前，已经有 400 多个该类化合物被分离鉴定。其中，最知名的化合物当属姜黄素。槭树中报道的二芳基庚烷衍生物类化合物有：从日本槭中分离得到二芳基庚类、环二芳基庚类、酚类化合物及保肝活性成分（+）杜鹃醇等；从毛果槭的皮中分离了槭苷 I，水解槭苷 I 得到槭配基 A 苷元；从毛果槭茎皮中提取的苷类混合物的酸水解液中分离出 1 个槭配基 B，从毛果槭茎皮中分离出槭苷 IV 为 1 个二芳基庚烷衍生类的化合物槭配基 C，是槭配基 A 的酮类衍生物；从毛果槭茎皮的乙酸甲酯和正丁醇提取物中得到槭苷 III，从茎皮的乙酸乙酯提取物中得到槭苷 IV，乙酸乙酯可溶性部分分离得到槭苷 VII 和槭苷 VIII；从血皮槭和三花槭的茎皮中同时分离出一种槭苷 IX，从血皮槭茎皮中分离得到另一种槭苷 X。研究显示，该类天然产物具有抗氧化、抗肿瘤、抗菌、止吐、抗肝病毒、抗骨质疏松和抗过敏等多种药理活性。许多含有二芳基庚烷类化合物的植物是传统的中草药材，被用于预防和治疗各种疾病（林启寿，1977）。

五、生物碱及其他化合物

生物碱是指一类来源于生物界（以植物为主）的含氮的有机物，多数生物碱分子具有较复杂的环状结构，且氮原子在环状结构内，大多呈碱性，一般具有显著的生物活性，是中草药中重要的有效成分之一。绝大多数生物碱分布在高等植物，尤其是双子叶植物中，如毛茛科、罂粟科、防己科、茄科、夹竹桃科、芸香科、豆科、小檗科等；极少数生物碱分布在低等植物中；同科同属植物可能含相同结构类型的生物碱；一种植物体内多有数种或数十种生物碱共存，且它们的化学结构有相似之处。从银白槭叶片的乙醇提取物中提取出吲哚生物碱为首次发现槭树科中含有生物碱类化合物，即芦竹碱。从云南金钱槭果实的提取液中发现 3 个新的戊二酰亚胺类生物碱，分别是化合物双萜化合物 A（dipteronine A）、双萜化合物 B（dipteronine B）、双萜化合物 C（dipteronine C），经过活性测试，发现这 3 个化合物均具有细胞毒性和抗真菌的活性。从青榨槭树枝中提取出异东莨菪素。从毛果槭皮中分离出表杜鹃素、（＋）-杜鹃醇、莨菪亭。从毛果槭枝中得到芹菜糖表杜鹃素 [（＋）-杜鹃醇-2-*O*-D-呋喃芹菜糖-（1→6）-D-吡喃葡萄糖苷]，从毛果槭心材中也分离出（＋）-杜鹃醇。从元宝枫种皮中鉴定出两个简单的初级代谢有机酸：莽草酸和苹果酸。从日本槭茎皮中提取出苯基-*O*-α-L-鼠李糖基（1→6）-D-吡喃葡糖苷、3,4,5-三甲氧苯甲基-D-吡喃葡糖苷、1-[α-L-鼠李糖基（1→6）-D-吡喃葡糖氧基]-3,4,5-三甲氧基苯（Morikawa et al.，2003）。

小　结

槭树枝、皮、叶、花、果、种子富含具有一定生理活性和药理作用的黄酮类、单宁类、苯丙素类、萜类、甾类、生物碱及二芳基庚烷衍生物类及其他一些化合物。尤其是其中的单宁具有抗病毒、抗肿瘤、抗氧化和抗艾滋病毒的药理功效，是收敛、止血、止泻、止痢和解毒的良药，能使表皮蛋白质凝固成沉淀膜，减少分泌，防止伤口感染，并能够促进微血管收缩，起到局部止血的作用。还可以合成抑菌剂、抗氧化剂和抗肿瘤药物。鞣质的抗炎、驱虫和降血压作用明显，内服治疗溃疡、胃肠道出血、高血压和冠心病，外用消炎止血。吲哚生物碱和戊二酰亚胺类生物碱具有细胞毒性和抗真菌等生物活性。

槭叶中除含有 K、Na、Ca、Mg、P、S 等许多矿质营养元素外，还含有 Fe、Mn、Cu、Zn 等微量元素。特别是大量元素中 Ca 十分丰富，同时 K 含量较低，呈高钾低钠的特点，一般认为，高钾低钠的膳食有利于维持机体的酸碱平衡及正常血压，对防治高血压病症有益。槭叶中 SOD 能清除人体内过量的自由基，有减缓衰老作用。槭叶中含有三萜、多糖、皂苷、山柰酚、槲皮素、黄酮类化合物、绿原酸和有机酸等有效成分，可增强体内抗氧化酶的活性，降低脂质过氧化物的含量，抗炎和延缓衰老的效果明显。黄酮类化合物具有保肝、降血压、抗菌等多种生理活性功效，可用于治疗冠心病、心绞痛、支气管哮喘等。绿原酸具有抗菌、抗病毒、抗诱变、抗肿瘤作用，是一种抗氧剂。绿原酸是众多药材和中成药抗菌解毒、消炎利胆的有效成分和质量控制的重要指标。

槭属植物种仁富含油脂、蛋白质和黄酮类化合物，且油脂中的脂肪酸和脂溶性维生素具有较强的消除自由基能力和抗氧化能力，可抑制脂肪酸合酶和肿瘤细胞的增殖，促进新生组织生长，修复体细胞，并对老年意识性障碍、心绞痛、心肌衰竭、慢性肝炎、胃溃疡和肿瘤疾病具有一定的疗效。果仁中富含乙酸乙酯、蛋白质、不饱和脂肪酸及黄酮类化合物，具有抗菌、消炎、抗病毒、抗过敏、降血压、降血脂、降糖、降低血管脆性的功能，保肝护肾的疗效显著。特别是油脂中所含有的 5%以上的特殊的特长链脂肪酸（神经酸）是组成大脑神经纤维及神经细胞细胞膜的核心天然成分，具有修复受损神经纤维并促进其再生、预防大脑组织塌陷、萎缩及硬化，以及降低脑细胞内脂褐素的产生和积累，进而发挥延缓脑神经细胞衰老的作用。

槭属植物花中含有的烯烃、醇、醛、酯、酮、芳香烃六大类 50 多种挥发物成分，其中主要成分是萜烯类化合物，其次是醇类、酯类和酮类及芳烃类物质，主要物质有 4,8-二甲基-1,3（E）,7-壬烯、（顺,反）-2,6-二甲基辛-2,4,6-三烯、月桂烯、罗勒烯、3-蒈烯、（E）-罗勒烯、莰烯、石竹烯、芳樟醇、α-异松油烯、邻异丙基甲苯、3-乙烯-1,2-二甲基-1,4-环己二烯、桉树醇、醇醋-12 等。这些挥发性物质对大气环境、空气质量及人体健康都有重要影响。其中，芍的衍生物芍酮作为医药中间体可用来生产抗癌、止痉挛剂、交感神经抑制剂、降血压药及抗痉挛药等药物；作为农药中间体，芍酮可用于制备除草剂、灭虫剂、植物生长调节剂等。多数萜烯类化合物在食品应用中出现频率较高。例如，月桂烯是一种天然的萜烯类有机化合物，是香料产业中重要的化学品原料和中间体，如合成薄荷、柠檬醛、香茅醇、香叶醇、橙花醇和芳樟醇等；罗勒烯，它的甜香几乎是一种花香，纯的罗勒烯是一种能马上让人联想起橙花油的香气。3-蒈烯特殊的三元环结构及生物活性，使其在药物、农药、香料及化妆品等方面有重要的应用价值，可以直接作为活性成分使用，也可以作为合成香料、药物和农药或者相应中间体的原料进行利用。

槭属植物枝条中含有的槭苷和 β-谷甾醇均具有抗肿瘤的活性；三萜皂苷对人白血病 K562 细胞和肝癌细胞 HepG2 具有抑制的生物活性；木脂素类化合物对白血病 K562 细胞有一定的抑制作用。槭属植物树皮中含有的 β-香树精乙酸酯、β-谷甾醇苷、β-谷甾醇、β-香树精、豆甾醇、菜油甾醇等物质，均具有抗癌活性。

槭属植物所含的活性化合物是具有抗肿瘤、抗氧化、抗病毒等独特生理活性和药理活性的天然产物，开发应用前景广阔。在已有的研究和开发利用基础上，加大从化学、生物学、药学等多方面对槭树科植物化学成分的研究，更广泛、高效地提取更多槭树科植物中的生物活性成分，生产开发出符合人们生活与健康需求的食品药品等产品，对促进社会与经济发展、实现槭树科植物的可持续利用意义重大而迫切。

参 考 文 献

阿拉坦图雅, 张丽, 乌志颜, 白国栋, 宋述芹. 2019. 9 种食用植物油脂肪酸成分分析[J]. 赤峰学院学报

(自然科学版), 35(12): 5-7.

毕武, 何春年, 彭勇, 刘延泽, 肖培根. 2015. 茶条槭叶石油醚部位化学成分研究[J]. 中国现代中药, 17(6): 544-547.

蔡霞. 2009. 槭树叶中植物多酚的微波萃取及 HPLC 分析研究[D]. 首都师范大学硕士学位论文.

陈业高. 2004. 植物化学成分[M]. 北京: 化学工业出版社.

陈宗道, 刘金福, 陈绍军. 2011. 食品质量与安全管理[M]. 北京: 中国农业大学出版社.

程欣, 林立, 林乐静, 祝志勇, 崔广元, 杜甜钿, 陆益. 2019. 4 种树种子油脂肪酸组成及含量比较[J]. 江苏农业科学, 47(7): 220-224.

代彦满, 王瑶, 牛立新. 2021. 果实成熟过程中出油率及脂肪酸成分变化[J]. 食品安全质量检测学报, 12(7): 2893-2897.

樊艳平, 姚延梼, 赵全保. 2006. 不同月份元宝枫叶内黄酮、绿原酸含量的变化[J]. 中国农学通报, (7). 157-160.

谷荣辉. 2019. 中国乡土树种元宝枫的化学成分及代谢组学研究[D]. 中央民族大学博士学位论文.

郭庆. 2010. 皋茶中多酚及游离氨基酸的研究[J]. 安徽农学通报, 16(18): 20-22.

侯镜德, 陈至善. 2006. 神经酸与脑健康[M]. 北京: 中国科学技术出版社.

胡鹏. 2017. 元宝枫油的提取及其功能特性研究[D]. 上海交通大学博士学位论文.

胡青平, 徐建国, 李琪, 陈五岭. 2006. 酶法提取元宝枫叶绿原酸的新工艺研究[J]. 食品科学, 27(7): 159-162.

扈文胜. 1987. 食品常用数据手册[M]. 北京: 中国食品出版社: 60-61.

黄相中, 潭理想, 古昆, 李聪. 2007. 云南产元宝枫叶的化学成分研究[J]. 中国中药杂志, 32(15): 1544-1546.

江德森, 牛佳牧, 肖艳. 2004. 吉林省长白山林区天然绿色食品资源产业化开发及模式研究[J]. 中国林副特产. (1). 5-9

金颖, 姚贺, 孙博航. 2016. 金沙槭化学成分的分离与鉴定[J]. 沈阳药科大学学报, 33(7): 531-536.

康昕, 陈文庆, 李知陆, 贾有青, 肖志刚, 朱旻鹏, 李哲. 2019. 辽宁元宝枫枫叶中绿原酸的提取条件优化[J]. 食品科技, 26(2): 29-32.

赖福兵. 2018. 蒜头果油中高纯神经酸的制备研究[D]. 广西大学硕士学位论文.

李娟娟, 樊金拴, 魏伊楚, 张世杰. 2018. 几种槭属植物的油脂营养成分分析[J]. 中国粮油学报, 33(5): 55-59.

李珺, 张英侠, 赵文华, 袁悼瓣, 李向军. 2005. 高效液相色谱法测定元宝枫叶中游离没食子酸[J]. 分析实验室, 24(增刊): 101-102.

李启照, 赿海亮. 2014. 五角枫叶中皂苷的提取工艺研究[J]. 赤峰学院学报(自然科学版), 30(9): 20-22.

李瑞丽, 张洁, 陈祥涛, 贾静, 张辉, 孙佳明. 2013. 茶条槭叶乙酸乙酯部位化学成分研究[J]. 吉林农业大学学报, 35(6): 684-687, 707.

李云志. 2005. 元宝枫叶黄酮提取、纯化、分离与结构鉴定的研究[D]. 四川大学硕士学位论文.

林启寿. 1977. 中草药成分化学[M]. 北京: 科学出版社: 221-222.

刘利. 2007. 槭属植物资源的药食功效及其利用研究[J]. 食品研究与开发. (1): 172-175.

刘祥义, 付惠, 张加研. 2003. 云南元宝枫种子含油量及其脂肪酸成分分析[J]. 天然产物研究与开发. 15(1): 38-39.

刘志国, 王丽梅, 王华林, 刘烈炬. 2016. 多不饱和脂肪酸对神经细胞保护作用的研究进展[J]. 食品科学, 37(7): 239-248.

卢嘉丽. 2008. 苦茶化学成分分析及其神经药理活性初步研究[D]. 中山大学硕士学位论文.

马柏林, 梁淑芳, 赵德义, 徐爱遐, 张康健. 2004. 含神经酸植物的研究[J]. 西北植物学报, 24(12): 2362-2365.

邱业先, 陈尚钎, 杜天真, 王飞, 杨进军. 2003. 几种槭树科植物叶蛋白酶活性的季节变化[J]. 江西农业大学学报, 25(5): 652-655.

任红剑, 丰震, 王超. 2016. 元宝枫花的挥发成分研究[J]. 天津农业科学, 22(10): 7-14.

宋纯清, 张宁, 徐任生, 宋国强, 沈瑜, 洪山海. 1982. 茶条槭有效成分的研究——Ⅱ. 茶条槭乙素和丙素等九种成分的分离和鉴定[J]. 化学学报, 50(12): 1142-1147.

宋宁, 王发春. 1999. 桦叶四蕊槭籽油中脂肪酸的研究[J]. 青海科技. (4): 15-16.

苏建荣, 罗香, 杨文云. 2004. 元宝枫叶内黄酮、绿原酸含量动态变化研究[J]. 林业科学研究, 17(4): 496-499.

孙静芸, 崔承彬, 陈英杰. 1981. 茶条槭抗菌成分的研究[J]. 沈阳药学院学报, 13(14): 43-45.

唐雯, 王建军, 徐家星, 王俐, 黄静, 陈勇. 2012. 槭树科药用植物的化学成分研究进展[J]. 北方园艺, (18): 194-200.

仝延宇, 温莉莉, 张玉梅. 2000. 马尾松、糖槭种子成分分析和利用[J]. 防护林科技, 6, 2(43): 18-21.

万春鹏, 周寿然. 2013. 红槭树树枝化学成分及抗氧化活性研究[J]. 林产化学与工业, 33(5): 93-96.

汪萌, 张翠, 刘泉. 2008. 元宝枫的药用植物化学成分及药理作用研究进展[J]. 黑龙江医药, 21(1): 70-73.

汪荣斌, 王存琴, 刘晓龙, 李林华. 2011. 茶条槭化学成分及药食应用研究进展[J]. 安徽农业科学, 39(9): 5387-5388.

王发春, 安承熙, 杨绪启, 宋宁. 1997. 茶条槭籽油的理化常值和脂肪酸组成研究[J]. 青海畜牧兽医学院学报, 14(2): 10-14.

王海燕, 晓莉, 王昕. 2007. 元宝槭叶生化成分及枫叶茶开发利用研究进展[J]. 南方农业, (5): 91-92.

王兰珍, 马希汉, 王姝清, 王性炎. 1997. 元宝枫叶营养成分分析[J]. 西北林学院学报, 12(4): 61-63.

王立青. 2006. 色木槭叶中 2 个新的保肝苷[J]. 国外医药: 植物药分册, (2): 73-74.

王琦, 刘华红, 王彬, 张汝民, 高岩. 2016. 7 种槭树释放挥发性有机化合物组分分析[J]. 浙江农林大学学报, 33(3): 524-530.

王琦. 2014. 22 种园林植物挥发性有机物成分分析及其层次分析法评价[D]. 浙江农林大学硕士学位论文.

王桃云, 王金虎, 吴伟军, 毛娟英. 2006. 鸡爪槭黄酮提取工艺研究[J]. 江苏中医药, 27(3): 50-52.

王性炎, 樊金拴, 王姝清. 2006. 中国含神经酸植物开发利用研究[J]. 中国油脂, 31(3): 69-71.

王性炎, 王姝清. 2011. 新资源食品——元宝枫籽油[J]. 中国油脂, 36(9): 56-59.

王性炎. 2016. 中国元宝枫[M]. 咸阳: 西北农林科技大学出版社: 146-147.

王瑶. 2019. 元宝枫果实成熟过程中主要成分测定及抗氧化能力研究[D]. 西北农林科技大学硕士学位论文

魏明, 廖娜华. 2011. 绵阳元宝枫种仁油脂成分分析研究[J]. 食品工业科技, 32(2) : 127-128.

吴隆坤, 张雪萍, 贾有青, 李哲, 范志军. 2020. 高含油元宝枫籽油的提取及理化性质研究[J]. 中国粮油学报, 35(4): 66-69.

吴寿金, 赵泰, 泰永祺. 2002. 现代中草药成分化学[M]. 北京: 中国医药科技出版社.

吴松兰. 2008. 元宝枫、鸡爪槭和茶条槭中抗肿瘤有效生物活性成分的研究[D]. 首都师范大学硕士学位论文.

吴卫中, 李珺, 许建. 2008. 元宝枫化学成分的研究概况[J]. 中国药事, 22(7): 603-609.

席利莎, 木泰华, 孙红男. 2014. 绿原酸类物质的国内外研究进展[J]. 核农学报, 28(2): 292-301.

谢百波, 许福泉, 李良波, 陈昌祥. 2005. 元宝槭树叶中的黄酮苷[J]. 云南植物研究, 27(3): 232-234.

谢艳方, 李珺, 邹洪, 元华龙. 2011. 反相-高效液相色谱分析茶条槭叶中多酚类化合物[J]. 分析科学学报, 27(4): 443-446.

解跃雄. 2015. 绿原酸在兽医临床上的应用实例[J]. 兽药应用, (3): 39-40.

熊德元, 刘雄民, 李伟光, 刘明吉. 2004. 结晶法分离蒜头果油中神经酸溶剂选择研究[J]. 广西大学学报(自然科学版), 29(1): 85-88.

徐文晖, 王俊儒, 梁倩. 2007. 元宝枫油中神经酸的初步分离[J]. 中国油脂, 32(11): 49-51.

杨科家, 丰震, 朱红梅, 张红磊, 刘芳. 2009. 元宝枫叶片花色素苷的提取及其稳定性研究[J]. 中国农学通报, 25(24): 334-337.

张文澄. 1994. 中国特有植物金钱槭种子化学成分的研究[J]. 西北植物学报, 1994, 14(5): 142-148.

赵宏. 2008. 糖槭叶化学成分及抗氧化、抗炎活性研究[D]. 佳木斯大学硕士学位论文.

赵文华, 宋晓红, 李珺, 张英侠. 2005. 不同季节元宝枫叶中的三种黄酮苷元的含量测定[J]. 中成药, 27(5): 574.

周琴芬. 2017. 蒜头果种仁神经酸制备工艺研究[D]. 浙江大学硕士学位论文

周荣汉. 1988. 药用植物化学分类学[M]. 上海: 上海科学技术出版社.

朱晓富. 2017. 茶条槭果化学成分及降血糖、抗肿瘤活性研究[D]. 吉林农业大学硕士学位论文.

Aritomi M. 1963. Chemical constituents in aceraceous plants. I. Flavonoid constituents in the leaves of *Acer palmatum* Thunberg. [J]. Yakugaku Zasshi: Journal of the Pharmaceutical Society of Japan, 83: 737-740.

Dong L P, Ni W, Dong J Y, Li J Z, Chen C X, Liu H Y. 2006. A new neolignane glycoside from the leaves of *Acer truncatum*. Molecules, 11: 1009-1014.

Fan H, Sun L W, Yang L G, Zhou J, Yin P, Li K, Xue Q, Li X, Liu Y. 2018. Assessment of the bioactive phenolic composition of *Acer truncatum* seed coat as a byproduct of seed oil[J]. Industrial Crops & Products, 118: 11-19.

Furukawa N, Nagumo S, Inoue T. 1988. Studies on the constituents of Aceraceae Plants. VII [J]. The Japanese Journal of Pharmacognosy, 42(2): 163-165.

Guo R, Luo M, Long C L, Li M L, Ouyang Z Q, Zhou Y P, Wang Y H, Li X Y, Shi Y N. 2008. Two new lignans from *Dipteronia dyeriana* [J]. Chinese Chemical Letters, 19(10): 1215-1217.

Hatano T, Hattori S, Ikeda Y, SHINGU T, OKUDA T. 1990. Gallotannins having a 1, 5-Anhydro-D-glucitol core and some ellagitannins from *Acer* species[J]. Chemical & Pharmaceutical Bulletin, 38(7): 1902-1905.

Honma A, Koyama T, Yazawa K. 2010. Anti-hyperglycemic effects of sugar maple *Acer saccharum* and its constituent acertannin [J]. Food Chemistry, 123: 390-394.

Ishikura N. 1972. Anthocyanins and other phenolics in autumn leaves[J]. Phytochemistry, 11(8): 2555-2558.

Ji S B, Saito N, Yokoi M, Shigihara A, Honda T. 1992. Galloylcyanidin glycosides from acer[J]. Phytochemistry, 31(2): 655-657.

Li L, Seeram N P. 2011. Further investigation into maple syrup yields 3 new lignans, a new phenylpropanoid, and 26 other phytochemicals[J]. Journal of Agricultural & Food Chemistry, 59(14): 7708-7716.

Miyazaki K, Ishizawa S, Nagumo S, Inoue T, Nagai M. 1991. Studies on the constituents of Aceraceae plants. IX. Constituents of *Acer cissifolium*[J]. Japanese Journal of Pharmacognosy, 45(4): 333-335.

Morikawa T, Tao J, Ueda K, Matsuda H, Yoshikawa M. 2003. Medicinal foodstuffs. XXXI. Structures of new aromatic constituents and inhibitors of degranulation in RBL-2H3 cells from a Japanese folk medicine, the stem bark of *Acer nikoense* [J]. Chemical & Pharmaceutical Bulletin, 51(1): 62-67.

Perkin A G, Uyeda Y. 1922. XIII. -Occurrence of a crystalline tannin in the leaves of the *Acer ginnala* [J]. Joural of the Chemical Society, Transactions, 121(10): 66-76.

Ren H J, Si F F, Ye M J, Qiao Q, An K, Wang C, Feng Z. 2018. Volatiles from *Acer truncatum* flowers[J]. American Journal of Plant Sciences. 9(2): 231-238.

Robinson P M, Wareing P F. 2010. Chemical Nature and Biological Properties of the Inhibitor Varying with Photoperiod in Sycamore (Acer pseudoplatanus) [J]. Physiologia Plantarum, 17(2): 314-323.

Takao I, Naoki K, Naoko F, Masao F. 1987. Biosynthesis of acerogenin A, a diarylheptanoid from acer nikoense [J]. Phytochemistry, 26(5): 1409-1411.

Tung N H, Ding Y, Kim S K, Bae K H, Kim Y H. 2008. Total peroxyl radical scavenging capacity of the chemical components from the stems of *Acer tegmentosum* Maxim. [J]. Journal of Agricultural & Food Chemistry, 56(22): 10510-10514.

Yang L G, Yin P P, Fan H, Xue Q, Li K, Li X, Sun L W, Liu Y J. 2017. Response surface methodology optimization of ultrasonic-assisted extraction of *Acer truncatum* leaves for maximal phenolic yield and antioxidant activity. Molecules, 22(2): 211-232.

Yuan T, Wan C, González Sarrías A, Kandhi V, Cech N B, Seeram N P. 2011. Phenolic glycosides from sugar maple (*Acer saccharum*) bark[J]. Journal of Natural Products, 74(11): 2472-2476.

Zhao W H, Gao L F, Gao W, Yuan Y S, Gao C C, Cao L G, Hu Z Z, Guo J Q, Zhang Y X. 2011. Weight-reducing effect of *Acer truncatum* Bunge may be related to the inhibition of fatty acid synthase[J]. Natural Product Research, 25(4): 422-431.

第五章 资 源 状 况

槭树是我国种类多、分布广、功能多、价值高、效益大的现代林业新品种。大多数槭树植物以其体型高大、形态多样、观赏期长、适应性强、养护成本低等特点，具有不可替代的经济效益、社会效益和生态效益，对于防沙治沙、美化环境和促进生态系统良性循环及改善人们赖以生存的环境发挥着长远的影响。槭树作为木本油料新资源，在推动区域经济发展、调整农村产业结构、提高农牧民收入和精准扶贫及实施乡村振兴战略中发挥了重要作用。同时，槭树植物人文底蕴深厚，是地方历史发展和文化建设的载体，其种类的多少、资源数量、生长情况均能反映出当地的环境特点和植物资源种类的特点，对发展红叶经济、弘扬传统文化、促进林业发展和生态文明建设有着十分积极的影响。

第一节 种 质 资 源

一、种实性状

内蒙古自治区翁牛特旗松树山林场、喀喇沁旗井子沟、科尔沁左翼后旗乌旦塔拉林场、科尔沁右翼中旗代钦塔拉保护区、辽宁省法库县叶茂台镇西头台村圣迹山保护区、凤城市蒲石河森林公园、彰武县高山台森林公园、山东省曲阜孔府景区、陕西省杨凌农业高新技术产业示范区、西北农林科技大学校园 9 个产地元宝枫种实的果实长径、果实横径、果实纵径、果实着生痕、果实张开角、果实百粒重、果实出仁率、种子长径、种子横径、种子纵径、种子百粒重、种子出仁率共 12 个表型性状指标的测定结果表明，不同产地元宝枫的表型性状具有显著性差异。12 个元宝枫种实表型性状平均变异系数达到 20.25%，果实变异略小于种子变异，且果实变异更稳定。种子出仁率、百粒重的变异丰富度要远大于种实形态变异丰富度。

1. 元宝枫种实表型性状

从元宝枫果实表型性状的测定结果（表 5-1）可以看出：果实长径值最大的是内蒙古科尔沁左翼后旗乌旦塔拉林场（32.36mm），果实长径值最小的是内蒙古喀喇沁旗井子沟（22.96mm）；果实横径最大的为科尔沁左翼后旗乌旦塔拉林场（10.75mm），最小的为内蒙古喀喇沁旗井子沟（6.49mm）；果实纵径值最大的是内蒙古翁牛特旗松树山林场（4.66mm），最小的是内蒙古喀喇沁旗井子沟（2.59mm）；果实着生痕值（两个小坚果成熟分裂后留下的痕迹长度）最大的为内蒙古翁牛特旗松树山林场（6.26mm），最小的为内蒙古喀喇沁旗井子沟（4.04mm）；果实张开角最大的为辽宁凤城市蒲石河森林公园（128°），最小的是陕西杨凌西北农林科技大学校园（91°）；果实百粒重最大的是辽宁彰武县高山台森林公园（18.80g），最小的是内蒙古喀喇沁旗井子沟（3.56g）；果实出仁率最高的是辽宁凤城市蒲石河森林公园（69.89%），果实出仁率最低的是内蒙古喀喇沁旗井子沟（26.60%）。

表 5-1 不同产地元宝枫果实性状（$\overline{X} \pm SD$）

产地	长径/mm	横径/mm	纵径/mm	着生痕/mm	张开角/(°)	百粒重/g	出仁率/%
NWS	27.79±3.15cde	8.52±0.82d	4.66±0.30a	6.26±0.37a	92.00±7.75b	18.20±0.93a	65.07±2.00bc
NHJ	22.96±2.75g	6.49±0.60e	2.59±1.37c	4.04±1.53c	115.00±12.01ab	3.56±0.11e	26.60±0.81e
NKZHW	32.36±3.36a	10.75±1.37a	3.90±0.70ab	5.96±0.51ab	99.00±11.59b	18.07±0.47ab	66.84±0.67ab
NKYZD	31.22±3.08ab	9.52±1.00bc	4.54±0.54a	5.80±0.98ab	105.00±5.20ab	14.55±0.02c	61.36±1.90cd
LFYS	26.28±4.33de	8.87±1.52cd	4.10±1.29ab	5.77±1.13ab	106.00±9.00ab	16.72±0.42b	67.97±2.16ab
LFP	30.09±1.89ab	9.48±0.43bc	4.32±0.46ab	5.09±0.64b	128.00±2.00a	18.16±1.34a	69.89±1.31a
LZG	28.69±2.01bcd	9.92±0.65ab	4.43±0.60ab	5.58±0.66ab	98.00±6.32b	18.80±1.51a	67.63±3.84ab
SQ	24.89±1.75fg	8.78±0.80cd	4.05±0.57ab	5.11±0.57b	110.00±2.24ab	14.24±0.24c	61.74±2.24cd
NWAFU	25.24±3.00ef	8.22±0.69d	3.64±0.80b	5.40±1.01ab	91.00±6.44b	10.93±0.51d	60.06±3.80d

注：$\overline{X}$ 表示平均值；SD 表示标准差，同一列标注不同字母者表示差异显著（$P<0.05$）。果实着生痕长度为两个小坚果成熟分裂后留下的痕迹长度。NWS. 内蒙古自治区翁牛特旗松树山林场；NHJ. 喀喇沁旗井子沟；NKZHW. 科尔沁左翼后旗乌旦塔拉林场；NKYZD. 科尔沁右翼中旗代钦塔拉保护区；LFYS. 辽宁省沈阳市法库县叶茂台镇西头台村圣迹山景区；LFP. 凤城市蒲石河森林公园；LZG. 彰武县高山台森林公园；SQ. 山东曲阜孔府景区；NWAFU. 陕西杨凌农业高新技术产业示范区西北农林科技大学校园；下同。

从元宝枫种仁表型性状的测定结果（表 5-2）可知，种子长径最大的是内蒙古翁牛特旗松树山林场（10.36mm），最小为内蒙古喀喇沁旗井子沟（6.59mm）；内蒙古翁牛特旗松树山林场种子横径最大（7.45mm），内蒙古喀喇沁旗井子沟种子横径最小（4.44mm）。辽宁彰武县高山台森林公园种子纵径最大（4.37mm），内蒙古喀喇沁旗井子沟种子纵径最小（1.30mm）；种子百粒重最大的是内蒙古翁牛特旗松树山林场（14.27g），最小的是内蒙古喀喇沁旗井子沟（1.60g）；种子出仁率最高的是山东曲阜孔府景区（74.5%），种子出仁率最低的是内蒙古喀喇沁旗井子沟（45.29%）。

表 5-2 不同产地元宝枫种仁性状（$\overline{X} \pm SD$）

产地	长径/mm	横径/mm	纵径/mm	百粒重/g	出仁率/%
NWS	10.36±0.23a	7.45±0.35a	4.15±0.07ab	14.27±0.40a	65.43±2.00d
NHJ	6.59±0.19e	4.44±0.17e	1.30±0.07e	1.60±0.38g	45.29±0.81e
NKZHW	9.63±0.25ab	6.74±0.20cd	3.40±0.16cd	12.53±0.15c	70.89±0.67b
NKYZD	9.41±0.176b	6.72±0.14bc	3.89±0.19bc	11.63±0.23d	69.55±1.90bc
LFYS	9.60±0.23ab	6.97±0.20abc	4.21±0.14ab	11.96±0.14d	65.69±2.16d
LFP	8.80±0.19c	6.46±0.12cd	3.92±0.14abc	14.12±0.16a	68.37±1.31c
LZG	10.03±0.32ab	7.35±0.18ab	4.37±0.22a	13.27±0.46b	65.54±3.84d
SQ	8.34±0.35cd	6.19±0.16d	3.60±0.13cd	10.29±0.09e	74.50±2.24a
NWAFU	7.95±0.22d	6.46±0.12cd	3.79±0.15bcd	8.51±0.10f	66.36±3.80d

注：$\overline{X}$ 表示平均值；SD 表示标准差，同一列标注不同字母者表示差异显著（$P<0.05$）

差异显著性分析结果显示，元宝枫表型性状在不同产地间存在显著性差异，其中部分表型性状表现出两两产地间差异显著（表 5-1 和表 5-2）。根据种实表型测定的结果能发现除了内蒙古喀喇沁旗井子沟外，种实表型性状变化规律基本表现为偏北部寒冷的内蒙古、辽宁地区的元宝枫的种实个体比往南分布的陕西杨凌和山东曲阜要大。

2. 元宝枫种实性状变异

变异系数表示性状的离散程度。变异系数越大，性状值的离散程度越大，也间接说明了表型多样性越丰富，相反地，变异系数越小，说明该物种多样性越低。不同产地元宝枫种实表型变异情况（表 5-3）表明，供试 9 个产地间元宝枫种实 8 个形态性状指标（长径、横径、纵径、着生痕长度、张开角）的平均变异系数达到了 14.55%，按变异系数由大到小依次为翅果纵径>翅果横径>着生痕长度>张开角>翅果长径；种子纵径>种子横径>种子长径。果实形态平均变异系数为 12.83%，种子形态平均变异系数 17.41%，元宝枫种子形态平均变异系数要略大于果实形态平均变异系数，这说明元宝枫种子形态变异要略大于果实形态变异，因此供试 9 个产地元宝枫种子形态变异要更丰富。从 8 个形态方面性状的变异系数来看，果实的纵径和种子的纵径变异系数占据较大比重，起到了主要作用。而果实的百粒重、出仁率及种子百粒重、出仁率 4 个性状的平均变异系数达到了 25.96%，种子"三径"等形态性状的平均变异系数只有 17.41%（刘培，2016）。因此元宝枫种实表型性状的变异表现出重量性状变异较大、比种实形态变异要丰富的特征，出仁率、百粒重是元宝枫种实表型性状最主要的变异来源。

表 5-3 不同产地元宝枫种实表型变异情况

指标		平均含量/%	变异范围/%	变异系数/%	标准差
果实	长径/mm	27.72	22.96~32.36	11.35	3.15
	横径/mm	8.95	6.49~10.75	13.45	1.20
	纵径/mm	4.02	2.59~4.66	15.58	0.63
	着生痕长度/mm	5.44	4.04~6.26	11.96	0.65
	张开角（°）	105.00	91~128	11.80	12.37
	百粒重/g	14.80	3.56~18.8	33.34	4.94
	出仁率/%	60.80	26.6~69.89	21.81	13.26
种子	长径/mm	9.00	6.59~10.36	13.20	1.18
	横径/mm	6.53	4.44~7.45	13.57	0.89
	纵径/mm	3.63	1.30~4.37	25.46	0.92
	百粒重/g	10.91	1.6~14.27	36.12	3.94
	出仁率/%	65.74	45.29~74.5	12.54	8.24

3. 元宝枫种实性状特征

种子在林木育种和造林生产中处于极其重要的地位，它不但是植物的繁殖材料，而且是评定植物体优良遗传品质的重要材料。由于种子的内含物及其内在品质关系着植物体的生长发育及生理活性，因此种子内含物是鉴定木本食用油料植物的果实商品性和实用性优劣的重要标志。元宝枫种子含有多种化学成分，是榨油及提取蛋白质的优质资源。目前，国内学者对元宝枫种仁化学成分组成及含量研究报道较多，但对不同产地元宝枫种子主要营养成分及含量等研究未见报道。为此，深入研究不同产地元宝枫种子的营养成分、维生素 E、脂肪酸，确定元宝枫种子所含的主要营养成分类型及含量、元宝枫油中维生素 E 的含量及元宝枫油中脂肪酸种类和含量，分析元宝枫种子各化学成分的变异程度、相互关系，是进行元宝枫种子营养价值评价和合理开发利用的基础，具有重要的理论和实践意义。

选择对元宝枫种实产量有直接影响的 10 个表型性状，即果实和种子的长径、横径、纵径、出仁率、百粒重，分别计算它们的隶属函数值，再求平均值，得到不同产地种实各指标的隶属函数值（表 5-4）。

表 5-4　元宝枫种实表型性状的隶属函数值

产地	NWS	NHJ	NKZHW	NKYZD	LFYS	LFP	LZG	SQ	NWAFU
果实长径隶属函数值	0.51	0.00	1.00	0.88	0.35	0.76	0.61	0.21	0.24
果实横径隶属函数值	0.48	0.00	1.00	0.71	0.56	0.70	0.81	0.54	0.41
果实纵径隶属函数值	1.00	0.00	0.63	0.94	0.73	0.84	0.89	0.71	0.51
果实百粒重隶属函数值	0.96	0.00	0.95	0.72	0.86	0.96	1.00	0.70	0.48
果实出仁率隶属函数值	0.89	0.00	0.93	0.80	0.96	1.00	0.95	0.81	0.77
种子长径隶属函数值	1.00	0.00	0.81	0.75	0.80	0.59	0.91	0.46	0.36
种子横径隶属函数值	1.00	0.00	0.76	0.76	0.84	0.67	0.97	0.58	0.67
种子纵径隶属函数值	0.93	0.00	0.68	0.84	0.95	0.85	1.00	0.75	0.81
种子百粒重隶属函数值	1.000	0.00	0.86	0.79	0.82	0.99	0.92	0.69	0.55
种子出仁率隶属函数值	0.69	0.00	0.88	0.83	0.70	0.79	0.69	1.00	0.72
平均值	0.84	0.00	0.85	0.80	0.76	0.81	0.87	0.64	0.55
综合排名	3	9	2	5	6	4	1	7	8

根据表 5-4 种实质量评价的平均隶属函数值大小可以看出，辽宁彰武县高山台森林公园、内蒙古科尔沁左翼后旗乌旦塔拉林场、内蒙古翁牛特旗松树山林场值较大，超过了 0.8，排名分别列居前三位，故这几个产地具有种实质量相对较优的特点。内蒙古喀喇沁旗井子沟、陕西杨凌西北农林科技大学的种实平均隶属函数值位居倒数第 1 和倒数第 2，这说明内蒙古喀喇沁旗井子沟和陕西杨凌西北农林科技大学产地的种实质量最差。因此，从元宝枫种实表型性状来看，辽宁彰武县高山台森林公园、内蒙古科尔沁左翼后旗乌旦塔拉林场、内蒙古翁牛特旗松树山林场这 3 个产地的种实质量较优。

二、种实质量

（一）种实营养成分

1. 不同产地间元宝枫种子主要营养成分含量

不同产地间元宝枫种子主要营养成分及含量测定结果及分析见表 5-5。

表 5-5　不同产地元宝枫种子主要营养成分类型及含量（$\overline{X} \pm SD$）

产地	油脂/%	蛋白质/%	可溶性糖/%
NWS	45.75±1.93b	14.76±0.34d	4.68±0.57c
NHJ	18.87±2.46c	12.97±0.09d	4.16±0.15f
NKZHW	52.23±1.48a	20.57±0.88a	4.73±0.57b

产地	油脂/%	蛋白质/%	可溶性糖/%
NKYZD	48.55±0.35ab	20.80±0.56a	4.46±0.18d
LFYS	46.64±0.40b	17.57±1.10c	4.81±0.10a
LFP	44.71±2.09b	17.86±0.75bc	4.70±0.77c
LZG	44.45±0.66b	20.21±0.73ab	4.48±0.18d
SQ	43.04±2.65b	13.92±0.40d	4.41±0.55e
NWAFU	45.49±1.08b	17.90±1.39c	4.69±0.06c

注：$\overline{X}$ 表示平均值；SD 表示标准差，同一列标注不同字母者差异显著（$P<0.05$）

表 5-5 表明，供试材料中，有 8 个产地的种子含油量都超过了 40%，其中，内蒙古科尔沁左翼后旗乌旦塔拉林场种子油脂含量最高（52.23%），内蒙古喀喇沁旗井子沟种子含油量最低（18.87%），不同产地元宝枫种子含油量按高低顺序为内蒙古科尔沁左翼后旗乌旦塔拉林场>内蒙古科尔沁右翼中旗代钦塔拉保护区>辽宁法库县叶茂台镇西头台村圣迹山>内蒙古翁牛特旗松树山林场>陕西杨凌西北农林科技大学校园>辽宁凤城市蒲石河森林公园>辽宁彰武县高山台森林公园>山东曲阜孔府大院>内蒙古喀喇沁旗井子沟。不同产地元宝枫种子蛋白质含量从大到小依次为内蒙古科尔沁右翼中旗代钦塔拉保护区>内蒙古科尔沁左翼后旗乌旦塔拉林场>辽宁彰武县高山台森林公园>陕西杨凌西北农林科技大学校园>辽宁凤城市蒲石河森林公园>辽宁法库县叶茂台镇西头台村圣迹山>内蒙古翁牛特旗松树山林场>山东曲阜孔府大院>内蒙古喀喇沁旗井子沟。不同产地元宝枫种子中可溶性糖含量按高低顺序排列为辽宁法库县叶茂台镇西头台村圣迹山>内蒙古科尔沁左翼后旗乌旦塔拉林场>辽宁凤城市蒲石河森林公园>陕西杨凌西北农林科技大学校园>内蒙古翁牛特旗松树山林场>辽宁彰武县高山台森林公园>内蒙古科尔沁右翼中旗代钦塔拉保护区>山东曲阜孔府大院>内蒙古喀喇沁旗井子沟。可溶性糖在植物激素调节及抗寒、抗旱中起到重要的作用，是评价植物耐受能力的指标之一。

2. 元宝枫种子主要营养成分变异

种子营养物质变异分析的研究结果表明，不同产地元宝枫的营养物质含量存在不同程度变异，其中油脂含量的变异幅度远大于蛋白质含量和可溶性糖含量的变异幅度（表 5-6）。

表 5-6　元宝枫种子营养成分含量的变异分析

营养成分	平均含量/%	变异范围/%	变异系数/%	标准差
油脂	43.30	18.87～52.23	22.05	9.55
蛋白质	17.40	12.97～20.98	16.85	2.93
可溶性糖	4.57	4.16～4.81	4.52	0.21

3. 影响元宝枫种子营养成分的因素

（1）元宝枫种子主要营养成分含量与环境因子的关系。

从元宝枫种子主要的营养物质含量与环境因子的相关系数表（表 5-7）可看出，元宝枫种子油脂、蛋白质、可溶性糖含量与各环境因子相关性较弱，都未达到显著水平。

大体趋势上来说不同产地间种子油脂、蛋白质、可溶糖含量随着纬度的升高、降水量的增加会微量增高。元宝枫这 3 种营养物质与海拔均显现出弱性负相关，这说明了元宝枫营养物质含量随着海拔增高呈现下降趋势。

表 5-7　元宝枫种子营养成分含量与环境因子的相关系数

营养成分含量	经度/ (°)	纬度/ (°)	年均温/℃	年降水量/mm	无霜期/天	≥10℃积温/℃	海拔/m
油脂/%	−0.24	0.05	0.18	0.16	0.09	0.30	−0.61
蛋白质/%	0.05	0.25	−0.26	0.00	−0.10	0.23	−0.61
可溶性糖/%	−0.35	0.03	0.10	0.34	0.09	0.09	−0.32

（2）元宝枫种子营养成分含量与种实性状之间的关系。

不同产地元宝枫的油脂、蛋白质、可溶性糖含量与种实的 12 个性状进行的相关性分析结果（表 5-8）表明，元宝枫种子营养成分与多个种实表型性状都是正相关关系，其中，油脂含量与果实的长径、种子长径都呈现显著性正相关，与果实着生痕长度、果实百粒重、果实出仁率、种子横径、种子纵径、种子百粒重、种子出仁率呈现极显著正相关；蛋白质含量与果实长径、横径极显著正相关；可溶性糖含量与种子横径、种子纵径、种子百粒重显著正相关。说明随着种实体积增加、百粒重增大、出仁率提高，种子含油量也会显著升高；随着果实长径和横径的增大，蛋白质含量会极显著升高。油脂含量、蛋白质含量、可溶性糖含量与果实张开角均表现出负相关关系。

表 5-8　元宝枫种子主要营养物质含量与种实性状相关系数

营养成分含量	果实							种子				
	长径/mm	横径/mm	纵径/mm	着生痕长度/mm	张开角/ (°)	百粒重/g	出仁率/%	长径/mm	横径/mm	纵径/mm	百粒重/g	出仁率/%
油脂/%	0.71*	0.85**	0.8**	0.88**	−0.43	0.84**	0.93**	0.78*	0.86**	0.87**	0.86**	0.90**
蛋白质/%	0.81**	0.81**	0.48	0.55	−0.29	0.55	0.59	0.55	0.56	0.54	0.53	0.47
可溶性糖/%	0.45	0.55	0.53	0.72*	−0.29	0.70*	0.8*	0.61	0.71*	0.71*	0.71*	0.57

**在 0.01 水平（双侧）上显著相关，*在 0.05 水平（双侧）上显著相关

（二）油脂营养成分

1. 脂肪酸

20 世纪 70 年代以来，我国对槭树植物进行了广泛系统和全面深入的研究，取得了一系列重要成果。实践证明，我国特有树种元宝枫和五角枫均为优质木本油料和食品蛋白质新资源，它们的种子油组成、结构、性质、用途均相似。尤其是元宝枫籽含油率达 40% 以上，其主要脂肪酸组成：油酸（C18∶1） 含量 15.0%～30.0%、亚油酸（C18∶2）含量 30.0%～40.0%、二十四碳烯酸（C24∶1、神经酸）含量 3.0%～6.5%。其折光指数（n^{20}）1.459～1.473、相对密度（d_{20}^{20}）0.905～0.919、碘值（I）100～113g/100g、皂化值（KOH）180～196mg/g。元宝枫种仁含有蛋白质 25%，不含淀粉，只有少量的蔗糖和还原糖，且富含 8 种人体必需氨基酸（魏伊楚等，2018）。科学实验已经证明，神经酸是一种脑神经细胞的营养因子，对脑神经系统的生长发育和细胞连接的形成均有显著

的作用。利用神经酸可以调节细胞间的传递，促进钙离子的作用，从而增强大脑记忆功能。医学研究表明：神经酸具有修复神经末梢活性功能和预防、降低脑细胞内脂褐素的产生和积累及延缓脑神经细胞衰老的作用，并对人体心血管和自身免疫缺乏性疾病有相当好的治疗作用。不言而喻，神经酸的提取和应用研究具有十分广阔的前景。

1）元宝枫脂肪酸组分及含量

采用 GC-MS 法，根据不同脂肪酸甲酯保留时间不同，从供试的 37 种脂肪酸甲酯混合标准品中分离出多种脂肪酸甲酯。不同产地元宝枫油的相同脂肪酸成分保留时间也大致相同，图 5-1 和图 5-2 分别展示了混合脂肪酸甲酯标准品的离子流图及山东曲阜孔府大院样品的离子流。

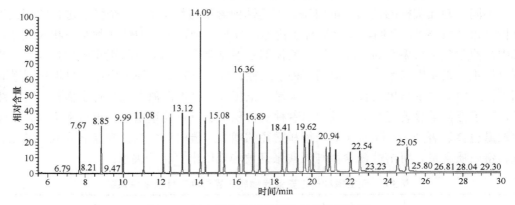

图 5-1　混合脂肪酸甲酯标准品总离子流图

7.67min. 癸酸环戊基甲基酯，8.85min. 十一酸甲酯，9.99min. 十二酸甲酯（月桂酸甲酯），11.08min. 十三碳酸脂肪酸，12.12min. 十四酸甲酯（肉豆蔻酸甲酯），12.50min. 肉豆蔻脑酸甲酯，13.12min. 十五碳酸甲酯，13.49min. 十五碳烯酸甲酯，14.09min. 棕榈酸甲酯，14.34min.（Z）-十六烯酸甲酯，15.08min. 十七酸甲酯，15.35min. 十七碳烯酸甲酯，16.13min. 硬脂酸甲酯，16.36min. 油酸甲酯，16.89min. 亚油酸甲酯，17.61min. 亚麻酸甲酯，18.41min. 花生酸甲酯，18.65min. 顺式.11. 二十碳烯酸甲酯，19.62min. 二十一烷酸甲酯，19.87min. 花生四烯酸甲酯，20.05min. 二十碳三烯酸甲酯（顺.11,14,17），20.75min. 二十碳五烯酸甲酯，20.94min. 山嵛酸甲酯，21.25min. 芥酸甲酯；22.54min. 二十三烷酸甲酯，24.55min. 木蜡酸甲酯，25.05min. 神经酸

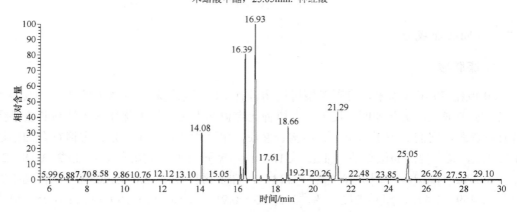

图 5-2　山东曲阜孔府大院样品离子流图

14.08min. 棕榈酸甲酯，14.33min. 十六烯酸甲酯，15.05min. 十七酸甲酯，16.14min. 硬脂酸甲酯，16.39min. 油酸甲酯，16.93min. 亚油酸甲酯，17.61min. 亚麻酸甲酯，18.38min. 花生酸甲酯，18.66min. 顺式-11-二十碳烯酸甲酯，20.91min. 山嵛酸甲酯，21.29min. 芥酸甲酯，24.47min. 木蜡酸甲酯，25.05min. 神经酸甲酯

采用 GC-MS 法等从不同产地元宝枫油中检测出棕榈酸（C16：0）、十六碳烯酸（C16：1）、十七酸（C17：0）、硬脂酸（C18：0）、油酸（C18：1）、亚油酸（C18：2）、亚麻酸（C18：3）、花生酸（C20：0）、顺式-11-二十碳烯酸（C20：1）、山嵛酸（C22：0）、芥酸（C22：1）、木蜡酸（C24：0）、神经酸（C24：1）共 13 种脂肪酸。不同产地元宝枫脂肪酸组分测定结果见表 5-9。

表 5-9　不同产地元宝枫油脂肪酸组成及含量（$\overline{X} \pm SD$）　（单位：%）

产地	棕榈酸	十六碳烯酸	十七酸	硬脂酸	油酸	亚油酸	亚麻酸	花生酸
NWS	4.71±0.42a	0.10±0.25a	0.08±0.29a	2.59±0.14a	26.74±0.21ab	32.24±1.61bc	1.76±0.23b	0.27±0.40a
NHJ	5.14±0.23a	0.09±0.15a	0.12±0.16a	2.74±0.07a	22.38±0.46c	37.95±1.20a	1.02±0.15c	0.27±0.24a
NKZHW	4.55±0.20a	ND	0.07±0.07a	1.79±0.09c	25.28±0.07ab	32.12±0.06ab	1.92±0.20b	0.30±0.20a
NKYZD	4.80±0.01a	0.10±0.02a	0.08±0.02a	2.76±0.03a	26.21±1.24a	32.25±0.77abc	1.75±0.05b	0.23±0.08a
LFYS	5.02±0.22a	ND	0.08±0.15a	2.32±0.09ab	25.67±0.08ab	32.65±0.79abc	2.01±0.13b	0.23±0.24a
LFP	4.83±0.02a	0.10±0.02a	0.07±0.02a	2.44±0.02ab	26.79±0.07ab	29.66±0.26b	1.90±0.02b	0.28±0.03a
LZG	4.50±0.05a	ND	0.07±0.05a	2.65±0.07ab	24.95±0.14ab	32.09±0.01abc	1.35±0.01c	0.28±0.06a
SQ	4.86±0.50a	0.10±0.29a	0.08±0.34a	2.19±0.23b	25.09±0.08bc	30.26±0.92c	2.16±0.22b	0.22±0.43a
NWAFU	4.83±0.25a	0.12±0.19a	0.07±0.21a	2.34±0.04ab	25.16±0.45ab	31.27±0.26bc	2.53±0.08a	0.30±0.29a

产地	顺式-11-二十碳烯酸	山嵛酸	芥酸	木蜡酸	神经酸	SFA	UFA	MUFA	PUFA
NWS	8.24±0.56ab	0.81±0.73a	15.43±1.24ab	0.19±0.76a	5.24±0.39abc	8.65ab	89.75a	55.75bc	34.00b
NHJ	7.40±0.25b	0.77±0.42a	14.15±1.06b	0.17±0.43a	4.06±0.74d	9.21a	87.05b	48.08b	38.97a
NKZHW	8.84±0.40a	0.90±0.20a	17.24±0.15a	0.12±0.30a	4.76±0.20cd	7.55ab	90.16a	56.12bc	34.04b
NKYZD	8.46±0.21a	0.72±0.06a	15.66±0.17ab	0.19±0.03a	5.05±0.02bcd	8.78ab	89.46a	58.30a	34.00b
LFYS	8.49±0.22a	0.67±0.30a	17.09±0.79a	0.15±0.41a	3.85±0.29e	8.47ab	89.74a	55.46bcb	34.66b
LFP	8.51±0.04a	0.95±0.08a	16.49±0.02a	0.24±0.13a	6.42±0.02ab	8.81ab	89.86a	55.08bc	31.56c
LZG	8.68±0.13a	0.93±0.10a	16.52±0.35a	0.22±0.12a	5.77±0.01abc	8.65ab	89.33a	55.89bc	33.44bc
SQ	8.63±0.67a	0.59±1.04a	17.32±1.82a	0.27±0.85a	6.55±0.34a	8.21ab	90.09a	57.67ab	32.42c
NWAFU	8.36±0.76a	0.61±0.55a	17.09±2.07a	0.25±0.64a	5.54±0.07abc	8.40ab	90.05a	56.25ab	33.8bc

注：同一列不同字母表示差异性显著，ND. 未检出。SFA. 饱和脂肪酸，UFA. 不饱和脂肪酸，MUFA. 单不饱和脂肪酸，PUFA. 多不饱和脂肪酸

从脂肪酸检测结果可知元宝枫油的脂肪酸成分主要为棕榈酸、硬脂酸、油酸、亚油酸、亚麻酸、顺式-11-二十碳烯酸、芥酸、神经酸 8 种。其中不饱和脂肪酸在 90% 上下浮动，油酸和亚油酸的相对含量和占到 50% 以上。神经酸以山东曲阜孔府大院为最高，其次为辽宁凤城市蒲石河森林公园，相对含量均超过了 6%。

2）元宝枫脂肪酸含量变异

元宝枫脂肪酸各组分变异分析结果见表 5-10。

表 5-10　元宝枫脂肪酸组分的含量变异分析

脂肪酸种类	平均含量/%	变异范围/%	变异系数/%	标准差
棕榈酸	4.80	4.50～5.14	4.17	0.20
十六碳烯酸	0.09	0.09～0.12	55.56	0.05

续表

脂肪酸种类	平均含量/%	变异范围/%	变异系数/%	标准差
十七酸	0.08	0.07～0.12	25.00	0.02
硬脂酸	2.42	1.79～2.76	12.81	0.31
油酸	25.36	22.38～26.79	5.21	1.32
亚油酸	32.28	29.66～37.95	7.28	2.35
亚麻酸	1.82	1.02～2.53	24.18	0.44
花生酸	0.26	0.22～0.30	11.54	0.03
顺式-11-二十碳烯酸	8.40	7.40～8.84	4.88	0.41
山嵛酸	0.77	0.59～0.95	18.18	0.14
芥酸	16.33	14.15～17.32	6.49	1.06
木蜡酸	0.20	0.12～0.27	25.00	0.05
神经酸	5.25	3.85～6.55	17.90	0.94
SFA	8.53	8.21～9.21	5.39	0.46
UFA	89.50	87.05～90.16	1.07	0.96
MUFA	55.40	48.08～58.30	5.29	2.93
PUFA	34.10	31.563～8.97	6.04	2.06

注: SFA. 饱和脂肪酸, UFA. 不饱和脂肪酸, MUFA. 单不饱和脂肪酸, PUFA. 多不饱和脂肪酸。下同

从表 5-10 中可以看出,各组分变异范围由大到小排依次为亚油酸>油酸>芥酸>顺式-11-二十碳烯酸>棕榈酸>神经酸>硬脂酸>亚麻酸>山嵛酸>花生酸>木蜡酸>十七酸>十六碳烯酸。饱和脂肪酸含量低,以棕榈酸和硬脂酸为主,相对含量均在 10%以下;不饱和脂肪酸相对含量特别高,在 90%上下,其中油酸与亚油酸相对含量和超过了 50%,亚麻酸所占比例相对较小,在 1.02%～2.53%,最关键和最具利用价值的脂肪酸成分——神经酸的相对含量在 3%～7%,与单一地区元宝枫油的神经酸含量研究结果接近。不同产地间脂肪酸组分变异幅度特别大,其中十六碳烯酸、十七酸、亚麻酸、木蜡酸、神经酸、硬脂酸的变异系数较大,而棕榈酸、油酸、亚油酸、顺式-11-二十碳烯酸、芥酸的变异系数较小。十六碳烯酸变异系数最大,达到了 55.56%,棕榈酸的变异系数最小,为 4.17%。按不同产地间脂肪酸组分变异系数由大到小为十六碳烯酸>十七酸=木蜡酸>亚麻酸>山嵛酸>神经酸>硬脂酸>花生酸>亚油酸>芥酸>油酸>顺式-11-二十碳烯酸>棕榈酸。这说明不同产地间脂肪酸组分含量存在较大幅度的变异,各脂肪酸组分含量的稳定性较差。

3)元宝枫脂肪酸组分含量与环境因子的相关性

脂肪酸组分含量与环境因子的相关性分析结果(表 5-11)显示,亚麻酸与经度显著负相关,而与年均温显著正相关,顺式-11-二十碳烯酸与海拔显著负相关,芥酸与≥10℃积温显著正相关,与海拔显著负相关,木蜡酸与年均温显著正相关。这说明随着经度的增大,亚麻酸含量会显著降低;随着年均温的升高,亚麻酸和木蜡酸含量会显著增高;随着海拔的增高,顺式-11-二十碳烯酸和芥酸含量会显著降低。油酸、亚油酸及神经酸含量与环境因子相关性较弱,均没有达到显著状态,但多以正相关为主。

表 5-11 脂肪酸组分含量与环境因子的相关系数

脂肪酸组分含量/%	经度/(°)	纬度/(°)	年均温/℃	年降水量/mm	无霜期/天	≥10℃积温/℃	海拔/m
棕榈酸	0.03	−0.12	0.02	0.11	0.04	0.04	0.26
十六碳烯酸	−0.33	−0.57	0.44	0.18	0.18	0.10	0.36
十七酸	0.46	0.06	−0.35	−0.39	−0.32	−0.40	0.62
硬脂酸	0.32	0.03	−0.30	−0.22	−0.41	−0.37	0.44
油酸	−0.13	0.14	0.10	0.34	−0.14	0.04	−0.28
亚油酸	0.52	0.11	−0.57	−0.61	−0.43	−0.53	0.61
亚麻酸	−0.79*	−0.56	0.73*	0.42	0.65	0.65	−0.50
花生酸	−0.27	−0.19	−0.08	0.06	0.10	−0.24	0.28
顺式-11-二十碳烯酸	−0.25	0.15	0.27	0.29	0.26	0.47	−0.77*
山嵛酸	0.45	0.66	−0.59	0.12	−0.49	−0.51	0.16
芥酸	−0.59	−0.16	0.57	0.46	0.64	0.70*	−0.80**
木蜡酸	−0.65	−0.53	0.80**	0.54	0.65	0.52	−0.17
神经酸	−0.47	−0.22	0.65	0.58	0.48	0.43	−0.29
SFA	0.27	0.06	−0.26	0.01	−0.33	−0.35	0.50
UFA	−0.50	−0.15	0.48	0.36	0.36	0.45	−0.60
MUFA	−0.47	−0.05	0.50	0.55	0.36	0.48	−0.61
PUFA	0.43	0.00	−0.49	−0.61	−0.35	−0.47	0.59

**在 0.01 水平（双侧）上显著相关，*在 0.05 水平（双侧）上显著相关

4）元宝枫脂肪酸组分含量与种实性状的相关性

不同产地元宝枫脂肪酸含量与 12 个种实表型性状及种子油脂含量的相关性分析结果（表 5-12）显示，十六碳烯酸与果实纵径、果实百粒重、果实出仁率正相关关系达到极显著，与果实着生痕长度呈显著正相关关系。硬脂酸与种实各性状的相关关系较弱。油酸与种子含油量、纵径、百粒重呈极显著正相关，与种子长径、横径、出仁率显著正相关，而与其他种实性状相关性较弱。亚油酸与果实横径、果实百粒重、果实出仁率、种子含油量、种子纵径、种子出仁率呈极显著正相关，与种子百粒重显著负相关。亚麻酸仅与种子出仁率显著正相关，与其他种子性状相关性弱。芥酸与果实性状相关性较弱均未达到显著性，而与种子含油量显著正相关，与种子出仁率极显著正相关。神经酸与果实横径、果实纵径、果实百粒重及果实出仁率都呈正相关状态，而与种子的各个性状未达显著性，但呈正相关。不饱和脂肪酸与果实横径、果实纵径、果实着生痕长度、果实百粒重、种子横径、种子百粒重显著正相关，与果实出仁率、种子含油量、种子纵径、种子出仁率极显著正相关。单不饱和脂肪酸与果实横径、果实纵径、果实百粒重、种子横径呈现显著正相关，与种子含油量、种子纵径、种子百粒重、种子出仁率为极显著正相关。多不饱和脂肪酸与果实横径、果实纵径、果实百粒重、种子含油量、种子横径显著负相关，与种子纵径、种子百粒重、种子出仁率极显著负相关。总体上看，果实长径与张开角分别与脂肪酸组分的相关性较弱。元宝枫油酸、亚油酸、神经酸是元宝枫油最重要的营养指标，从不同产区间脂肪酸组分与种子含油量的相关关系可得出，随着种子含油量的升高，十七酸、亚油酸、多不饱和脂肪酸含量会显著降低，油酸、顺式-11-二

表5-12 元宝枫脂肪酸各组分含量与种实性状相关系数

脂肪酸组分含量/%	果实长径/mm	果实横径/mm	果实纵径/mm	果实着生痕长度/mm	果实张开角/(°)	果实百粒重/g	果实出仁率/%
棕榈酸	−0.25	−0.49	0.01	−0.27	0.12	−0.32	−0.39
十六碳烯酸	0.62	0.59	0.89**	0.75*	−0.13	0.00**	0.86**
十七酸	−0.45	−0.65	−0.73*	−0.51	0.09	−0.73*	−0.87**
硬脂酸	0.06	0.26	0.29	0.40	−0.27	0.28	0.56
油酸	0.20	0.12	−0.22	0.01	−0.25	0.01	−0.01
亚油酸	0.65	0.91**	0.71*	0.68*	−0.29	0.84**	0.91**
亚麻酸	0.61	0.46	0.22	0.11	0.19	0.44	0.20
花生酸	0.26	0.63	0.38	0.44	−0.24	0.57	0.75*
顺式-11-二十碳烯酸	−0.32	−0.16	0.16	−0.25	0.11	−0.04	0.13
山嵛酸	0.15	0.30	0.43	0.02	0.11	0.38	0.43
芥酸	−0.41	−0.66	−0.21	−0.52	0.41	−0.47	−0.53
木蜡酸	0.49	0.71*	0.71*	0.74*	−0.35	0.77*	0.91**
神经酸	0.510	0.72*	0.78*	0.59	−0.15	0.79*	0.91**
SFA	−0.41	−0.65	−0.21	−0.52	0.41	−0.47	−0.53
UFA	0.49	0.71*	0.71*	0.74*	−0.35	0.77*	0.91**
MUFA	0.51	0.72*	0.78*	0.59	−0.15	0.79*	0.91**
PUFA	−0.49	−0.69*	−0.77*	−0.51	0.047	−0.78*	−0.88**

脂肪酸组分含量/%	种子含油量/%	种子长径/mm	种子横径/mm	种子纵径/mm	种子百粒重/g	种子出仁率/%
棕榈酸	−0.66	−0.70*	−0.71*	−0.58	−0.68*	−0.56
十六碳烯酸	−0.27	−0.48	−0.35	−0.22	−0.28	−0.08
十七酸	−0.90**	−0.67*	−0.83**	−0.88**	−0.84**	−0.86**
硬脂酸	−0.48	−0.13	−0.16	−0.14	−0.24	−0.52
油酸	0.82**	0.79*	0.80*	0.84**	0.90**	0.74*
亚油酸	−0.80**	−0.49	−0.66	−0.81**	−0.78*	−0.9**
亚麻酸	0.64	0.13	0.37	0.52	0.35	0.70*
花生酸	0.01	−0.05	0.02	−0.11	−0.01	−0.20
顺式-11-二十碳烯酸	0.91**	0.69*	0.76*	0.80*	0.81**	0.92**
山嵛酸	0.08	0.37	0.21	0.07	0.39	−0.09
芥酸	0.74*	0.35	0.52	0.63	0.53	0.81**
木蜡酸	−0.02	−0.24	0.00	0.23	0.04	0.28
神经酸	0.30	0.09	0.24	0.40	0.41	0.58
SFA	−0.67*	−0.37	−0.40	−0.32	−0.39	−0.66
UFA	0.93**	0.61	0.76*	0.83**	0.80*	0.94**
MUFA	0.85**	0.57	0.72*	0.84**	0.84**	0.94**
PUFA	−0.78*	−0.53	−0.67*	−0.81**	−0.82**	−0.90**

**在0.01水平（双侧）上显著相关，*在0.05水平（双侧）上显著相关

十碳烯酸、芥酸、不饱和脂肪酸、单不饱和脂肪酸含量会显著升高，而神经酸也会增加。故可借提高种子含油量来降低饱和脂肪酸含量，提高不饱和脂肪酸含量，由此改善油脂品质。

5）元宝枫种实质量综合评价

以元宝枫果实长径、果实横径、果实纵径、果实百粒重、果实出仁率、种子长径、种子横径、种子纵径、种子百粒重、种子出仁率 10 个表型性状和油脂含量、不饱和脂肪酸含量及神经酸含量作为依据，综合评价 9 个产地所产元宝枫油的油脂特性。供试各产地所产元宝枫油油脂特性的平均隶属函数值计算结果显示，辽宁凤城市蒲石河森林公园、山东曲阜孔府景区、内蒙古科尔沁左翼后旗乌旦塔拉林场这 3 个产地的平均隶属函数值较大。因此，辽宁凤城市蒲石河森林公园、山东曲阜孔府大院、内蒙古科尔沁左翼后旗乌旦塔拉林场的元宝枫具有种实质量较好、油脂品质好且含量高的特点，是较优的油用元宝枫产地（表 5-13）。

表 5-13　元宝枫油资源的平均隶属函数值

产地	NWS	NHJ	NKZHW	NKYZD	LFYS	LFP	LZG	SQ	NWAFU
种实质量隶属函数平均值	0.84	0.00	0.85	0.80	0.76	0.81	0.87	0.64	0.55
油脂含量隶属函数值	0.81	0.00	1.00	0.89	0.83	0.78	0.77	0.73	0.80
不饱和脂肪酸含量隶属函数值	0.87	0.00	1.00	0.78	0.87	0.90	0.73	0.8	0.97
神经酸含量隶属函数值	0.52	0.08	0.34	0.44	0.00	0.95	0.71	1.00	0.63
平均值	0.76	0.02	0.80	0.73	0.61	0.86	0.77	0.79	0.74
排名	5	9	3	7	8	1	4	2	6

2. 维生素 E

1）不同产地元宝枫油维生素 E 含量

采用 HPLC 测定了元宝枫油中维生素 E，并使用外标法计算了总维生素含量。不同产地元宝枫油维生素 E 含量（mg/100g）的测定结果（$\overline{X} \pm SD$）为 NWS 62.86±0.23a、NHJ 60.43±0.14b、NKZHW 58.75±0.04c、NKYZD 69.15±0.29d、LFYS 70.72±0.44e、LFP 74.20±0.57f、LZG 72.42±0.31g、SQ 64.56±0.18h、NWAFU 80.75±0.32i［其中，$\overline{X}$ 表示平均值；SD 表示标准差，标注不同字母者差异显著（$P<0.05$）］。差异显著性分析结果显示供试 9 个产地间的元宝枫油维生素 E 含量在 $P<0.05$ 水平下存在显著差异。

供试 9 个产地元宝枫油样中维生素 E 含量按高低顺序排列为陕西杨凌西北农林科技大学校园>辽宁凤城市蒲石河森林公园>辽宁彰武县高山台森林公园>辽宁法库县叶茂台镇西头台村圣迹山>内蒙古科尔沁右翼中旗代钦塔拉保护区>山东曲阜孔府大院>内蒙古翁牛特旗松树山林场>内蒙古喀喇沁旗井子沟>内蒙古科尔沁左翼后旗乌旦塔拉林场。试验的测定结果低于文献中 125.23mg/100g 的含量值，这可能是采集元宝枫种子的地点与时期不同、实验仪器不同等原因造成。

不同产地元宝枫油的维生素 E 含量差异较大，其中，维生素 E 含量最高的是陕西杨凌西北农林科技大学校园（80.75mg/100g）；维生素 E 含量最低的是内蒙古科尔沁左翼后旗乌旦塔拉林场（58.75mg/100g），平均含量为 68.20mg/100g，高于常见的棕榈油、花生油、菜籽油、茶籽油等植物油，是较好的维生素 E 资源。通过元宝枫油维生素 E 含量变异分析发现，9 个不同产地元宝枫维生素 E 含量变异范围为 58.75～80.75mg/100g，变异系数 10.50%，标准差 7.16。从变异系数大小来看，元宝枫种子油维生素 E 含量变异丰富度不高，变化较稳定。

2）元宝枫维生素 E 含量与产地环境因子的关系

元宝枫维生素 E 含量与环境因子的相关系数见表 5-14。

表 5-14　元宝枫维生素 E 含量与环境因子的相关系数

指标	经度/（°）	纬度/（°）	年均温/℃	年降水量/mm	无霜期/天	≥10℃积温/℃	海拔/m
维生素 E 含量/（mg/100g）	−0.68*	−0.44	0.46	0.54	0.52	0.51	−0.40

*在 0.05 水平（双侧）上显著相关

维生素 E 与环境因子的相关性分析结果显示，维生素 E 与经度呈显著负相关，说明随着经度的增大，维生素 E 含量会显著减少。分别以环境因子为自变量，经度（X_1）、纬度（X_2）、年均温（X_3）、年降水量（X_4）、无霜期（X_5）、≥10℃积温（X_6）、海拔（X_7），以维生素 E 含量为因变量（Y），进行多元逐步回归分析得到环境因子与维生素 E 含量的最佳回归方程：

$$Y = 1.44X_i + 128.55 \qquad (R = 0.684)$$

式中：i=1，2，3，4，5，6，7。

多元逐步回归分析结果表明在经度、纬度、年均温、年降水量、无霜期、≥10℃积温、海拔 7 个环境因子中，经度是影响不同产地元宝枫维生素 E 含量的最主要因素。由此可知，产地所处的经度对维生素 E 的含量变化影响较大。

3. 蛋白质

以果实长径、果实横径、果实纵径、果实百粒重、果实出仁率、种子长径、种子横径、种子纵径、种子百粒重、种子出仁率、蛋白质含量共 11 个指标作为综合评定的依据，9 个产地的平均隶属函数值计算结果显示，内蒙古科尔沁左翼后旗乌旦塔拉林场排名第 1 位，内蒙古科尔沁右翼中旗代钦塔拉保护区排名第 2 位，辽宁彰武县高山台森林公园排名第 3 位。这 3 个产地的平均隶属函数值均超过了 0.9，故内蒙古科尔沁左翼后旗乌旦塔拉林场、内蒙古科尔沁右翼中旗代钦塔拉保护区、辽宁彰武县高山台森林公园元宝枫同时具有种实质量较优、蛋白质含量较高的特点，因此种实品质较好（表 5-15）。

三、苗木质量

我国槭属植物种类多、分布广。但大多都处于野生状态，以古树林、稀树疏林、天然混交林和天然次生林的形式存在，多数的珍贵槭属种质资源并未得到有效的开发和利用。

表 5-15 元宝枫蛋白质资源平均隶属函数值

产地	松树山	井子沟	乌旦塔拉	代钦塔拉	圣迹山	蒲石河	高山台	孔府大院	西北农林科大
种实质量隶属函数平均值	0.84	0.00	0.85	0.80	0.76	0.81	0.87	0.64	0.55
蛋白质含量隶属函数值	0.23	0.00	0.97	1.00	0.59	0.63	0.93	0.12	0.63
平均值	0.54	0.00	0.92	0.91	0.67	0.72	0.90	0.38	0.59
排名	7	9	1	2	5	4	3	8	6

有效保护和科学发展槭树资源是林业工作的中心任务，而林木种苗是开发森林资源的关键所在（国家林业局，2009）。近年来，槭树林木资源以其特有的经济价值和药用保健作用及产业链条长、产品附加值高、综合效益高和市场潜力大等特点备受社会关注，不仅一些地方国企、私企纷纷转型发展槭树产业，而且一些新型农业经营主体、农民合作社也将其作为经济发展新的增长点进行开发利用，大力发展元宝枫、五角枫、三角枫、鸡爪槭、桦叶槭、美国红枫等槭树产业，初步形成了以市场牵龙头、龙头带基地、基地联农户的产供销一体化发展格局。据不完全统计，全国现有规模化槭树育苗企业 600 多家，总育苗面积达 3.3 万 hm^2，年产槭树苗木 100 亿株，产值超过 200 亿元，为农民脱贫增收和推动槭树产业持续健康发展做出了重要贡献。

（一）播种育苗出苗情况

选择长柄槭、葛萝槭、飞蛾槭、建始槭、血皮槭等种子进行初选，去除残果、青果、秕果、虫果等，然后阴干、去翅，用水漂法去除杂质，选出的饱满净果用清水浸泡 48 h，进行沙藏。第 2 年 3 月上旬取出筛去沙子，放在小拱棚下进行催芽。当 20% 的种子出现露白后按 50 cm 行距，进行条播，每种播 5 行，行间混播。播种时先在畦内灌足底水，等水渗下再播。播种后覆 0.5cm 的细土。播后 2 个月（5 月 10 日）进行出苗率调查统计，结果表明，几种槭树播种出苗率有较大差异。飞蛾槭和建始槭出苗率最高，分别为 98.5% 和 95.6%，长柄槭、葛萝槭出苗率也都超过 80%，血皮槭最低，仅为 34.6%。这可能是由不同种的果实特性及生理特点决定的。

（二）播种苗生长情况

树木年生长量与树种自身的遗传特性有关。一般来说，苗高、地径两项数据越大，苗木的生长情况越好。从苗木地径和苗木高度两个指标来看，不同槭树在同一地区播种苗生长量差异很大。例如，在河南省漯河市召陵区青年镇槭树试验基地，长柄槭地径和苗高的 3 年平均生长量分别是血皮槭地径和苗高 3 年平均生长量的 2 倍和 1.98 倍，建始槭和飞蛾槭 3 年平均生长量都超过 1.0 cm。血皮槭生长量最小，这 5 种槭树按生长量排序为长柄槭＞建始槭＞飞蛾槭＞葛萝槭＞血皮槭（表 5-16）。

（三）元宝枫实生幼苗生长特性

2019 年 3 月 5～8 日在西北农林科技大学扶风元宝枫试验示范基地随机选取生长正常的 1 年、2 年、3 年生元宝枫实生苗木各 40 株，利用卷尺（精度 0.01cm）和游标卡尺

（精度 0.01mm）测定其苗高、地径、主根粗、主根长、根幅、Ⅰ级侧根数、Ⅱ级侧根数、>2mm 侧根数及Ⅰ级侧根总长、Ⅱ级侧根总长等，结果见表 5-17。

表 5-16 5 种槭树生长量统计 （单位：cm）

树种	1 年生苗		2 年生苗		3 年生苗		年均生长量	
	地径	苗高	地径	苗高	地径	苗高	地径	苗高
飞蛾槭	0.6	80	1.5	150	2.8	217	1.1	68.5
长柄槭	0.8	150	1.9	260	3.5	366	1.4	108
葛萝槭	0.5	70	1.5	140	2.3	204	0.9	67
建始槭	0.7	150	1.7	230	2.9	318	1.1	84
血皮槭	0.4	50	0.9	99	1.7	159	0.7	54.5

资料来源：司长征等，2021

表 5-17 元宝枫株高、地径和根幅统计表

苗龄/年	统计函数	株高	地径	根幅
1	平均数/cm	108.65	1.30	35.50
	方差/cm	207.16	0.04	78.01
	标准差/cm	14.39	0.21	8.83
	变异系数/%	13.24	16.10	24.87
	变幅/cm	81.00～144.00	0.97～1.68	14.50～59.00
	低于平均数植株频率/%	48.00	41.50	46.30
2	平均数/cm	186.85	2.04	53.05
	方差/cm	218.13	0.07	72.78
	标准差/cm	14.77	0.26	8.53
	变异系数/%	7.90	12.77	16.08
	变幅/cm	154.00～215.00	1.56～2.79	35.80～83.20
	低于平均数植株频率/%	41.50	51.20	58.50
3	平均数/cm	193.60	3.18	80.75
	方差/cm	274.93	0.10	429.91
	标准差/cm	16.58	0.31	20.73
	变异系数/%	8.56	9.74	25.67
	变幅/cm	156.50～228.50	2.79～4.11	34.60～136.80
	低于平均数植株频率/%	53.70	46.30	43.90

统计分析表明，元宝枫 1～3 年实生苗生长量变异丰富，1 年、2 年、3 年苗株高变异系数分别为 13.24%、7.90%、8.56%，地径变异系数分别为 16.10%、12.77%、9.74%，根幅变异系数分别为 24.87%、16.08%、25.67%，其中，1 年生苗变异系数最大，3 年生幼苗比 2 年生幼苗分化明显。其可能的原因是，由于生长空间的限制，第 1 年生长空间比较充足，有利于苗木生长分化，随着苗木年龄的增加，生长空间限制了苗木的生长发育。第 3 年，苗木分枝结构及叶片数增加，为其生长发育提供营养，因此 3 年生苗木变异较大。一般情况下，元宝枫幼苗地径与株高呈极显著正相关，即株高越高，地径越粗；元宝枫幼苗根幅与地径呈极显著正相关，即地径越粗，根幅越大；元宝枫幼苗株高与根

幅呈显著正相关，即根幅越大，株高越高。相关性分析表明，1 年、2 年、3 年生元宝枫幼苗地径-株高、根幅-地径、株高-根幅均呈极显著相关性（表 5-18）。

表 5-18　元宝枫苗木各生长性状相关系数 t 值检验结果

生长性状	相关系数			相关系数 t 值			
	地径-株高	根幅-地径	株高-根幅	地径-株高	根幅-地径	株高-根幅	$t_{0.001, 98}$
1 年苗木	0.754**	0.765**	0.660**	47.093**	24.621**	42.149**	
2 年苗木	0.472**	0.623**	0.599**	78.783**	38.046**	70.660**	3.390
3 年苗木	0.512**	0.754**	0.532**	72.509**	23.628**	38.231**	

**表示在 0.01 水平上显著相关

　　元宝枫 1～3 年实生苗的株高平均生长量及连年生长量随苗龄增加而逐渐减小，且地径生长、株高生长和根幅生长之间显著相关（α=0.01）（表 5-19）。根据元宝枫幼苗生长规律，元宝枫幼苗株高、地径及根幅总生长量均不断增加。其中，元宝枫株高的连年生长量及平均生长量均呈下降趋势；地径的连年生长量及平均生长量和根幅的连年生长量及平均生长量均在第二年出现低谷。究其原因，元宝枫幼苗种植比较密集，生长过程缺乏管理，幼苗的生长受到限制造成株高、地径及根幅的生长在之后两年较低。

表 5-19　元宝枫幼苗生长规律调查表

年龄/年	株高/m			地径/cm			根幅/cm		
	总生长量	连年生长量	平均生长量	总生长量	连年生长量	平均生长量	总生长量	连年生长量	平均生长量
1	1.087	1.055	1.087	1.305	1.305	1.305	35.496	35.496	35.496
2	1.869	0.782	0.935	2.036	0.731	1.018	53.050	17.557	26.525
3	2.007	0.138	0.669	3.184	1.148	1.061	80.751	27.701	26.917

（四）不同产地元宝枫苗木生长差异

　　受地理环境、气候条件和管理技术的影响，同一树种不同产地的苗木生长量差异也很大。从内蒙古、辽宁和陕西 7 处元宝枫苗木生长情况调查结果来看，辽宁法库县叶茂台镇西头台村圣迹山 1 年生元宝枫幼苗最高，陕西西北农林科技大学扶风元宝枫试验示范基地 1 年生元宝枫幼苗基径最大，内蒙古翁牛特旗松树山林场和科尔沁左翼后旗乌旦塔拉林场的 1 年生元宝枫苗高和基径均为最小；辽宁盖州市红旗大街凯隆家园 2 年生和 3 年生苗高和地径均远高于其他产地，苗高与地径生长量表现最差的为辽宁彰武县高山台森林公园种源。不同产地的 1 年生、2 年生、3 年生元宝枫苗高和地径变幅分别为 60.00～130.00cm和 0.80～1.30cm、170.00～300.00cm 和 1.50～2.30cm、194.00～440.00cm 和 2.00～4.00cm，极差分别为 70.00cm 和 0.50cm、130.00cm 和 0.80cm、246.00cm 和 2.00cm，变异系数分别为 28.15%和 19.35%、21.12%和 13.02%、27.96%和 26.39%（表 5-20）。

　　根据对来自内蒙古翁牛特旗松树山林场、内蒙古科尔沁左翼后旗乌旦塔拉林场、辽宁法库县叶茂台镇西头台村圣迹山、辽宁彰武县高山台森林公园、山东曲阜孔府景区、辽宁盖州市红旗大街凯隆家园 6 个产地元宝枫种子在陕西杨凌西北农林科技大学校园一年实播苗平均苗高和平均地径分析，同一树种不同产地种子在同一地区播种苗生长量差

表 5-20   不同产地元宝枫苗木生长量   （单位：cm）

地点	1 年生		2 年生		3 年生	
	苗高	地径	苗高	地径	苗高	地径
NWS	80	0.80	200	2.00	310	2.00
NKZHW	60	1.00	200	1.80	260	2.50
辽宁盖州市红旗大街凯隆家园	125	0.80	300	2.30	440	4.00
LFYS	130	0.90	180	2.00	240	3.50
LZG	70	0.80	200	1.50	250	2.00
SQ	100	0.90	170	1.80	280	3.00
陕西西北农林科技大学扶风元宝枫试验示范基地	109	1.30	187	2.04	194	3.18
平均数	96.29	0.93	205.29	1.92	280.00	2.88
标准差	27.11	0.18	43.35	0.25	78.28	0.76
变异系数	28.15%	19.35%	21.12%	13.02%	27.96%	26.39%
变幅	60.00~130.00	0.80~1.30	170.00~300.00	1.50~2.30	194.00~440.00	2.00~4.00
极差	70.00	0.50	130.00	0.80	246.00	2.00

注：表中生长量为育苗试验地内相应产地 100 株苗木生长量实测值的平均值。调查时间 2020 年 1 月 13 日

异很大，其中，内蒙古科尔沁左翼后旗乌旦塔拉林场苗高生长量最大，内蒙古翁牛特旗松树山林场次之，辽宁凤城市蒲石河森林公园苗高生长量最小。辽宁彰武县高山台森林公园地径生长量最大，内蒙古科尔沁左翼后旗乌旦塔拉林场次之，辽宁法库县叶茂台镇西头台村圣迹山地径生长量最小（表 5-21）。

表 5-21   不同产地一年生元宝枫苗木生长量

产地	NWS	NKZHW	LFYS	LFP	LZG	SQ	极差	平均	标准差	变异系数
苗高/cm	6.00	7.41	0.90	0.47	4.61	1.58	6.94	3.495	2.912	83.32
地径/cm	0.74	1.14	0.58	0.66	1.23	1.04	0.65	0.898	0.273	30.40

注：表中生长量为育苗试验地内相应产地 100 株苗木生长量实测值的平均值

第二节   林 木 资 源

一、天然林

槭属植物为落叶或常绿乔木、灌木，其树形优美、秋叶色变化多样，在园林观赏中被广泛应用（刘仁林，2003），同时在药用、食用、建材化工等方面也具有重要的应用价值，是兼具生态效益和经济价值的乡土树种资源。其中有许多世界著名的观赏树种，如鸡爪槭、元宝枫、五角枫、秀丽槭、中华槭及茶条槭等（卓丽环和陈龙清，2004）。从树型来看，元宝枫、五角枫、茶条槭、细裂槭、紫花槭为乔木树种，梣叶槭、三花槭及花楷槭为小乔木树种。根据秋色叶颜色变化的不同，茶条槭、三花槭、大叶细裂槭及紫花槭秋叶为红色，五角枫、梣叶槭及花楷槭秋叶为黄色，元宝枫秋叶颜色依据气候、立地条件的不同变化为黄色或红色（陈有民，1990）。据不完全统计，目前全国天然元宝枫林总面积约 8 万 hm²，主要集中分布于内蒙古自治区兴安盟科尔沁右翼中旗代钦塔

拉苏木五角枫自然保护区、内蒙古自治区赤峰市翁牛特旗松树山自然保护区、内蒙古自治区通辽市科尔沁左翼后旗乌旦塔拉自治区级自然保护区、内蒙古自治区通辽市科尔沁左翼后旗大青沟国家级自然保护区、辽宁省沈阳市法库叶茂台圣迹山景区、辽宁省彰武县五峰镇高山台省级森林公园、北京西山国家森林公园、北京小龙门国家森林公园和北京八达岭国家森林公园，河北省平泉市松树台乡小西梁村古树群、山东泰山罗汉崖和凤仙山；散生分布于内蒙古科尔沁左翼后旗甘旗卡镇、常胜镇、散都苏木、阿古拉镇，辽宁省建平县、喀左县、阜蒙县、彰武县、法库县，河北省承德市兴隆县（雾灵山）。不同分布区天然槭林资源状况见表 5-22。

表 5-22　不同分布区天然槭林资源状况

序号	地址	资源状况	备注
1	内蒙古自治区兴安盟科尔沁右翼中旗代钦塔拉五角枫自然保护区	五角枫面积 10 108.2hm²，其中，罕山景区和代钦塔拉苏木景区境内五角枫总面积 1198.9hm²，蓄积量 10 637m³	李来顺，2017；王峰等，2017
2	内蒙古自治区通辽市科尔沁左翼后旗乌旦塔拉省级自然保护区	五角枫面积 3534hm²（53 000 亩），树龄 50～500 年。平均高度 15m，平均冠幅 16～20m，胸径 80～100cm	
3	内蒙古自治区通辽市科尔沁左翼后旗大青沟国家级自然保护区	五角枫平均年龄 50～300 年，平均高度 12m，平均冠幅 11.6m，平均胸径 31.8cm	
4	内蒙古自治区赤峰市翁牛特旗松树山自然保护区	元宝枫面积 4667hm²（66 700 多株）。平均年龄 500～700 年，平均高度 7m，平均冠幅 10m，平均干高 40cm 处直径 41.6cm。生长发育良好，形成了科尔沁沙地一片绿色海洋	岳秀贤等，2017
5	辽宁省沈阳市法库县叶茂台镇圣迹山景区	元宝枫面积约 30hm²，1000 余株，其中百年以上有 400 余株，其树大根深、枝繁叶茂，最古老的"枫树王"年龄 990 年，干高 70cm 处直径 1.27m，平均冠幅 12.75m，树冠投影面积 500m² 以上	陈有民，1990
6	辽宁省彰武县五峰镇高山台森林公园	元宝枫面积约 45hm²，元宝枫与油松混交林，生长良好，元宝枫树最大胸径 45.3cm，平均胸径 31.0cm。但种实产量极低，果实虫害较重，个别有枯死现象发生	
7	河北省平泉市松树台乡小西梁村古树群	元宝枫纯林面积约 10hm²。其中，树龄 100 年以上的有 300 多株，树龄最长的达 500 年。平均树高在 10～15m，胸径 25.5～51.0cm，最大冠幅达 15m。林下元宝枫天然更新良好，小树密布丛生	
8	河北省兴隆县雾灵山国家级自然保护区	元宝枫天然林分布在燕山山脉主峰雾灵山海拔 1000～1400m，资源丰富，数量较多，且具有多个龄级的树木，但果实种仁小，生活力弱，且多遭受虫害	
9	北京八达岭国家森林公园	除红叶岭景区有 5 万株黄栌、元宝枫、五角枫外，在进入园区约 700m 处有 100 年以上的元宝枫自然居群，海拔约为 600m	
10	山东省泰安市泰山元宝枫天然林	元宝枫纯林分布于罗汉崖景区海拔 300m 左右。元宝枫为该地段优势树种，树龄约为 40 年，树高约为 20m，胸径在 20～25cm 的单株居多，存在分支点高、干性好的优良单株；种群能够自然更新	
11	陕西省渭南市华阴市华山景区元宝枫天然林	血皮槭、元宝枫和五角枫分布于华山苍龙岭（海拔 1600m～2070m）区域，伴生树种以油松、血皮槭、黄栌、辽东栎、山杨为主，但多数不结实或虽产果，但不能形成种仁	
12	陕西汉中市略阳县河口镇秦岭元宝枫天然林	元宝枫天然林面积约 8hm²，分布区海拔 1000m 左右，百年以上大树 20 多株，其中最大树胸径 70cm，高度 12m，平均冠幅 13m	
13	陕西太白山国家级自然保护区	庙台槭分布于南北坡海拔 1100～1550m，多单株生长，很少聚集生长。种群年龄结构合理，自然更新良好，处于种群增长期。在立地较好地段上一般树高 20～28m，胸径 30～45cm	李双喜和郑曼莉，2018

续表

序号	地址	资源状况	备注
14	湖北省随州市长岗镇大洪山国家森林公园	元宝枫主要分布在700～800m的山区。主要作为色叶树种,与白蜡、银杏、栎树、黄栌、紫薇树等组成秋季五彩斑斓的特有景观	
15	四川省阿坝藏族羌族自治州九寨沟县九寨沟国家级自然保护区	元宝枫分布海拔2000m以上,主要作为色叶树种,姹紫嫣红,表现极好	

(一)分布密度

受自然和人为因素的共同影响,野生槭树在各个地区的分布密度各不相同。实地调查发现,大多数采样点的野生槭树居群均呈集中成片或零星分布,只有翁牛特旗、科尔沁右翼中旗、科尔沁左翼后旗和葫芦岛几个地区的天然槭林呈块状分布(鲁敏等,2020)。复杂的地形地势和多样的气候类型是导致野生槭树分布密度差异的重要因素。此外,环境主导元宝枫居群的兴衰在实地调查中也得以印证,在内蒙古翁牛特旗、科尔沁右翼中旗、科尔沁左翼后旗、阿鲁科尔沁旗、辽宁彰武和法库及河北邢台的元宝枫居群均以成年个体树为主,罕见幼苗幼树,居群整体呈现不同程度的衰退状态;在辽宁葫芦岛、山东泰安及北京香山地区的元宝枫居群,实生幼苗数量多且密集,说明野生元宝枫在当时环境下有很强的生命力。

人类的活动是影响野生元宝枫居群分布密度的另一个重要因素。在调查过程中发现,在山东济宁、内蒙古赤峰、河北邢台及重庆酉阳的偏远山区,当地居民有砍伐槭树作房屋搭建木材或者冬季取暖燃料的习惯,无限制的乱砍滥伐造成这些地区的野生槭树资源严重浪费。例如,翁牛特旗松树山元宝枫居群所在的科尔沁沙地,原生长着我国面积最大的元宝枫天然林,但由于全球变暖、沙漠化加剧和人口增长、过度放牧、乱砍滥伐的影响,天然林面积由新中国成立时的2万hm^{2}缩减至目前的2000～2700hm^2(赵一之等,2020)。

(二)植物学特征

1. 野生元宝枫树体、果实及叶片特征

实地调查结果表明,不同居群的树龄在7～150年,其中内蒙古翁牛特旗松树山林场的元宝枫居群树龄较大,普遍在70年以上;成年野生元宝枫的株高、胸径和冠幅在不同居群间差异明显,主要受环境的影响;野生元宝枫的树姿一般较为开展,树冠以伞形和半球形为主。此外,成熟果实基本为双翅果,三翅果和四翅果仅在辽宁葫芦岛、山东济宁居群有见,说明野生元宝枫居群存在着天然变异,但发生的概率很低;不同果型的占比差异较大,按照比例大小依次为大翅型(54.5%)>宽翅型(27.3%)>小翅型(18.2%),分析认为,大翅型的翅果在下落过程中受空气浮力大,容易漂浮至远处,从而利于其自身的传播繁衍;果皮颜色多为棕黄色和褐色。叶为3～7裂,多为5裂;裂片的形状多以三角卵形和披针形为主,并且秋色叶集中于红色和黄色。实地调查登记的野生元宝枫树体、果实及叶片特点见表5-23。

表 5-23 元宝枫天然林树体、果实、叶片特征

项目	性状	指标
树体	树龄/年	7～150
	株高/m	1.2～23
	胸径/cm	2.2～240
	冠幅/m	0.96～323
	树姿	多直立、开张
	树冠形状	多伞形和半球形
果实	果皮颜色	棕黄色和褐色
	果实形态	宽翅型：27.3%；小翅型：18.2%；大翅型：54.5%
	果实状态	多双翅果，偶见三翅、四翅变异
叶片	裂叶数	3～7，多 5
	裂片形状	多三角状卵形和披针形
	落叶颜色	黄色和红色

2. 野生元宝枫果实经济性状

野生元宝枫果实的经济性状调查结果表明，野生元宝枫果实整体的空壳率在 10% 以下，种子出仁率在 31.68%～69.54%，平均值接近 50%，说明果实总体质量较好。种子和果实千粒重变化幅度很大，说明种实的大小及饱满程度差别大，品质不一（表 5-24）。

表 5-24 野生元宝枫果实经济性状特点

经济性状	最大值	最小值	平均值	标准差
空壳率/%	16.8	1.02	9.35	5.60
出仁率/%	69.54	31.68	46.84	10.63
果实千粒重/g	215.66	55.03	101.53	20.62
种子千粒重/g	149.98	21.01	52.29	10.47

（三）群落组成

野生元宝枫分布范围广，群落组成复杂多样，常以槭树落叶阔叶树混交为主。总体来讲，组成群落的科主要有松科（Pinaceae）、柏科（Cupressaceae）、壳斗科（Fagaceae）、忍冬科（Caprifoliaceae）、鼠李科（Rhamnaceae）、豆科（Leguminosae）、椴树科（Tiliaceae）、木犀科（Oleaceae）、槭树科（Aceraceae）、漆树科（Anacardiaceae）、蔷薇科（Rosaceae）、山茱萸科（Cornaceae）、桑科（Moraceae）、紫葳科（Bignoniaceae）、楝科（Meliaceae）、桦木科（Betulaceae）、胡桃科（Juglandaceae）、猕猴桃科（Actinidiaceae）、葡萄科（Vitaceae）、十字花科（Cruciferae）、百合科（Liliaceae）、商陆科（Phytolaccaceae）等。调查地区样地的元宝枫群落层次清晰，其中乔木层伴生植株主要有鼠李（*Rhamnus davurica*）、栗（*Castanea mollissima*）、刺槐（*Robinia pseudoacacia*）、忍冬（*Lonicera japonica*）、椴树（*Tilia tuan*）、油松（*Pinus tabuliformis*）、黄连木（*Pistacia chinensis*）、圆柏（*Sabina chinensis*）、楸树（*Catalpa bungei*）、麻栎（*Quercus acutissima*）、黑松（*Pinus thunbergii*）、

苦楝（*Melia azedarach*）、构树（*Broussonetia papyrifera*）、女贞（*Ligustrum lucidum*）、朴树（*Celtis sinensis*）、栓皮栎（*Quercus variabilis*）、核桃（*Juglans regia*）、梾木（*Cornus macrophylla*）、三角枫（*A.buergerianum*）、白桦（*Betula platyphylla*）、白蜡树（*Fraxinus chinensis*）、杏树（*Armeniaca vulgaris*）等；灌木层伴生植物主要有柽柳（*Tamarix chinensis*）、锦鸡儿（*Caragana sinica*）、绣线菊（*Spiraea salicifolia*）、黄荆（*Vitex negundo*）、黄栌（*Cotinus coggygria*）、榛子（*Corylus heterophylla*）、山樱桃（*Prunus serrulata*）、野蔷薇（*Rosa multiflora*）、野葡萄（*Ampelopsis brevipedunculata*）、灯台树（*Bothrocaryum controversum*）等；草本层伴生植物主要有野生猕猴桃（*Actinidia*）、蕨类（*Pteridium*）、诸葛菜（*Orychophragmus violaceus*）、桔梗（*Platycodon grandiflorus*）、紫菀（*Aster tataricus*）、益母草（*Leonurus artemisia*）、艾（*Artemisia argyi*）、麦冬（*Ophiopogon japonicus*）、菊属一种（*Dendranthema* sp.）、商陆（*Phytolacca acinosa*）、狗尾草（*Setaria viridis*）、狼尾草（*Pennisetum alopecuroides*）、车前（*Plantago asiatica*）、泽泻（*Alisma plantago-aquatica*）、紫苜蓿（*Medicago sativa*）和各种杂草（安定国，2002；浙江植物志编委会，1993；江苏省植物研究所，1986）。在调查过程中发现，元宝枫和五角枫一般为群落中的次生林，只有在内蒙古的翁牛特旗、科尔沁右翼中旗、科尔沁左翼后旗，辽宁彰武和法库，河北邢台为优势种，但这几个地区干旱、寒冷、风大，整体生长状态不佳；元宝枫和五角枫居群适生范围一般分布于松树林与桦木林之间；辽宁葫芦岛、河南济源、陕西安康、山东泰安、河南信阳等地区气候比较温暖湿润，土壤相对肥沃，元宝枫为争夺更多的生长空间，成年树的株高、分枝点均较高，胸径冠幅较小，叶片、果实主要集中生长于树冠向阳处。

（四）资源现状

目前，在我国的天然槭树林种群结构中，普遍存在老龄化，大多数都表现出不同程度的衰退现象。据调查，现存的天然槭树林 90% 以上林分处于枯梢和衰败状态，林区内枯立木、裸根树、风倒木俯拾皆是，形成独特的"奇异树林"。天然降水稀少、地下水位下降和风蚀沙化土地面积的扩大是导致成片的槭树林逐渐干枯死亡的主要原因（李合生，2000）。加之槭树的根蘖能力弱，种子有性繁殖较困难，落在沙漠化土地上较难形成实生苗、完成有性生殖，延续具适应环境、抵抗疾病和病虫害等变异能力的种群，林下天然更新的幼苗和幼树甚少，中龄树较多，老龄树最多，成熟龄树较少，年龄结构呈较典型的倒金字塔形分布，林龄偏大且比较稀疏，生长已受到抑制，为衰退型种群，也难以形成以母株为中心的大片无性系槭树林，从而出现槭树林一病皆病、一腐皆腐的群体衰退现象（李红喜等，2013）。人工栽植的槭树林和育苗地，由于种群密度大，通风透光能力弱，病虫害发生率达 30%～40%，林木受灾率达 50%，导致林分质量下降，甚至部分林木死亡。

元宝枫是我国特有植物，虽然种群数量大、分布面积广，但是受到长期的采伐和人为破坏，种群数量锐减，分布零散，种群受到严重威胁，种质资源亟待保护。尤其是恶劣的生长条件和长期干旱缺水，加之普遍缺少管理或粗放经营，致使黄刺蛾、天牛、蚜虫、尺蠖、白粉病、褐斑病、槭果大漆斑病等病虫害时有发生，而且在有些地方还比较严重，大大降低了林分质量。

天然元宝枫林的管护形势日趋严峻（包哈高娃等，2019；杨继平等，2021）。近年来，由于大面积开荒种地及对水资源过度无序开发和低效利用，大量天然植被被破坏，区域内生态系统遭受严重破坏，地下水位下降，元宝枫正常生长受阻，种群密度逐渐降低，"小老树"现象随处可见；同时，随着元宝枫林景区的游客数量剧增，游客乱丢烟头、随地生火等现象屡有发生，个别地段元宝枫林地小面积火灾时有发生，护林防火形势不容乐观；此外，每年国庆节后的红叶季节，一些进入景区的游客随意翻越保护区围栏进出元宝枫林、践踏元宝枫幼苗，有的甚至破坏围栏，损毁了元宝枫林保护区的管护设施，严重影响了元宝枫的正常生长。

二、人工林

（一）人工造林概况

近年来，随着科技的发展和人们认识的提高，元宝枫、五角枫、鸡爪槭、三角枫、栓叶槭等以其抗旱、抗寒、耐瘠薄和适应性广的优良生态特性，在退耕还林、荒漠化防治、生态环境修复、园林绿化工程、农业产业调整等工程建设中得到了广泛的推广和应用，并呈现出良好的发展态势。目前，元宝枫已在贵州、陕西、山西、云南、内蒙古、河南、四川、河北、江苏、浙江、重庆、天津和北京等 20 个省（自治区、直辖市）进行规模化种植和推广。河南省济源市林业工作站和温州市兴工建设有限公司分别在2015 年和 2018 年编制的《元宝枫栽培技术规程》的河南地方标准（DB41/T1261-2016）和企业标准（Q/XGJS 008-2018），为元宝枫丰产栽培提供了理论参考，并在产业建设和发展中发挥了指导意义。据不完全统计，截至 2020 年年底，元宝枫人工造林面积已达 3.3 万 hm^2。其中，贵州省六盘水市盘州市 0.8 万 hm^2、贵阳市清镇市 0.4 万 hm^2；内蒙古自治区通辽市开鲁县 0.7 万 hm^2，科尔沁左翼后旗 0.5 万 hm^2，科尔沁左翼中旗0.13 万 hm^2。

（二）人工林资源现状

近年来，我国人工种植元宝枫规模增长迅速，在"三北"（东北、华北、西北）、山东、河南、四川、重庆、贵州等地形成了初具产业规模的元宝枫种植基地，成立了大型专业合作社和深加工企业，但苗木质量良莠不齐，苗木市场价格混乱，加之种植企业技术力量缺乏、管理投入不足、管理粗放，甚至出现了重栽轻管和只栽不管的问题，造成种植基地低量低效。另外，在采用传统种植模式下，元宝枫树体高大，采用高定干的园林绿化苗木建造叶果生产园，不仅土地、人力资源浪费严重，而且采摘难度大、生产成本高、产量低、品质差，效益不高，影响企业和农户种植元宝枫的积极性，导致元宝枫产业种植周期长，投产晚，产量低，效益差，相关产品难以实现现代工业化大量生产。调查发现栽植 10 年的元宝枫只有 20%左右是开花和结果的，80%以上不开花也不结籽，难以进行元宝枫产品的综合利用开发，导致元宝枫产品生产成本大大增加，经济效益低于花椒、核桃、油茶、苹果等其他经济林树种。

第三节　资源保护与利用

一、保护与利用价值

（一）面临问题

我国槭树种类繁多，分布地域广，在推动区域经济发展、调整农村产业结构、提高农牧民增收和脱贫攻坚及维护生态安全屏障中具有重要作用。但是，受地下水位下降、天然降水稀少、风蚀沙化土地面积扩大的影响，不仅有许多成片天然槭林因缺水而逐渐干枯死亡导致天然槭林萎缩，而且天然槭林普遍老龄化，表现出十分明显的衰退现象。现存的天然槭树林90%以上林分处于枯梢和衰败状态，林区内俯拾可见枯立木、裸根树、风倒木形成的"奇异树林"独特景观。加之，由于沙漠化土地上的元宝枫、五角枫等槭属植物天然更新的有性繁殖较困难，种子落地后较难形成实生苗，完成有性生殖，延续具适应环境、抵抗疾病和病虫害等变异能力的种群，而且因这些槭树的根蘖能力弱，也难以形成以母株为中心的大片无性系槭树林，从而出现槭林中幼苗和幼树甚少，中龄树较多，老龄树最多，成熟龄树较少，年龄结构呈较典型的倒金字塔形分布，林龄偏大且比较稀疏，生长已受到抑制，为明显的衰退型种群，并且未来衰退速度将会更快。尤其是很多珍贵的野生槭树种群已面临不同程度的生存的威胁。在《中国物种红色名录》第一卷收录的115种（变种）槭树植物中，国家特有的70种；濒危和极危的38种；既是濒危和极危的，又是中国特有的32种。例如，秀丽槭、金钱槭和元宝枫等13种被列为近危种；庙台槭和梓叶槭等44种被列为易危种；血皮槭和剑叶槭等26种被列为濒危种；梧桐槭和羊角槭等13种被列为极危种。大叶细裂槭、梓叶槭、羊角槭和云南金钱槭4种我国特有种被列为国家二级保护植物（汪松和解焱，2004）。对我国槭树主要分布区天然群体资源调查发现，野生的槭树大多数生存环境十分恶劣，有些单株甚至生长在非常贫瘠的土层或岩石的缝隙中，存在强烈的种间竞争，如血皮槭华山群体动态表现为衰退趋势；天然更新以种子为主，但80%的大树不结实，且空籽率高达60%左右；种子果壳木质化坚硬，导致种子难以萌发。另外，还存在严重的人为盗伐现象。总之，各种因素综合导致群体数量不断下降。此外，刺蛾、天牛、蚜虫、尺蠖、叶白粉病、褐斑病、槭果大漆斑病等在天然槭树林和人工槭树林中不仅时有发生，而且在有些地方危害还比较严重。特别是人工栽植的槭树和育苗地，由于种群密度大，通风透光能力弱，病虫害发生率达30%～40%，林木受灾率达50%，导致林分质量下降，甚至部分林木死亡。

（二）重要意义

野生槭树植物是宝贵的自然资源。因地制宜，多措并举，积极拯救保存槭树遗传基因，保护槭林自然资源，对于维护生态环境和生物多样性、实现人与自然和谐相处、推进生态文明建设具有重要意义。

1. 改善生态环境,维持生态平衡

槭树植物以其体型高大、形态多样、观赏期长、适应性强、养护成本低等特点成为生态环境建设的重要组成部分,对促进生态系统良性循环、改善人们赖以生存环境发挥着长远的影响。同时,槭树植物资源是地方历史发展和文化建设的载体,其种类的生长情况均能反映出当地环境的特点和植物资源种类的特点,对促进地方林业发展有着长足的影响。

2. 重要自然资源和原材料来源

槭树植物种类丰富、产品多样,可用于栲胶生产、药用、食品加工等方面,其树叶、树皮、果皮、果仁和树根是食用油、保健茶、化妆品和医药产品的上等原料。树汁芳香无毒,富含人体所必需的营养物质,可调节机体的生理功能;嫩芽和嫩叶可代茶饮用或开发保健饮品,具有生津止渴、清咽利喉、清热解毒、降压明目、兴奋高级神经中枢及缓解疲劳的作用。槭树富含天然多酚类化合物,附加在化妆品配方中,可祛除面部雀斑,且具保湿、抗衰老、抗皱、防晒和美白的保健效果。槭树富含黄酮类、单宁类、苯丙素类、萜类、甾类、生物碱及二芳基庚烷衍生物类等药理成分和生理活性物质,药理功效显著。单宁具有抗病毒、抗肿瘤、抗氧化和抗艾滋病毒的药理功效,用以合成抑菌剂、抗氧化剂和抗肿瘤药物。单宁是收敛、止血、止泻、止痢和解毒的良药,能使表皮蛋白质凝固成沉淀膜,减少分泌,防止伤口感染,并能够促进微血管收缩,起到局部止血的作用。鞣质的抗炎、驱虫和降血压作用明显,内服治疗溃疡、胃肠道出血、高血压和冠心病,外用消炎止血。槭树叶中含有三萜、多糖、皂苷、黄酮类化合物、绿原酸和有机酸等有效成分,可增强体内抗氧化酶的活性,降低脂质过氧化物的含量,抗炎和延缓衰老的效果明显。种仁富含油脂、蛋白质和黄酮类化合物,且油脂中的脂肪酸和脂溶性维生素的消除自由基能力和抗氧化性较强,可抑制脂肪酸合酶和肿瘤细胞的增殖,促进新生组织生长,修复体细胞,并对老年意识性障碍、心绞痛、心肌衰竭、慢性肝炎、胃溃疡和肿瘤疾病具有一定的疗效。果仁中富含乙酸乙酯、蛋白质、不饱和脂肪酸及黄酮类化合物,具有抗菌、消炎、抗病毒、抗过敏、降血压、降血脂、降糖、降低血管脆性的功能,保肝护肾的疗效显著。槭树的枝条、叶、根或根皮具有祛风除湿和行血散淤之功效,广泛用于治疗关节疼痛、腰痛、背痛、骨折、跌打损伤等病症。加强对槭树植物资源的保护,能够为众多行业发展提供充足的原材料保障,带来更多的经济收益,实现可持续发展。从当前发展趋势来看,不少的槭树植物种类可供选择,包括乔木、灌木、常绿和落叶等不同的类型,具有产值高、创汇高和占地少特点的新的产业和销售机构不断增加,很有发展潜力。

3. 富含多样化的优异遗传基因

中国槭属植物种类繁多,遗传多样性丰富,不仅群体间和群体内叶片、果实和种子等性状差异极显著,而且这些变异受环境的影响较大,多数性状与经度和纬度呈显著的负相关。丰富的种质资源是挖掘优异基因和进行遗传改良、创造槭树新品种的基础。通过槭属树种的杂交和回交,整合并优化双亲的基因,可选育兼具双亲本优良特性的新品

种。因此，加强野生种的资源清查和稀缺种质资源的保护，对避免遗传基因丢失、促进良种选育与种质创新具有重要的意义。

4. 重要的科研价值

槭属树种起源于白垩纪晚期，在第三纪由太平洋沿岸扩散至北半球，呈带状分布于北半球的温带及亚热带森林中。中国槭树资源丰富，分布地域广泛，栽培历史悠久，文化底蕴深厚。古老的起源、独特的形态、在种质资源和生物多样性及由此形成的荒漠槭树林生态系统多样性方面都具有重要的科研价值。保护槭树资源也有助于研究槭树的种类演化与扩散、地理分布及全球气候变迁等问题。

二、保护与利用现状

（一）资源保护

近年来，随着国家生态文明建设战略的实施，各地政府也实行了保护当地物种资源的措施，在很大程度上对野生槭树资源起到保护作用。调查中发现保护当地资源的方式主要有以下几类。

（1）出台关于保护当地植物种质资源的政策文件、公告等。例如，内蒙古翁牛特旗就有关于禁止在科尔沁沙地放牧、乱砍滥伐、越野自驾的公告。

（2）建立自然保护区。在辽宁葫芦岛、北京香山、山东泰安、河南济源、河南信阳的调查地区均属于国家级自然保护区，入境人员需要出示相关证明方可进入山区进行资源调查与收集。

（3）开展宣传教育，提高当地居民的环境保护意识。教育农牧民爱护自己的环境，普及保护当地植物种质资源的必要性，实行相互监督、举报有奖的制度，十分有效地限制了当地农牧民的不合理利用行为。

（二）开发利用

近年来，在党和政府的高度重视和大力支持下，我国槭树资源保护、科研、生产及产业化进程有了长足发展，以建立自然保护区、森林公园、特种用途林等方式对槭树资源进行了原地保护，形成了一批栽培、加工利用一体化的龙头企业，创建了一些规模化丰产栽培示范基地，呈现出良好的发展态势。根据实地调查，目前野生元宝枫的开发利用主要集中在作为自然景点的秋色叶树种吸引各地游客付费观赏，以及成熟果实的售卖、育苗，果实的再加工（如元宝枫籽油、神经酸胶囊等产品）方面。但槭树资源的开发利用还存在以下问题值得关注。

（1）缺乏高质量槭树苗木或品种。目前大多数槭树树种如血皮槭、元宝枫、五角枫等的濒危状况并没有得到缓解，苗木的繁殖技术也不成熟，育种基础弱，没有高质量的苗木或品种满足市场需求。人工栽培的槭树虽然同样存在空籽率高的现象，但单株结实量较大且通过人工授粉可以提高结籽率。所以，通过培育人工群体，结合人工辅助授粉等技术提高结籽率，有助于缓解苗木短缺的问题。

（2）野生元宝枫开发用途单一，竞争力不足。现阶段，关于元宝枫产品的加工技术已经比较成熟，但野生元宝枫的开发多集中于培育种苗，保健油、神经酸产品等市场定位高，受消费水平限制大，竞争力不强。

（3）各地区资源开发力度不均衡。虽然野生元宝枫的分布地域广泛，但由于各地区的元宝枫分布密度不同，加上地形地势的因素，开发利用当地野生资源成本差异显著，从而导致野生元宝枫资源的开发力度不均一。从成熟果实的资源量来讲，在辽宁、河北、山东、山西、陕西 5 个省份，野生元宝枫的资源相对丰富，但本地果实市场占有率很低，大多数市场被内蒙古产果实占据。例如，内蒙古翁牛特旗的松树山林场，每年收集 1 万～1.5 万 kg 成熟的元宝枫果实，绝大部分都出售至省外。

三、保护与利用策略

（一）开发利用与保护并举，科学保护资源，循序渐进地开发利用

我国是槭树的资源原产国，我国野生槭树资源具有非常丰富的变异，但是野生种质资源的可持续利用需要平衡保护与开发的矛盾，在大力推广开发利用时，要避免无节制、无目的的采伐，保证野生资源不会被过度消耗，而且野生资源是一种可再生资源，在一定程度下开发利用不仅不会导致资源的破坏，反而获得的经济效益能为保护提供物质基础。因此，在保护野生资源的基础上再进行开发与利用是重中之重。在大力推广开发野生资源的同时，要循序渐进地开发利用，做到保护与发展兼顾，避免造成野生元宝枫资源的枯竭。要加强种质资源收集、引种驯化栽培试验和繁殖技术研究，制定合理的育种策略，从而充分发掘并发挥其价值。

（1）在槭树资源分布比较集中、种群数量较大、林分优良的天然林区建立自然保护区，实行就地保护，并通过恢复重建保护区核心地带，改建保护区缓冲区和实验区等措施增加槭树种群密度，恢复退化生态系统，维持槭树的繁殖、生长环境。采取围栏封育措施，把人畜破坏与干扰降低到最低限度，创造有利于槭树林"休养生息"与自然恢复的环境条件。采用人工复垦、施肥、灌水等措施，促进天然落种萌发和幼苗幼树生长。对种群天然更新的丛状幼苗和幼林地及时间苗、定株、整枝、抚育，促进残次林的保护和恢复，使之尽快成林，扩大保护区面积，提高林分生产力。

（2）我国槭树植物资源非常丰富，其中包含有大量的特有种。只有加强对濒危物种的原地保护，才能避免出现濒临灭绝物种，确保生态系统的平衡及生态环境的安全不受威胁。建设保护基地，完善保护设施，严禁乱砍滥伐或者移植原生槭树，禁止放牧，保护槭树原生地生长环境；根据野生槭树植物的生存习性，构建科学、综合的保护网络体系，坚持科学管护，促进槭树林天然更新，保护天然种群。建立槭树古树档案，制定有效的养护管理措施。科学有效地及时进行施肥、灌水、病虫害防治，剪除病弱枝、枯死枝，促进树势恢复和健康生长。对有机械碰撞造成伤口的槭树及时涂抹杀菌剂和保护剂进行处理。对因煤气泄漏、水泥白灰及有毒化学物污染的土壤及时进行换土、药物处理。对树势衰弱严重的槭树可采取注射、灌施核能素、杀菌剂等方法以促进槭树根系生长。因地制宜，采取设立保护标志、围栏、铺透气砖等保护树木生长环境，同时针对树木实

际生长状况采取加固树体、设避雷针等多种措施，保护槭树古树名木、重点保护植物及濒危植物。通过换土、树干疗伤、树洞修补、整形修剪、埋条促根、花果管理、喷施或灌施生物混合制剂等复壮措施加强对生长衰弱古树的养护管理，尽可能恢复其正常生长状态。按照预防为主、适时防治的原则，通过严格巡查，保护天敌，推广和采用低毒无公害药剂等措施，一旦发现有植株不明原因死亡，立即检测，查明原因，及早防治，把林地病虫害消灭在源头苗头，避免病虫害蔓延对植株造成损害。

（3）收集不同分布区优良林分内生长旺盛的大树、老树、高结实单株的种子建立多种源和多家系的槭树优异种质资源库，开展离体保存和活体栽培，实施迁地保护，同时，开展种源对比试验和家系对比试验，探索其地理变异规律，筛选优良家系。

（4）利用电视、电话、网络、宣传广告、会议等形式做好宣传，提高公众对保护槭树重要性的认识，培养其自觉爱护槭树、保护槭树的习惯。

（5）严格执行国家有关珍稀濒危物种的保护法规，同时，加大执法管理力度，严禁在天然林内采挖自然生长的槭树，特别是陡坡、沙化地、跳石塘等生态脆弱区的槭树，坚决制止林区放牧等人为破坏槭树的行为，严厉打击乱采滥挖、乱砍滥伐、逐年蚕食槭树天然林等违反《中华人民共和国森林法》的行为，对触犯法规者绳之以法。

（二）深入开展科学研究

（1）我国幅员辽阔，气候条件复杂，槭属植物资源极其丰富，变异类型非常之多，且大多处于野生或半野生状态，有很大的选择潜力。应有计划地进行槭树天然种质资源调查，掌握资源基础信息，实现野生遗传资源的多样性保护及评价。

（2）加强槭树引种及乡土种质资源收集、评价工作，开展生殖生物学、生长发育规律等相关基础研究，为优异种质筛选、杂交育种、多倍体育种等提供理论及实践基础，从而制订长期育种计划，开发适合不同地域生态建设、绿化及产业开发需求的槭树品种定向选育。

（3）积极开展槭树资源保护生物学研究，包括构建槭树植物相关资源库，保存濒危物种基因技术，进行槭树生理特征、生活习性、生殖生物学、生长发育规律等相关基础研究，为优异种质筛选、杂交育种、多倍体育种等提供参考。采取野生种变家种试验和建立良种繁育圃与半产栽培示范园等，深入研究野生槭树植物的迁地保护技术和人工繁育及丰产栽培技术、病虫害管控技术等，为槭树科植物优异基因资源的开发利用提供技术支撑。

（4）由于槭树在自然状态下是自由授粉、种子繁殖的，不仅其外部形态特征、生理特征、果实产量、有效成分含量等方面变异特别大，而且用槭树种子繁殖的苗木造林，其林木在生活力、结实量、果实饱满度等方面分化严重。因此，在充分调查的基础上，筛选出最能适应当地自然环境的优良品种和不同的地理种源，在最优的种源中选择最优林分，随后在最优林分中选择出优树，利用选择的优树苗木进行嫁接，并建立种子园。同时，优良林分可以改建成母树林，以作为采种基地。采集种子园中所选变异类型中的优良单株的种子育苗，营建规模化、标准化生产林。

（5）在对槭树资源本底调查和科学评价的基础上，以外部形态为依据进行元宝枫的变异类型划分，再针对叶用、果用或叶果兼用等不同目的，筛选出优良的变异类型。并以变异类型划分为依据，进行苗木早期选择，利用扦插、嫁接或组培的方法建立无性系，培育出优良的叶用、果用和叶果兼用型品种群。

（6）积极开展杂交育种和育种材料的鉴定。有性杂交育种是人工创造树木变异的一种有效的方法。对表型选出的优树，或有性杂交或其他育种方法创造出的新类型进行区域化栽培试验，从而选育出遗传型真正优良的类型，逐渐走向栽培材料良种化。同时积极采用诱变、杂交、原生质体融合、转基因等，创新槭树种质资源，以便为生产提供更多更好的品种。

（7）积极开展引种驯化方面的工作。野生元宝枫的资源调查工作最终目的是为选育出综合性状更优的新品种，应加强引种驯化工作，将野生元宝枫资源的利用与人工栽培相结合，使以野生为主过渡至以栽培为主。对于资源量少的地区，可采用异地保存（种质资源圃、种子库等）的方式，既可以带动经济发展，又可以保护和挽救当地野生资源。此外，注重野生元宝枫在园林绿化中的应用，优先选择秋色叶颜色佳的资源进行引种驯化，以便进一步开发利用。

（8）开展产品采集、加工利用技术研究，提高产品的附加值，实现资源可持续利用。

（三）建立保护、科研、生产试验示范基地

槭树是兼具生态与经济价值的重要乡土树种，在生态建设、药用及食用方面价值高。但是，目前亟待解决的问题是野生槭树资源调查收集不足、缺乏对资源的系统研究并且无优良品种推广，故加强天然槭树种质资源的多样性保护与评价工作、开展生殖生物学等基础研究及重视品种定向选育、无性繁殖技术标准和加强国内外合作，才能为生态环境建设、国土绿化、健康产业发展等方面提供有力支撑。针对我国槭树种类多、分布地域广、自然环境条件差异大的实际情况，开展区域性槭属植物多样性研究意义重大而迫切，各地要规划好槭属植物的管护和发展工作，收集日渐濒危的珍稀植物种质资源，建立野生植物种质资源库，对野生植物种质资源和遗传基因进行保存和研究，并利用先进的人工繁育技术，选育大量适宜不同生态系统的优良品种，以便为生态环境保护和建设及产业发展提供丰富、优质的专用种质资源。同时，要在加强槭树基础研究、推广槭树良种培育及丰产栽培技术的同时，建立科技推广示范基地，推动产业快速发展。建议在内蒙古科尔沁沙地、辽西平原、长江流域、秦巴山地、黄土高原、云贵高原、青藏高原建立不同类型各具特色的槭树自然保护区，在翁牛特旗松树山林场、科尔沁左翼后旗乌旦塔拉林场、兴安盟代钦塔拉苏木、阜蒙县周家店林场等地建立国家槭树良种基地，在陕西宝枫园林科技工程有限公司、山东滕州市强壮国人食品有限公司、潍坊绿元生物科技有限公司、陕西华盛农业生态园开发有限公司、广元市继贤枫芋种养殖专业合作社等地建立有发展前景的本地珍贵、稀有和受威胁植物的苗木繁殖基地，在陕西宏昱枫业科技有限公司、彰武县四合城林场、贵州宏财投资集团有限责任公司、贵州两山农林集团有限公司、许昌水投林业发展有限公司、西藏南木林县建立规模化集约管理丰产栽培基地。

（四）增加投入和政策扶持，均衡开发

随着人们生活水平的提高和保健意识的增强，槭属植物的开发前景会越来越好。目前，槭属植物系列产品市场占有依旧以园林绿化苗木和食用植物油为主，其他副产品的开发利用水平较低。未来应注重宣传综合利用的产品，如叶片茶、药用绿原酸和单宁等，找准市场定位，提高资源的利用率，避免资源的浪费。

（1）加强宣传教育，让各地政府、高校及科研单位对发展野生元宝枫事业有基本的认识。进而广泛宣传，让普通人民群众知晓元宝枫产品的优越性、珍贵性，清楚元宝枫事业与自身的利益息息相关。

（2）各地林业部门应成立相关机构，组织人员进行本地野生元宝枫资源调查、收集与评价，摸清自家资源的分布与生存现状。

（3）当地政府制定适合本地区野生元宝枫的开发规划，与当地企业深入合作，加大本地资源产品市场推广力度，避免市场产品的一家独大现象。

（五）科学旅游开发

槭树分布广泛，生态环境复杂，由地质、地貌、气象气候和生物等自然地理要素所构成的自然旅游资源丰富，类型多样，包括保健旅游资源、探险旅游资源、科考旅游资源、运动旅游资源、造型旅游资源、赏阅旅游资源、名胜旅游资源等多种类型，具有独特观赏、文化和科学考察价值的天然风貌和纯朴本色，可供旅游者进行游览、度假、休憩、避暑、疗养、学习、狩猎、冲浪、滑雪、登山、探险、野营、考察等旅游和娱乐活动。因此秋季旅游季节，各森林景区采用张贴标语、宣传车等措施，引导游客文明观景，不私采槭树枝，保护槭树。加大生态保护、病虫害防治、森林防火、林中空地补植力度，创造槭树良好生长环境，充分利用和规范开发槭树林地旅游资源，适度开发主题突出、特色鲜明、风格独特、保持自然景观的原始风貌的旅游项目，减少人为因素的干扰和建设中的破坏，实现槭林生态与经济效益双赢。

小　结

我国地处欧亚大陆东部，复杂的地理环境和多样性的气候条件，造就了我国槭树科植物区系古老，成分复杂，资源丰富。槭树已成为中国温带落叶阔叶林、针阔混交林及亚热带山地森林的建群种和重要成分，尤以我国云南、四川、江西、浙江等省海拔800m以下的低山丘陵和平地为天然槭林的主要分布地，而且槭树表型性状和功能成分差异大，生态类型多样，研究表明，不同产地元宝枫种实的果实长径、果实横径、果实纵径、果实着生痕长度、果实张开角、果实百粒重、果实出仁率、种子长径、种子横径、种子纵径、种子百粒重、种子出仁率等表型性状，种子的蛋白质、维生素E、脂肪酸等营养成分的种类及含量均差异显著，尤以内蒙古科尔沁左翼后旗乌旦塔拉林场的元宝枫种实质量较好、含油量高、油脂品质好。不仅如此，不同槭树种类和同一树种不同产地种子槭树实播苗生长量差异很大，就元宝枫而言，内蒙古科尔沁左翼后旗乌旦塔拉林场苗高

生长量最大，内蒙古翁牛特旗松树山林场次之，辽宁凤城市蒲石河森林公园苗高生长量最小。辽宁彰武县高山台森林公园地径生长量最大，内蒙古科尔沁左翼后旗乌旦塔拉林场次之，辽宁法库县叶茂台镇西头台村圣迹山地径生长量最小。这些珍贵的种质资源是我国开发利用槭树资源的重要基础。

调查发现，我国天然分布和人工栽植的槭树科植物总体上生长良好，但从天然槭林种群结构看，普遍存在老龄化现象，大多数都表现出不同程度的衰退现象。人工栽植的槭树林由于种群密度大、通风透光能力弱，病虫害发生率达30%~40%，林木受灾率达50%，导致林分质量下降，甚至部分林木死亡，管护形势日趋严峻。因此，必须坚持就地保护与迁地保存相结合、开发利用与保护相结合的原则，积极采取加强宣传教育，提高社会公众保护槭树资源的意识；建立种质资源库，迁地保存优异槭树种质资源；建立自然保护区，就地保护天然槭树林资源；生物防治与化学防治相结合，做好槭林病虫害管理；开展种质资源的普查、搜集和评价；生物技术与常规育种技术相结合，积极开展槭树良种选育；严格法制管理，加大对违法行为打击力度等措施，是拯救保存槭树遗传基因、保护槭树林资源、促进资源可持续发展的必然选择。

为了促进槭树植株早期花芽分化，提高槭树种子产量和栽培效益，促进乡村振兴和经济发展，针对目前槭树栽培实用技术及其配套措施主要以移栽保活、促进生长和造型美观为主的生产现状，要深入研究槭树水肥管理、整形修剪、光合调控、病虫害防治及外源激素处理等问题。创新集成果树及其他经济林早实丰产栽培新技术和新成果。改进和完善槭树栽培实用技术。

参 考 文 献

安定国. 2002. 甘肃小陇山高等植物志[M]. 兰州: 甘肃民族出版社.

包哈森高娃, 韩青龙, 车保安, 初永军, 姜鹏. 2019. 通辽地区元宝枫种质资源保护、开发利用现状、存在的问题及对策[J]. 林业科技, 44(6): 23-27.

陈有民. 1990. 园林树木花卉学[M]. 北京: 中国林业出版社.

国家林业局. 2009. 中国重点保护野生植物资源调查[M]. 北京: 中国林业出版社.

江苏省植物研究所. 1986. 江苏植物志[M]. 南京: 江苏人民出版社.

李合生. 2000. 植物生理生化试验原理和技术[M]. 北京: 高等教育出版社.

李红喜, 陈新会, 康战芳, 陈秋红. 2013. 栾川县槭树科资源调查及应用评价[J]. 中国农业信息, (6): 251-252.

李来顺. 2017. 兴安盟科尔沁右翼中旗森林资源现状及分布特点[J]. 内蒙古林业调查设计, 40(3): 13-15.

李双喜, 郑曼莉. 2018. 太白山地区庙台槭分布状况调查[J]. 陕西林业科技, 46(1): 19-22.

李延生. 1990. 辽宁树木志[M]. 长春: 中国林业出版社.

刘培. 2016. 陕西元宝枫性状变异研究[D]. 西北农林科技大学硕士学位论文.

刘仁林. 2003. 园林植物学[M]. 北京: 中国科学技术出版社.

鲁敏, 刘平生, 赵丽, 李佳陶, 吴振廷, 白照日格图, 郝雯, 王海国. 2020. 槭树资源研究进展及其对内蒙古槭树应用的启示[J]. 内蒙古林业科技, 46(3): 56-60, 64.

司长征, 张彩霞, 赵辉. 2021. 几种槭树在漯河的引种及表现[J]. 河南林业科技, 41(1): 14-16.

汪松, 解焱. 2004. 中国物种红色名录(第一卷)[M]. 北京: 高等教育出版社.

王峰, 孙忠奎, 任红剑, 张林, 王长宪. 2017. 元宝枫种质资源调查报告[J]. 山东林业科技, (6): 41-44.

魏伊楚, 樊金拴, 徐丹. 2018. 元宝枫油成分、加工工艺及功能性研究进展[J]. 中国油脂, 43(1): 34-38.

西北植物研究所. 1985. 秦岭植物志(第 1 卷)[M]. 北京: 科学出版社.

杨继平, 封加平, 陈圣林, 杨燕南, 辛相宇, 李近, 申胜彪. 2021. 关于元宝枫产业发展的调研报告[J]. 中国林业产业, (5): 5-13.

袁玉明. 2019. 宽甸地区槭树资源及其保护对策[J]. 辽宁林业科技, (6): 72-73.

岳秀贤, 钟晓云, 李慧琳, 马颖伟. 2017. 内蒙古松树山自然保护区种子植物区系研究[J]. 内蒙古林业科技, 43(1): 28-32.

赵一之, 赵利清, 曹瑞. 2020. 内蒙古植物志[M]. 第 3 版. 呼和浩特: 内蒙古人民出版社.

浙江植物志编委会. 1993. 浙江植物志[M]. 杭州: 浙江科学技术出版社.

卓丽环, 陈龙清. 2004. 园林树木学[M]. 北京: 中国农业出版社.

第六章 利 用 价 值

槭属植物种类繁多，资源丰富，分布广泛，负载着高度的遗传多样性。其中许多种类不仅富含一些活性功能成分，营养丰富，药用价值高，集营养、药用和经济价值为一体，为绿色食品、医疗保健、疾病防治及建材化工等的优质新原料。同时槭属植物还具有极高的景观价值，较强的生态修复功能，在生态系统维护、退化土壤的植被恢复和城市人文景观构建中处于举足轻重的地位。

第一节 种 质 价 值

种质是指生物体亲代传递给子代的遗传物质，它往往存在于特定品种之中。例如，古老的地方品种、新培育的推广品种、重要的遗传材料及野生近缘植物，都属于种质资源的范围。种质资源又称为遗传资源。槭树种质资源包括引入品种、新育成的品种，重要的育成品系和遗传材料，以及槭树的野生种和野生近缘植物。它们在进化过程中形成的各种基因，是槭树新种质创制、新基因创建、新品种选育、生产栽培和科学研究的物质基础。

一、珍稀资源

槭树科植物叶形奇特、色彩艳丽、树姿优雅美观，是典型的观赏型树种。同时，其树干所制成的木材坚韧而又有纹理；叶、根等器官中富含丰富的功能性成分，可作为药用植物进行开发利用。槭树植物中的元宝枫、茶条槭等种仁含油率高，含有不饱和脂肪酸，是优良的木本油料树种。因此，槭树集生态、观赏、经济、用材、药用、食用等于一身，生态效益和经济效益显著。已有研究表明，槭属植物全球约 200 余种，主要分布于地处北温带的中国和日本。中国拥有槭树科植物种数占世界总种数的 3/4 以上，是槭树科植物的历史和现代分布中心，也是世界上蕴藏槭属种质资源最为丰富的国家。被列入中国濒危植物物种名录的槭树植物有锐角槭、紫白槭、阔叶槭、安徽槭、三角枫、深灰槭、藏南槭、青皮槭、小叶青皮槭、梓叶槭、尖尾槭、长尾槭、昌化槭、怒江槭、乳源槭、密叶槭、紫果槭、樟叶槭、厚叶槭、青榨槭、重齿槭、秀丽槭、毛花槭、罗浮槭、河口槭、梧桐槭、扇叶槭、丽江槭、房县槭、黄毛槭、茶条槭、长叶槭、血皮槭、葛罗槭、海拉槭、海南槭、建始槭、锐齿槭、江西槭、怒江光叶槭、小楷槭、贡山槭、广南槭、光叶槭、将乐槭、来苏槭、剑叶槭、十蕊槭、疏花槭、雷波槭、细叶槭、临安槭、福州槭、长柄槭、亮叶槭、龙胜槭、东北槭、甘肃槭、毛果槭、五尖槭、南岭槭、庙台槭、飞蛾槭、五裂槭、富宁槭、鸡爪槭、稀花槭、金沙槭、篦齿槭、五小叶槭、五角枫、疏毛槭、灰叶槭、紫花槭、毛脉槭、毛鸡爪槭、毛柄槭、网脉槭、权叶槭、盐源槭、天山槭、平坝槭、锡金槭、中华槭、滨海槭、天目槭、毛叶槭、苹婆槭、四川槭、角叶槭、独龙槭、青楷槭、薄叶槭、七裂薄叶槭、巨果槭、粗柄槭、三花槭、元宝枫、岭南槭、花楷槭、天峨槭、滇藏槭、三峡槭、婺源槭、羊角槭、瑶山槭、都安槭、川甘槭等共 108 种，其中大多为中国特有种。部分中国特有槭树种质资源及其生长发育的自然环境见表 6-1。

表 6-1　部分中国特有槭树种质资源及其生长发育的自然环境

序号	名称	地理位置	海拔/m	自然生境
1	羊角槭	产于浙江西北部	700	疏林中
2	樟叶槭	产于浙江南部、福建、江西、湖北西南部、湖南、贵州、广东北部和广西	300～1200	比较潮湿的阔叶林中
3	飞蛾槭	陕西南部、甘肃南部、湖北西部、四川、贵州、云南和西藏南部	300～1800	林中
4	茶条槭	产于黑龙江、吉林、辽宁、内蒙古、河北、山西、河南、陕西、甘肃	800 以下	丛林中
5	建始槭	山西南部、河南、陕西、甘肃、江苏、浙江、安徽、湖北、湖南、四川、贵州	1200～1600	沟边林下
6	毛脉槭	浙江、福建北部、安徽南部、江西东部	500～1200	疏林中
7	青榨槭	华北、华东、中南、西南各省份	500～1500	疏林中
8	鸡爪槭	产于山东、河南南部、江苏、浙江、安徽、江西、湖北、湖南、贵州等省	200～1200	林边或疏林中
9	葛萝槭	产于河北、山西、河南、陕西、甘肃、湖北西部、湖南、安徽	1000～1600	疏林中
10	五角枫	分布于东北、华北及长江流域各省份	800～1500	疏林中
11	光叶槭	产于陕西南部、湖北西部、四川、贵州和云南	1000～2000	比较潮湿的溪边或山谷林中
12	扇叶槭	产于湖北西部、四川、贵州、云南、广西北部、江西等	1500～2300	疏林中
13	五裂槭	产于河南南部、陕西南部、甘肃南部、湖北西部、湖南、四川、贵州、广西和云南	1500～2000	林边或疏林中
14	秀丽槭	产于浙江西北部、安徽南部和江西	700～1000	疏林中
15	元宝枫	主产于黄河中、下游各省份，东北南部及江苏北部，安徽南部也有分布	800 以下	低山丘陵和平地
16	三峡槭	产于湖北西部、四川东部、江西、湖南、贵州、云南、广东北部、广西北部、山西南部、河南西部、陕西南部	1400～2000	疏林中
17	五尖槭	产于甘肃南部、青海南部、湖北西部、湖南、四川和贵州等省	1800～2500	林边或疏林中
18	三角枫	产于山东、河南、江苏、浙江、安徽、江西、湖北、湖南、贵州和广东等省	300～1000	阔叶林中
19	罗浮槭	分布于江西、广东、广西、湖北、湖南、四川	450～1800	疏林中
20	紫果槭	产于湖北西部、贵州、湖南、江西、安徽、浙江等地	500～1200	疏林中

我国槭树不仅植物区系古老、成分复杂、种类丰富，中国特有突出，而且多数槭树垂直分布明显，存在交错分布现象。调查结果显示：东北共产槭属 11 种 5 变种及 3 变种；河南槭属植物有 20 种 1 亚种及 8 变种；江苏槭属植物有 19 种 1 亚种 3 变种；四川峨眉山槭属植物有 26 种 1 变种，属亚热带和温带东亚区系成分；贵州都匀市斗篷山野生槭树科槭属植物有 12 种 1 变种。河南小秦岭国家级自然保护区槭属植物，按照其地理分布可以分为东亚广布、东亚分布（中国-日本亚区）、中国特有分布 3 种分布区类型，其以中国华中、西南扩散成分为主，华东、东北、西北植物区系成分兼容并存，体现了

该区植物区系的南北交融、东西过渡的特征。福建武夷山国家级自然保护区共有野生槭树科植物 18 种（含 2 个变种），占全国槭树植物总数的 10%，是福建槭树分布最丰富的地区。浙江天目山自然分布槭树植物 22 种（含变种），大多数分布于海拔 600～1100m 常绿-落叶混交林或针阔叶混交林地，全部是落叶类型，约占浙江自然分布槭树植物的 62.9%，占全国种类的 13.8%。其中，中国特有种 18 种，天目山特有种 4 种，分别为长尾秀丽槭、五裂锐角槭、弯翅色木槭、羊角槭，其中羊角槭为特有古老孑遗植物，以天目山区为庇护所（浙江植物志编委会，2021）。槭树分布随气候、土壤的地带性常呈现出明显的垂直分布，大多数槭树植物都分布于海拔 600～1100m 常绿-落叶混交林或针阔叶混交林地，少数分布于海拔 1100m 落叶阔叶林或针阔叶混交林带，极少数分布在海拔 300m 以下常绿阔叶林中。但由于小气候、小地型的影响，槭树植物分布也存在着交错分布的现象。贵阳市野生槭属植物有 17 种 2 变种，主要分布在息烽县、乌当区、白云区和清镇市，均为乔木树种。广泛分布于温带落叶阔叶林、针阔叶混交林内的槭属植物是组成北半球的温带和亚热带的中山至高山地带大面积混交林的主要伴生树种和重要成分。不仅如此，有些种类经过多年的人工引种、驯化、栽种和培育，形成了众多园艺品种。例如，鸡爪槭国内外已培育出 20 多个赏叶品种，主要有深裂鸡爪槭（*A. palmatum* var. *thunbergii*）、红细叶鸡爪槭（红羽毛枫）（*A. palmatum* 'Dissectum Ornatum'）、细叶鸡爪槭（羽毛枫）（*A. palmatum* var. *dissectum*）、线裂鸡爪槭（*A. palmatum* var. *linearilobum*）、紫红鸡爪槭（红枫）（*A. palmatum* var. *atropurpureum*）、花叶鸡爪槭（*A. palmatum* var. *reticulatum*）、金叶鸡爪槭（*A. palmatum* var. *aureum*）、白斑鸡爪槭（*A. palmatum* var. *versicolor*）、血红鸡爪槭（*A. palmatum* 'Bloodgood'）、蝴蝶鸡爪槭（*A. palmatum* 'Butterfly'）、细叶鸡爪槭、红灯笼鸡爪槭（*A. palmatum* 'Osakazuki'）、金贵鸡爪槭（*A. palmatum* 'Katsura'）、橙之梦鸡爪槭（*A. palmatum* 'Orange Dream'）、落日鸡爪槭（*A. palmatum* 'Sunset'）、垂枝稻叶鸡爪槭（*A. palmatum* 'Inaba shidare'）、红箭鸡爪槭（*A. palmatum* 'Tamuke Yama'）、金线鸡爪槭（*A. palmatum* 'Koto No Ito'）、朝霞鸡爪槭（*A. palmatum* 'Tsuuma gaki'）、红枝鸡爪槭（赤枫）（*A. palmatum* 'Sango Kaku'）、绿枝鸡爪槭（青柳）（*A. palmatum* 'Ao Yagi'）、小鸡爪槭（*A. palmatum* var. *thunbergii*）等多个变种，被广泛用在庭园配置、行道树、绿篱、盆栽等方面。另外，从美国俄勒冈波特兰引种的 12 个自由人槭品种中选出夕阳红、十月光辉、红点 3 个优良品种（邢祥胜，2014）。以上这些珍贵的种质资源是我国开发利用槭树资源的重要基础。

二、多样化性状

（一）物候期

在萌芽方面，小鸡爪槭、紫果槭、樟叶槭、毛脉槭、光叶槭、罗浮槭、鹅掌槭和栓皮槭都属于萌芽展叶较早的一批，锐角槭萌芽较早、展叶较晚，五角枫和北美红枫萌芽、展叶均较晚。但北美红枫一展叶即开花，是开花最早的，其次开花的是小鸡爪槭、紫果槭、罗浮槭和鹅掌槭等。在花期方面，紫果槭、鹅掌槭和北美红枫花期最长，三叶槭和五角枫花期最短。叶片变色较早的一批为小鸡爪槭、鸡爪槭、秀丽槭、锐角槭、紫果槭、三角枫、三叶槭、五角枫、天目槭和鹅掌槭，杂交三角枫和苦条槭变色最晚，而樟叶槭、光叶槭和罗浮槭则不变色，四季常绿。秋冬变色叶观赏期最长的为小鸡爪槭、秀丽槭、锐角槭、三角枫、三叶槭、五角枫、长尾秀丽槭、杂交三角枫和鹅掌槭。

（二）叶、花

我国槭树科槭属植物种类多、分布广。目前，栽培多的落叶观叶槭树主要有鸡爪槭、五角枫、茶条槭、三角枫、元宝枫、羽扇槭（日本槭）、梣叶槭、青榨槭、秀丽槭、毛果槭、天目槭、长尾槭、杈叶槭、细裂槭等。槭树的常绿种类约有 33 种，即金沙槭、平坝槭、角叶槭、富宁槭、异色槭、樟叶槭、革叶槭、灰毛槭、亮叶槭、剑叶槭、紫白槭、长叶槭、北碚槭、武夷槭、将乐槭、飞蛾槭、紫果槭、都安槭、灰叶槭、厚叶槭、海滨槭、海拉槭、天峨槭、桉状槭、光叶槭、红翅槭、广南槭、网脉槭、少果槭、怒江光叶槭、海南槭、楠叶槭等。

槭树叶形两种，叶色变化极为丰富。其叶形有单叶和复叶之分。单叶中有 3 裂、5 裂、7 裂、11 裂、13 裂。复叶有羽状复叶、掌状复叶和三出复叶。其叶色春天呈紫红色、紫色或红色，如青榨槭、中华槭、红花槭等；秋天呈红色的有鸡爪槭、三角枫、秀丽槭、五裂槭等，呈黄色的有梓叶槭、元宝枫、青榨槭等；叶色常年红艳的有红枫；叶色呈现双色的有两色槭（A. bicolor），其叶片上面呈橄榄绿色，下面呈淡紫色；叶色常年呈绿色、亮绿色或灰绿色的有紫果槭、飞蛾槭和樟叶槭等；叶色呈现彩斑的有日本槭，有红绿色调，有红白色调，有带黑色小斑点，还有线状彩斑，色彩千变万化，给人们以美的享受。

槭属植物的花为绿色、白色或黄绿色，少数为紫色或红色。花序结构变化较大，有伞房状、穗状或聚伞状、圆锥状等。其中，红花槭、梣叶槭、金叶梣叶槭与粉叶梣叶槭为雌雄异株，雄蕊 5；元宝枫、青楷槭、假色槭、花楷槭、茶条槭为雌雄同株，雄蕊 8。研究证明，槭树某些主要生物源挥发性有机化合物存在显著的株间变异。元宝枫花的主要物质株间差异分析显示，在被监测的 15 种主要生物源挥发性有机化合物中，芴、4,8-二甲基-1,3（E）、7-壬烯、（顺,反）-2,6-二甲基辛-2,4,6-三烯、月桂烯、罗勒烯、3-蒈烯、（E）-罗勒烯、莰烯、石竹烯、芳樟醇、α-异松油烯、3-乙烯-1,2-二甲基-1,4-环己二烯 12 种物质各株间差异显著，邻异丙基甲苯、桉树醇、醇酯-12 3 种物质株间差异不显著。

2014～2015 年，对陕西省宝鸡市扶风县杏林镇长命寺村西王组面积 1hm²，株行距 3m×4m，平均胸径（103.04±13.16）mm、平均树高（6.96±0.49）m、平均冠幅（4.58±0.66）m 生长健壮，无病虫害的 10 年生元宝枫人工林中 64 株元宝枫优树的叶片叶基角、叶宽、叶长、裂长、裂宽、叶长宽比、裂长宽比等表型性状指标的测定结果及分析见表 6-2～表 6-4。

t 检验、差异显著性分析表明，各指标差异极显著。根据数据分析结果将供试单株初步分为 3 类。其中，A₂ 类叶基角为大钝角（近 160°），叶的长宽比较大，裂的长宽比最大，叶长和叶宽值均为最大；B₂ 类叶基角为 130°中钝角，叶的长宽比最小，裂的长宽比最小，叶长和叶宽值均为最小；C₂ 类叶基角近 100°小钝角，叶的长宽比最大，叶长、叶宽、裂的长宽比值较大（刘培，2016）。

表 6-2　元宝枫叶表型性状指标测定结果及分析

项目	T	Df	平均差异	95%置信区间
叶基角/（°）	39.669	36	128.262	121.70～134.82
叶宽/cm	48.430	36	8.660 43	8.297 8～9.023 1
叶长/cm	51.823	36	5.904 99	5.673 9～6.136 1
裂长/cm	36.425	36	3.996 68	3.774 1～4.219 2
裂宽/cm	37.690	36	2.268 59	2.146 5～2.390 7
叶长宽比	59.952	36	0.696 33	0.672 8～0.719 9
裂长宽比	27.592	36	1.826 69	1.692 4～1.961 0

注：表中显著性（双侧检验）为 0。T 值为 t 检验过程中计算出来的统计量。Df 为自由度。通常 Df=n–k。其中 n 为样本数量，k 为变量个数，下同

表 6-3　元宝枫叶表型性状指标相关性分析

项目	叶基角/（°）	叶宽/cm	叶长/cm	裂长/cm	裂宽/cm	叶长宽比	裂长宽比
叶基角/（°）	1						
叶宽/cm	0.021	1					
叶长/cm	0.087	0.847***	1				
裂长/cm	−0.079	0.753***	0.857***	1			
裂宽/cm	−0.436**	0.416*	0.287	0.196	1		
叶长宽比	−0.106	−0.419*	0.070	0.028	−0.148	1	
裂长宽比	0.298	0.313	0.512**	0.661***	−0.582***	0.152	1

*表示 0.05 水平显著，**表示 0.01 水平显著，***表示 0.001 水平显著

表 6-4　元宝枫成熟期叶片相关指标分类数据

变异类型	叶基角/（°）	叶宽/cm	叶长/cm	裂长/cm	裂宽/cm	叶长宽比	裂长宽比
A₂	158.44±3.76	8.84±1.26	6.33±0.91	4.16±0.97	2.07±0.36	0.73±0.05	2.10±0.65
B₂	130.22±8.53	8.59±1.07	5.74±0.68	3.83±0.56	2.24±0.35	0.68±0.03	1.77±0.35
C₂	100.01±6.70	8.79±1.20	6.06±0.41	4.36±0.62	2.51±0.32	0.73±0.13	1.78±0.26

（三）种实

槭属的果皆为翅果，初为绿色，成熟时呈红色、紫色或褐色，观赏期长。果翅的姿态变化多端，有锐角、直角、钝角和平角形。槭树果实形态见图 6-1。

1. 物理指标

泰安地区 100 株元宝枫的叶片、翅果性状种内变异情况研究结果显示，种翅比和叶基角数值均分布比较集中，种翅比株间和株内的差异性显著，而叶基角的株间差异性显著，株内的差异性不显著，且种翅比和叶基角的相关系数为 0.0542，呈极不显著的正相关。种子性状中以千粒重的变异系数最大，说明千粒重的变异度最大，其次依次是翅宽>张开角>翅长>种长>连接角>种翅比；叶片性状中以叶宽的变异系数最大，说明叶宽的变异度最大，其次为裂长>裂宽>叶基角>叶长。

科尔沁沙地天然元宝枫林不同优株种实物理特性指标测定结果见表 6-5。方差分析结果表明，各优树种实翅长、翅宽、带翅种长、着生痕长度、张开角之间差异极显著。

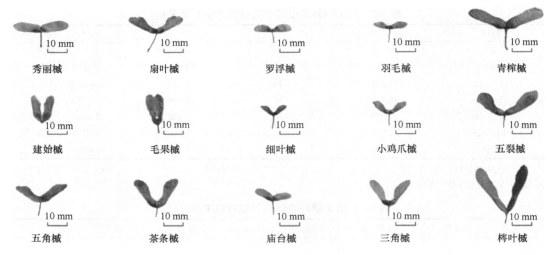

图 6-1　槭树果实形态

表 6-5　科尔沁沙地元宝枫优株种实物理特性测定结果

优树	翅长/mm	翅宽/mm	翅长宽比	带翅种长/mm	种翅比	着生痕长/mm	张开角/（°）	百粒重/g	出仁率/%
03	11.27	7.93	1.42	24.83	1.20	6.35	47.9	15.9245	67.70
04	13.80	8.69	1.59	30.20	1.19	7.46	76.1	22.3967	64.04
05	13.70	8.96	1.53	27.54	1.01	6.79	73.6	19.2685	61.86
08	13.09	8.15	1.61	28.63	1.19	8.20	77.3	14.4319	64.82
09	17.65	8.72	2.02	31.93	0.81	7.65	112.8	19.1065	63.66
10	16.87	11.67	1.44	34.37	1.04	7.43	37.0	19.4629	58.00
11	16.62	8.43	1.97	31.55	0.90	8.09	75.9	16.0817	60.72
12	16.29	8.62	1.89	30.76	0.89	6.99	55.7	20.5002	68.47
13	18.82	10.06	1.87	34.57	0.84	8.01	114.8	14.4999	57.64
14	18.29	10.06	1.82	33.05	0.81	8.41	79.2	20.1647	67.08

注：①编号 03、04、05 为翁牛特旗松树山林场 3 株元宝枫优树的种子；08、09、10 为科尔沁左翼后旗乌旦塔拉林场 3 株元宝枫优树种子；11、12、13、14 为科尔沁左翼后旗大青沟地质公园 4 株元宝枫优树的种子。下表同。②表中数值为 50 粒种子的平均实测值

　　陕西省宝鸡市扶风县 10 年生元宝枫人工林中 64 株元宝枫优树的果实的种翅比、翅长宽比、翅长、翅宽、带翅果长、种子张开角、翅果长宽比（种长/种宽）、种翅比（种长/翅长）等表型性状指标测定结果及分析见表 6-6、表 6-7。

表 6-6　元宝枫生成熟期果实表型性状指标测定结果及分析

项目	T	Df	平均差异	95%置信区间
张开角/°	27.115	36	91.412 16	84.574 9～98.249 4
翅宽/cm	38.966	36	0.855 81	0.811 3～0.900 4
种长/cm	76.156	36	1.399 50	1.362 2～1.436 8
翅长/cm	44.824	36	1.395 95	1.332 8～1.459 1
带翅果长/cm	78.658	36	2.795 45	2.723 4～2.867 5
翅果长宽比（种长/种宽）	36.936	36	1.657 29	1.566 3～1.748 3
种翅比（种长/翅长）	38.542	36	1.020 45	0.966 8～1.074 1

注：表中显著性（双侧检验）为 0

表6-7 元宝枫果实表型性状指标相关性分析

	张开角/（°）	翅宽/cm	种长/cm	翅长/cm	带翅果长/cm	翅果长宽比（种长/种宽）	种翅比（种长/翅长）	含水率/%	出仁率/%	出油率/%	40粒果鲜重/g	40粒果干重/g	百粒果干重/g
翅宽/cm	-0.264												
种长/cm	-0.290	0.514***											
翅长/cm	-0.138	0.385*	0.079										
带翅果长/cm	-0.262	0.579***	0.578***	0.859***									
翅果长宽比（种长/种宽）	0.128	-0.614***	-0.393*	0.484**	0.195								
种翅比（种长/翅长）	-0.059	0.000	0.499***	-0.805***	-0.403*	-0.661***							
含水率/%	0.187	0.363*	0.083	0.298	0.287	-0.077	~0.211						
出仁率/%	-0.421**	-0.240	-0.064	-0.002	-0.035	0.208	-0.062	-0.142					
出油率/%	-0.185	0.039	-0.081	0.229	0.146	0.147	-0.255	0.143	0.05				
40粒果鲜重/g	-0.257	0.632***	0.492**	0.322	0.516***	-0.335*	0.015	0.552***	0.105	0.116			
40粒果干重/g	-0.428**	0.522***	0.569***	0.226	0.477**	-0.319	0.155	0.022	0.229	0.013	0.835***		
40粒种子干重/g	-0.388*	0.383*	0.509***	0.104	0.347*	-0.300	0.218	-0.043	0.252	0.002	0.773***	0.962***	
40粒种仁干重/g	-0.442**	0.297	0.460***	0.098	0.316	-0.226	0.187	-0.061	0.445**	0.014	0.741***	0.937***	0.978***

*表示0.05水平显著，**表示0.01水平显著，***表示0.001水平显著

进行 t 检验，差异显著性分析结果表明，元宝枫成熟期果实的种翅比、翅长宽比、翅长、翅宽、带翅果长、种子张开角、翅果长宽比（种长/种宽）、种翅比（种长/翅长）等表型性状指标之间差异显著。用 37 棵 10 年生元宝枫 10 月底的成熟果实的种翅比、翅长宽比、种长、翅长、翅宽、带翅果长、种子张开角等指标进行系统聚类分析，可将供试单株分为三类。其中，A_4 类种子张开角最大，翅宽值最小，带翅果长最小；B_4 类种子张开角最小，翅宽值较大，带翅果长较大；C_4 类种子张开角近 90°，翅宽值最大，翅长值最大，带翅果长值最大（表 6-8）。

表 6-8　元宝枫成熟果实形态指标分类数据

变异类型	张开角/（°）	翅宽/cm	种长/cm	翅长/cm	带翅果长/cm	翅长宽比	种翅比
A_4	108.81±7.65	0.79±0.11	1.35±0.12	1.33±0.18	2.68±0.24	1.71±0.25	1.03±0.12
B_4	56.55±7.19	0.84±0.13	1.46±0.13	1.35±0.13	2.81±0.16	1.65±0.35	1.08±0.16
C_4	79.60±5.84	0.92±0.14	1.40±0.10	1.47±0.22	2.88±0.23	1.62±0.28	0.97±0.20

2. 主要化学成分

科尔沁沙地天然元宝枫林不同优株种实单宁、可溶性糖与蛋白质含量测试结果见表 6-9。

表 6-9　科尔沁沙地元宝枫单宁、可溶性糖与蛋白质含量

优株	单宁						可溶性糖		蛋白质	
	种皮量/g	粗品/g	提取率/%	吸光值	含量/（mg/ml）	纯品率/%	平均吸光值	糖含量/（mg/g）	平均氮含量/（mgN/kg）	粗蛋白质含量/%
03	2.007 8	1.029 2	51.26	0.110	0.001 519	75.97	0.331	2.311	71 175.64	44.48
04	2.008 8	1.061 5	52.84	0.139	0.001 848	92.41	0.348	2.452	74 245.49	46.40
05	2.004 0	0.709 9	35.42	0.120	0.001 628	81.38	0.338	2.366	70 470.70	44.04
08	2.005 2	1.202 0	59.94	0.124	0.001 674	83.70	0.494	3.719	63 565.75	39.73
09	2.009 7	1.199 4	59.68	0.113	0.001 546	77.32	0.341	2.392	67 234.16	42.04
10	2.004 4	0.986 7	49.23	0.124	0.001 674	83.70	0.258	1.678	69 990.70	43.75
11	2.007 4	0.990 7	49.35	0.141	0.001 871	93.57	0.268	1.767	72 403.80	45.25
12	2.003 7	0.936 4	46.73	0.129	0.001 732	86.60	0.334	2.334	70 783.45	44.24
13	2.008 2	0.999 1	49.75	0.112	0.001 535	76.74	0.394	2.855	72 538.08	45.34
14	2.005 2	1.028 7	51.30	0.128	0.001 728	86.41	0.417	3.054	70 289.12	43.93

注：单宁含量由标准曲线 $y=86.17x-0.0206$（x 为单宁含量 mg/ml，y 为吸光值；相关系数 $R^2=0.9892$）求得。吸光值为测定 3 个重复样品的平均值。可溶性糖含量由标准曲线 $y=2.3153x+0.0638$ [x 为葡萄糖含量（mg/g），y 为吸光值；相关系数 $R^2=0.9951$] 求得。吸光值为测定 3 个重复样品的平均值。蛋白质测定依据 GB 5009.5—2016《食品安全国家标准 食品中蛋白质的测定》标准进行。粗蛋白质含量=氮含量×6.25

方差分析结果表明，科尔沁沙地天然元宝枫林不同优株种实单宁含量之间、可溶性糖含量之间及蛋白质含量之间均差异极显著（$P<0.05$）。可溶性糖含量最高为 3.719mg/g，最低为 1.678mg/g。粗蛋白质含量在 33.69～39.35mgN/kg。

3. 种仁出油率

科尔沁沙地天然元宝枫林不同优株种仁出油率测定结果见表 6-10。

表6-10 科尔沁沙地元宝枫出油率测定结果

优株	种仁/g	油渣/g	油/g	出油率/%	求和	平均	方差
03	2.503 7	1.292 2	1.211 5	48.39	96.782 6	48.391 3	0.675 79
04	2.738 5	1.509 1	1.299 4	47.45	94.900 7	47.450 4	1.014 62
05	2.814 2	1.571 7	1.242 5	44.15	88.294 7	44.147 4	0.002 44
08	2.519 8	1.183 3	1.336 5	53.04	106.086	53.043 0	0.438 42
09	2.859 1	1.472 7	1.386 4	48.49	96.986 7	48.493 4	0.359 43
10	2.935 7	1.549 8	1.385 9	47.21	94.415 1	47.207 6	0.158 87
11	2.588 4	1.363 6	1.224 8	47.32	94.646 4	47.323 2	0.426 48
12	2.660 5	1.519 5	1.141 0	43.80	87.591 0	43.795 5	0.033 79
13	2.321 5	1.198 1	1.123 4	48.39	96.786 4	48.393 2	0.309 20
14	3.039 0	1.597 9	1.441 1	47.42	94.845 6	47.422 8	0.138 10

注：表中数据为30粒种子3次重复测定结果的平均值

方差分析结果表明，科尔沁沙地天然元宝枫林不同优株种实出油率之间差异显著（$P<0.05$），且08号元宝枫优树种实出油率最高（53.04%）。

三、独特的化学成分与生理功能

（一）脂肪酸组成

科尔沁沙地天然元宝枫林不同优株种实种仁油脂肪酸组成及其含量测定表明，供试优树材料中05号元宝枫优树种实脂肪酸的检出率最高（99.08%），11号元宝枫优树种实主要不饱和酸总含量最高（83.32%）（表6-11）。

表6-11 科尔沁沙地元宝枫主要脂肪酸种类及含量 （%）

优株	脂肪酸		饱和脂肪酸			不饱和脂肪酸						
	检出率	总量	棕榈酸	硬脂酸	小计	油酸	亚油酸	亚麻酸	顺式-11-二十碳烯酸	芥酸	神经酸	小计
03	98.48	97.12	5.64	2.59	8.23	32.35	32.4	1.47	8.55	10.99	3.13	88.89
04	98.56	98.25	4.87	3.06	7.93	24.65	32.62	1.92	7.79	17.91	5.43	90.32
05	99.08	97.31	4.08	2.75	6.83	29.30	30.01	1.29	8.71	16.26	4.91	90.48
08	98.56	94.98	4.09	2.70	6.79	23.02	33.94	1.87	8.34	17.12	3.90	88.19
09	98.36	97.77	4.46	2.76	7.22	25.59	31.74	1.77	8.57	18.06	4.82	90.55
10	98.49	97.11	4.74	2.48	7.22	21.76	33.14	2.21	8.06	18.26	6.46	89.89
11	98.88	98.17	4.44	2.40	6.84	24.74	31.59	1.59	8.01	18.52	6.88	91.33
12	98.82	97.49	4.61	2.64	7.25	24.33	33.91	2.18	9.09	16.24	4.49	90.24
13	98.66	95.94	6.09	2.75	8.84	25.72	32.89	1.55	7.67	14.74	4.53	87.10
14	98.43	97.13	4.88	3.04	7.92	24.24	33.38	2.20	8.77	16.52	4.10	89.21

同一地区同一年龄37棵10年生元宝枫种仁油主要脂肪酸组成测定结果显示，元宝枫成熟期果实主要含棕榈酸、硬脂酸、油酸、亚油酸、亚麻酸、顺式-11-二十碳烯酸、芥酸、神经酸8种脂肪酸，其脂肪酸总量为（94.73±5.39）%，其中，棕榈酸（3.38±0.35）%、

硬脂酸（1.81±0.19）%、油酸（22.39±1.95）%、亚油酸（30.90±2.27）%、亚麻酸（1.32±0.21）%、顺式-11-二十碳烯酸（7.43±0.49）%、芥酸（20.27±1.71）%、神经酸（7.23±0.85）%。

元宝枫成熟果实油主要成分含量指标相关分析表明，元宝枫神经酸含量与芥酸含量呈极显著正相关，与棕榈酸、硬脂酸、油酸、顺式-11-二十碳烯酸呈极显著负相关（表 6-12）。据此推测，元宝枫在合成以上 4 种脂肪酸时可能会抑制神经酸的合成。

表 6-12　油脂主要成分相关性分析

	棕榈酸	硬脂酸	油酸	亚油酸	亚麻酸	顺式-11-二十碳烯酸	芥酸
硬脂酸	0.378*						
油酸	0.176	0.389*					
亚油酸	0.095	−0.139	−0.180				
亚麻酸	0.255	0.457**	−0.150	0.009			
顺式-11-二十碳烯酸	0.271	0.553***	0.630***	−0.406*	0.202		
芥酸	−0.413*	−0.533***	−0.726***	−0.398*	−0.188	−0.482**	
神经酸	−0.499**	−0.474**	−0.763***	−0.199	−0.087	−0.648***	0.806***

*表示 0.05 水平显著，**表示 0.01 水平显著，***表示 0.001 水平显著

用 37 棵 10 年生元宝枫的成熟果实油的棕榈酸、硬脂酸、油酸、亚油酸、亚麻酸、顺式-11-二十碳烯酸、芥酸、神经酸等主要成分含量指标进行聚类分析，可将供试单株初步分为 3 类。其中，A_5 类，油酸和亚油酸含量最低，神经酸和芥酸含量较低；B_5 类，神经酸和芥酸含量最高，亚油酸、油酸等含量也较高；C_5 类，神经酸和芥酸含量最低，油酸和亚油酸含量最高（表 6-13）。

表 6-13　元宝枫果实油脂主要脂肪酸及其含量　　　　　　　　　　（%）

变异类型	棕榈酸	硬脂酸	油酸	亚油酸	亚麻酸	顺式-11-二十碳烯酸	芥酸	神经酸	总计
A_5	3.15±0.47	1.83±0.08	22.18±1.09	29.45±0.82	1.21±0.08	7.57±0.49	19.61±1.07	6.87±0.65	91.87±1.48
B_5	3.40±0.22	1.81±0.19	22.46±1.24	31.36±1.07	1.34±0.22	7.37±0.50	20.78±0.92	7.49±0.58	96.02±0.95
C_5	4.06±0.47	2.08±0.18	25.78±0.19	32.78±0.41	1.43±0.06	7.70±0.33	17.73±0.83	5.49±0.28	97.04±0.04

（二）油脂性质

科尔沁沙地天然元宝枫林不同优株种仁油物理性质测试结果表明，各元宝枫优树种实油脂的颜色均为浅黄色、淡黄色或黄色、气味均为花生油香味、透明度均为透明、加热试验（280℃）结果均为油色变深，无沉淀析出、折光系数在 1.461～1.479。

科尔沁沙地天然元宝枫林不同优株种仁油酸值、碘值、皂化值测定结果及分析见表 6-14。

测定结果显示，科尔沁沙地天然元宝枫林不同优株种实种仁油酸值为 1.144～1.712mgKOH/g，游离脂肪酸为 0.5784%～0.8724%，碘值为 100.4～108.7g/100g，皂化值为 185.1～189.8mg/g。方差分析结果表明，各优树酸值之间、碘值之间、皂化值之间均差异显著（$P < 0.05$）。

表 6-14 科尔沁沙地元宝枫种仁油酸值、碘值、皂化值测定结果

优株	酸值/（mgKOH/g）	游离脂肪酸/%	碘值/（g/100g）	皂化值/（mg/g）
03	1.712	0.8724	102.2	188.4
04	1.523	0.7761	104.8	189.0
05	1.385	0.7058	108.7	186.2
08	1.221	0.6222	104.4	188.6
09	1.645	0.8383	102.2	185.1
10	1.144	0.5830	101.5	185.5
11	1.536	0.7828	106.1	188.5
12	1.492	0.7603	105.5	189.8
13	1.284	0.6543	102.8	188.4
14	1.135	0.5784	100.4	188.9

四、品种选育

我国众多的槭树种类，尤其是经长期进化所保留下来的大量野生种和野生近缘植物，常常含有槭树本身不具备的抗病虫、抗寒、抗旱、抗盐碱、抗逆、优质、丰产和细胞质雄性不育等优良基因，它们既是改良槭树的重要种质资源，又是创制新种质、创建新基因和选育新品种的物质基础，应用价值极高。

目前，我国天然分布的野生种质资源较少，人工槭树主要分布在城区广场、公园绿地、休闲广场和小区附近、主要道路两侧及大中型园林苗圃内，所以对元宝枫、三角枫、鸡爪槭、梣叶槭、金沙槭、中华槭等种质研究较多，而且槭树新品种研究与选育主要注重其观赏与生态价值，如泰安市泰山林业科学研究院培育的'东岳红霞'系列的元宝枫、山东农业大学培育的四倍体三角枫新品种'兴旺'和弗里曼槭新品种'丹霞升'等均为授权的观赏型植物新品种。

实地调查对比槭树的胸径、树高、冠幅、叶色、枝姿、树型、有无病虫害、果实饱满度等生长状况及所处土壤类型、光照条件等环境因子后发现，在园林苗圃生长的槭树，树高、胸径等生长性状及病虫害防治、日常管护等方面均优于生长于其他场所的槭树。

在造林绿化过程中，树种的保护管理具有十分重要的作用，尤其对于当地绿化中常用的乡土树种，更要将适宜当地生长的优良种质保护好、利用好。但是受当地经济、交通条件及栽培技术的影响，槭树性状价值表现不高或不显著而被淘汰，导致种质资源损失严重；因资金短缺和缺乏专业人员管护，日常管护措施落后，种质资源保护和开发跟不上；加之栽培管理技术不合理，导致苗木生长受限、表现性较差。

为了更好地发挥当地槭树的作用，进行槭树种质资源调查，选出优良单株或特异表现类型，为造林绿化工作提供原材料，促进改善环境，实现生态美好服务，必须扎实做好以下工作。①收集和保存好现存的种质资源，加以开发和研究利用；②通过无性繁殖手段，推广发展，提高苗木质量和价值；③加强对槭树种质资源的保护力度，建立相应的槭树种质资源保存基地；④依靠科技力量，加强科研与生产相结合，积极选育良种，

以充分利用槭树的绿化、观赏与药食等多用途优势进行产业化生产，最终实现区域经济高质量发展。

第二节　生态观赏价值

一、生态价值

槭树不仅树形美观，枝多叶密，叶形多样，叶色变化丰富多彩，是城乡绿化、景观配置重要的乡土应用树种，可通过孤植、丛植、群植等配置方式展示其独有的观赏价值，而且冠幅宽阔、根系庞大，具有耐旱、耐瘠薄、根系发达、抗二氧化硫和重金属污染等特性，是防沙固土、土壤改良、改善生态环境的优良乡土树种，在防风固沙、水土保持和抗污减噪方面，具有无法被其他灌木和草本植物所替代的生态效能，可有效地改良瘠薄山地土壤的物理性质和水文效应，提高土壤的养分含量和物种的丰富度，美化人类的生存空间。

1. 保护生态环境

随着社会的发展和生活质量的提高，生态建设、植被恢复和环境优化备受世人瞩目。槭树的冠幅宽阔、根系庞大，在防风固沙、水土保持和抗污减噪方面，具有无法被其他灌木和草本植物所替代的生态效能，可有效地改良瘠薄山地土壤的物理性质和水文效应，提高土壤的养分含量和物种的丰富度，美化人类的生存空间。元宝枫是一种菌根树种，根部同时具有固磷菌根和 VA 菌根，能促进其吸收无机养料，加速根部的健康、快速生长，使之能够适应干旱贫瘠的土地、沙地环境。迟琳琳（2017）在研究干旱胁迫对科尔沁沙地地区的元宝枫光响应影响时发现，元宝枫对光的适应范围较广，适合在中度和重度干旱环境中造林。聂晨曦和王爱国（2018）在河南太行山低山丘陵地区利用乡土树种侧柏、元宝枫营造混交林时发现，自 2010 年以来，侧柏、元宝枫混交林的面积达 2000hm^2，并且混交林在防治水土流失、维护自然环境、增强防护功能等方面作用明显。固原市原州区开城林业工作站对六盘山地区进行元宝枫造林获得成功，造林成活率在 80%以上（顾玉霞，2018）。四川省汶川县林业局对坡耕地、矮灌木林地、荒山坡进行元宝枫造林，当年造林成活率达 87%～98%（王顺利和曹文君，2000）。随着自然条件的不断恶化，我国水资源量在逐渐减少，全国 0.13 亿 hm^2 农田及 1.0 亿 hm^2 草场受沙化危害（刘伟峰等，2008），保护水资源、发展耐干旱木本植物已经刻不容缓，元宝枫作为耐干旱、抗逆性强的乡土树种，在治理荒山、沙地时值得进行大力推广开发。元宝枫特别适合在我国北方地区气候条件下栽植，因其根系特别发达，适应各种恶劣气候条件的能力强、抗逆性非常好，而且抗旱、抗寒冷、抗瘠薄，对立地条件要求不苛刻。调查发现，在自然状态下，即使元宝枫树干被掩埋深达 1/3 处，仍然不影响其正常生长。所以，元宝枫既是荒山造林、绿化美化环境的先锋树种，又是用来改变人类生活环境的生态保护树种。如今，在春季干旱而多风沙、夏季温热而雨水集中、秋季凉爽而短促、冬季寒冷而漫长和年平均气温 5.2℃、≥10℃积温 2900℃，年降水量 300mm 且集中于

7～8 月（占年降水量的 70%），年平均蒸发量为 2390mm，年平均日照 3132h，无霜期 120 天和全年平均风速 3.3～4.2m/s、最大风速 28～31m/s、风沙日数 107 天，其中平均六级和八级以上大风日数分别为 57 天和 39 天的内蒙古科尔沁沙地中仍顽强生长着 7.7 万 hm² 200 年以上的元宝枫天然林，其中，集中分布于内蒙古兴安盟科尔沁右翼中旗代钦塔拉五角枫自然保护区（1.01 万 hm²）、内蒙古赤峰市翁牛特旗松树山自然保护区（0.41 万 hm²）、内蒙古乌旦塔拉自治区级自然保护区（0.35 万 hm²）和大青沟国家级自然保护区（0.82 万 hm²），它们是我国防风固沙的忠诚卫士、生态环境的绿色屏障，对保障国土生态安全起着重要作用。

2. 工厂绿化

槭树科植物主要通过林冠、枯枝落叶层和根系来提高空气质量和蓄养水源。林冠层不仅能有效地吸附大气中的二氧化硫（SO_2）、氟化氢（HF）、粉尘，还能降低雨滴对地表的击溅；枯落层能降低地表的径流流动速度，根系能增加林地的植被抗蚀力，减轻雨水对林地土壤的侵蚀强度。例如，元宝枫抗硫化氢、光化学烟雾、氯化氢等有毒有害气体能力较强，是优良的抗污染树种。重化工企业厂区内污染物质比较多，这就要求在选择厂内绿化树种时，必须具备较强的抗性，尤其是对空气中的有毒有害气体能够起到净化作用。元宝枫具备这些强大功能，因而可以作为工厂绿化、美化树种的首选。这样，既解决了净化空气、美化环境的问题，又可以保证工人身体健康，同时具有较好的果实、木材等经济价值。

3. 单植、片植、群植形成风景林

元宝枫树冠大而浓密，体形优美，叶片秀丽，果形奇特似元宝，所以在春秋季节都可以作为观叶及园林观景树种，特别是在秋天经霜之后叶色极其美观，是园林景观中的一大美景。元宝枫既可单独植于园林路旁、亭前廊后或池塘边，又可相配于山石建筑之中，形成极有趣味的自然布置，作为园林景观树和庭荫树，可以起到点缀风景的作用。在城市较大的庭园中，为了创造出具有独特效果的景观，通常可在空旷的草坪、角隅或郊区的小山坡上，采取群植或片植的方式营造元宝枫纯林，也可将其与针叶树种植在一起而形成混交林。这样，入秋后将会在人们面前展现出金秋的灿烂与火红的景象；绿中映红、美不胜收的混交林，能够使人们流连忘返；若配置出元宝枫与其他秋色叶树间种，还会形成层林尽染的美好景色。

二、文化价值

槭树历史悠久，观赏价值极高，自古以来为人喜爱，并被广泛栽培，具有丰富的文化内涵。我国古代就有把槭树科的植物称为"槭"，据《山海经》记载："黄帝杀蚩尤于黎山，弃其槭，化为枫树"。在西晋时已将槭树栽在庭园中观赏。汉代许慎编著的《说文》一书中就记载着"槭木可作大车輮"。据《沈阳法库圣迹山枫树考》，辽太宗时期，为纪念东征大胜，在太祖东征途中枫林处勒石记功，后代皇帝亦多次在此种植枫树。辽国灭亡后，金国人（女真人）在这里居住，他们也非常喜爱枫树，加以保护。元、明两代，这片古枫林继续存在。到了清朝，汉人大规模移居到叶茂台至圣迹山一带，大户人

家也把墓地选在圣迹山枫林茂密处，后人也形成了保护和种植枫树的习惯（任杰，2015）。

槭树植物大多树干挺拔，姿态婆娑，清新宜人，特别是落叶槭树，秋叶或红或黄，色彩斑斓，富有季相变化，翅果也呈黄、红等色彩，美似霞锦，深受人们喜爱，秋叶丹枫更是人们十分喜爱的自然景观，历代的诗人作家对槭树一直大加赞赏，著有大量描写槭树景观的诗文。例如，西晋《秋兴赋》中潘岳著有"庭树槭以洒落"的语句。唐代《山行》中描写有："远上寒山石径斜，白云生处有人家。停车坐爱枫林晚，霜叶红于二月花。"此外，还有"晓霜枫叶丹，夕曛岚气阴。"（[南朝·宋] 谢灵运《晚出西射堂》）；"浔阳江头夜送客，枫叶荻花秋瑟瑟。"（[唐] 白居易《琵琶行》）；"山远天高烟水寒，两岸楼台枫叶丹。"（[明] 徐霖《绣襦记·共宿邮亭》）；"一重山，两重山。山远天高烟水寒，相思枫叶丹。"（[南唐] 李煜《长相思》）；"枫叶落，荻花干，醉宿渔舟不觉寒。"（[南唐] 张志和《渔父》）；"枫叶千枝复万枝，江桥掩映暮帆迟。"（[唐] 鱼玄机《江陵愁望寄子安》）；"我画蓝江水悠悠，爱晚亭上枫叶愁。"（[唐] 唐寅《我爱秋香》）；"明朝挂帆席，枫叶落纷纷。"（[唐] 李白《夜泊牛渚怀古》）；"青枫飒飒雨凄凄，秋色遥看入楚迷。"（[明] 李攀龙《于郡城送明卿之江西》）；"日暮秋烟起，萧萧枫树林。"（[唐] 戴叔伦《三闾庙》）等诗句。明代描绘槭树景观为"萧萧浅绛霜初醉，槭槭深红雨复然。染得千秋林一色，还家只当是春天。"[明] 柳应芳《赋得千山红树送姚园客还闽》。宋代张翊所著的《花经》对槭树的描述为："枫（亦指槭属植物）叶一经秋霜，酡然而红，灿似朝霞，艳如鲜花，杂厝常绿树种间，与绿叶相称，色彩明媚，秋色满林，大有铺锦列秀之致。"古往今来，文人墨客留下的脍炙人口颂诵槭树的佳句，借红叶题诗，吟咏悲欢、相思与离别之情，尽展幽怨而热烈、萧索而温情、凄美无限的美学情怀，提升红叶的审美韵味，彰显历史的沧桑和生命的启示。

槭树生命力顽强，百年古木随处可见。有些槭树种类为中国的特有种或珍稀种，彰显中国现代植物区系的古老性，文化底蕴深厚，科学研究价值极高。

元宝枫是我国北方的乡土树种，高度适应当地的自然环境和人文环境，对当地人的生产和生活均有着十分重要的意义。在吉林长白、内蒙古翁牛特旗和敖汉、陕西留坝、甘肃徽县和文县等地区，当地人传统上也有将元宝枫当作物候指示植物，比如在长白，当树叶由黄转红时，这预示着人们准备薪柴过冬的最后时期即将结束；在翁牛特旗，人们看到树叶红透时，就要开始将放牧的牲畜往回赶；在敖汉，元宝枫展叶开花时，人们开始新一年的农事活动；在留坝、徽县等地，槭叶深红，预示白露已过。

内蒙古赤峰市敖汉旗贝子府镇大围子村流传着很多关于两株元宝枫古树的传说，如有流传这两株是"神树"，世代庇佑村寨的繁荣，至今村寨里的人们仍对这两株元宝枫古树非常敬畏。当地人不敢攀缘古树或折枝，就连路过古树时也只是轻步低声经过，唯恐惊动神灵，带来祸事。文县铁楼乡的白马人，常被称为白马藏族，是世代聚居在大深山里的中国最古老的部落之一。他们对自然的依赖程度特别高，因而在长期的生存繁衍过程中，形成了浓厚的自然崇拜，如崇拜"神山""神水""神树""神林"等，甚至崇拜动物。他们认为树木均有神灵，村寨里也都有神树。神树是村寨的庇护神，可以保佑村寨的安宁、兴盛。元宝枫在当地被称为"五角子树"，因其树形高大、树冠浓密、生长适应性强，对当地人产生重要的影响，时常被当作是崇拜的对象。崇拜的形式通常表现为祈祷和祭祀两种方式：祈祷更偏向为个人行为，主要是祈求财富、平安、好运等，大病康复、逢凶化吉、实现愿望等的还愿；祭祀则更倾向于村寨集体或家庭行为，一般在冬季闲暇时举行，常用的祭品有羊、猪或鸡等，主要是感恩神树庇护村寨安宁、兴旺、无灾等。近年来，伴随着当地民俗旅游经济的发展，白马人逐渐被越来越多的人知晓，大山里也变得愈发热闹。然而，这也降低了他们对自然的依赖，传统的自然崇拜和祭祀也在逐渐减少，据了解全村的大型祭祀活动已经很少见了。

敖汉蒙古族和白马藏族对元宝枫的崇拜，成为当地百姓传统文化的一部分，在客观上保护了元宝枫古树及周围的生态环境，在一定程度上对当地的生物多样性保护起到了积极的作用。

三、观赏价值

槭树科植物是具有较强的适应性和抗寒、抗病虫危害、抗污染等能力及较高的园林观赏价值的弱阳性乡土树种，其中有很多是世界著名的观赏树种。槭树在我国是一个有着悠久栽培和观赏历史的树种。其树姿、树叶、果实都具有优良的观赏特性，在园林绿化上用途广泛，并具有极强的地方特色。槭树的秋叶经霜变色，成为秋季主要的叶色观赏树种，在各地城乡美化方面得到广泛应用，名山秀水中随处可见槭树的身影。有的可以作为行道树、庭荫树、防护林、风景林、四旁绿化及庭园观赏；有的可以作为盆景或绿篱材料；有的可以进行绿地及岩石园点缀；有的可以孤植于草坪中或群植于假山上。红绿相映，生机盎然、妙趣横生，为园林绿化、美化增辉添彩。

（一）树形

槭树科植物为乔木或灌木。乔木高大，树冠和树形优美而富有风韵。树姿或婆娑，或层叠，或下垂。树冠有卵形、塔形、广柱形、圆球形等。灌木丛生，姿态俊秀。槭树科植物大多为小乔木或大乔木树种，其特点是树形优美，乔木高大，树姿婆娑，冠态优美而富有风韵；小乔木姿态俊秀，色彩斑斓宜人。槭树科有优美的形态、动人的线条、诗画般的风韵。树冠美观、树形多姿多彩、秋叶红艳、枝叶浓密，遮阴效果良好。

（二）叶形和叶色

槭树叶的观赏价值由叶形和叶色决定。叶形各式各样，有单叶和复叶之分。单叶中有 3 裂、5 裂、7 裂、11 裂、13 裂。复叶有羽状复叶、掌状复叶和三出复叶。枝叶浓密，其叶片形态差异较大，皆对生。单叶呈掌状分裂，复叶具 3 片小叶。叶片经秋或红或黄，色彩斑斓，富有季相变化。槭树叶柄较长，秋季多随叶片变成红色或紫红色。槭树叶形差异较大，叶色丰富。叶形有掌状形、卵形、披针形，小枝呈红色、褐色、绿色等；枝干树皮裂或不裂；槭树的叶柄一般较长，秋季也随叶片变成红色或紫色。羽状复叶的有血皮槭、建始槭、金钱槭等；单叶不裂的有紫果槭、樟叶槭等；单叶 3 裂的有葛萝槭、秦岭槭、三角枫等；单叶 5 裂的有元宝枫、五裂槭、阔叶槭等；单叶 5～7 裂的有鸡爪槭、长尾槭；常用秋色叶树种有元宝枫、三角枫、五角枫等。

叶色变化也极为丰富。春天叶色呈紫红色、紫色或红色的有青榨槭、中华槭、红花槭等；秋天叶色呈红色的有鸡爪槭、三角枫、秀丽槭、五裂槭等；秋天叶色呈黄色的有梓叶槭、元宝枫、青榨槭等；叶色常年红艳的有紫红鸡爪槭；叶色呈现双色的有两色槭，其叶片上面呈嫩橄榄绿色，下面淡紫色；叶色常年呈绿色、亮绿色或灰绿色的有紫果槭、飞蛾槭和樟叶槭等；叶色呈现彩斑的有日本槭，有红绿色调，有红白色调，有带黑色小斑点，还有线状彩斑，色彩千变万化，给人们以美的享受。具有不同叶色（红、黄、青、绿、紫）、花色（黄、绿、紫、红）、果色（红、紫、褐），可表现各种不同的艺术效果，叶片的色度和色调随着季相变化可以产生流动的色彩，展现出园林艺术包括时间在内的思维空间景观效果，渲染整个园林景观，鲜艳的色彩和飘逸的身姿常成为空间的主景和视觉中心，是优良的秋色叶观赏植物。例如，天目槭叶片较大，入秋叶片经霜变红，很美丽；毛鸡爪槭入秋叶片转为红色，极具观赏价值；橄榄槭叶入秋后转红，霜重叶更红。槭树叶有单叶，如羊角槭的五裂叶，中裂片特长，奇特迷人。复叶叶片的形状和结构因气候和生态环境不同而产生较大变化，裂片形态各异，优美叶形能产生轻盈秀丽的效果，使人感觉到轻快气氛。

（三）花、果

槭属植物的花为绿色、白色或黄绿色，少数为紫色或红色。花序结构变化较大，有伞房状、穗状或聚伞状、圆锥状等。

槭属的果皆为翅果，初为绿色，成熟时呈红色、紫色或褐色，观赏期长。果翅的姿态变化多端，有锐角、直角、钝角和平角形。果实凋落时，翅果随风飞旋，别有情趣。槭树科植物的果实为不开裂具翅的双翅果，大小形状色彩各异，特别在凋落时果实随风飘散，妙趣横生。槭属的果实为双翅果，有红色、绿色、紫色、黄色等，色彩丰富且形态特异，挂果期长。金钱槭翅果为古铜色，酷似古代的钱币，其寓意的风韵美深受人们喜爱。飞蛾槭翅果幼时紫色，成熟时黄褐色，小坚果凸出，微风轻拂，如大肚的飞蛾在舞动，十分惹人爱。

槭树果具双翅，不开裂，形似小灰蛾，大小形状色彩各异，特别在凋落时果实随风飘散，妙趣横生。例如，长尾秀丽槭的翅果特小，翅向外弯，非常别致；毛果槭果实特大，非常夺目；秀丽槭圆锥状伸长而下垂的成串果序，果翅在果实未成熟前鲜红色，极美丽；五角枫果翅较长，两翅呈钝角开展若飞，形态颇为奇特美观。

（四）干

园林绿化中常见的槭属树种大多是单叶槭树，而具有优雅的 3 小叶复叶的槭属三小叶组槭树血皮槭则不常见。它是我国特有的、全世界少有的既观叶又观干的槭树，树皮赭褐色，呈纸状薄片脱落，树皮脱落后的树干赭褐色、光滑、挺直、坚硬，材质细密。它细长的小枝长满淡黄色的长柔毛。其树叶春夏表现为绿色，早秋开始叶慢慢变成鲜红色或黄色，当满树红色与绿色叶片镶嵌时尤其美丽，如果再冬雪降临，那满树的红艳、翠绿与洁白的色彩，更是无与伦比的美丽。观赏价值极高，且适应性强，被誉为最美丽的槭树之一，是我国实现"美丽中国"的重要树种之一。

槭树科植物种类丰富，分布范围广，生长习性多样，季相变化丰富，在秋色叶植物中独具魅力，是园林植物造景中不可缺少的材料。在园林工程中主要用于以下几个方面。

1. 行道树

槭树用于行道树选择，大多要求树姿优美、树干光滑、高大挺直、树冠宽广、叶多而密，在夏季产生较好的遮阴效果和良好景观的乔木。如元宝枫，树冠伞形或倒卵形，春天展叶前，满树为黄绿色花朵，嫩叶红色，秋季变为橙黄色或红色；糖槭原产北美，树形为卵圆形，树势雄伟，树冠广阔，入秋时节，郁郁葱葱的绿叶泛黄、变红，灿若朝霞；五角枫入秋叶色变为红色或黄色，颇为美观。此外，三角枫、梓叶槭、飞蛾槭、青榨槭、东北槭和樟叶槭等皆可作行道树。

2. 园景树

槭树种类繁多、形态丰富，既可观形、赏叶，又可观花、赏果；既有气势雄伟的高大乔木，又有矮小的灌木。槭树的枝、干、叶、花和果在各季节均有不同程度的变化，尤其在春、秋两季的变化更大，各种颜色相互搭配，形色并貌，格外让人流连。用作庭园或风景区栽植的槭树，无论单株栽植，还是三两株散植或丛植，都会产生独特的观赏效果。叶色的季相变化丰富，既可作为局部空间的主景，孤植于庭园、草地、山坡、水边，如元宝枫、鸡爪槭、秀丽槭、五角枫、青榨槭等，还可与不同叶色树种混植，如鸡爪槭与银杏或金钱松相配，红黄相间，表现秋季的绚丽多姿，也可在常绿树丛中点缀1株或数株叶色红艳的元宝枫，形成"万绿丛中一点红"的效果。

3. 绿篱树

用作绿篱树的槭树多为小乔木、灌木，或经截冠的大乔木，能够形成低矮树形，具可变化的叶色，可用于道路分车隔离带，如茶条槭、鸡爪槭、紫红鸡爪槭、细叶鸡爪槭等小乔木或灌木槭树种类，树形低矮，富于叶色变化，且生长慢、耐修剪、抗性强，可用作绿篱树，作为住宅小区、公园、广场及道路分车隔离绿化带。此外，一些耐修剪的乔木树种如三角枫也可作为绿篱树种。

4. 隐蔽树

城市园林建设中难免有一些不宜直接暴露其外部的建筑物，或需要采取多种形式进行外观装饰的物体，这就需要栽植树木为其遮挡。有一部分槭树就适合植于楼群、路边或其他需要隐蔽的地带，这类树通常分枝细密，枝条长而不枯萎。槭树中的常绿种类如罗浮槭、樟叶槭等，基部的枝长而不枯萎、叶多且分枝细密，适合作隐蔽树，用于楼群、路边或建筑物的遮蔽。此外，槭树中的落叶种类既有鲜艳绚丽的色彩，又有千姿百态的树形和叶形，可弱化城市现代建筑的几何形体，增强现代建筑的视觉效果。

5. 盆景

在我国传统树木盆景中，槭树科植物常作为观叶材料用于造型和盆景，利用其姿态和色彩营造形式美和创造意境美。槭树盆景中常用材料为鸡爪槭和三角枫，此外，秀丽槭、羊角槭、毛果槭、安徽槭、建始槭等都可以作为盆景创作。例如，三角枫老桩虬曲苍劲，盘根错节，气势雄伟，冠如华盖，耐修剪，是深受人们喜爱的盆景树种。元宝枫叶色富于变化，春叶红艳，秋叶金黄，还可数次摘叶，摘叶后新叶小而红，是很有特色的桩景材料。鸡爪槭的园艺品种较多,如紫红鸡爪槭、细叶鸡爪槭等,易于造型,广泛应用于盆景的创作。常用于盆景创作的种类还有秀丽槭、细裂槭、羊角槭、紫花槭等落叶种类,以及紫果槭、罗浮槭等常绿种类。

近百年来,欧洲、美国及日本等地区和国家对槭树资源的开发利用已达到较高水平,相继从栽培的槭树种中选育出斑叶、洒金、镶边等观叶品种,以及叶片常年红色的品种,形成了颇具规模的红叶景观。槭树科植物以其优美的树形、横展的枝条、多姿的叶形、绚丽的叶色、奇特的翅果,在众多的秋色叶树种中独树一帜,在世界各地园林绿化中占有非常重要的地位。

槭类树种属于秋色叶植物,姿态婆娑,春翠秋艳,可塑性强,易整形,耐修剪,可汲取盆景艺术之精髓,创作自然美与艺术美和谐统一的珍品,点缀宜居环境。在长期进化中,槭类逐渐形成了自身特有的生态学特性和遗传特性,在园林绿化和植被修复中,利用植物与环境的密切关系,掌握对环境的指示意义,构建生态景观,修复惨遭破坏的植被。槭属植物树姿优美、叶形奇特,以其鲜艳丰富的叶色、稳定持久的观赏期、富有变化的景观效果弥补了传统绿化中色彩单一、形式单调的缺点。槭树的适应性、观赏性、抗污染和抵御病虫害能力较强,初春乍绿,经秋红艳;叶形秀美,轻盈洒脱;翅果悬空,壮观雅致,旋转飘落,妙趣横生。利用槭树的色艳和树姿,协调与其他秋色叶树或常绿树的巧妙配置,彼此衬托,相互掩映,构造出巧夺天工、错综有致的景观,捕捉"万绿丛中一点红"的秋景魅力。研究表明,元宝枫、三角枫、五角枫、鸡爪槭、金叶梣叶槭、红花槭、红花槭新品种'艳红'和'金脉红'、银白槭和日本红枫树形高大、树姿优美、叶色亮丽、叶形奇特,具有很高的观赏价值,且抗逆性强、生长状况良好;茶条槭、梣叶槭和国王枫(*A. platanoides* 'Crimson King')均具备一定的观赏价值,但细叶鸡爪槭喜光但怕烈日,夏季遇干热风会造成叶缘枯卷,高温日灼还会损伤树皮。樟叶槭耐寒性较差且无季节性的红叶现象,红翅槭叶片观赏价值较低。糖槭叶色在秋天变化丰富且含糖量高,但是培育技术不成熟导致成活率相对较低。目前槭属植物在园林建设中的应用非常广泛,是重要的造景植物,可作行道树或风景园林中的伴生树,可与其他秋色叶树或常绿树进行配置,彼此衬托掩映,增加秋景色彩之美。槭属植物通常以秋季叶色为美,在世界众多彩色叶树种中,槭树秋叶独树一帜,极具魅力;其树形优美、叶形秀丽,秋季叶多渐变为红色或黄色,具有重要的观赏价值,是著名秋色叶树种。目前槭属植物资源发展已经受到国内外专家学者和风景设计师们的广泛关注,这一古老而具明显特色的树种资源在中外园林建设中的作用将会越来越重要。

第三节 食用价值

一、叶

研究证实,云南元宝枫叶中富含总含量达 11.79%的谷氨酸、天冬氨酸、亮氨酸、丙氨酸、赖氨酸、苯丙氨酸、缬氨酸、甘氨酸等 17 种氨基酸,其中有 7 种人体必需氨基酸(色氨酸除外),总含量为 4.89%。必需氨基酸与总氨基酸的比值(E/r)为 41.48%,

必需氨基酸与非必需氨基酸比值为 0.71，符合 FAO 提出的参考蛋白质模式，属优质蛋白质资源。

元宝枫叶中含有 K、Na、Ca、Mg、P、S 和 Fe、Mn、Cu、Zn 等大量和微量元素。其中，Ca 元素十分丰富，含量达 5621mg/100g DW（DW 为干叶），K 含量与 Na 含量分别为 1053mg/100gDW 和 1.73mg/100gDW，呈十分典型的高钾低钠的特点。一般认为，高钾低钠的膳食有利于维持机体的酸碱平衡及正常血压，对防治高血压病症有益。槭叶经摊晾、杀青、揉捻、烘干制得槭茶。经测定，云南元宝枫茶粗蛋白质含量为13.42%，必需氨基酸占氨基酸总量的 41.48%，单宁含量 10.82%，SOD（超氧化物歧化酶）含量 91.40μg/g 鲜叶，维生素 E 含量 14.13mg/100g 鲜叶，总黄酮含量 4.13%，绿原酸含量 2.38%。

苦茶槭（苦条槭）嫩芽叶经一系列加工后制成的茶被称为皋茶（高茶）。皋茶有较高的药用价值，能治多种疾病。对治疗高血压、冠心病及动脉硬化等有特殊疗效。多饮皋茶汗水无黄色，能治烦躁口渴，解热明目；能兴奋高级神经中枢，消除人体疲劳；饮服皋茶可松弛平滑肌，治疗老年支气管哮喘和胆绞痛；还具有利尿、收敛、解毒和凉血降压等功效。选用茶条槭嫩叶加上五味子等原料，制成茶叶，富含钙锌铁锰硒等微量元素，属天然的保健饮品，具有抗疲劳、调节免疫、生津止渴、退热明目之功效。

内蒙古地区（特别是翁牛特旗和巴林右旗等传统牧区）的部分牧民有将元宝枫嫩枝、叶、根、茎用作茶饮的传统。这主要是由于游牧的原因所致。这些地区的牧民常年逐水草而牧，时常所处的环境鲜见乔木，而元宝枫又能够在稀树草原、荒漠、戈壁等环境下生长，从而形成了饮用元宝枫的传统。据考证，元宝枫叶在明清时期就是枫露茶的原料，这在《红楼梦》中也有记载。

二、果实

槭树翅果由果皮（翅）、种皮和种仁 3 部分组成，其各部分组成比例、出仁率、出油率及其油脂脂肪酸组成等均因树种、生长条件及管理水平等不同而有很大差异。根据秦巴山区经济动植物（陕西省森林工业管理局，1990）记载，陕西有槭属植物 28 种，其中青榨槭、五尖槭、四蕊槭、权叶槭、青皮槭、毛花槭和三角枫分布广泛。陕西常见槭树种子含油量测定结果见表 6-15。种子油的脂肪酸组成见表 6-16。

表 6-15　陕西常见槭树种子含油量

种类	青榨槭	四蕊槭	五尖槭	权叶槭	毛花槭	青皮槭	三角枫	元宝枫
含量/%	14.26	26.86	14.71	25.52	10.81	19.22	17.01	41.29

资料来源：魏希颖和梁健，2005

表 6-16　种子油的脂肪酸组成　　　　（%）

树种	棕榈酸	油酸	亚油酸	亚麻酸	花生酸	总不饱和脂肪酸
元宝枫	5.27	30.99	45.85	2.81	15.09	94.74
四蕊槭	7.99	21.95	51.24	1.14	7.56	81.98
青榨槭	4.79	45.26	33.03	2.09	7.77	88.15

树种	棕榈酸	油酸	亚油酸	亚麻酸	花生酸	总不饱和脂肪酸
五尖槭	7.57	32.84	42.03	1.47	8.90	85.24
青皮槭	9.89	34.93	40.98	2.08	9.16	87.15
三角枫	6.58	33.17	52.26	0.09	5.76	91.28
杈叶槭	6.18	26.44	54.05	3.61	7.33	91.43
毛花槭	6.11	23.95	53.16	10.04	6.07	93.17

表 6-15 和表 6-16 显示，①几种槭树植物种子都富含油脂，尤其是分布较广的元宝枫种子含油量最高，其次为四蕊槭和杈叶槭，其种子含油量均超过 25%，值得开发利用。②几种槭树植物种子油都以不饱和脂肪酸（油酸、亚油酸）含量较高为特点。

研究结果证明，元宝枫、五角枫、三角枫、鸡爪槭、梣叶槭 5 种槭树种子油的酸价和过氧化值差异均显著，其油脂酸价分别为（0.54±0.05）mg/g、（1.97±0.14）mg/g、（3.77±0.16）mg/g、（4.64±0.04）mg/g、（3.50±0.03）mg/g，其中，元宝枫油的酸价最低，其次是五角枫油，梣叶槭油和三角枫油的酸价稍高，符合国家食用植物油（花生油、菜籽油、大豆油、葵花油、胡麻油、茶油、麻油、玉米胚芽油）酸价≤4 的标准 GB 2716—2018。鸡爪槭油的酸价最高可能是种子存放时间太长（超过 1 年）。三角枫油的过氧化值最高，说明三角枫油的不饱和程度较高，梣叶槭油的过氧化值最低。供试元宝枫、五角枫、三角枫、鸡爪槭和梣叶槭的油脂颜色、气味、透明度差异不大，这几种槭树油脂均具有种仁香味、带有轻微的溶剂味，均为透明、澄清，除鸡爪槭是柠檬黄外，其他 4 种油均是浅黄色。说明用索氏提取法提取的这几种油杂质较少（表 6-17）。

表 6-17 元宝枫、五角枫、三角枫、鸡爪槭、梣叶槭种仁油理化性质

理化指标	元宝枫	五角枫	三角枫	鸡爪槭	梣叶槭
酸价/（mg/g）	0.54±0.05e	1.97±0.14d	3.77±0.16b	4.64±0.04a	3.50±0.03c
过氧化值/（g/100g）	0.76±0.22c	1.55±0.18ab	1.82±0.06a	1.28±0.21b	0.36±0.03d
颜色	浅黄色	浅黄色	浅黄色	柠檬黄	浅黄色
气味	种仁香味	种仁香味	种仁香味	种仁香味	种仁香味
透明度	透明、澄清	透明、澄清	透明、澄清	透明、澄清	透明、澄清

注：表中数据为平均值±标准差，相同字母表示同行数据差异不显著，不同字母表示同行数据差异显著（$P < 0.05$）

新近的研究结果表明，天目槭、秀丽槭、樟叶槭和罗浮槭 4 种槭树成熟种子油中含有 21 种脂肪酸，其中高含量脂肪酸（≥5%）有棕榈酸、油酸、亚油酸和 α-亚麻酸 4 种，低含量脂肪酸（<5%）有神经酸、辛酸、癸酸、月桂酸等 17 种，不饱和脂肪酸相对含量在 80% 以上。比较元宝枫及同属植物种子含油量及脂肪酸组成发现，以元宝枫种子含油量为最高，10 月为元宝枫翅果的最佳采收期；同属植物种子都富含不饱和脂肪酸，四蕊槭和杈叶槭种仁含油率超过 25%。茶条槭籽油的营养价值较高，茶条槭籽油中不饱和脂肪酸含量为 88.61%，其中亚油酸、γ-亚麻酸和 α-亚麻酸等人体必需脂肪酸含量分别为 4.39%、6.90% 和 1.31%，总量达到 42.6%，碘值为 115.1g/100g。

槭属植物种仁含丰富油脂，其中含人体必需脂肪酸和脂溶性维生素，具有较高的营养价值。研究证明，元宝枫的翅果由果皮（翅）、种皮和种仁 3 部分组成，分别占质量分数的 30.6%～33.5%、22.8%～23.6% 和 42.9%～46.6%。元宝枫种仁的主要化学成分是油脂（42.6%～48%）、蛋白质（27.2%）、水分（5.8%）和维生素、矿物质，及少量蔗糖和还原糖，不含淀粉。元宝枫翅果的平均出仁率为 44.75%。元宝枫油中硬脂酸、棕榈酸等饱和脂肪酸含量约为 8%，油酸、亚油酸、亚麻酸等不饱和脂肪酸含量为 91.5%，亚油酸和亚麻酸等必需脂肪酸含量为 53%，神经酸含量为 5.8%，维生素 E 含量为 125.23mg/100g。亚油酸、亚麻酸具有增强记忆力、调节免疫力、抗氧化等功能；维生素 E 对清除自由基、抗氧化以延缓衰老等有重要作用。综合对比可发现，元宝枫油属半干性油脂，颜色偏淡黄，相对密度（20℃）0.9151，折光指数（20℃）1.4742，酸值（KOH）1.37mg/g，碘值（I）108.4g/100g，皂化值（KOH）186.7mg/g。国家卫生部已于 2011 年 3 月 22 日批准元宝枫油为新资源食品（中华人民共和国卫生部公告 2011 年第 9 号）。国家市场监督管理总局和中国国家标准化管理委员会于 2019 年 6 月 4 日发布了元宝枫油国家标准《元宝枫籽油》（GB/T 37748—2019）。

研究结果表明：元宝枫种仁中蛋白质含量为 27.15%。元宝枫种仁中蛋白质等电点的 pH 为 4.36，元宝枫种仁蛋白质溶解度在等电点附近时最小，在偏离等电点的酸性和碱性条件下溶解度较高，且随着 pH 升高，溶解度迅速增加，当 pH 超过 7 时，溶解度又会降低。元宝枫种仁脱脂粉的溶解度、起泡性及泡沫稳定性均最低，其吸油性显著高于大豆脱脂粉。元宝枫蛋白质添加剂产品总固形物含量约为 100g/L，蛋白质含量大于 8.0g/L，pH 7.0～7.2，油脂含量（g/L）>16，食品添加剂符合 GB 2760—2014。在 120℃条件下，将元宝枫种仁烘烤 25min，配水 15～20 倍，添加糖量 60～70g/L，pH 调至 7.0～7.2，稳定剂脂肪酸蔗糖酯 [SE，亲水亲油平衡值（HLB）11]、吐温 80（Tween 80，HLB 15）、黄原胶（XG）和单普酯（GM，HLB 3.8）的添加量分别为 2.0g/L、0.5g/L、3.0g/L 和 0.5g/L 时，得到的元宝枫蛋白质乳的稳定性最高，呈稳定均匀的乳状液，口感细腻、滑润，具有元宝枫特有的浓郁的乳香味，无异味（李艳菊和杨骄阳，1997）。对其油粕采用油粕∶麸皮∶小麦为 6∶3∶1 的原料配比，润水量 90%，发酵温度前期 48～50℃，后期 40～42℃，发酵用水量 120%，得到的酱油感官表现较好，氨基酸氮值最高。根据其工艺参数，用种仁和油粕分别试产，种仁酱油理化指标略高于大豆酱油，种仁酱油和油粕酱油均可达国家商务部一级酱油标准（王性炎，2019）。以元宝枫种仁为主要原料，通过乳酸菌发酵，按照种仁与水的比例为 1∶12，奶粉、蔗糖和葡萄糖添加量分别为 2%、6% 和 1%，接种量 3%，发酵温度 43℃，发酵时间 5h 的工艺参数生产，得到的元宝枫酸乳的色泽、风味、香气及组织状态等均表现良好。

三、树液

糖槭树是著名的枫叶糖浆的来源，原产于北美洲，是美国早期的印第安人和拓荒者重要的食糖来源。用以制糖的槭树主要有 4 种，分别是糖槭、黑糖槭、红花槭和银白槭。其中以糖槭最为重要，其树液含糖量达 6.5%～8.0%。用糖槭树的树液炼制成的槭糖浆似蜂蜜，清澈、透明、清香可口，深受人们的喜爱。

第四节 药 用 价 值

　　槭树具有一定的药用价值，有的槭树种类，如元宝枫的根或根皮具有祛风除湿的功效，临床上用于治疗关节疼痛、骨折、跌打损伤等症。元宝枫、茶条槭、苦茶槭等的根、叶、果中还含有抗癌活性物质，可提取抗癌药物；茶条槭、建始槭、鸡爪槭等的幼芽、嫩叶可代茶饮，具有退热明目、祛风除湿、活血化瘀等功效；果实可清热、利咽喉，在我国的东北、黄河及长江流域广泛应用。研究表明，槭树根、芽、叶和果均为良好的药材，小芽和嫩叶具茶之妙用，活血化瘀、祛风除湿的功效奇特；果实为清热火、利咽喉之佳品。树汁芳香无毒，富含人体所必需的营养物质，可调节机体的生理功能；嫩芽和嫩叶可代茶饮用或开发保健饮品，具有生津止渴、清咽利喉、清热解毒、降压明目、兴奋高级神经中枢及缓解疲劳的作用。槭树富含天然多酚类化合物，附加在化妆品配方中，可祛除面部雀斑，且具保湿、抗衰老、抗皱、防晒和美白的保健效果。槭树富含黄酮类、单宁类、苯丙素类、萜类、甾类、生物碱及二芳基庚烷衍生物类等药理成分和生理活性物质，药理功效显著。单宁具有抗病毒、抗肿瘤、抗氧化和抗艾滋病毒的药理功效，用以合成抑菌剂、抗氧化剂和抗肿瘤药物。单宁是收敛、止血、止泻、止痢和解毒的良药，能使表皮蛋白质凝固成沉淀膜，减少分泌，防止伤口感染，并能够促进微血管收缩，起到局部止血的作用。鞣质的抗炎、驱虫和降血压作用明显，内服治疗溃疡、胃肠道出血、高血压和冠心病，外用消炎止血。槭叶中含有三萜、多糖、皂苷、山柰酚、槲皮素、黄酮类化合物、绿原酸和有机酸等有效成分，可增强体内抗氧化酶的活性，降低脂质过氧化物的含量，抗炎和延缓衰老的效果明显。种仁富含油脂、蛋白质和黄酮类化合物，且油脂中的脂肪酸和脂溶性维生素的消除自由基能力和抗氧化性较强，可抑制脂肪酸合酶和肿瘤细胞的增殖，促进新生组织生长，修复体细胞，并对老年意识性障碍、心绞痛、心肌衰竭、慢性肝炎、胃溃疡和肿瘤疾病具有一定的疗效。果仁富含乙酸乙酯、蛋白质、不饱和脂肪酸及黄酮类化合物，具有抗菌、消炎、抗病毒、抗过敏、降血压、降血脂、降糖、降低血管脆性的功能，保肝护肾的疗效显著。

　　我国槭树科药用植物种类丰富、疗效多样。其中元宝枫、五角枫、茶条槭等许多槭属植物医药应用价值都极高，如茶条槭、鸡爪槭、五角枫、建始槭等的幼芽、嫩叶可代茶饮，具有祛风除湿、活血化瘀、清肝明目等功效，果实可清热解毒、清咽利喉。茶条槭、元宝枫和鸡爪槭 3 种槭树中含有的物质可以对脂肪酸合成酶产生抑制作用，从而抑制肿瘤细胞扩散，成为研制抗癌药物的天然材料。茶条槭果实具有显著的降糖作用和降血脂效果，且对糖尿病小鼠的肾脏功能和肝脏功能起到很好的保护作用。元宝枫的根或根皮具有祛风除湿的功效，用于治疗骨折、跌打损伤等症。毛果槭为民间良药，可用于治疗肝病和眼疾。糖槭、毛果槭、云南金钱槭等的叶片或枝条的提取物中含有抗肿瘤的活性物质，可用于开发抗癌药物。槭树的枝条、叶、根或根皮具有祛风除湿和行血散瘀之功效，广泛用于治疗关节疼痛、腰痛、背痛、骨折、跌打损伤等病症。五角枫、白粉藤叶槭和鸡爪槭等 12 种槭属植物均具有抗炎活性。研究表明，鞑靼槭、挪威槭、细柄槭、栓皮槭提取物对肿瘤细胞生长有明显的抑制作用。没食子酸甲酯对血小板聚集有对抗作用，对短暂性局部缺血、过敏及哮喘等有治疗作用，高春春等（2006）对 16 种槭属植物叶的没食子酸甲酯含量也进行了检测，结果表明三花槭、茶条槭、血皮槭、鸡爪槭中没食子酸甲酯的含量较高，鞑靼槭中的含量最高，达 515.34μg/g。研究表明，毛果槭提取物可抑制肿瘤细胞生长。秀丽槭叶总黄酮清除 DPPH 自由基能力和总抗氧化能力均优于同等浓度的 L-抗坏血酸，具有较高的医用价值。有研究表明，槭叶中的没食子酸具有抗氧化、抗炎、抗突变等功效。苦茶槭是国内生产天然没食子酸的重要原料，采用红茶加工方法，可提高苦茶槭没食子酸含量，增加抗氧化活性，并可使苦茶槭清除 DPPH 自由基的 IC_{50} 值达到 1.286mg/ml。皖南山区群众长期服用皋茶（苦茶槭嫩芽叶制成的茶饮）治疗高血压、冠心病及动脉硬化等多种疾病。Inoue 等（1987）、Morikawa 等（2003）及 Deguchi 等（2013）分别从毛果槭中分离得到二芳基庚类、环二芳基庚类、酚类化合物及保肝活性成分（+）-杜鹃醇（15）等。采用经抗二硝基苯基免疫球蛋白 E（anti-DNP-IgE）致敏的 RBL-$2H_3$（白血病细胞），观察毛果槭茎皮中分离的成分对该细胞释放 β-氨基己糖苷酶的影响。结果显示，联苯基型二芳基庚类化合物槭苷元 B 和槭苷元 K 具有拮抗作用，IC_{50} 分别为 50μmol/L、33μmol/L，其活性强于抗过敏性哮喘药曲尼司特（0.49mmol/L）和酮替芬（0.22mmol/L）。

一、元宝枫

元宝枫是具有一定药用价值的树种，元宝枫药用价值的大小取决于其树体各组织器官中所含活性化学成分的种类及含量。

元宝枫种仁含有丰富的蛋白质和不饱和脂肪酸、黄酮类、维生素 E 等化合物。用其生产的元宝枫油既是一种优质食用油，也是一种医药保健油。它无毒物，无急性、亚慢性毒性及遗传毒性，食用安全，具有抗菌、抗炎、抗病毒、抗过敏、降血压、降血脂、降血管脆性、保肝等功效（彭亮等，2011）。油中所含的维生素 E 具有多种生理功能，如抑制有毒自由基的形成，并能与过氧化物反应，使其变成对细胞无害的物质，增加机体免疫功能，预防心血管病。研究证明，元宝枫油对大肠杆菌、枯草芽孢杆菌、蜡状芽孢杆菌、黑曲霉、黄曲霉、啤酒酵母、变形杆菌、金黄色葡萄球菌等常见的食品腐败菌有抑制作用，对大肠杆菌、枯草芽孢杆菌和黄曲霉的抗菌作用尤为明显，可作为食品和中成药的天然无毒防腐剂（樊金栓等，1996）。元宝枫油可控制大鼠过劳运动后的机体应激反应，且对心脏有一定的保护作用（魏星等，2017）。低剂量的元宝枫油能显著提高大鼠力竭运动时长，改善心脏功能并增强机体的运动能力（赵艳，2016），并可明显缓解力竭运动导致的骨骼肌氧化应激损伤（朱晶，2016）。元宝枫油具有抑制肿瘤细胞生长的作用，其抑制作用的效果与抗癌新药环磷酰胺相近，而毒性远比环磷酰胺小（贺浪冲和高雯，1996）。元宝枫油乳液对艾氏腹水癌小鼠的生命延长有明显的效果，平均延长率为 69.8%（王性炎，2019）。以元宝枫油研制成的艾舍尔软胶囊能促进小鼠的脾淋巴细胞增殖、转化，提高小鼠的抗体生成细胞数和血清溶血素水平以及小鼠 NK 细胞活性，具有增强免疫力的作用（王熙才等，2008）。

元宝枫叶富含山奈酚和槲皮素等黄酮醇类物质（5.23%）及绿原酸（3.68%）、超氧化物歧化酶（SOD）、有机酸等生理活性成分。黄酮类化合物对冠状动脉硬化、脑血管疾病、心绞痛具有很好的作用，并具有保肝、降血压、抗菌等多种生理活性功效，可用于治疗冠心病、心绞痛、支气管哮喘等。近年的研究发现，元宝枫叶黄酮不仅可通过调控脂多糖（LPS）诱导小胶质细胞株 BV-2 细胞的炎性因子（蛋白酶）释放（表达）从而抑制小胶质细胞激活，发挥抗神经炎症的作用（钟莲梅等，2011），而且可以抑制人肺鳞癌细胞（YTMLC）体外生长，引起肿瘤细胞坏死（李丽华等，2010）。元宝枫黄酮醇类生物活性成分能对脂肪酸合酶起到抑制作用，从而有效抑制肿瘤细胞增殖。研究结果表明，元宝枫叶中超氧化物歧化酶能清除人体内过量的自由基，有减缓衰老作用。元宝枫绿原酸具有抗菌解毒、消炎利胆等功效（姚新生，1996）。在临床上，元宝枫叶可用于祛风除湿，治疗跌打损伤、关节疼痛、骨折等症。民间常用来治疗冠状动脉硬化、心脑血管疾病和心绞痛等疾病。据了解，内蒙古自治区的翁牛特旗和科左后旗的部分蒙古族人曾长期用元宝枫叶泡水喝，用于治疗高血压、高血脂病；长白县部分朝鲜族人也用元宝枫叶煮水服用，用于消炎和治疗咳嗽。他们一般都是直接采集鲜叶煮水，所用容器和用量没有特别要求，但是浓度不宜过高，因为元宝枫叶有特殊的气味，浓度太高时味道很涩，容易引起呕吐，待煮水不烫时，服用即可。

元宝枫根皮、枝皮、干皮、果皮、种皮中含有丰富的单宁物质。根皮单宁具有镇静、催眠、抗凝血、止血和镇痛、祛风除湿等作用，在临床上常用来治疗关节疼痛、腰痛、背痛、骨折、跌打损伤等病症。研究表明，元宝枫单宁在延长凝血时间以及抗凝血方面的效果明显，是开发心脑血管病抗凝血药物的潜在原料。据有关试验，元宝枫单宁能够有效降低小鼠的活动频次，镇静效果明显；能缩短苯巴比妥钠的睡眠潜伏期，增加睡眠时长，催眠效果显著；能抑制小鼠小肠的推进运动，减少腹泻次数，止泻效果显著。热板法、扭体法测试结果表明，元宝枫单宁能提高小鼠对热刺激的临界值，镇痛效果明显（王性炎，2013）。此外，民间一直有用元宝枫根或者根皮医治风湿、骨关节痛、骨折等病症的习惯（魏希颖，1997）。据《内蒙古植物药志》的第二卷记载：夏秋挖根取皮，根皮鲜用或晒干，泡酒服用，可祛风除湿，治疗腰背痛（朱亚民，1989）；《中华本草》的蒙药卷也记载，夏季采挖元宝枫根皮，洗净切片晒干储存，煎汤或浸酒内服，可舒筋活络、祛风除湿、治疗腰背疼痛（国家中医药管理局《中华本草》编委会，1999）；《全国中草药汇编》（王国强，2014）、《中国民族药志要》（贾敏如等，2005）和《中国中药资源志要》（中国药材公司，1994）均记载了根皮的上述药用价值。

二、五角枫

五角枫的药用价值始载于《本草纲目》，作为蒙药记载于《中华人民共和国卫生部药品标准》蒙药分册。研究表明，五角枫中含有的鞣质成分具有多种药理活性，内服可用于治疗溃疡、胃肠道出血等症，外用可用于创伤、灼伤，可使创伤后渗出物中蛋白质凝固形成痂膜，减少分泌和防止感染，并能使创面微血管收缩，有止血作用，还具有抗变态反应、抗炎、驱虫、降血压等作用。五角枫嫩叶开发的保健茶有清热解毒之功效，五角枫油对肿瘤细胞有抑制作用，能促进新组织生长，用于化妆品中，去除雀斑效果明显。五角枫树液可用于医药，叶片中含有保肝苷，幼芽、嫩叶制成茶叶后饮用，具有清热祛痰等功效。五角枫枝条和叶部，具有去除风湿病痛、行血散瘀的作用，可用于治疗骨折、跌打损伤等症。五角枫叶在韩国民间用于治疗多种疾病。据报道，从五角枫叶中分离得到 5-O-甲基-（E）-白藜芦醇-3-O-β-D-吡喃葡糖苷和 5-O-甲基-（E）-白藜芦醇-3-O-β-D-呋喃芹菜糖基-（6）-D-吡喃葡糖苷两个苷类化合物（分子式分别为 $C_{21}H_{24}O_8$ 和 $C_{26}H_{32}O_{12}$）可减少受过氧化氢（H_2O_2）损伤的原代培养大鼠肝细胞中谷丙转氨酶（GPT）的释放，其保肝活性强于阳性对照药水飞蓟宾。

三、糖槭

是世界三大糖料木本植物之一，加拿大人把瑰丽的槭树叶片视为国宝，在他们的国旗、国徽图案上都绘有红色的槭树叶片，槭树叶成了加拿大的标志和国花。用糖槭树液熬出的糖浆，香甜如蜜，俗称枫糖。它的主要成分是蔗糖，其余还有葡萄糖和果糖，营养价值很高，可与蜜糖媲美。研究表明：糖槭树煎剂、核桃楸煎剂均有明显的镇咳作用，前者略大于后者，且都有祛痰作用，后者略大于前者。糖槭合剂对乙酰胆碱所引起的哮喘潜伏期均有延长作用，故能平喘。中药糖槭合剂是防治慢性气管炎的民间药方，据临床统计有效率达85%以上，已在临床使用10余年。糖槭叶中含有的三萜、多糖、皂苷、黄酮等多种有效成分具有明显的抗炎作用，可明显抑制二甲苯所致的小鼠耳部肿胀，并可增强 D-半乳糖模型小鼠体内抗氧化酶超氧化物歧化酶（SOD）的活性，降低脂质过氧化物丙二醛（MDA）含量，具有抗衰老作用。

常见的槭树科药用植物见表 6-18。槭树科重要药用成分及功效见表 6-19。

表 6-18 常见的槭树科药用植物

序号	植物名	分布	生长环境	药用部位	用途
1	安徽槭	安徽南部	海拔 1500~1700m 的疏林	茎、枝条、根	清热解毒、祛除风湿、降压明目
2	三角枫	山东、河南、江苏、浙江、安徽、江西、湖北、湖南、贵州和广东等省	海拔 300~1000m 的阔叶林	根	祛除风湿疼痛
3	青榨槭	华北、华东、中南、西南各省份	海拔 500~1500m 的疏林	茎、根	清热解毒、防中暑
				根	祛风止痛、腰酸痛
				叶、枝条	活血止痛、清热解毒、小腹疼痛
				花	目赤、小儿疳积
4	秀丽槭	浙江西北部、安徽南部和江西	海拔 700~1000m 的疏林	根皮	祛除风湿疼痛
5	罗浮槭	广东、广西、江西、湖北、湖南、四川	海拔 500~1800m 的疏林	果实	清咽利喉、肺痨
6	房县槭	河南西南部、陕西南部、湖北西部、四川东部至西部、湖南西北部、贵州和云南东部	海拔 1800~2300m 的混交林	果实、根皮	祛除风湿疼痛、活血化瘀、清咽利喉
7	茶条槭	黑龙江、吉林、辽宁、内蒙古、河北、山西、河南、陕西、甘肃	海拔 800m 以下的丛林	幼芽、叶	清肝明目

续表

序号	植物名	分布	生长环境	药用部位	用途
8	苦茶槭	华东和华中各省份	低海拔的山坡疏林	幼芽	祛除头风、风热头痛
9	葛萝槭	河北、山西、河南、陕西、甘肃、湖北西部、湖南、安徽	海拔1000~1600m的疏林	枝条、叶	清热解毒、降低血压、清肝明目
10	长裂葛萝槭	河南、湖北、湖南、江西、安徽、浙江等省	海拔500~1200m的疏林	枝条、叶	清热解毒、降低血压、清肝明目
11	建始槭	山西南部、河南、陕西、甘肃、江苏、浙江、安徽、湖北、四川、贵州	海拔500~1500m的疏林	根	祛除风湿疼痛、跌打损伤、骨折、腰肌扭伤
12	桂林槭	贵州东南部和广西东北部	海拔1000~1500m的疏林	果实	清咽利喉、咽喉肿痛
13	光叶槭	陕西南部、湖北西部、四川、贵州和云南	海拔1000~2000m的溪边或山谷	茎皮	祛除风湿疼痛、行血散瘀、肌肉劳伤痛
				果实	活气止痛、清热解毒
14	疏花槭	四川西部至西北部和贵州西南部	海拔1800~2500m的林边或疏林	果实	活气止疼、清热解毒
15	五角枫	东北、华北和长江流域各省份	海拔800~1500m的山坡或山谷疏林	枝条、叶	祛除风湿疼痛、骨折、跌打损伤、行血散瘀
16	大翅五角枫	甘肃南部、四川、湖北西部、云南和西藏南部	海拔2100~2700m的疏林	枝条	祛除风湿疼痛、行血散瘀
17	糖槭	湖北、江西、江苏、浙江、河南、河北、山东、辽宁、陕西、新疆、甘肃	海拔800m~1000m的山区	果实	腹泻等腹疾
18	飞蛾槭	陕西南部、甘肃南部、湖北西部、四川、贵州、云南和西藏南部	海拔1000~1800m的阔叶林	根皮	祛除风湿疼痛
19	峨眉飞蛾槭	四川东部至西部	海拔1200~1700m的林	茎皮	祛除风湿疼痛、行血散瘀
20	五裂槭	河南南部、陕西南部、甘肃南部、湖北西部、湖南、四川、贵州、广西和云南	海拔1500~2000m的林边或疏林	枝条、叶	清热解毒、行气止滞、腹痛、背疽
21	鸡爪槭	山东、河南南部、江苏、浙江、安徽、江西、湖北、湖南、贵州等省	海拔200~1200m的林边或疏林	枝叶	清热解毒、行气止滞、腹痛、背疽
22	中华槭	湖北西部、四川、湖南、贵州、广东、广西	海拔1200~2000m的混交林	根	祛除风湿疼痛、骨折、跌打损伤、行血散瘀
23	天目槭	浙江西北部和江西北部	海拔700~1000m的混交林	根	祛除风湿疼痛、骨折、跌打损伤、行血散瘀
24	四蕊槭	河南西部、陕西南部、甘肃南部、湖北西部、四川和西藏南部	海拔1400~3300m的疏林	枝条	祛除风湿、散头风热胀
25	元宝枫	吉林、辽宁、内蒙古、河北、山西、山东、江苏、河南、陕西及甘肃等省	海拔400~1000m的疏林	树皮	祛除风湿疼痛、腰痛
26	梓叶槭	四川西部成都平原周围各县	海拔400~1000m的阔叶林	茎皮	消暑、清热解毒

*资料来源：唐雯等，2012；赵宏，2008

表6-19 槭树科植物主要药用成分及功效

树种	部位	药用成分	生理活性	文献
元宝枫	叶	槲皮素等3种黄酮苷元和山柰酚-3-O-α-L-吡喃鼠李糖苷等6种黄酮苷，以及绿原酸、维生素E等	保肝、降血压、抗菌、抗病毒、抗氧化，抗肿瘤等	李丽华等，2010
	种子油	神经酸	防止神经衰老、恢复神经末梢活性、抵抗肿瘤、预防脑血管疾病、提高免疫能力等	候镜德和陈至善，2006；刘祥义等，2003
天目槭、秀丽槭、樟叶槭、罗浮槭	种子油	神经酸	防止脑神经衰老；加快脑部的发育；降低急性缺血性脑卒中发生的风险	程欣等，2019；周琴芬，2017；蔡晓琴等，2014
金沙槭	种子油	儿茶素等13个化合物	抗氧化、抗流感病毒、抗菌、抗肿瘤、除臭、降胆固醇、降血糖、帮助排便等	金颖等，2016
红花槭	枝条	丁香酸甲酯、香草酸甲酯、没食子酸等8个化学成分	抗氧化	万春鹏和周寿然，2013
茶条槭	叶	β-谷甾醇、没食子酸甲酯、槭单宁等14个化合物；蒲公英赛醇、豆甾醇-β-D-葡萄糖苷、杨梅萜二醇等9个化合物	降血脂、抗炎、抗肿瘤	毕武等，2015；李瑞丽等，2013
		茶条槭甲素、茶条槭乙素、茶条槭C、没食子酸乙酯、橡醇、鞣花酸、槲皮素、β-谷甾醇和一种未知化合物	抗菌	宋纯清等，1982
五角枫	叶	新的芪苷：5-O-甲基-（E）-白藜芦醇-3-O-β-D-吡喃葡萄糖苷和5-O-甲基-（E）-白藜芦醇-3-O-β-D-呋喃芹菜糖基-（6）-D-吡喃葡萄糖苷，以及包括槲皮素在内的7个已知成分	保肝	王立青，2006
糖槭	叶	3-酮基-乌苏烷、3-β-羟基-12-齐墩果烯、5-烯-7-羟基谷甾醇等7个三萜类和甾类化合物，糖槭皂苷	抗肿瘤	张宇等，2014；张宇和赵宏，2009
苦茶槭	叶	没食子酸	抗氧化	孔成诚等，2016
日本槭	叶	二芳基庚类、环二芳基庚类、酚类化合物及（+）-杜鹃醇（15）等	保肝	Morikawa et al.，2003
	茎皮	联苯基型二芳基庚类化合物槭苷元B和K	抗过敏性哮喘	

第五节 工业原料新资源

一、木材

　　槭树多为高大乔木，树干挺直，在工业中有很重要的利用价值，木材坚硬耐磨，材质细密，纹理美观，供细木工、旋工、农具、枕木、高档家具、室内装饰和建筑用材，亦是乐器、雕刻、工艺品、纺织业木梭和纱管的特用材。例如，五角枫，木材纹理细密，传音极佳，为制作小提琴的特需用材。还有茶条槭等木材纹理特别细密，可用于制作高级乐器和工艺品。飞蛾槭是河南传统工艺品南阳烙花筷的原料（王遂义，1994）。同时树皮和茎皮中富含纤维，树体含水量大、含油量低，枯枝落叶分解快，不易燃烧，为造纸、人工棉和防火之良材。在调查的吉林地区，当地人将元宝枫砍伐用作薪柴，烤火取暖；在内蒙古翁牛特旗和科尔沁左翼后旗地区，由于元宝枫木质坚硬，有木匠将其用来做刨子；传统上用于制作车轴、碾子、柜面等。在徽县，当地人也利用元宝枫做房梁等建筑材料。

槭树科植物多系乔木，树干挺直，木材坚硬，材质细密，可作车轮、家具、农具、枕木及建筑材料，是室内装饰、家具、工具等的优良用材，如元宝枫、五裂槭、建始槭、五尖槭等，都是十分理想的用材树种。有些种类如茶条槭木材纹理特别细密美观，历来是制作高级乐器和工艺品的特殊用材。

二、单宁

许多槭树种类，如葛萝槭、青榨槭等的树皮富含鞣质和纤维，可作栲胶、造纸原料；大多槭树种类，如元宝枫、建始槭等的种子含油率高、油质好，可作为食用油或工业用油，也可作为生物柴油树种资源进行开发；大多数槭树科植物还是很好的蜜源植物。

槭树是工业原料新资源。茶条槭叶可提取没食子酸，即 3,4,5-三羟基苯甲酸，也称为五倍子酸。每千克茶条槭干叶含 200g 左右的没食子酸，目前工业上每千克干叶提取量已达 8%～10%。没食子酸在工业上制造墨水、染料、显影剂等，并广泛应用于化工、轻工、军工等方面。研究表明：茶条槭叶部没食子酸含量个体之间差异显著；树龄、生长季节不同，没食子酸含量明显不同；生长旺盛期叶部没食子酸含量偏高。以没食子酸为原料制成没食子酸丙酯对于油脂的保存、肉类腌制加工、乳品加工、长期贮存防止油耗是一种很重要的有效药物，而且又是鲜品、蔬菜的保存剂，没食子酸与亚硝基二甲苯胺缩合可制得媒染性没食子酸天青蓝染料。糖槭树液可熬制枫糖，一般 15 年以上的糖槭树就可采割树汁，这种树液的含糖量很丰富，一般为 0.5%～7%，高的可达 10%，枫糖的用途很广，除供食用外，还可用于食品工业。蛋白酶是一种重要的工业酶，随着现代化工业的发展，应用越来越广泛。蛋白酶一般来源于动物、植物和微生物，目前所采用的蛋白酶制剂主要来源为微生物。然而，动植物蛋白酶的制备比起微生物酶的生产有着不可低估的优越性，因此人们越来越重视动植物蛋白酶资源的开发。目前已利用的植物蛋白酶主要有木瓜蛋白酶、菠萝蛋白酶、无花果蛋白酶、剑麻蛋白酶和骆驼刺蛋白酶，但这些酶大多产自热带，产地温度高，从生产地到销售地需经长距离运输，对保持酶活性极为不利，因而在热带以外地区寻找新的蛋白酶资源极为重要。研究发现，槭树叶蛋白酶活性的年变化规律，在生长期内，从 4～10 月，活性一直在增大，10 月达到最大，11 月急剧下降。而且，所选的 20 种树种以元宝枫在相应的生长期内酶活性最高，青榨槭次之，岭南槭最小，揭示了利用槭树植物蛋白酶的最佳树种和提取蛋白酶的最佳时期。

三、饲料

近年来，国内外对用微生物发酵植物饲料饲养家禽的研究取得了重要进展，这些研究成果既使得家禽饲料中抗生素的使用明显减少，也使得元宝枫等槭树叶的营养成分在饲料添加方面得以被开发利用，可在充分利用元宝枫等槭树叶优良蛋白质资源的同时，利用其中特有的黄酮、绿原酸和多糖等天然活性物质，通过叶中有效活性成分作用提高家禽自身免疫能力，从而达到改善家禽肉类品质的目的。对元宝枫叶发酵前后对育肥猪生产性能、肉品质和肠道菌群影响的研究的结果显示，未发酵元宝枫叶组和发酵元宝枫叶组育肥猪的平均日增重和肌肉的红度值显著增加，肌肉的剪切力显著降低；发酵元宝枫叶组的红度值较未发酵元宝枫叶组显著增加，与对照组和未发酵元宝枫叶组相比，发酵元宝枫叶组育肥猪直肠内容物中大肠杆菌数量显著降低，乳酸杆菌数量显著增加，说明饲粮中添加发酵元宝枫叶能在一定程度上改善育肥猪的生产性能、肉品质和肠道健康。研究结果表明，添加适当剂量的元宝枫叶黄酮能够极显著提高胸腺指数、T淋巴细胞转化率、法氏囊指数等，但对脾脏的发育影响不大，对3周龄和5周龄血清新城疫抗体水平有显著影响。研究发现元宝枫黄酮的T淋巴细胞转化率显著高于对照组、金霉素组和大豆黄酮组，说明元宝枫叶黄酮对肉鸡细胞免疫的促进作用明显，黄酮类化合物能提高饲料转化率，促进畜禽生长，提高畜禽机体免疫力，畜禽饲料中添加元宝枫黄酮可提高肉鸡的细胞免疫和体液免疫功能。

小　　结

我国槭树种类多，分布广，栽培和利用历史悠久，种质资源极为丰富，其中有不少都是中国特有种和珍稀濒危种，为创制新种质、创建新基因和选育新品种提供了重要的物质基础。

槭树大多树干挺拔、树姿优美、清秀宜人，特别是一些落叶槭树，叶色花色多变，叶形果形丰富，叶片在秋天或红或黄，翅果也呈黄、红等色彩，季相色彩浓郁饱满、美似霞锦，观赏期稳定持久，凸显世界闻名观赏树种的典雅风姿和俊秀效果，深受人们喜爱，是常用的园林绿化树种。槭树性格坚韧，凭借自身的韧性抵御严寒酷暑，适应恶劣的生态，保护人类的健康与安宁；其老桩生长和幼树的枝条柔软，可塑性强，是较好的盆景树种，在城市生态系统和人文景观构建中占据重要的地位。槭树可塑性强，易整形，耐修剪，借助盆景艺术设计，塑造清新脱俗的景观，赋予人类轻松的舒适感。依仗妩媚的身躯来描绘大地之色彩，象征人们对往事的回忆、人生的沉淀、情感的永恒、柔情的别离、季节的更替和岁月的轮回，寄托对美好生活的期冀及对友谊与爱情的深沉诠释。

槭树营养丰富，保健效果和医疗功效较高，是化妆品、保健品、食用油、医药和化工产品的上等原料，开发槭树营养强化剂、营养保健油及其他各种营养保健品有更广阔的空间。例如，蛋白酶是一种重要的工业酶，目前利用的木瓜蛋白酶、菠萝蛋白酶、无花果蛋白酶、剑麻蛋白酶和骆驼刺蛋白酶等主要的植物蛋白酶大多产自热带，产地温度高，从生产地到销售地需经长距离运输，对保持酶活性极为不利，而槭树叶中富含蛋白酶，开发蛋白酶新资源前景诱人。

槭树植物具有极其广泛的药用用途，如五角枫、茶条槭、鸡爪槭、建始槭等的幼芽、嫩叶常被用开水冲泡作茶饮，具有祛除风湿、散瘀消肿、清肝明目等药效；果实能清热解毒、清咽利喉。元宝枫的根或根皮可用于祛除风湿、关节扭伤疼痛、骨折等症。槭树果实、木材、树叶、树液、树皮、树根、果皮和种仁的提取液中富含人体所必需的氨基酸、脂肪酸、脂溶性纤维素、矿质元素和多种生理活性物质，有助于维持人体的酸碱平衡，调节血压的正常波动，增强抗氧化酶的活性，抑制肿瘤细胞的再生，并对人体细胞产生一定的修复作用。据文献记载，我国用于祛风除湿、活血祛瘀、风湿关节疼痛及一些炎症疾病的药用槭树就达 26 个种。

　　槭树是一类多产业链的生态型经济树种，将多功效与高价值相互融合与统一，集生态、社会、经济、医疗、保健和景观于一体，应用价值特高，开发潜力巨大。槭类形体挺拔，可塑性、适应性、抗污染和抵御病虫害能力强。木材坚硬耐磨，材质细密，纹理美观，材用价值独特。槭树富含人体所必需的氨基酸、脂肪酸、脂溶性纤维素、矿质元素和多种生理活性物质，其中有许多种具有重要的药用价值和食用价值及保健效果。当前对槭属类植物食用、药用和化工等方面的价值已经有了一定认识，鸡爪槭、秀丽槭、元宝枫、三角枫、青榨槭等落叶槭树已得到广泛的园林应用，但是其开发利用程度不够，未形成工业化。因此，高效提取其药物成分及其食用成分、深入研究其药效与药理等方面的问题、探索其开发利用价值，开展角叶槭、平坝槭、金沙槭等常绿槭树和五小叶槭、扇叶槭等一些极具观赏价值的野生槭树及一些仍处于野生状态自然分布的变种、变异型在园林中的应用是未来的重点研究方向。

参 考 文 献

毕武, 何春年, 彭勇, 刘延泽, 肖培根. 2015. 茶条槭叶石油醚部位化学成分研究[J]. 中国现代中药, 17(6): 544-547.

蔡晓琴, 冯佩, 胡健伟, 牛晓虎, 沈恒山, 张永红, 佟伟军, 许锁. 2014. 血浆二十四碳烯酸水平与急性缺血性脑卒中的关系[J]. 山东医药, 54(25): 27-29.

程欣, 林立, 林乐静, 祝志勇, 崔广元, 杜甜钿, 陆益. 2019. 4 种槭树种子油脂肪酸组成及含量比较[J]. 江苏农业科学, 47(7): 220-224.

迟琳琳. 2017. 干旱胁迫对科尔沁沙地 3 种乔木光响应特性的影响[J]. 防护林科技, (7): 8-10.

樊金拴, 李小明, 候小蕊. 1996. 元宝枫油抗菌作用研究//王性炎, 盛平想, 王姝清. 元宝枫开发利用研究[M]. 西安: 陕西科学技术出版社: 93-96.

樊媛洁, 叶燕彬, 郜文, 张枫, 张英侠. 元宝枫叶中有效成分的动态变化及对 FAS 抑制作用的研究[J]. 中药材, 2010. 33(11): 1740-1742.

高春春, 赵文华, 宋学英, 张英侠, 江蔚新. 2006. 16 种槭属植物叶中没食子酸甲酯的含量. 中药材. 1281-1282.

顾玉霞. 2018. 固原市原州区元宝枫产业发展探讨[J]. 现代农业科技, (9): 25-26.

国家市场监督管理总局, 国家标准化管理委员会. 2019. 元宝枫籽油: GB/T 37748—2019.

国家中医药管理局《中华本草》编委会. 1999. 中华本草[M]. 上海: 上海科学技术出版社.

贺浪冲, 高雯. 1996. 元宝枫油乳液对艾氏腹水癌小鼠的抗肿瘤作用//王性炎, 盛平想, 王婧清. 元宝枫开发利用研究[M]. 西安: 陕西科学技术出版社: 77-82.

侯镜德, 陈至善. 2006. 神经酸与脑健康[M]. 北京: 中国科学技术出版社.

贾敏如, 李星炜. 2005. 中国民族药志要[M]. 北京: 中国医药科技出版社.

金颖, 姚贺, 孙博航. 2016. 金沙槭化学成分的分离与鉴定[J]. 沈阳药科大学学报, 33(7): 531-536.

孔成诚, 方成武, 张传标, 张明燕. 2016. 加工工艺对苦茶碱有效成分和抗氧化活性的影响[J]. 广州化工, 44(10): 84-85, 95.

李珺, 陈钧坚, 张英侠. 2008. 超声萃取元宝枫总黄酮及其抑制 FAS 的研究[J]. 中成药, 30(10): 附 2-附 5.

李丽华, 王熙才, 邱宗海, 刘馨, 伍治平, 金从国, 李勇. 2010. 云南元宝枫黄酮诱导个旧肺鳞癌细胞 YTMLC 凋亡的实验研究[J]. 肿瘤防治研究, 37(4): 382-386.

李瑞丽, 张洁, 陈祥涛, 贾静, 张辉, 孙佳明. 2013. 茶条槭叶乙酸乙酯部位化学成分研究[J]. 吉林农业大学学报, 35(6): 684-687, 707.

李艳菊, 杨骄阳. 1997. 元宝枫蛋白乳加工工艺研究. 西北农业大学学报, (3): 94-98.

刘培. 2016. 陕西元宝枫性状变异研究[D]. 西北农林科技大学硕士学位论文.

刘伟峰, 杨文瑾, 贾万利, 孙兆峰. 2008. 元宝枫的综合利用价值及开发前景[J]. 林业实用技术, (7): 39-40.

刘祥义, 付惠, 张加研. 2003. 云南元宝枫种子含油量及其脂肪酸成分分析[J]. 天然产物研究与开发, 15(1): 38-39.

聂晨曦, 王爱国. 2018. 太行山低山丘陵区侧柏元宝枫混交林造林技术[J]. 现代农村科技, (8): 38, 10.

彭亮, 杨俊峰, 覃辉艳, 姚思宇, 王彦武, 黄超培. 2011. 元宝枫油的毒理学安全性实验研究[J]. 中国食品卫生杂志, 23(1): 70-75.

任杰. 2015. 红花槭的良种选育与转色机理研究[D]. 安徽农业大学博士学位论文.

陕西省森林工业管理局. 1990. 秦巴山区经济动植物[M]. 西安: 陕西师范大学出版社.

宋纯清, 张宁, 徐任生, 宋国强, 沈瑜, 洪山海. 1982. 茶条槭有效成分的研究—Ⅱ. 茶条槭乙素和丙素等九种成分的分离和鉴定[J]. 化学学报, 50(12): 1142-1147.

唐雯, 王建军, 徐家星, 王俐, 黄静, 陈勇. 2012. 槭树科药用植物的化学成分研究进展[J] 北方园艺, (18): 194-200.

万春鹏, 周寿然. 2013. 红槭树树枝化学成分及抗氧化活性研究[J]. 林产化学与工业, 33(5): 93-96.

王国强. 2014. 全国中草药汇编[M]. 第 3 版. 北京: 人民卫生出版社.

王立青. 2006. 色木槭叶中 2 个新的保肝苷[J]. 国外医药: 植物药分册, (2): 73-74.

王顺利, 曹文君. 2000. 汶川县元宝枫树引种试验初报[J]. 四川林业科技, (4): 35-37.

王遂义. 1994. 河南树木志[M]. 郑州: 河南科学技术出版社.

王熙才, 左曙光, 邱宗海, 周永春, 伍治平, 李小英. 2008. 艾舍尔软胶囊增强小鼠免疫力的实验研究[J]. 昆明医学院学报, 29(6): 71-75.

王性炎. 2013. 中国元宝枫[M]. 咸阳: 西北农林科技大学出版社.

王性炎. 2019. 中国元宝枫开发利用[M]. 北京: 中国林业出版社.

魏希颖, 吕居娴, 郭增军, 李延, 李映丽. 1997. 元宝枫及同属植物药用开发的研究[C]//天然药物资源专业委员会. 中国自然资源学会全国第二届天然药物资源学术研讨会论文集.

魏星, 李彤, 孙红伟. 2017. 元宝枫油对一次性力竭运动大鼠氧化应激和炎症反应的影响[J]. 检验医学与临床, (18): 2676-277, 2680.

邢祥胜. 2014. 美国红枫观赏品种的引种及选育[D]. 山东农业大学硕士学位论文.

姚新生. 1996. 天然物化学(第 2 版)[M]. 北京: 人民卫生出版社.

张宇, 刘世娟, 吴宜艳, 赵宏, 王朝兴, 侯甲福. 2014. 糖槭皂苷体内外抗肿瘤作用研究[J]. 中医药学报, (5): 43-46.

张宇, 赵宏. 2009. 糖槭叶的化学成分[J]. 中药材, 32(3): 361-362.

赵宏. 2008. 糖槭叶化学成分及抗氧化、抗炎活性研究[D]. 佳木斯大学硕士学位论文.

赵艳. 2016. 元宝枫油对大鼠一次性力竭运动后心肌结构及能量代谢影响 [D]. 山西师范大学硕士学位论文.

浙江植物志编辑委员会, 2021. 浙江植物志(新编)[M]. 杭州: 浙江科学技术出版社中国药材公司. 1994. 中国中药资源志要[M]. 北京: 科学出版社.

中华人民共和国国家卫生和计划生育委员会. 2014. 食品添加剂使用标准: GB 2760—2014.

中华人民共和国国家卫生和计划生育委员会, 食品药品监督管理总局. 2016. 食品安全国家标准　食品中蛋白质的测定: GB 5009.5—2016.

中华人民共和国国家卫生健康委员会, 国家市场监督管理. 2018. 食品安全国家标准　植物油: GB 2716—2018.

钟莲梅, 宗一, 戴纪男, 杨萍, 张伟, 詹东, 陆地, 孙俊. 2011. 元宝枫叶黄酮抑制脂多糖诱导的小胶质细胞激活的作用[J]. 云南大学学报(自然科学版), 33(3): 345-349.

周琴芬. 2017. 蒜头果种仁神经酸制备工艺研究[D]. 浙江大学硕士学位论文.

朱晶. 2016. 元宝枫油的对力竭运动大鼠骨骼肌损伤的影响[D]. 山西师范大学硕士学位论文.

朱亚民. 1989. 内蒙古植物药志(第二卷)[M]. 呼和浩特: 内蒙古人民出版社.

Deguchi J, Motegi Y, Nakata A, Hosoya T, Morita H. 2013. Cyclic diarylheptanoids as inhibitors of NO production from *Acer nikoense*[J]. Journal of Natural Medicines, 67: 234-239.

Inoue T, Naoki K, Naoko F, Fujita M. 1987. Biosynthesis of acerogenin A, a diarylheptanoid from *Acer nikoense* [J]. Phytochemistry, 26(5): 1409-1411.

Morikawa T, Tao J, Ueda K, Matsuda H, Yoshikawa M. 2003. Medicinal foodstuffs. XXXI. Structures of new aromatic constituents and inhibitors of degranulation in RBL-2H3 cells from a Japanese folk medicine, the stem bark of *Acer nikoense* [J]. Chemical & Pharmaceutical Bulletin, 51(1): 62-67.

第七章 良 种 育 苗

槭树优良品种是提高槭树产品产量、改善产品品质、提高市场竞争力的根本所在。苗木是造林绿化与槭树产业发展的物质基础，培育良种壮苗是生态治理与槭树生产基地建设的关键环节。目前槭树繁育主要采用传统的繁殖方法——种子繁殖，即有性繁殖，其繁育时间长、出苗不整齐、繁殖系数相对较低，且繁殖出的后代性状经常变异分化等，严重制约了槭树优良品种的推广应用。随着现代林业科技发展，槭树的无性繁殖日益受到重视，并将成为未来发展的主流方向。槭树的无性繁殖主要包括嫁接、扦插和组织培养技术。

第一节 优 良 品 种

一、品种选育工作概况

槭树育种技术是指按预定目的对林木进行遗传改良的技术。其机理是利用林木种群在自然或人为作用下产生的变异与分化，从中选择、分离和繁殖符合目的的群体或个体。槭树育种的主要途径包括引种驯化、种源试验、选择育种、杂交育种及单倍体和多倍体育种、辐射诱变等（盛诚桂和张宇和，1979）。繁育良种的方式有母树林、林木、种子园和采穗圃等。目前，改良和选育造林树种的主要途径是选择育种、引种和杂交育种。选择育种是指在种的范围内选择，包括优树选择、优良类型选择、种源选择、优良林分选择和超级苗木选择等几个方面。引种是从国内外引进非本地原有的（乡土）树种，引进树种的品质或经济价值应超过乡土树种。杂交育种主要是有性杂交育种。由选、引、育获得的新植株，分别经过种源试验和杂种子代鉴定，选出优良品种（类型）后，便可建立母树林、种子园、采穗圃等生产基地，源源不断地供给造林用种和条材。远缘杂交可实现基因组跨洲间的交流，通过槭属树种的杂交和回交，整合并优化双亲的基因，选育兼具双亲本优良特性的新品种。近年来，中国多以美国红枫离体枝条为母本，授以原产的元宝枫超低温保存的花粉，并借助蕾期授粉、切割柱头和蒙导授粉的方法，选育出叶形秀丽、色变早且变色统一、适应性强的杂种后代，丰富种质资源的遗传多样性，为槭树的遗传改良奠定基础。另外，单倍体和多倍体育种、辐射育种也是常用的育种方法。树木组织培养则是繁殖树木良种的重要手段。

近年来，随着槭树科植物在医疗、工业、建材、园林绿化等多个领域推广应用，其价值也逐渐被人们认可，国内外对槭树科植物的引种也越来越重视，并积极开展槭树科植物资源的引种、筛选、培育和种质资源的保存工作，极大地丰富了我国槭树的种类和数量。目前我国槭树引种主要在东北、华北地区及上海、南京等一些沿海发达城市。其中，庐山植物园引种 10 种观叶槭树；南京中山植物园引种栽培 20 种；杭州植物园引种 13 种；哈尔滨森林植物园引种 6 种；上海植物园引种观赏槭树 78 种；昆明植物园收集保存种质 75 份，筛选优良品种 21 种。分别从耐热性、耐寒性、抗病能力和抗虫能力 4 个方面对引种到郑州植物园的 10 种槭属植物在郑州地区的生态适应性进行评价的研究结果表明，10 种引进的槭树品种中，元宝枫、挪威槭、青楷槭和茶条槭的耐热性、耐寒性、抗病能力和抗虫能力 4 项检测指标的综合性评价指数在 1.00~1.50，其生态适应性最好；鸡爪槭、五角枫、血皮槭、梣叶槭和三角枫的综合性评价指数在 1.51~2.00，其生态适应性良好；飞蛾槭的综合性评价指数为 2.10~2.50，其生态适应性一般。10 种槭属植物生态适应性依次为元宝枫＞挪威槭＞青楷槭＞茶条槭＞鸡爪槭＞五角枫＞血皮槭＞梣叶槭＞三角枫＞飞蛾槭，元宝枫、挪威槭、青楷槭和茶条槭较适宜在郑州地区栽培和应用。对建始槭、梣叶槭、血皮槭、毛果槭 4 种梣叶槭树在南京地区的物候期、变色情况和适应性进行评价的结果表明：4 种梣叶槭树在物候期、变色进程、落叶进程、秋色呈现等方面在年际之间有少许差异，但差别不大，表现稳定，抗性也较好，能够适应南京的气候条件且生长良好，可以进行一定范围的推广应用。对引种的 8 种槭属植物在北京地区的生态适应性表明，丽红元宝枫、艳红元宝枫在北京地区的生态适应性最好，国王枫与梣叶槭的生态适应性较差，北美红枫、银白槭、茶条槭和血皮槭适应性中等。研究结果表明，三峡槭、元宝枫、红翅槭、飞蛾槭、血皮槭 5 种槭树在武汉地区生长迅速，病虫害较少，种子繁殖成苗率高，适合引种栽培；金钱槭由于耐热性较差，不适合在武汉地区引种栽培。对从美国俄勒冈波特兰引种的 12 个自由人槭品种进行物候特征、繁殖成活率等多方面的研究，筛选出夕阳红、十月光辉、红点 3 个优良品种，并总结出其栽培技术。但是，国内槭树在引种驯化过程中，还存在一定的困难。有些槭树的发芽率极低，挪威槭发芽率甚至低于 5%。此外，槭树在高温下无法正常生长，叶片焦黄脱落，而后新梢也出现枝叶枯死，甚至一些槭树在高温后出现返青。槭树受病虫危害也会影响引种，红花槭、梣叶槭比较容易受到病虫害感染。目前，许多植物园或园林研究单位对槭树的引种还处于实验阶段，国内自主繁育出的槭树苗木较少，而进口的槭树苗木在长途运输、成活率低和价格高昂等方面存在的问题尚未解决，限制了外来引种槭树在国内的发展。

二、槭属植物新品种

槭属植物种类繁多，遗传多样性丰富，群体间和群体内叶片、果实和种子等性状差异极显著。元宝枫的叶片、翅果性状的种内变异情况统计结果显示，叶片性状的变异系数由大到小依次为叶宽＞裂长裂宽＞叶基角＞叶长。翅果性状的变异系数由大到小依次为种子千粒重＞翅宽＞张开角＞翅长＞种长＞连接角＞种翅比。种翅比株间和株内的差异性显著，叶基角的株间差异性显著。槭属植物种丰富的自然变异为开展选择育种提供了原始材料。

理论和实践都证明，引种选优和实生变异选优是获得显著表现型新品种和良种的两种重要手段，不仅育种周期短、投入相对较少、节省人力物力，新品种还在数量和质量上表现出优异的效果。历经 50 余年的研究，我国已在槭属树种的引种驯化、优树选择、实生变异种选优、优良无性系鉴定及无性系繁育等环节取得相应成果，并建立基础性的良种选育、新品种研发和高效繁育体系。根据中国林业科学研究院林业科技信息研究所林业专业知识服务系统（https://forest.ckcest.cn/search/searchAction!list.action）资料，截至目前,经国家林业和草原局植物新品种保护办公室授权登记的槭属植物新品种共计 55 个,分别为苏枫丹霞、苏枫绯红、红妃、冬日烈焰、艳红、苏枫灿烂、春细、东岳家宝、四明梦幻、彩褶、绿瀑、火凤凰、杰施-卡多 2、金色年华、冈山正红、杰施-科沃 202、风度翩翩、金陵丹枫、壮竹、墨水、繁华梦幻、杰施-科沃 8、兴旺、翠竹、丹霞升、彩蝶翻飞、鲁绿、春彩凤羽、四明玫舞、金脉红、启运红、冈山正黄、海华沙 1、金秀丽、红精灵、齐鲁红、齐鲁金、四明火焰、宁绿、红艳、黄莺、寒细、黄堇、柔曼垂枫、绯虹、粉黛、冬韵、东岳彩霞、钟山红、东岳红霞、东岳紫霞、金陵红、东岳佳人、金陵黄枫和丽红（表 7-1）。

表 7-1　槭属植物新品种

序号	品种名称	品种权号	授权日期（年月日）	品种权人	序号	品种名称	品种权号	授权日期（年月日）	品种权人
1	苏枫丹霞	20210508	20211021	江苏省林业科学研究院等	15	冈山正红	20180398	20181211	王立彬
2	苏枫绯红	20210510	20211021	江苏省林业科学研究院等	16	杰施-科沃 202	20180005	20180615	杰·弗兰克·施密特父子有限公司
3	红妃	20210117	20210625	溧阳映山红花木园艺有限公司	17	风度翩翩	20180133	20180615	山东农业大学
4	冬日烈焰	20210462	20211021	青岛风和日丽环境景观工程有限公司等	18	金陵丹枫	20180156	20181211	江苏省农业科学院
5	艳红	20210552	20211021	安徽东方金桥农林科技股份有限公司等	19	壮竹	20180372	20181211	中国科学院植物研究所等
6	苏枫灿烂	20210509	20211021	江苏省林业科学研究院	20	墨水	20180373	20181211	中国科学院植物研究所等
7	春细	20200164	20200729	宁波城市职业技术学院	21	繁华梦幻	20180401	20181211	王立彬
8	东岳家宝	20200172	20201221	泰安市泰山林业科学研究院等	22	杰施-科沃 8	20180004	20180615	美国 J.弗兰克·施密特父子有限公司
9	四明梦幻	20200163	20200729	宁波城市职业技术学院	23	兴旺	20180148	20180615	山东农业大学
10	彩褶	20200162	20200729	宁波城市职业技术学院	24	翠竹	20180374	20181211	中国科学院植物研究所等
11	绿瀑	20200166	20200729	江苏省林业科学研究院	25	丹霞升	20180131	20180615	山东农业大学
12	火凤凰	20180058;	20180615	河南名品彩叶苗木股份有限公司	26	彩蝶翻飞	20180132	20180615	山东农业大学
13	杰施-卡多 2	20180195	20181211	美国 J.弗兰克·施密特父子有限公司	27	鲁绿	20180147	20180615	山东农业大学
14	金色年华	20180303	20181211	河南名品彩叶苗木股份有限公司	28	春彩凤羽	20180338	20181211	四川七彩林业开发有限公司

序号	品种名称	品种权号	授权日期 (年月日)	品种权人	序号	品种名称	品种权号	授权日期 (年月日)	品种权人
29	四明玫舞	20180351	20181211	宁波城市职业技术学院	43	黄堇	20170077	20171017	宁波城市职业技术学院
30	金脉红	20180358	20181211	安徽东方金桥农林科技股份有限公司	44	柔曼垂枫	20160101	20161219	江苏省林业科学研究院
31	启运红	20180399	20181211	王立彬	45	绯虹	20160068	20160808	宁波城市职业技术学院
32	冈山正黄	20180400	20181211	王立彬	46	粉黛	20160080	20160808	宁波城市职业技术学院
33	海华沙 1	20180015	20180615	杰·弗兰克·施密特父子有限公司	47	冬韵	20150028	20150914	湖南省森林植物园
34	金秀丽	20180046	20180615	临安市林之源园艺场等	48	东岳彩霞	20140024	20140627	泰安市泰山林业科学研究院
35	红精灵	20180134	20180615	山东农业大学	49	钟山红	20140142	20141209	江苏省农业科学院
36	齐鲁红	20180135	20180615	山东农业大学	50	东岳红霞	20140022	20140627	泰安市泰山林业科学研究院等
37	齐鲁金	20180283	20181211	山东农业大学	51	东岳紫霞	20140023	20140627	泰安市泰山林业科学研究院等
38	四明火焰	20180350	20181211	宁波城市职业技术学院	52	金陵红	20140036	20140627	江苏省农业科学院
39	宁绿	20170018	20171017	江苏省农业科学院	53	东岳佳人	20140111	20141209	泰安市泰山林业科学研究院等
40	红艳	20170086	20171017	四川七彩林业开发有限公司	54	金陵黄枫	20130033	20130628	江苏省农业科学院
41	黄莺	20170078	20171017	宁波城市职业技术学院	55	丽红	20120150	20121226	北京市园林科学研究所
42	寒绯	20170076	20171017	宁波城市职业技术学院					

资料来源：中国林业科学研究院林业科技信息研究所林业专业知识服务系统（https://forest.ckcest.cn/search/searchAction!list.action）

三、重要品种简介

（一）红花槭

红花槭也称为北美红枫，为槭树科槭属落叶乔木，原产于美国东海岸，其叶片秋季多为绚丽的红色，茂密且独特，颇具观赏性。目前引进国外选育出的改良园艺品种较多，比较有代表性的见表 7-2。

红花槭部分代表性重要品种特征、特性及栽培技术要点简介如下。

表 7-2　红花槭主要品种

序号	中文名称	英文名称	序号	中文名称	英文名称
1	阿姆斯特朗	Armstrong Maple	15	奥尔森	Northfire
2	秋火焰	Autumn Blaze Maple	16	北木	Northwood Maple
3	秋日梦幻	Autumn Fantasy Maple	17	十月华晨	October Brilliance Maple
4	秋火	Autumn Flame Maple	18	十月辉煌	October Glory Maple
5	秋日光辉	Autumn Radiance Maple	19	夕阳红	Red Sunset Maple
6	秋石塔	Autumn Spire Maple	20	红点	Redpointe Maple
7	堡豪	Bowhall Maple	21	红卫兵	Scarlet Sentinel Maple
8	酒红	Brandywine Maple	22	施莱辛格	Schlesingeri Maple
9	勃垦第百丽	Burgundy Bell Maple	23	萨德王	Shade King Maple
10	柱形红枫	Columnare Maple	24	西耶那幽谷	Sienna Glen Maple
11	格宁	Gerling Maple	25	萨默塞特	Somerset Maple
12	马莫	Marmo Maple	26	夏日红	Summer Red Maple
13	摩根	Morgan Maple	27	太阳谷	Sun Valley Maple
14	新世界枫	New World Maple	28	德雷克	V.J. Drake Maple

1. 金脉红

金脉红是从由加拿大引进的红花槭实生苗中选育获得的新品种。叶片为 5 裂，10 月中旬开始变色，叶脉由绿黄色逐步变为金黄色，叶面其余部分逐步转为鲜红色。11 月上中旬为最佳观叶期，观叶期为 30～35 天。7 年生母树未见花和果实。树体生长健壮，适应性广。2013 年 3 月通过安徽省林木品种审定委员会审定。

品种特征特性：树势中庸，干直，多侧枝。多年生枝条灰白色，光滑、有蜡质。一年生枝黄褐色，年平均生长量 75cm，节间长 6.5cm。5 裂叶，叶片长 13cm，宽 11cm，叶柄长 15cm，阳面呈枣红色，背面呈黄绿色。11 月上中旬为最佳观叶期，观叶期为 30～35 天。芽红色，外有鳞片包裹。7 年生植株未见花和果实。4 月初萌芽，4 月中旬展叶，5 月初新梢迅速生长，6 月下旬新梢停止生长，10 月中旬叶片开始转色，11 月下旬开始落叶，进入休眠期。

栽培技术要点：适宜在安徽省种植。可采用本砧嫁接、扦插、组培等方式繁殖。宜选择土壤肥力较好的砂壤土进行幼苗繁育。幼苗需要 2～3 次移植后才能培养成干道树，定干高度为 1.8～2.5m，冠形可修剪成自然圆头形。注意防治光肩星天牛。4 月中旬用稀释后的缓释锌硫磷浇灌根部，可在根部周围形成一个直径 20～30cm 的药土层，杀灭寄生在根部及周边越冬的成虫和老龄幼虫，防止蛀干幼虫下移危害根冠部位。在距地面高 80cm 的树干上喷布绿色威雷和吡虫灵，杀灭产卵成虫和新产虫卵。可采用人工、化学或综合方法防治杂草。

2. 金色秋天

金色秋天是从加拿大引进的红花槭实生苗中选育出的新品种。叶片为 5 裂，10 月下旬开始逐步转为金黄色，11 月中旬为最佳观叶期，观叶期达 30 天。8 年生母树未见开花和结实。树体生长健壮，适应性广，适合安徽省及周边地区栽培。2013 年 3 月通过安徽省林木品种审定委员会审定。

品种特征特性：树势强健，干性强。多年生枝干皮灰白色，光滑。一年生枝橙黄色，年平均生长量 65cm，节间长 10.2cm。5 裂叶，叶片长 12.5cm，宽 9.3 cm，叶柄橙红色，长 9cm。10 月下旬叶片开始转色，叶色纯正，金黄色，观叶期达 30 天。叶芽大而饱满，红色，3 鳞片。在安徽省合肥市 4 月上旬萌芽、开花，4 月中旬展叶，4 月底新梢迅速生长，6 月下旬新梢停止生长，10 月下旬叶片转为金黄色，11 月下旬落叶进入休眠期。

栽培技术要点：适宜在安徽省种植。可采用本砧嫁接、扦插、组培等方式繁殖。嫁接可于 3 月底、4 月初或 9 月中下旬进行。扦插繁殖以嫩枝扦插成活率较高，可于每年 5～8 月进行扦插，注意保持较高的空气湿度，同时选用排水良好的基质。组培繁育成本较高，经过炼苗后才能移栽到苗圃。繁育的幼苗宜选择土壤肥力较好的砂壤土培育壮苗。幼苗经多次移植可培养成干道树。植株干性强，侧枝错落有致，可自然分枝形成自然圆头形。主要害虫为光肩星天牛，应加强防治。可在树下套种大蒜、薄荷等趋避害虫植物，减少其为害。可采用人工、化学或综合方法防治杂草。

3. 橙之梦

橙之梦是由红花槭实生苗选育出的新品种。10 月上旬叶片开始逐渐转色，完全变色时呈橙红色，颜色亮丽，红叶期 30～35 天，3 年生树即开花结果。在安徽省六安市舒城县最佳观叶期为 11 月上旬，花期在 4 月上旬，翅果 6 月中旬逐渐成熟。2013 年 3 月通过安徽省林木品种审定委员会审定。

品种特征特性：树势强劲，多侧枝，干性强，分枝力强。多年生枝皮褐白色，白色皮孔明显。一年生枝黄色，年平均生长量 66cm，节间长 9cm。叶片长×宽为 15cm×14cm，5 裂叶，10 月上旬叶片开始转色，完全变色的叶片呈橙红色，观叶期 30～35 天。叶柄较短，红色。芽椭圆形，有单芽、双芽、三芽。3 年生树即开花结果。在安徽省六安市舒城县栽培，4 月初萌芽，4 月上旬开花，继而形成翅果，4 月中旬展叶，5 月初新梢迅速生长，6 月中旬翅果逐步成熟，6 月下旬新梢停长，10 月上旬叶片开始变色，最佳观叶期为 11 月上旬，11 月中下旬开始落叶进入休眠期。

栽培技术要点：适于华东、华中、华北、东北地区栽培，适应范围广。采用本砧嫁接、扦插、组培等方法进行繁殖。根据目标出圃苗的大小，设计相应的株行距，合理疏植，南北方向间距应加大，保证光照充分。无严重病害。因其树体含有糖分，易遭受天牛蛀食根冠处，以光肩星天牛最为严重，防治时需同时杀灭地下成虫和老龄幼虫及树干上部产卵成虫和新产虫卵。

4. 中国红

红花槭新品种中国红生长健壮，叶色稳定，彩叶期超过 30 天，2013 年获得安徽省林木品种审定委员会颁发的林木良种证。

特征特性：该品种树势中等，干直，主干明显。一年生枝橙红色，多年生枝褐色，有绿晕，光滑。叶片 5 裂，长 14.5cm、宽 8.5cm，近叶柄处的 2 裂叶较小，顶尖，10

月 20 日前后叶片开始变色，完全变色的叶片呈亮红色，红叶期 30～35 天。叶柄细、长 13.5cm、枣红色。芽盾形、外凸、橙红色。在安徽省合肥市栽培，该品种 4 月中旬萌芽，4 月底新梢迅速生长，6 月中旬新梢停止生长，11 月下旬开始落叶进入休眠期。

栽培技术要点：可采用本砧嫁接、扦插、组培方法繁殖。宜选择土壤肥力较好的砂壤土进行幼苗繁育。定干高度为 1.8～2.5m，冠形修剪成自然圆头形。无严重的病害发生，光肩星天牛可用稀释的缓释锌硫磷防治。

5. 艳红

艳红是从红花槭实生苗中选育出的新品种。2013 年 3 月通过了安徽省林木品种审定委员会审定。

艳红红花槭树势强旺，干性强，多侧枝。多年生枝灰绿色，一年生枝褐黄色。年平均生长量 58cm，节间长 8.5cm。叶片长 14.7cm，宽 11.2cm，5 裂叶。10 月下旬叶片开始由绿红逐渐转为亮丽纯浓红色，红叶期 30～35 天。叶柄长 12.6cm，枣红色。芽对生，楔形，5 个鳞片包裹，鳞片枣红色，中央 1 个鳞片褐色。7 年生树未见开花结果。4 月初芽开始萌动，6 月中下旬新梢停止生长，11 月下旬开始落叶进入休眠期。该品种抗性强，适于华东、华中、华北、东北地区栽培。

（二）鸡爪槭

鸡爪槭，又称为鸡爪枫，槭树科槭属落叶小乔木，原产于中国，朝鲜半岛和日本也有分布。是世界最重要的彩叶树种之一，品种多样，树形优美，叶片色彩变化丰富，极具观赏价值，在城市园林应用中非常普遍，常植于草坪、土丘、溪边、池畔或点缀墙隅、亭廊，多以常绿树或白粉墙作背景，季节观赏效果极为突出。

鸡爪槭在长期培育过程中，出现了许多品种，据统计，目前日本拥有鸡爪槭园艺品种 450 种以上，欧洲和北美拥有的鸡爪槭园艺品种 400 种以上。丰富的鸡爪槭园艺品种来源大多为树形、叶形、叶色、枝条及花、果实等的变异类型。鸡爪槭园艺品种的现代分类方法主要依据树形和叶形进行分类。日本学者根据树形特征将鸡爪槭园艺品种分为以下 7 组：①树冠紧密，树形较高大，枝条向上生长的灌木或小乔木品种；②枝条向上生长，但树冠不太紧密的灌木或小乔木品种；③大型灌木品种；④树冠呈蘑菇形，冠幅宽度大于树高，主要为细叶鸡爪槭品种；⑤枝条向上但生长缓慢的灌木品种；⑥生长矮小，常作为盆景材料的品种；⑦其他稀有类型。每组又根据叶色分成 3 个亚组，a 亚组：叶绿色或有淡红色边缘；b 亚组：叶紫色或红色；c 亚组：叶杂色，粉色、白色、黄色等。这种分类方法较好地解决了园林景观应用的实际需要。美国学者 Vertrees 和 Gregor（2009）在 *Japanese Maple* 一书中，主要依据叶片的形态特征并结合树形特点，将鸡爪槭园艺品种分为 7 个类群（组），分别为浅裂叶组、掌状裂叶组、深裂叶组、细羽叶组、线裂叶组、矮化组、其他组（表 7-3）。叶片形态是树木分类上的重要器官之一，这种分类方法更符合客观实际。但鸡爪槭园艺品种的变异十分丰富，有许多形状为中间过渡类型，因此鸡爪槭园艺品种的分类仍需进一步完善。

表 7-3   以叶片形态特征为主要依据的鸡爪槭园艺品种分组及代表品种

序号	组名	叶片形态特征	代表性品种
1	浅裂叶组	叶片较大,通常 7 裂,浅裂至中度,裂刻深 2/3 左右	猩猩（'Shojo'）叶常年红色;大帝（'Emperor I'）叶片粉红-深红色;红灯笼（'Osakasuki'）叶片橘黄-绿色-鲜红色
2	掌状裂叶组	叶片较小,5~7 裂,叶片中度至深裂,裂刻深 2/3~3/4	珊瑚阁（'Sango-kaku'）枝条冬季红色;红舞子（'Beni-maiko'）叶片火红-青红-火红色;蝴蝶（'Butterfly'）叶带白色-红色叶缘
3	深裂叶组	叶片较大,叶片深裂,裂刻深超过 3/4	红焰（'Red Flame'）叶常年紫红色;稻妻（'Inazuma'）叶红棕色-明橙黄色
4	细羽叶组	裂片深裂,裂叶再分裂叶	红龙（'Red Dragon'）叶常年红色;绯红皇后（'Crimson Queen'）叶常年绯红色;瀑布（'Waterfall'）叶呈绿色-金黄色
5	线裂叶组	叶片全裂,裂片带状狭长	红矮人（'Red Pygmy'）叶常年红色;柯蒂斯（'Curtis starpleaf'）叶红色
6	矮化组	矮化品种,生长慢,成龄树高度不超过 2 m,适于盆景制作	琴姬（'Kotohime'）叶呈玫瑰红-亮绿-黄色;花带（'Baby lace'）叶呈红-绿-黄色
7	其他组	不能归入上述组别的品种,包括种间杂交品种等	木绵德（'Momenshide'）叶绿色-橘黄色;茉莉（'Jasmin'）叶紫色-橘红色

目前,国内常见的鸡爪槭品种有紫红鸡爪槭、细叶鸡爪槭、深红细叶鸡爪槭、线裂鸡爪槭、小叶鸡爪槭、花叶鸡爪槭、斑叶鸡爪槭和红边鸡爪槭 8 种。

1. 紫红鸡爪槭

又名红槭、红枫。叶深裂,几乎达叶片基部,裂片长圆状披针形,叶掌状裂,终年呈紫红色。枝条紫红色。

2. 细叶鸡爪槭

又名羽毛枫、羽毛槭、塔枫。叶掌状深裂达基部,为 7~11 裂,裂片又羽状分裂,先端长尖,翅果短小。树冠开展,枝略下垂。通常树体较矮小。我国华东各城市庭园中广泛栽植观赏或盆栽观赏。

3. 深红细叶鸡爪槭

又名红细叶鸡爪槭、红羽毛枫。外形同细叶鸡爪槭,但叶片呈紫红色。

4. 线裂鸡爪槭

叶掌状深裂几达基部裂片线形,缘有疏齿或近全缘。有叶色终年绿色者,也有终年紫红色者。

5. 小叶鸡爪槭

叶较小,径约 4cm,掌状,7 深裂,裂片狭窄,缘有尖锐重锯齿,先端长尖,翅果短小。产于日本及中国山东、江苏、浙江、福建、江西、湖南等省。

6. 花叶鸡爪槭

叶黄绿色,边缘绿色,叶脉暗绿色。

7. 斑叶鸡爪槭

绿叶上有白斑或粉斑。

8. 红边鸡爪槭

嫩叶及秋叶裂片边缘玫瑰红色。

（三）元宝枫

目前，元宝枫育种研究主要依赖于传统的优树选优和实生后代变异的选育方法，选育出的品种均为观赏型品种。现就泰安市泰山林业科学研究院等单位选育的元宝枫品种简介如下。

1. 东岳红霞

为泰安市泰山林业科学研究院和泰安时代园林科技开发有限公司共同选出的元宝枫彩叶新品种，良种证号为鲁 R-SV-AT-055-2016。

品种特性：该品种 10 月下旬随季节变化叶片开始变鲜红色，变色持续时间为 25 天。最佳观赏期 7 天左右，极具观赏价值，且性状稳定。

2. 东岳紫霞

为泰安市泰山林业科学研究院和泰安时代园林科技开发有限公司共同选出的元宝枫彩叶新品种，良种证号为鲁 R-SV-AT-056-2016 。

品种特性：该品种 10 月下旬至 11 月初叶片随季相变化呈现为深红色或紫红色，变色持续时间约为 22 天，最佳观赏期 7 天左右，极具观赏价值，且性状稳定。

3. 东岳彩霞

为泰安市泰山林业科学研究院选出的元宝枫彩叶新品种，良种证号为鲁 R-SV-AT-007-2016。

品种特性：该品种生长量大，10 月下旬至 11 月初随季节变化叶片开始变色，秋季上部叶片呈红色，下部叶片呈金黄色，在气温正常的情况下，变色持续时间为 20～25 天。最佳观赏期 7～12 天，极具观赏价值，且性状稳定。

4. 丽红

为北京市园林科学研究所选出的元宝枫彩叶新品种，2011 年通过审定，2012 年 12 月 26 日被授权，品种权号：20120150。

品种特性：树冠为伞形或倒广卵形，单叶对生，叶掌状 5 裂，叶基多平截，生长速度中等，对城市土壤适应性强，抗有害气体能力强，具有耐寒、抗风等优点。在北京城区叶片 10 月下旬至 11 月中旬变为血红色，极具观赏价值，且性状稳定。具有弱阳性、耐半阴的特点，应尽量选择有高大乔木遮阴的地方，避免阳光直射。在强光暴晒下，容易出现焦叶和卷叶现象。

5. 东岳佳人

为泰安市泰山林业科学研究院和泰安时代园林科技开发有限公司共同选出的元宝枫彩叶新品种，2013 年通过审定，2014 年 12 月 9 日被授权，品种权号为 20140111。

品种特性：该品种生长季节幼叶及嫩梢呈紫红色，叶片近革质，边缘强波状；干皮表面瘤状凸起，极具观赏价值，且后代苗木表现一致，性状稳定。

（四）三角枫

1. 金陵红

金陵红为江苏省农业科学院休闲农业研究所从三角枫实生苗中选出的彩叶新品种。10 月下旬至 11 月上旬叶色由深绿色变为暗红色，进而变成亮紫红色，观赏期长达 60 天以上。抗逆性强，适应性广，可作行道树、园景树等彩叶景观树种，适宜长江流域及周边省份园林绿化广泛种植。2014 年 6 月获得国家植物新品种权，2019 年 12 月通过江苏省林木品种审定委员会林木良种审定。

品种特征特性：落叶乔木，枝条粗壮，斜向上生长，生长势强。树皮灰褐色，较为平滑。一年生枝圆柱形，绿色，密被白色茸毛。单叶对生，叶片卵形，全缘，浅 3 裂或不分裂，基部圆形，叶片上表面绿色，下表面浅绿色，被白粉。叶柄绿色，长 3～4cm，被白色茸毛。花期 3 月下旬，花序为伞房花序，着生于小枝顶端。幼果期翅果绿色，成熟期坚果黄褐色，两翅夹角为锐角或近直角。秋季 10 月下旬至 11 月上旬为叶色转变期，叶片颜色由深绿色变为暗红色，进而变成亮紫红色，落叶期在 12 月下旬至翌年 1 月上旬。抗逆性强，适应性广。

栽培技术要点：适宜长江流域及周边省份园林绿化种植，土壤以疏松肥沃为佳。地下水位高的平原地区，采用起垄栽培，垄高 30cm。栽植密度应根据苗木规格的大小、苗圃的立地条件和土肥水管理水平确定。建议干径小于 1cm 的种苗采用株行距 1.0m×1.0m；干径 2cm 以上的采用株行距 3.0m×3.0m。移植时需先对其进行修剪，去掉部分过长细根及徒长枝。干粗 5cm 以上的移栽时需带土球，土球大小为干径的 8～10 倍。

2. 齐鲁金

齐鲁金为山东农业大学培育的三角枫品种。齐鲁金是三角枫的一种黄叶突变体，生长迅速，干形通直，春季嫩叶橙黄至金黄色，后逐渐转绿，且观赏期长。

第二节 播 种 育 苗

槭属树种的繁育有播种、嫁接、扦插及组培等方式。

槭树繁殖多采用播种繁殖，播种育苗的成本低、易于生产推广，但无性系间存在品质差异。大量研究表明，槭树种子普遍具有休眠特性，槭树的种胚休眠可通过以下几种方式单独或混合使用来解除：①剥除果皮及种皮，清水浸种可有效提高出苗率；②室温、低温、变温等混沙、混雪层积处理也可提高种子萌发率；③利用赤霉素 GA_3（$C_{19}H_{22}O_6$）、次氯酸钠（NaClO）、硝酸钾（KNO$_3$）、浓硫酸［为质量分数大于或等于 70%的硫酸（H$_2$SO$_4$）水溶液］等化学试剂处理可提高发芽率。

目前，开展槭树嫁接主要从提早开花、保存优良种质资源、园林绿化等目的出发的，如栓叶槭、元宝枫等的一些变种及栽培种的繁殖主要采用嫁接。对元宝枫的嫁接试验结果显示，在春季采用双舌接的嫁接方式成活率较高，不同无性系间对砧木亲和力的差异明显。金叶栓叶槭的 2 年生砧木苗嫁接采用"T"形芽接的嫁接方法效果最佳。

扦插繁殖可较大程度地保留亲本的优良性状，在槭属树种尤其具观赏价值的品种中被广泛应用。研究发现，1 年生元宝枫嫩枝经 ABT 生根粉 1 号（ABT$_1$）、吲哚-3-丁酸（IBA）或 α-萘乙酸（NAA）浸泡处理后，用河沙：草炭：珍珠岩= 6：3：1（pH6.9～7.2）作基质，扦插成活率达 70%以上。1 年生五角枫嫩枝插穗去除顶芽并保留 2 个半片叶，经 NAA、IBA 或其混合剂浸泡插穗基部，按 2cm 的扦插深度，生根率达 80%以上。半木质化栓叶槭嫩枝扦插用 NAA、ABT$_1$ 浸泡处理后生根效果最佳。茶条槭茎段外植体利用 ABT$_6$ 处理可获得最佳的生根效果。综上所述，槭树扦插可选用半木质化嫩茎作为外植体，利用 ABT、IBA 或 NAA 等混合生根激素处理插穗的扦插效果较好。

组培繁殖技术不受外界环境、季节的限制，苗木繁殖速率高，可实现集约、高效的苗木生产。目前，在槭属树种中，五角枫、茶条槭、栓叶槭、元宝枫等均成功建立了组培快繁体系。相关研究结果表明，槭树组培的最适外植体为幼叶、早春未木质化嫩茎，初代和继代培养主要采用 MS 培养基（MS，Murashige and Skoog medium），生根可采用 1/2MS 和 WPM 培养基（WPM，Woody Plant medium）。在愈伤诱导及芽的增殖分化过程中，生长素和细胞分裂素组合使用的诱导效果最佳，但需根据树种及生产需求的不同，选择适宜的配比方案。此外，外植体的褐化也是槭树组培中需关注的问题，可通过添加适当比例的聚乙烯吡咯烷酮（PVP）、抗坏血酸（AC）、硫代硫酸钠（Na$_2$S$_2$O$_3$）、活性炭等抗氧化剂抑制解决。

总体来看，目前在槭树繁育技术研究方面，对播种育苗研究较为深入，基本掌握了常用树种的种子休眠解除方式。在嫁接、扦插繁殖技术方面，关于解剖及生理生化机理的研究较欠缺，适宜嫁接方法及嫁接技术不够成熟，组培繁殖在炼苗环节的成功率低。现就播种育苗技术介绍如下。

一、圃地选择与规划

（一）圃地选址

一般苗圃应选择交通便利、水电资源丰富、排灌方便、地下水位在 1.5m 以下、背风向阳、地势平坦、交通便利、灌溉方便、土层深厚、质地疏松、透气肥沃、富含有机质、pH 6.7～7.8 的砂壤土和壤土地块。黏重的土壤通气排水性能差，苗木出土困难，并且生长不良，不宜作苗圃地。长期种植烟草、棉花、玉米、蔬菜等地块，培育苗木易发生病虫危害，如果必须选用，育苗前要做好灭菌杀虫工作。因为沙土地上起苗时带不上土球，故培育直径为 12cm 以上规格的大苗应选交通便利、地势平缓、背风向阳、土层疏松深厚、排水良好的壤土或中壤土（刘勇，2019）。

（二）圃地规划

按功能可将苗圃地划分为采穗圃、实生苗播种区、嫁接苗繁殖区（苗木移栽区）等功能区。一般年产 1.0×10^5 株 2 年生嫁接苗的苗圃，需要采穗圃 $500 \sim 600m^2$（也可不建立采穗圃，从其他地区采穗圃直接购买穗条取芽嫁接），实生苗播种区 $500m^2$，嫁接苗繁殖区 $0.8 \sim 1.0hm^2$。其他附属面积根据需要确定。

二、种子采集与处理

（一）种子的采集

种子是以播种的方式繁殖苗木的物质基础，一般要求作为播种用的种子必须是发育健全、饱满、品质好、无病虫的种子。种子可通过购买或母树采种获得。种子购买，应选择正规经销商进行购买，并检查种子是否合格。元宝枫优良种子标准是：外观饱满，大小均匀，纯度高、无病虫危害；果皮具光泽，棕黄色，种皮棕褐色，种仁米黄色；子叶黄绿色、新鲜。元宝枫种子纯度和优良度分别为，Ⅰ级种子纯度 95%、优良度 80%；Ⅱ级种子纯度 90%、优良度 65%；Ⅲ级种子纯度 85%、优良度 45%。元宝枫翅果千粒重为 $136.0 \sim 240.0g$（$4166 \sim 7350$ 粒/kg）；果实去翅后的千粒重为 $125.1 \sim 175.2g$（$5700 \sim 8000$ 粒/kg）。

从母树上采种，应选择 $10 \sim 20$ 年生树干通直、生长势旺盛、结实良好、无病虫害的植株作为采种母树，采种时间在 10 月，种子颜色由青绿色变为淡黄色后即可采用高枝剪将果序剪下或直接敲落收集。经敲打、搓、去果翅、取种，风选去杂后装入布袋置于干燥通风处贮藏，也可带翅贮藏。

（二）种子的贮藏

新采收的元宝枫果实往往混杂有果枝、果柄、树叶和沙石粒等各种夹杂物，把采集到的种子，平摊在通风阴凉处，厚度 $2.0 \sim 3.0cm$，每天翻动 $1 \sim 2$ 次，$6 \sim 8$ 天即可风干，经去杂，或揉去果翅，采用风选或筛选净种后，装入袋、箱、缸等容器内，置阴凉通风处晾干后贮藏于通风干燥的室内环境中备用，也可带翅贮存。短期贮藏的翅果，如秋天采集的供春天播种用，可采用普通干藏法，即用一般容器盛装，放在阴凉干燥的室内。需要长期保存的翅果，可采用密封干藏法。冬季每月检查 1 次，健康优良种子的子叶新鲜并带有黄绿色，如发现潮湿或霉变或有异味（变质）要及时摊开晾晒。槭树翅果富含脂肪和蛋白质，具有香味，易遭鼠害，宜放入缸中，加盖密闭。

三、播前催芽

（一）种子消毒

播种前经过消毒处理的种子，不仅能提高发芽率，还可以有效预防部分病害危害（宋松泉等，2008）。消毒的方法，将挑选好的种子放入 0.50%高锰酸钾溶液中浸泡 2.0h 后捞出，密封好后在常温下放置 30min，再用清水洗净种子，之后再进行催芽处理。

（二）种子催芽

为了提高种子的生活力，使种子发芽整齐而迅速、幼苗生长健壮，加快其发育，经过贮藏的元宝枫翅果，在播种前需要进行催芽处理。试验研究结果表明，在五角枫种子育苗生产中使用 200mg/L 赤霉素浸种能有效增加五角枫的萌发率（唐实玉等，2021）。红翅槭、紫果槭、长柄紫果槭、岭南槭种子种皮含有的化学物质和机械性能阻碍导致了槭树种子休眠；采用层积处理和赤霉素浸种能明显缩短种子的休眠期；彻底解除供试种子休眠方法就是延长浸种沙藏层积的时间。对上述 4 种槭树的种子发芽试验也表明采用自然低温湿沙贮藏或低温湿沙贮藏的方法可以解除其休眠习性，从而提高种子的发芽率；上述 4 个槭树品种采用托盘育苗法的种子发芽率均显著高于采用常规播种法。研究证明，大多数槭树种子均具有休眠习性，采用室外低温沙藏是打破休眠、提高发芽率的有效方式。采用低温湿沙贮藏可以解除槭树种子的休眠，促进萌发，其发芽率为 70% 以上。红花槭的种子兼具初生休眠及次生休眠的特性。种子采收后置于冰箱中低温贮藏，至翌年春，低温沙藏 42 天的种子出芽率可达 65.8%。冬季预先处理加拿大糖槭种子 60 天左右可极大程度地打破糖槭种子的休眠，提高萌发率。实践证明，运用合理的催芽技术可提高田间发芽率，幼苗出土早，出苗整齐，长势均匀。鸡爪槭种子催芽方法是早春 2 月初在冷室内沙藏，种子先用 50% 多菌灵 800 倍液浸泡消毒 30min，换入清水浸泡 24h，期间换水 1 次。然后将河沙、种子按 3∶1 比例混合，沙子湿度 60%，堆放在 4~8℃的冷室内，上覆塑料膜。经常翻动，湿度不足 60% 时补水，隔 15 天喷施多菌灵或甲基托布基等杀菌剂 1 次。种子经沙藏 2 个月可见 50% 以上种子萌动，此时可以播种。元宝枫种子催芽方法，主要有沙藏催芽、低温层积催芽和水浸种催芽。研究发现，贵州槭种子湿沙贮藏后用 200mg/L 的 GA$_3$ 溶液浸种处理可促进其发芽。五角枫、三花槭、东北槭、假色槭等槭树种子经高锰酸钾浸种、沙藏后播种，出苗率高。红翅槭、紫果槭、长柄紫果槭、岭南槭的种子通过低温湿沙贮藏解除其休眠习性后，用托盘育苗可显著提高发芽率。羊角槭、庙台槭等部分濒危树种种子质量差，发芽困难，影响了其开发利用。然而，羊角槭内外种皮与种胚均存在萌发抑制物质，在剥除种子的外种皮并用 100mg/L GA$_3$ 或 200mg/L 6-BA 浸种 12h 后再进行低温沙藏，可大幅提高羊角槭种子发芽率。容器育苗能显著提高槭属苗木的成活率，促进苗木的初期生长，延长造林时间，提高造林成活率。研究证明，金叶梣叶槭和加拿大糖槭的最佳育苗混合基质分别为草炭∶珍珠岩∶蛭石=5∶3∶2，以及泥炭∶珍珠岩∶枯枝落叶=4∶1∶2，以上比例为容积比。

1. 沙藏催芽

种子在催芽前进行消毒杀菌，用 0.5% 的高锰酸钾溶液浸泡 30min 后用清水冲洗。播种前，将种子与湿沙（以手握成团，松手即散为宜）以 1∶3 的比例混合（含水量 60% 左右）均匀进行催芽，其上用湿润草帘覆盖，每隔 1~2 天翻动 1 次，约 15 天时待种子有 1/3 左右发芽时即可播种。播种前 7~10 天，取出混沙种子置于背风向阳的平坦处，白天摊开种沙，厚约 10cm，上盖塑料薄膜保湿，翻动 1~2 次，缺水时及时喷水增湿，晚上将种沙堆起，并盖草苫或杂草。当种子有近 30%开裂萌动时即可播种。

2. 干藏种子催芽

播种前 7 天左右，将种子放入 45℃温水中，自然冷却后，浸泡 24h，然后捞出，放入渗水容器中，置于室内，盖上草帘，每天早、晚用清水各淘洗 1 次。当种子露白达 30%左右时，即可播种。

3. 低温层积催芽

将种子用 40～45℃温水浸泡 24h，中间换水 1～2 次，种子捞出置于室温 25～30℃环境中保湿，每天冲洗 1～2 次，待有 30%种子咧口露白，即可进行播种。元宝枫种子低温层积催芽的具体方法是将种子用 40～45℃温水浸泡 24h，中间换水 1～2 次，种子捞出置于室温 25～30℃环境中保湿，每天冲洗 1～2 次，待有 30%种子裂口露白即可进行播种。或者在播种前，将精选的种子用 30℃左右的温水浸泡 24h，捞出种子混拌湿沙（含水量 60%左右），将种子与湿沙按 1∶3 混合均匀进行催芽，其上用湿润草帘覆盖，每隔 1～2 天翻动 1 次，待种子有 1/3 左右发芽时即可播种（成仿云，2012）。

4. 水浸种催芽

催芽时先将种子倒入 55℃左右热水中搅拌均匀，放置在室温下浸泡 24h 后将种子捞出。再将其放在潮湿温暖的环境中进行催芽，环境温度 25℃左右，每天用清水冲洗 3 次。待有近一半的种粒破胚露白时，即可进行播种。

四、整地与播种

（一）整地与做床

选定的苗圃地于每年的 3 月中上旬可进行整地。当墒情不好时，整地前浇 1 遍水，将圃地施足基肥（施腐熟有机肥 75t/hm²、复合肥 750kg/hm²）和硫酸亚铁 450kg/hm²、辛硫磷颗粒剂 225kg/hm²、多菌灵 75kg/hm² 等杀虫杀菌剂后翻耕耙平做床。一般多采用高床，但在降水量少、较干旱、雨季无积水的地区多用低床。高床的床面高度 15～20cm、宽度 120cm 左右、步道宽度 50cm。低床的床面一般低于步道 15～20cm，步道宽度为40～50cm，床面宽度一般为 1～1.5m（图 7-1）。为便于经营管理、透风透光和有利于苗木快速生长，有些地方还采用平床条播法播种，这种方法可降低用工成本，但不利于圃地灌水与排涝。

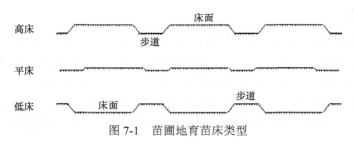

图 7-1　苗圃地育苗床类型

（二）播种

1. 播种时期

播种期的早晚，不仅直接影响苗木生长期的长短和幼苗抵抗恶劣环境的能力，也直接影响种子的出苗量和苗木生长的质量。播种时期可分为秋播和春播。秋播时间为 11 月中旬；春播时间为 3 月下旬至 4 月初（夜晚最低温度在 5℃以上）。一般来说，播种时期一般以 3 月下旬至 5 月中上旬春播为好，但不同槭树科树种播种时间有所差异。例如，茶条槭、元宝枫适宜春播和秋播，假色槭、东北槭适宜秋播和隔年春播，三花槭适宜隔年春播，出苗率均达 81%以上。天山槭宜春播，一般在 3 月下旬至 4 月中旬播种。元宝枫宜于春播和秋播。春季具体播种时间因各地气候的不同而有差异，如陕西关中地区适宜的播种期在 3 月中、下旬，北京地区在 4 月上旬，而辽宁地区则在 4 月中旬播种较好。春播宜早，早春播种发芽早扎根深，苗木生长健壮，增强抗病、抗旱、抗日灼的能力。而播种时间过晚，如陕西关中地区 5 月播种，苗木生长量小，且遇高温干旱时，幼苗难以忍耐地表高温，受到灼伤易枯萎。采用秋播方法时，秋季播种是在种子采收后不需特殊处理，随采随播，播后及时浇水，确保土壤湿润，直至封冻，以防种子风干。但因种子含油量很高，秋播易遭鼠害，要做好防鼠害工作。

2. 播种方法与播种量

槭树播种一般都采用条播法。行距为 15cm，播种深度为 3～5cm，播种量依种子质量而定，一般每公顷用种量 225～300kg，常规播种量每公顷 250kg 左右，播后覆土 2cm 厚，稍加镇压。为保持苗床土壤湿润，使种子顺利出苗，播后可加盖稻草等覆盖物。播种后，一般经 2～3 周可发芽出土，经过催芽的种子可以提前一周左右发芽出土，发芽后 4～5 天长出真叶，出苗盛期 5 天左右，一周内可以出齐。出苗后应及时揭去覆草。条播的优点是比撒播能节约种子，苗木有一定的行间距离，便于土壤管理、施肥，条播苗木的行距较大，苗木受光均匀，有良好的通风条件，苗木生长健壮、质量好，起苗工作比撒播方便。条播时为了使苗木受光均匀，一般用南北方向播种。经过风选、筛选纯度在 95%以上，发芽率在 90%以上的元宝枫翅果，每亩播种量为 15～20kg。种子质量或育苗条件较差时，应酌情加大播种量。播种量太大，不仅浪费种子，而且出苗过密间苗费工；播种量过小，则常造成缺苗断条，苗木产量低，达不到丰产的目的。

元宝枫一般采用条播，行距为 15cm，播种深度为 3～5cm，播种量 225～300kg/hm^2，播后覆土厚度 2cm，稍加镇压，最好在播种前灌底水，待水渗透后播种，播种后一般经 14～21 天可发芽出土，经过催芽的种子可以提前一周左右发芽出土，发芽后 4～5 天长出真叶，出苗盛期 5 天左右，一周内可以出齐。出苗后应及时揭去覆草。

青枫播种量为 800～1000 粒/m^2，播完后轻轻拍实，再用 1～2cm 厚的细土覆盖。播种后马上浇透水，然后加盖地膜保湿增温。种子 20 天左右出苗。出全苗后除去农膜，喷施杀菌剂（多菌灵或甲基托布津等）1 次，如果出现蚜虫、地老虎、螨类等虫害，选用蚜虱净、杀灭菊酯或辛硫磷防治。苗床土壤水分低于 60%时喷水，经常保持土壤湿润。至苗高 8～10cm，叶面喷施 0.1%氮磷钾复合肥 1 次，并准备移栽。移栽前 1 天喷透水 1 次。

五、圃地管理

幼苗生长期管理措施主要有灌溉、施肥、松土、除草等。春季干旱严重地区，播种后要定期浇水。幼苗出土之前，浇水为少量多次，用喷壶喷水即可；幼苗出土后 2 个月内，适当增加浇水量，减少浇水次数，每 7.0 天浇水 1 次即可，浇水时间选择在晴天的早晨或傍晚、阴天全天，切忌晴天中午浇水；幼苗出土 2 个月后，根据当年墒情浇水，大水灌溉。施肥是为了促进苗木加粗和加高生长，5～6 月是幼苗生长期，肥料以氮肥和磷肥为主；7～8 月为苗木速生期，肥料以氮磷钾复合肥为主。施肥方法，可采用沟施或根外追肥，根外施肥时间选择在早晨或傍晚，将磷酸二氢钾等肥料溶液喷洒在叶片表面；9～10 月为苗木木质化期，肥料以钾肥为主，停止施入氮肥，促进苗木快速木质化，增强苗木抵抗力。松土除草同步进行，每次灌溉或降水后及时松土除草，防止土壤板结，避免滋生大量杂草。

（一）遮阴

在槭属苗木初期生长阶段，不同光照强度对其生长的影响有较大差异。研究显示，13 种河南省野生槭属树种 1 年生幼苗的年生长规律表现为双高峰、单高峰和匀速生长 3 种类型，以匀速生长型表现最好，其中房县槭、元宝枫、三角枫、茶条槭、飞蛾槭幼苗在全光照条件下生长良好，金钱槭、建始槭、葛萝槭、青榨槭、五角枫、长柄槭、杈叶槭、血皮槭在苗期均需要不同程度的遮阴。

（二）浇水

当年生苗的圃地浇水量要根据幼苗不同生长时期对水分的需求来确定。如果积水不及时排除易造成苗木根系腐烂，所以要做好排水工作，以防止幼苗被涝死。在种子发芽期间，浇水次数和浇水量都不需要太多，保持土壤湿润即可。幼苗出齐后，小水浅浇。苗高 5cm 后，当土壤含水量低于 60%时，适时灌溉。此后当地面略微发白时，及时喷水。浇水时间选择在早晚进行，每次要浇透。在苗木生长季节，应加强留床苗和移植苗圃地土水肥管理工作，以改善土壤理化性质。每次施肥后浇水 1 次，全年浇水 6～8 次，多雨季节，注意排水，防止因土壤排水不良造成幼苗根系腐烂、苗木涝死的现象。冬季对未出圃的苗，浇一次越冬水。

（三）追肥

对于当年播种的小苗，当苗高达 20～30cm 时，沟施尿素 150～300kg/hm^2，施后及时浇水。7 月中旬追尿素 225kg/hm^2；进入 8 月停施氮肥，每隔 10 天喷施 0.5%～1.0%磷酸二氢钾 1 次，连喷 3 次。第 2 年留床苗和移植苗，追肥 3 次，即在萌芽前后、6 月中旬、7 月中旬分别沟施磷酸二铵 300kg/hm^2、尿素 375kg/hm^2、氮磷钾三元复合肥（15-15-15）375kg/hm^2；第 3 年追肥 3 次，第 1 次在发芽前追施过磷酸钙 750kg/hm^2、尿素 300kg/hm^2，第 2 次在 6 月中旬追尿素 375kg/hm^2，第 3 次在 7 月中旬追氮磷钾三元复合肥（15-15-15）450kg/hm²。培育大苗进行第 2 次移栽后开始秋季施基肥，施用腐熟农家肥 4.5～7.5t/hm²，另加过磷酸钙 750kg/hm²。全年追肥 2 次，第 1 次在 4 月上旬进行，以速效氮肥为主，如施尿素 450kg/hm²；第 2 次在 6 月下旬至 7 月中旬追施复合肥450kg/hm²。刚移植苗木当年春季不施肥，7 月中旬追氮磷钾三元复合肥（15-15-15）300kg/hm²。如果根外追肥，可以向苗木叶片上均匀喷洒液肥，需连续喷 2～3 次。过磷酸钙浓度在 0.50%～1.0%，每亩使用量在 2.0kg 左右；尿素的浓度控制在 0.20%～0.50%，每亩使用量在 0.50～1.0kg。为使苗木安全越冬，秋季要适时追施硫酸钙、停施氮肥与浇水等，以促使苗木及其枝条尽早木质化，提高抗寒能力。

（四）病虫防控及松土除草

幼苗期主要病害有猝倒病和褐斑病，发生时间集中在 6～8 月，尤其是雨量充足的年份发病率会明显升高。防治方法是，在幼苗全部出土后 7～10 天，用 50%代森铵水溶液或 0.10%敌克松溶液喷洒幼苗，连续喷洒 3 次，间隔时间为 7.0 天；或采用五氯硝基苯混合剂，即五氯硝基苯 3 份、多菌灵与敌克松各 1 份，混合可杀死或抑制土壤中的多种病原菌。幼苗长出 2～4 片真叶时，用 80%代森锰锌可湿性粉剂 1000 倍液喷雾防治苗木猝倒病和立枯病，每隔 10 天喷 1 次，连喷 3 次。幼苗发病后来势快，可喷布硫酸铜∶生石灰∶水=1∶2∶200 的倍波尔多液或五氯硝基苯混合剂。

幼苗期主要虫害有蚜虫和天牛，蚜虫主要为害嫩枝和嫩叶，以春夏之交发生较重，可喷施啶虫脒或吡虫啉防治。用 40%氧化乐果乳油 500 倍液进行防治，防治效果达 90%以上；天牛主要为害幼苗主干，可用 20%菊杀乳油，或 25%菊乐合剂 2000 倍液喷洒防治。

按照"除早、除小、除了"的原则，及时拔除杂草。结合除草，一般在降雨或灌溉后及土壤板结时松土，松土深度以不伤苗木根系为原则。

（五）越冬防寒

冬季寒冷地区，早春或晚秋极易发生霜冻，可采取以下措施进行预防。①根据气候及苗木生长规律，适时播种，保证种子在晚霜结束以后萌芽出土。②入冬前，用杂草、农作物秸秆或塑料薄膜覆盖苗床，亦可搭设暖棚。③秋季早霜来临之前 2 个月内，停止使用氮肥，增加磷、钾肥用量，减少浇水次数，促进苗木木质化。④根据天气预报，在秋季早霜发生前一天傍晚，按照 50 堆/hm²、30kg/堆的堆放量，将杂草堆放在圃地上风口。当气温降至 0℃时，点燃草堆，让烟雾弥漫地面，这样可以减少地温散失。⑤入冬前，浇 1 次封冻水，水的比热较大，冷却迟缓，结冰时可释放大量热量，起到保温作用。

（六）间苗与补苗

幼苗出土后，要加强水肥土管理，及时浇水、除草、松土。为了使每株幼苗都能有充足的生长空间，根部能充分吸收土壤中的营养，需要适时进行间苗、定苗及补苗作业。一般幼苗间苗分两次进行，第一次是幼苗出土后 7 天左右，按照株距 3.0～5.0cm 进行留苗；第二次是幼苗出土 50 天左右，苗木高度约为 20cm 时，按照株距 6.0～7.0cm 进行留苗；间苗最好选择在灌溉或降水后 2～3 天内进行，间苗后及时进行浇水，保证保留苗木与土壤密切接触，每亩圃地留苗约 3.50 万株。苗木间距较大时要及时进行补苗，补苗宜早不宜晚，补苗与两次间苗同步进行。补苗时将生长密集处的苗木用小铲挖出，带土移栽于苗木较稀处，并轻轻压实。间苗与补苗后，要及时灌溉、施肥、除草，以保证苗木生长需要。

（七）移植与平茬

一般地，当 1 年生苗高达 50～60cm、地径 0.5cm 以上，就可以出圃移栽定植或培育大苗。

1. 移植营养杯

第 2 年 3 月上中旬，将播种苗移植到营养杯内进行管理。选择 13cm×16cm 的营养杯，营养土可用当地熟土或与腐熟的有机肥配制，过筛。畦面宽 80cm，垄宽 30cm，高 20cm。营养杯底部装少许土，1 年生裸根苗根部保留 8～10cm，剪掉过长根系，垂直放入营养杯内，填土 1/2 后提苗，扶正再填土，用手压实杯内土壤，再填满土，保证杯内苗木处于中间位置。栽植完成后，将营养杯依次紧挨排列好，畦两边用土填实，防止营养杯放置倾斜，浇水浇不到位。为防止苗期病虫害发生，可放入少量硫酸亚铁或辛硫磷。培育大规格苗木时，可选择规格 16cm×18cm 的营养杯。栽后及时用喷头均匀浇水，后期根据苗木生长情况及时浇水、拔草、施肥，管理同一般苗木。

2. 移植大田

1）移栽床制作

深翻土壤 30～50cm，耕细整平，细土最大粒径小于 1cm。做宽 1m、高 20cm 的高床，长度随环境而定，步道 40cm。安装滴灌或喷灌设施。

2）施肥消毒

移栽前可用苗圃除草剂除草醚、乙草胺、杜尔等进行杂草防除，用福美双+甲基异柳磷杀灭病虫，撒施过磷酸钙或氮磷钾缓释肥 600～750kg/hm^2 作基肥。

3）浇水

移栽前 1 周喷透水。

4）定植

栽植株行距以 10cm×20cm ［（3.45～3.75）×10^5 株/hm^2］，深度以原根茎入土 0.5cm为宜，开沟深度要保障幼苗根系不窝根充分舒展。栽后马上喷透水。移栽苗前 15 天为缓苗期，经常喷水保持叶面及周围空气湿润度 80%～90%，每次喷水 1～2min。15 天之后苗床土壤水分低于 60% 时喷水，保持土壤湿润。每 15 天喷施 0.1% 氮磷钾复合肥 1 次，移栽缓苗正常生长 1 个月后施基肥（氮磷钾复合肥）1 次，施肥量在 4.0～5.3kg/亩，施肥时切不能过重，避免接触嫩叶，9 月施磷酸二氢钾 1 次，施肥量为 4.0～5.3kg/亩。10 月落叶前苗可长至 60～80cm，可用于嫁接。

3. 培育大苗

1）移栽

第三年原育苗地按隔株移栽 1 株的原则，将原株距 20cm 变为 40cm，行距不变。需移栽的苗木，起苗时应保证根系完整，并随起苗随移栽，移栽株行距 40cm×60cm，移栽后及时灌水，并适时进行中耕。

为了培育标准化大规格元宝枫苗木，在苗木胸径大于 5cm 时，进行第二次移栽；移栽前对苗木进行定干，干高 3m，上部带 5 个分枝，每个枝条留 30cm 短截。采取隔行去行，使株行距变为 40cm×120cm；最后再隔株去株，使株行距变为 80cm×120cm。经多次移栽，达到培育大苗的目的。栽植时挖大穴，栽植后浇透水，而后扶正苗木培土，以提高成活率。

培养树干高度达 2.5cm 以上的苗木，在秋季或第 2 年早春，对所育苗的一部分按行距 100～120cm、株距 50cm 保留，将另一部分进行移栽，定植行距为 1m、株距为 50cm，将密植的元宝枫苗木起出，剪除病根，修剪折断根、劈裂根后定植。栽好后及时浇足定根水。留苗木 1.5 万～1.8 万株/hm²。对移植苗木在 50cm 处截干，当年任其生长，增加树体养分，第 2 年留 5～10cm 再短接平茬，加强肥水管理，当年可长到 3m 以上。为了保持树苗干直，每 10m 栽 1 根直水泥柱，拉 3 道铁丝，分别离地面 70cm、150cm、220cm，分次将树苗绑缚在每条铁丝上，保证树干通直。留床的苗和移植第 2 年的苗可以对其平茬，在萌蘖枝条长至 30cm 时，选一直立、健壮的萌蘖枝条作为主干进行培养，将其他枝条全部剪除，也可采用拉铁丝绑缚树苗促其树干通直。翌年每隔 1 株去掉 1 株，达到株行距 1m×1m 或 1.2m×1.0m，继续培育待苗木胸径达到 5cm 时，再进行一次移植以培育大规格苗木。

一般当苗木达到胸径＞5cm、截干高度 2.6m、上部带 3～5 个分枝、每个枝条留 30cm 短接规格要求时，按照 450～825 株/hm² 的栽植密度，进行第 2 次移植，以培养树干胸径 12cm 以上的标准化大规格优质苗木。移栽时可裸根，先挖深、宽各 60～80cm 的栽植穴，施足底肥，施腐熟有机肥 60t/hm²，栽后浇 1 遍透水，而后扶正培土，有条件的实行水肥一体化管理可以提高成活率。

2）养护

（1）肥水管理。秋季（元宝枫树叶颜色发生改变时）施用腐熟有机肥 10kg/株作基肥；翌年 4 月上旬追施速效氮肥，施肥量视植株大小而定，一般每株施尿素 0.1～0.3kg；7 月上旬追施三元复合肥 0.1～0.5kg/株。全年保证园土含水量在田间持水量的 70% 左右，视土壤墒情确定是否需要浇水，多雨季节注意排水，防止苗木根系腐烂死亡。

（2）整形修剪。槭树作为观赏树木，大多干形较差，在达到定干高度前的整形修剪非常重要，直接影响树木的品质和观赏价值，故应加强圃内的修剪。在修剪中要疏剪、短截、剥芽相结合。但是，在冬季和早春修剪，极易遭受风寒，而且剪口处会发生伤流，故最好在 3 月底、4 月初树木生长初期进行修剪。此时正值苗木生长旺盛期，修剪伤流量少，伤口易于愈合，且不影响树势。如果伤口较大可用愈伤涂抹剂帮助恢复。大部分槭树具有萌芽和根蘖能力强、耐修剪的特性，按照 1 年造林养根、2 年平茬养干、3～5

年修剪成形的技术路线，可定向培育具有原生性强、丛干布局自然稳定、丛干间树高与干径分化较小、速生丰产性强等优点的 1 根 3～11 干不等的园林绿化、叶用、果用林原生丛干式大苗木（定向培育元宝枫丛干苗木的主要模式是 1 根 6～8 干）。具体方法为，于第二年 2 月按初植密度 2m×2m 定植的 1～2 年生实生苗实施措施，在距地面 5～10cm 高处截干或平茬，并定期开展田间水肥、抹芽和疏剪等精细化管理。1 根多干模式元宝枫丛干苗不仅能够满足景观苗木定向培育的需要，也可以作为培育周期短、见效快和叶片、种子产量高的优质叶用林、果用林及叶果兼用林的推广树形。对主轴明显的苗木，应该保护好主枝顶芽，维持其顶端优势，适时剪去部分侧枝以促进主枝延长生长；对顶芽生长较弱的苗木，可以优先选择靠近主轴的优势侧枝代替主枝。要尽量使树干长得直、冠幅好、树形优美。待植株长到 3m 以上则不必再行修剪。

元宝枫绿化苗木对树形及主干挺拔程度要求严格，因此整形修剪非常关键。4 月初元宝枫生长初期开始修剪，避开冬季和早春，以免植株出现伤流影响树势。初剪时先确定主干延长枝，主轴明显的苗木保护好主枝顶芽，剪去部分侧枝，维持其顶端优势，加速主枝生长；顶芽优势弱的苗木，对顶芽进行摘心，选下部方位正、长势旺的侧枝作为主枝延长枝，同时疏除或短截其余竞争枝。元宝枫定干后，重点培养树冠，选取 3～4 个发育好、错落有致的芽培养成主枝；主枝长 80cm 时摘心，使其萌发侧枝，保留不互相重叠的 2 个侧枝；侧枝长 1m 时进行短截，培养二级侧枝。如此树形培养即可完成，后期及时疏除过密枝、下垂枝、病虫枝。

（3）病虫害防控。重点做好以下两方面工作。

加强管理。实行轮作育苗，避免连作；增施腐熟有机肥，重施磷钾肥，培肥地力，增强树体抗性；及时排灌，避免积水或干旱，保持土壤疏松、透气性良好；及时中耕除草；生长季节及时清除病枝、病叶、虫茧，冬季清除病枯枝、落叶等，降低病虫害越冬基数；每年冬季进行树干涂白；进行农事活动时注意避免造成各种伤口。

化学防治。白粉病、褐斑病、叶斑病发病初期，用 20%腈菌•福美双可湿性粉剂 800 倍液，或 5%己唑醇悬浮剂 1500 倍液，或 30%苯甲•丙环唑乳油 1800 倍液交替喷雾，7～10 天喷 1 次，连喷 2～3 次。干腐病以预防为主，每年 3 月对枝干喷 0.3 波美度石硫合剂 1 次，生长季节喷雾 70%甲基硫菌灵可湿性粉剂 1500 倍液 2～3 次。枯萎病发病初期，及时用 95%根腐消可湿性粉剂（有效成分含量为 10 亿活芽孢/g 的枯草芽孢杆菌和荧光假单胞杆菌）100ml，兑水 30kg 灌根 2 次（约处理面积 10m^2），7～10 天进行 1 次。黄刺蛾、尺蠖、蚜虫等虫害发生时，喷施 10%吡虫啉可湿性粉剂 2000 倍液，或 48%毒死蜱乳油 1500 倍液防治。天牛发生时，可捕捉成虫，或喷施 8%氯氰菊酯微囊剂 400 倍液防治。

六、苗木出圃和运输

（一）出圃时间

槭树适宜的出圃时间是在苗木休眠期，即从秋季落叶地上生长停止时开始，到翌年春季树液开始流动以前，即 10 月上旬至 11 月上旬及春季 3～4 月均可出圃。具体的出圃时间，还要根据各地植树造林的季节来确定。休眠期采用裸根出圃，将裸根出圃苗木根系蘸上泥浆或苗木保湿剂。生长季节可采用带土球出圃，土球直径应为苗木直径的6～8倍，用草绳或者塑料绳缠绕土球包装。原则上槭树起苗时期，应与造林绿化时期密切配合，做到随起苗随定植，这样栽植的苗木成活率高。北方地区冬季寒冷干旱，一般以春季起苗较好，即在土壤解冻后至苗木萌芽前进行。如果苗圃地土壤过于干旱，应在起苗前3～5天灌一次水，使土壤湿润，可减少根系损伤，同时可使苗木吸收充足水分，以利成活。

（二）质量检定

槭树的实生苗质量达到造林要求的标准，即当年苗高可达50～60cm，地径在0.5cm以上时，即可出圃。槭树的嫁接出圃合格苗要求：顶芽完好、接芽与砧木完全结合、根系发达、生长健壮、无机械损伤。1～2年生嫁接苗成活后出圃或移栽到大苗培育区培育大苗。

（三）起苗

起苗又称为掘苗。起苗技术的优劣，直接影响苗木质量。起苗前1天应淋足水，起苗时尽量减少主根损伤，以缩短缓苗期，提高移栽成活率。圃地起苗要求为裸根苗，不损伤顶芽，不破损主根根皮。起苗深度视苗木根系生长状况而异，一般不得少于25cm，30cm以上根系可以剪除，也可以将较细根系用手拔出。挖苗时先用铁锹顺苗行从一侧倾斜45°，向下铲20～30cm深切断苗根，再从另一侧（距苗干10～20cm处）垂直向下，切断侧根将苗提起。注意无论用什么工具挖取，都要多带根系，根系越多栽后成活率越高、生长越快。苗木须根风吹日晒3h即干枯死亡，大一点的粗根风吹日晒2～3天会失去活力，因此苗木出土后要注意保护根系，出土后包装前可用湿土或草帘遮盖加以保护。起苗必须做到：保证苗木具有完整的根系，不损伤苗木的地上和地下部分，最大限度地减少根系失水。起苗时切忌硬拔苗根，同时还要防止碰伤枝芽。休眠期起苗可不带土球，根幅为胸径的10倍；生长期应带土球且用草绳绑缚，土球直径为胸径的8～10倍，土球高度为土球直径的2/3。起苗时应保证根系完好、无机械损伤。对枝、根直径1cm以上的伤口涂抹凡士林油。装卸车时，避免造成新的机械损伤或碰散土球。

（四）苗木分级、假植

起苗后，应剪去基部多余分枝，只保留1个生长健壮主茎。并置于阴凉避风处，剔除主根劈根扯皮的、根系发育不健全的、缺损顶芽的和其他不合格的苗木，然后根据苗高、地径、根系多少进行分级，一般是根据苗龄、苗高、根际直径或胸径、主侧根的状况，将苗木分为合格苗、不合格苗和废苗三类。废苗和不合格苗不能出圃，合格苗是指符合出圃最低要求以上的苗木，可以出圃。合格苗的基本要求为枝条健壮，芽体饱满，具有一定的高度和粗度，根系发达，无检疫性病虫等，嫁接苗要求接口愈合良好。不同龄级及不同育苗方法培育的元宝枫苗木，规格要求不一。元宝枫播种苗的分级见表7-4。

表 7-4　元宝枫播种苗苗木等级

区域划分	苗龄	I 级苗				II 级苗				综合控制指标
		地径/cm≥	苗高/cm≥	主根长度/cm≥	长 5cm 以上侧根条数≥	地径/cm	苗高/cm	主根长度/cm	长 5cm 以上侧根条数	苗干通直，充分木质化，无机械损伤，无病虫害
平原区	*1-0	0.9	60	25	8	0.6～0.9	45～60	20～25	5～8	
山区		0.6	50	25	7	0.4～0.6	40～50	20～25	5～7	

注：自河南省地方标准 DB41/T 1261—2016。*这是约定的苗龄表示法。其中：1-0 表示 1 年生播种苗，未经移植；2-0 表示 2 年生播种苗，未经移植。

生产上，凡根系发达、主干高度 80cm 以上的均为 I 级苗，可以直接用于建园；达不到 I 级苗的劣质苗，应在苗圃内继续培育 1 年，然后再出圃。经过分级的苗木，不需要立即栽植或运走的应假植，具体方法是开沟将苗木均匀散开埋上湿土或湿沙，以使所有根系均与湿土或湿沙密切接触，以防苗木干枯死亡。

（五）苗木检疫及包装运输

外运苗木必须经过当地植物检疫部门的产地检疫，以防病虫害随异地调运传播。同时，为了防止运输期间苗木失水、苗根干燥和避免碰伤，必须对运往外地的苗木进行适当的包装和妥善的管理。包装苗木时，要根据苗木种类、大小及运输距离，采用根部蘸泥浆、根部喷水、夹放苔藓、塑包捆扎等方法进行保湿包扎，一般每捆为 50 株或 100 株，适当露出苗冠，防止种苗运输途中郁闭发热。对于比较小的一年生苗木，先将根蘸上黄泥浆后用塑料袋捆扎成包。对于 4 年以上的大苗必须单株用塑料布捆扎根部，在根部夹一些湿稻草或锯末，以保证苗根不失水。一般用的包装材有：草包、蒲包、聚乙烯袋等。在包装物醒目处系上注明种类、苗龄、等级、数量的标签。外包装用草袋或麻袋，装好扎紧后同样拴上纸牌标明品种、级别、数量、收苗单位和地址。运输苗木要覆盖防雨布，防止风吹、日晒、风干。运苗应选用速度快的运输工具，尽量缩短运输时间。苗木运到后，要立即将苗包打开，尽早假植或定植。

（六）苗木的假植

苗木起苗后如不能及时运走，或运到目的地后不能及时栽植，都必须进行假植。假植的时间越短越好，应该尽量使起苗时间与造林时间一致，避免长期假植。苗木假植方法如下：①临时假植。适用于假植时间短的苗木。选背阴、排水良好的地方挖一假植沟，沟的规格是深宽各为 30～50cm，长度依苗木的多少而定。将苗木成捆地排列在沟内，用湿土覆盖根系和苗茎下部，并踩实，以防透风失水。②越冬假植。适用于在秋季起苗，需要通过假植越冬的苗木。在土壤结冻前，选排水良好背阴、背风的地方挖一条与当地主风方向垂直的沟，沟的规格因苗木大小而异。假植 1 年生苗一般深宽 30～50cm，大苗还应加深，迎风面的沟壁做成 45°的斜壁，然后将苗木单株均匀地排在斜壁上，使苗木根系在沟内舒展开，再用湿土将苗木根和苗茎下半部盖严，踩实，使根系与土壤密接。苗木假植时注意事项：①假植沟的位置。应选在背风处以防抽条；背阴处防止春季栽植前发芽，影响成活；地势高、排水良好的地方以防冬季降水时沟内积水。沟的方向要与冬季主风向垂直，沟的深度一般是苗木高度的 1/2。②根系的覆土厚度。既不能太厚，也不能太薄。太厚费工且容易上热，使根发霉腐烂，使苗木丧失生活力；太薄则起不到保水、保温的作用，一般覆土厚度在 20cm 左右。③沟内的土壤湿度。以其最大持水量的 60% 为宜，即手握成团，松开即散。过干时，可适量浇水，但切忌过多，以防苗根腐烂。④覆土中不能有夹杂物。覆盖根系的土壤中不能夹杂草、落叶等易发热的物质，以免根系上热发霉，影响苗木的生活力。⑤边起苗边假植，减少根系在空气中的裸露时间，这样可以最大限度地保持根系中的水分，提高苗木栽植的成活率。

第三节　嫁接育苗

嫁接是我国古老的一种苗木培育方法，技术成熟，应用广泛。影响嫁接成活率的因素包括树木本身的特性和外部环境，树木本身特性包含嫁接亲和力和树木种类，外部环境是指环境因素，即温度、湿度和光照。不同品种的槭树嫁接适期、嫁接方法、所选砧木种类、嫁接后管理技术均有所差异。

一、砧木与接穗的选择

（一）砧木

选用 1~2 年生槭树实生苗或 1 年生平茬苗。

（二）接穗

一般来自于选出的槭树优良采种母树树冠外围中上部充分成熟、健壮、芽眼饱满的一年生枝条。

二、接穗采集与保存

槭树嫁接方法主要有枝接法和芽接法两种。无论是枝接法还是芽接法，采接穗时，都需要剪去叶片，同时要保留一段叶柄以减少水分蒸发。剪下后盛放在清水桶中备用，尽量做到现采现用。春季嫁接可将外来接穗进行沙藏。沙藏时注意沙要干净无土，不能过干过湿，以手握成团、手展即散为宜。贮藏坑应选择不积水的背阴处，坑宽、深各 60cm，长依接穗多少而定。秋季嫁接可将外来接穗留 0.3cm 长的叶柄，去掉叶片，放在冷库中保湿贮藏。

在远距离采穗圃购买接穗的，可于嫁接前采集。采下的接穗需在圃地立即放在清水中吸水 4~8h 后再保湿运输。

三、嫁接方法

（一）嫁接时间

1. 秋季嫁接

移栽当年秋季 9 月下旬至 10 月中旬，如果苗高达到 60~80cm、地径 0.5cm 以上就可以用作嫁接砧木。

2. 春季嫁接

移栽第 2 年春季 3 月下旬至 4 月下旬，气温以 5～8℃为宜。

（二）芽接

1. 带木质嵌芽接法

嫁接前 4～5 天将砧木圃地浇透水 1 次，嫁接时，在接穗的接芽下方 2cm 处，斜下切削深达木质部的 1/3 处，呈短削面，再于接芽上方 2cm 处，用右手拇指压住刀背，由浅到深向下推切到第一刀口的削面处，取下盾形芽片。在砧木距地面 10cm 处，选择比较光滑的一面，切出与芽片大小相当的切口，然后迅速将接穗芽片插入砧木切口处，使两者形成层对准、密接。用保湿性能好的塑料条进行绑扎，接芽可露可不露。具体操作流程如下所述。

1）削砧木

在距地面 5～15cm 处剪砧去顶枝和侧枝，选砧木背阴面光滑处，以 25°角（带木质部）从上向下削长 3cm、宽略大于接芽宽的切条（底部与砧木母体相连），然后在切条上 1.5 cm 处以 30°角从上向下削长 1.5cm（第 1 刀口底部），去掉削片。

2）削取带木质的芽片

用嫁接刀在接芽的下方 0.5cm 处呈 45°角向下切至芽下 1.5cm 处，然后在接芽的上方 1.5cm 处呈 25°角（带木质部）向下切至芽下 1.5cm 处（第 1 刀口底部），取下长约 3cm、厚 2～3mm 带木质部的芽片待用。

3）嵌芽与绑缚

将芽片迅速镶嵌于砧木切口上，对准形成层后用塑料条自下而上绑扎紧密。春季芽接露出接芽，秋季嫁接将芽也包扎在塑料条内，至春季去掉绑缚的塑料条。接穗和砧木的粗度最好一致，如果接穗切片窄时，可以对准砧木切口一侧的形成层。

4）套袋

采用小白塑料袋将整个嫁接部分套牢，防水，保湿（图 7-2）。

2. "T"形芽接法

"T"形芽接法又称为丁字形芽接法、盾形芽接法。在接穗上切取盾状芽片，嵌接进砧木的"T"形切口皮层内使之愈合成活。春接用冬芽，夏秋接用当年生枝条上的腋芽，去叶留柄，随采随用。嫁接时，先在砧木的合适部位切成"T"形，选饱满的接芽在芽尖上方切一刀，再从芽基下方向上切取盾形芽片，嵌进被撬开"T"形切口的皮层。芽片上边嵌至砧木切口上线齐平，用结缚物扎缚，使芽尖露出。具体操作流程如下：

1）选砧穗

砧木选用生长旺盛而又无病虫害的 1～2 年的枝条。接穗选用健壮、无病虫害的、叶芽饱满的当年生枝。

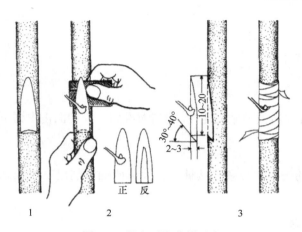

图 7-2　带木质嵌芽接示意
1. 盾形切口；2. 取芽；3. 穗芽曲度与绑缚

2）削取接芽

剪去接穗上的叶片，留叶柄。在选定的叶芽上方 0.5cm 处横切一刀，再在叶芽下方 1cm 处横切一刀，然后用刀自下端横切处紧贴枝条的木质部向上削开，削成一个上宽下窄的盾形芽片，将接穗含在口里。

3）砧木

在砧木的皮层发育旺盛的部位横切一刀，深度以切断砧木皮层为度，再从横口中间向下垂直切一刀，长 1～1.2cm，切成"T"形。然后用刀挑开砧木皮层。将接穗插入切口中。叶柄朝上。如果上端接穗过长，可用刀切去多余部分，以至和上部的横切口对齐。

4）绑缚

用塑料带从接口上边绑起，逐渐往下缠，叶芽和叶柄留在外边（图 7-3）。

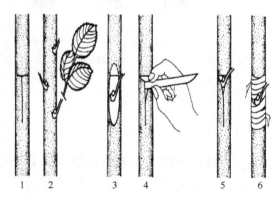

图 7-3　"T"形芽接示意
1. 砧木切口；2. 选接芽去叶片；3. 取芽形状；4. 砧木剥皮；5. 置入芽片；6. 绑缚

5）检查成活

接后 3～7 天如果接穗的叶柄没有干枯并呈现黄色，用手轻轻一碰即落，说明嫁接成活。如果叶柄干缩不落说明没有成功。嫁接成活的要在 15 天后解除绑缚，以免阻碍接合部位生长。为防止被风吹折，当接穗萌芽长到一定高度时，要在一旁插一支柱，将接穗枝条绑缚在支柱上。

（三）枝接（劈接法）

1. 劈砧木

在距地面15cm左右处剪砧去侧枝，刀口对准砧木横切面正中劈下，长度2.5～3.0cm。

2. 削接穗

取 2～3 节间的一年生枝条作接穗，在芽下两侧各削出 1 个长 2.5～3.0cm、上厚下薄的楔形斜面。

3. 插接穗与绑缚

将接穗插入砧木切口，至少一侧形成层对接，接穗稍露白（斜面略高于砧木顶面）。然后用塑料条自下而上用绑扎，将砧木、接穗绑紧绑严，并拉紧打结。

4. 套袋

采用小白塑料袋将整个嫁接部分套牢，防水，保湿，进行套袋保护（图 7-4）。

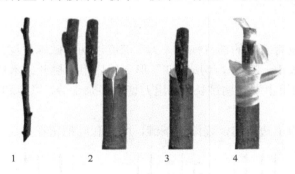

图 7-4　劈接法
1. 选接穗；2. 接穗与砧木切口；3. 插入接穗；4. 绑缚包扎接口

四、嫁接后管理

（一）成活率检查

根据接芽和叶柄状态，春季嫁接的要在嫁接后的第 10～15 天，秋季嫁接要在早春检查成活率。检查成活率时，首先打开塑料袋，检查接芽的状态。凡接芽仍呈鲜嫩状态，并伴随着芽体开始膨胀时，叶柄一触即落的，说明芽已成活；如果芽片发黑或干枯，叶柄不易脱落者即视为芽死，应当立即进行补接。

（二）剪砧与松绑

一般地，当接芽新梢长到10～15cm 长时，及时去掉绑带和塑料袋。对于 7 月底以前的嫁接苗，接后 1 周可剪除砧木顶梢，检查接芽成活后，在 15～20 天解除塑料条，使接芽抽枝生长。对于 7 月底至 8 月中旬嫁接的苗木，待其接口愈合组织老化时，解除塑料条，因苗木在此期间粗生长迅速，如不及时解除绑扎，会出现"蜂腰"现象，影响苗木生长。8 月下旬以后嫁接的苗木，宜在翌年春季苗木萌动前半个月剪砧。

（三）培土防寒

为了防止接芽冻害、旱害，入冬后进入土壤封冻前在芽接苗根部处培土防寒，培土高度以超过接芽 4～8cm 为宜，翌年春季苗木萌动前及时扒开，以免影响接芽的萌发。

（四）除萌和定干

当接穗成活后，要及时抹除小苗砧木基部上萌发的不定芽和芽片上萌发的多余芽，保证接芽上有一个枝条健壮生长。抹芽一般要进行 4～5 遍。要注意的是，有部分接芽会出现主芽脱落而芽片成活的情况。为不影响嫁接效果，一般只要加强抹芽，使大部分芽片上的副芽能够萌发 1～2 个即可。随着接穗（接芽）的枝条长到约 10cm 时，要从中选择一个健壮的新枝作为主干留养，其余的枝叶可剪去，以利于营养集中供给新主干生长。

（五）水肥管理

嫁接后注意保持圃地土壤湿度，土壤湿度低于 60% 浇水。在新芽未木质化之前不要施肥，6 月和 8 月末各施肥 1 次，6 月施氮磷钾复合肥 300～450kg/hm²，8 月末施入磷钾肥 300～450kg/hm²。每 15 天喷洒 1 次叶面肥（0.1% 氮磷钾复合肥，或 0.1% KH_2PO_4 + 0.05% 尿素溶液）。

五、常见槭树的嫁接育苗

鸡爪槭主要变种及品种紫红鸡爪槭（枝条紫红色，叶掌状裂，终年呈紫红色）、细叶鸡爪槭（枝条开展下垂，叶掌状 7～11 深裂，裂片有皱纹）、小叶鸡爪槭（叶较小，掌状 7 深裂，基部心形，先端长尖，翅果短小）多采用嫁接繁殖，一般选择鸡爪槭、秀丽槭、长尾秀丽槭、毛鸡爪槭、五裂槭等（生产上统称青枫）做砧木。高接试验结果表明，以 3 年生秀丽槭为砧木的春季切接和秋季切腹接的成活率分别达 92.5% 和 93.5%，二者嫁接成活率无明显差异，但春接比秋接的植株抽发枝条数多，生长量大，偏冠率低，冠形较好。鸡爪槭、秀丽槭和梣叶槭 3 种砧木对从日本引进的 10 个鸡爪槭园艺品种嫁接成活率的影响研究结果表明，不同鸡爪槭品种在同一砧木上的嫁接成活率差异不大，而不同砧木对鸡爪槭品种成活率具有重要影响。鸡爪槭和秀丽槭与各个嫁接品种的亲和力都较高，嫁接成活率分别为 95.2% 和 94.3%。

实践证明，以鸡爪槭实生苗为砧木，砧木与接穗均选取当年生、半木质化的枝条，采用高枝多头接法，分别在春季和梅雨期进行枝接和嫩枝接，可促使树冠早形成。紫红鸡爪槭嫁接主要技术措施包括：①选择生长健壮的砧木和接穗。砧木可用 2～3 年生、地径 1.0～1.5cm 的鸡爪槭或五角枫实生苗，接穗选择 1 年生紫红鸡爪槭枝条。②在树液流动前，将所采集的紫红鸡爪槭枝条剪成长度为 6～7cm、上端有 2 个饱满芽的接穗（枝段），进行蜡封后装入塑料袋，置湿润低温处备用。③采用枝接方法或靠接法于砧木发芽前（3月上、中旬至4月上、中旬）进行嫁接。不同地区因物候期不同，嫁接时间略有差异。一般接后25~30天接口愈合即可检查成活率。④及时抹掉嫁接成活树的砧木萌芽，进行重新绑扎或培土，并加强肥水管理。通常情况下2~4月嫁接紫红鸡爪槭较好，嫁接时，接穗要选取紫红鸡爪槭树冠外围中部芽眼饱满的1年生和2年生枝条为好，嫁接方法采用腹接法、劈接法、切接法等。嫁接部位需要插竹竿或木棍进行绑扎，预防风折。

三角枫春季枝接确定完全成活时间为45天，成活率为42.22%，夏季芽接15天即可确定是否成活，成活率达81.11%。

紫果槭、岭南槭、长柄紫果槭3个树种对砧木三峡槭的亲和力差异性较大，其中紫果槭最好，嫁接成活率达80%以上；3个树种秋季的嫁接成活率均高于春季；砧木的移植有利于提高春季紫果槭嫁接成活率；套袋能提高嫁接成活率；绑扶固定措施能对嫁接苗起到很好的保护作用，可提高嫁接成苗率，且有助于嫁接苗形成一个较好的树形。

秀丽槭一般选择秋季、春季芽萌动前进行，采用秀丽槭实生苗为嫁接砧木进行自接，成活率高。以秀丽槭小苗为砧木一般选用腹接法，以大规格秀丽槭为砧木可选用剪砧切接法。

红花槭可进行本砧嫁接繁殖。

青枫与红花槭嫁接的亲和性较好，嫁接成活率达94%以上，但从第2年开始膨大，产生嫁接瘤，表明青枫不适宜作为红花槭的嫁接砧木。

花叶梣叶槭多以梣叶槭实生苗为砧木，一般采用芽接及枝接，枝接常采用切接或劈接。芽接，春季采用带木质部芽接，秋季以大方块芽接为主。切接多适用于大田直径2cm左右的砧木，时间一般在3月树液流动时进行。以梣叶槭为砧木，采用劈接法嫁接糖槭，对整个植株搭塑料薄膜小拱棚，嫁接成活率为6.67%。

以五角枫为砧木，以自由人槭1~2年生枝条为接穗进行嫁接的试验结果表明，芽接成活率高于枝接成活率，嫁接芽的萌动和展叶时间没有明显差别。

试验发现，选择大规格鸡爪槭为砧木全冠高接繁殖"流泉"（*A.Palmatum* 'Ryusen'）品种最合适，可以选择秋季嫁接或春季嫁接。

研究发现，在采用相同砧木时，彩叶槭树树种间嫁接成活率差异不大。砧木选择以秀丽槭和鸡爪槭为佳，并且后代表现良好。嫁接时间以9月底至10月初为好，2月底次之，在3月中旬树液萌动后嫁接基本不能成活。嫁接时套袋保湿能有效提高成活率。利用大规格的秀丽槭进行高接，让其萌发后作为采穗圃，能明显增加枝条繁殖量，促进槭树快繁。

第四节 扦 插 育 苗

扦插繁殖技术简便，装置简单，是保持植物优良性状常用的方法，也是目前苗木无性繁殖最常用的繁殖方式，具有容易操作、成活率高、幼苗生长健壮等优点，极适合于西北地区水质差、温度低、湿度低的生态环境下进行育苗。但槭树的无性繁殖还处在试验阶段，其扦插繁育技术一直是规模化育苗中的技术难题。在扦插繁殖中，影响插条生根形成的因素有很多，仅内在因素就有植物种类、插条年龄及母树年龄、插穗大小等，外在因素包括扦插方法、插穗处理方法、扦插基质选择等（韩延禧，2011）。

一、扦插设施

椴树无土嫩枝扦插设施可选择日光温室或塑料大、中、小拱棚等类型。日光温室前屋面外必须覆盖一层遮光率不少于50%的遮阳网，在设施内，做低床，苗床长度以周转箱规格和设施大小而定，宽度以周转箱规格和便于检查操作为标准，深度10～15cm，床底要整平并且四周平齐，踩实，便于放置周转箱。苗床做好后，将无色透明有盖周转箱（常用规格90L，64cm×45.5cm×31cm）放置于苗床内，放入前用电钻在周转箱盖子上均匀打上12个孔，孔径1cm，在周转箱内注入自来水，深1～2cm。周转箱和苗床四周的空隙用土填埋，缓冲空气温度剧烈变化而引起的基质温度的变化，使周转箱内基质的温度相对恒定，以利于根系的形成。

二、扦插基质

椴树扦插基质常采用珍珠岩、蛭石、河沙、普通泥土、泥炭土等。试验证明，樟叶椴最佳扦插基质为50%黄心土+25%泥炭土+25%沙子，其处理后平均生根率、平均生根数和平均根长分别均较50%黄心土+50%泥炭土、50%黄心土+50%沙子、纯泥炭土、纯河沙、纯黄心土基质处理的效果好，且差异显著。对栓皮椴生根效果好的基质为泥炭-珍珠岩、河沙、蛭石3种。紫红鸡爪椴扦插生根的理想基质是珍珠岩；用浓度为2000mg/L的萘乙酸（1-naphthalene acetic acid，简称NAA）处理紫红鸡爪椴插穗30min可显著提高扦插成活率，达73%；硬枝扦插过程中，生根关联酶的活性和趋势有明显改变。不同基质对五角枫的扦插生根率也有不同的影响，其中河沙透气性好，最适合五角枫的生长，普通泥土和泥炭土比起河沙相对较差。

三、插穗选择与处理

（一）插穗种类

常用扦插方式可分为嫩枝扦插和硬枝扦插两类。试验证明，就嫩枝、半木质化和全木质化3种木质化程度插穗而言，半木质化程度的插穗为最佳插穗，其处理后平均生根率、生根数和根长分别均较其他接穗扦插方式的效果为优，且差异显著。

（二）插穗选择

嫩枝扦插的插条一般选择生长健壮、无病虫害、生长良好的当年生半木质化枝条作为插条，剪取的枝条要求发育良好，整体粗度一致，芽体充实饱满，插条粗度在5～8mm。

（三）插条剪截

枝条从槭树母树上剪取后，应立刻带到阴凉通风处进行处理，选择中部和上部枝条作为插条，剪去枝条基部的 2～3 个芽，迅速剪截制成 10cm 左右的插条，插条最少要保留 2 个芽体、1 个叶片，如叶片太大，可剪掉 1/3～1/2，插条剪截时剪口要平滑，上剪口位置在第 1 个芽上方 0.5cm 左右处，不能太长或太短，太短易散失水分影响芽体正常生长，太长成活后形成干桩；下剪口位置在最下一个芽体下部 0.5cm 处，剪成马蹄状的斜面；所有枝条要尽快剪截制成插条，然后 30 根扎成一捆，捆扎时插条方向要一致，每捆插条下部要处于同一平面内，并保护好插条下端的剪口，及时将处理好的插条按试验设计用生根剂进行处理，并尽快完成扦插过程。

（四）插穗处理

生根剂处理插穗根部具有补充外源生长调节剂与促进植物体内源生长调节剂合成的双重功效，可促进不定根形成，缩短生根时间，提高生根率。在槭树科植物生根剂选择上，用生长素类生长调节剂作用明显，槭树科植物最常用的生根剂是生长素类物质，主要有吲哚乙酸（IBA）、双吉尔（GGR）和萘乙酸（NAA）。插穗处理的方法是先用 500 倍水稀释的多菌灵浸泡 30min，再用 200mg/L GGR 溶液浸泡插穗基部 2.5～3.0cm 处 30min。

糖槭嫩枝扦插试验表明，外源生长调节剂能显著提高糖槭插穗的生根能力，以 1000mg/L 的吲哚丁酸（IBA）速蘸插穗 10s 的生根效果最佳，根系效果指数可达 0.69，其次为 100mg/L 的 IBA 浸泡插穗 6h，根系效果指数为 0.55。银白槭对高温比较敏感，当温室环境的温度超过 32℃，大面积的插穗开始失水枯亡。在含水量为 50% 的轻基质中，扦插深度为 5cm 时，6 月初的扦插效果为最佳，生根率可达 52.2%。

五角枫插穗自然生根率很低，生长调节剂对五角枫扦插生根率有很大的影响，其中经过NAA处理的插条生根率最高，达92.1%，其次为IBA处理的插条，生根率也达81.5%。不同生长调节剂处理浓度对银白槭插穗生根率的影响显著，500mg/L 吲哚丁酸处理的插穗在移栽时成活率最高，并且生根数量最多，插穗不作处理的成活率为最低，生根量最少。

试验证明，IBA 对槭树扦插生根促进效果好于 GGR 和 NAA。栓皮槭最佳生根率的促进配方为 IBA1000μg/ml + NAA500μg/ml 和 IBA 1000μg/ml + 6-BA 10μg/ml。这可能是因为在插穗内部 IBA 被转化成 IAA。但是，只有适宜的植物生长调节剂浓度才利于插穗生根成活。用樟叶槭对 IBA 浓度进行的扦插试验结果 200mg/L＞500mg/L＞100mg/L＞CK 表明，不同槭树树种对于植物生长调节剂浓度的敏感不同，200mg/L 是樟叶槭扦插繁殖最适宜的 IBA 使用浓度，其处理后平均生根率、平均生根数和平均根长分别均较其他浓度和对照处理的效果为优，且差异显著（曹凤鸣等，2021）。

目前在槭树科植物扦插繁殖研究上，2 种以上生根剂或有利于生根剂发挥作用物质的混合制剂比单用 1 种生根剂具有优越性，枝条扦插时得到更加好的生根效果。三翅槭扦插试验显示，生根促进剂种类对扦插成活率的影响差异极显著，单独用 IBA 处理的生根率明显较 NAA+IBA 处理的生根率低，NAA+IBA 处理插穗基部不但可以提高扦插成活率，而且可以增加皮部和愈伤组织生根数。

四、扦插方法

（一）扦插时间

5 月下旬至 8 月中旬的外界环境温度适宜，枝条处于半木质化状态，芽体饱满，枝条内营养物质含量较高，插条可以随采随用，不用贮藏，扦插后生根和生长速度快，成活率高，是槭树无土嫩枝扦插育苗的最佳时期。

（二）扦插方法

嫩枝扦插的方法是在加厚的黑色方形营养钵（8.5cm×9.5cm）中，加入的珍珠岩（粒径 4～8mm）与营养钵口平齐，用渗透吸水的方式，让营养钵内的珍珠岩充分吸收水分。在营养钵的基质上方，用粗度 1cm 的小木棍，均匀在基质中插出 4 个孔，孔的深度 4cm左右，孔的深度用手握小木棍的位置控制，把生根剂处理过的槭树嫩枝插条插入基质里插出的孔中，深度 3cm 左右，插条插入的深度用手握插条的位置控制，插入后用手把插条周围的珍珠岩轻轻压实，让插条和基质紧密接触，不留空隙。然后用喷雾装置对插条进行喷水，将黏附在插条上的珍珠岩冲洗干净。

研究表明，花叶梣叶槭硬枝扦插和嫩枝扦插均可，但生产上多采用嫩枝扦插，嫩枝扦插又分为阴棚扦插和全光雾扦插，一年可扦插多次。春插在 3～4 月进行；夏插以全光雾扦插为主，多在 6～7 月进行，由于全光雾扦插繁殖速度快，成活率高，生产上一般采用较多；秋插在 10～11 月进行，多以阴棚扦插为主。三角枫嫩枝扦插（42.22%～74.44%）成活率普遍高于硬枝扦插（37.78%～65.56%）。

五、扦插后的管理

扦插前，将基质用 50%多菌灵 700 倍液消毒。扦插时用竹签打孔，扦插深度为插穗长度的 1/3 左右，将穗条插入后压实。扦插完成后，将营养钵转入周转箱内，盖上周转箱的盖子并扣紧，周转箱上覆盖一层遮光率为 50%的遮阳网，周转箱内注入的水不仅解决了扦插基质的水分供给，而且通过自然蒸发的水分，使周转箱内的湿度始终维持在90%以上，以利解决嫩枝扦插时叶片持续保湿和基质湿度过大、透气性差的烂根问题。

扦插后，每 7 天检查 1 次，重点检查设施、周转箱内的水层深度和遮阳网状况，如有问题，及时调整解决。因为箱体内湿度大，间隔 15 天左右要用广谱性杀菌剂进行杀菌处理，防止滋生杂菌。在扦插后 20 天左右时，揭掉周转箱上覆盖的遮阳网。设施不能漏雨，一定要避免雨水落入箱盖，通过箱盖上的孔进入箱体内部，使箱体内水层深度过深，导致插条基部长期浸泡在水中，使插条基部腐烂。遇到高温时段，一定要对设施进行通风降温，保持设施内温度绝对不能高于 30℃。

扦插后 30 天左右时，揭开周转箱的盖子，进行炼苗，促发毛细根。炼苗 15 天后，将扦插苗从营养钵中取出，移栽到育苗地培育，管理措施同常规育苗。根据苗床情况，适时通风、喷水，每半个月左右用 50%多菌灵 700 倍液喷施消毒，及时清理苗床内杂草。

六、影响扦插成活的因素

扦插成活率是由插穗质量、生根环境和树种生理特性交互作用决定的。槭树扦插实践中，插条形成愈伤组织后未长根的原因：①长愈伤组织过于消耗养分，无法生根；②体内缺乏生根激素；③根系在光环境下生长不良；④愈伤组织被病菌感染无法生根（史玉群，2008）。插条生根后又逐渐死亡的原因在于水分控制和扦插基质，最好扦插前做好基质的消毒杀菌工作。为防止插穗腐烂，可每周喷洒 1 次多菌灵 1：400 的配比溶液，进行消毒处理。采用正交试验法进行的插穗、基质、外源植物生长促进剂等对自由人槭扦插繁育成活影响研究结果证明，插穗是影响苗木质量的主要因素，之后是基质、植物生长促进剂。

（一）树种

不同槭树树种其扦插成活率不同。

五角枫在自然条件下扦插生根率很低，平均生根率仅 18.1%，可在生长调节剂的作用下，生根效率能得到极大的提升。生长调节剂对五角枫扦插生根率有很大的影响，其中经过 NAA 处理过的插条最高，生根率达 92.1%，其次为 IBA 处理过的插条，生根率也达到了 81.5%。

庙台槭嫩枝扦插试验结果表明，IBA 在浓度 300mg/L 左右都可以作为促进生根的适宜浓度（张继东等，2021）。无土嫩枝扦插时基质以保水性和透气性均好的大颗粒珍珠岩（粒径 4~8mm）最佳，在扦插时和扦插后插条和叶片保湿极为重要，要防止插条和叶片水分散失。

鸡爪槭属于扦插难生根树种，但在全光照自动间隙喷雾设施条件下，嫩枝扦插可获得较高的生根率。以 5 年生紫红鸡爪槭的嫩枝作插穗，采用 800μg/ml 吲哚丁酸浸泡穗条 15min 处理，在全光喷雾条件下，30 天时插条的愈合率 82.5%~95%，生根率达 100%，大于 0.15cm 的侧根 3.5 条。紫红鸡爪槭夏季扦插穗条长度 10~20cm、保留上部叶片 2~4 枚可提高生根率，45 天左右时即可移植。鸡爪槭扦插选择 1 年生实生苗枝条做插穗，能大幅提高扦插成活率，并提出生产上可利用平茬所得的枝条制穗扦插。由于鸡爪槭园艺品种繁多，不同品种的扦插成活率存在差异，且扦插苗的根系发育和抗逆性一般较嫁接苗弱，因此，扦插仅是鸡爪槭园艺品种繁殖的辅助方法。

元宝枫的无性繁殖还处在试验阶段，元宝枫的扦插繁育技术一直是规模化生产育苗中的技术难题。已获得国家发明专利的以嫩枝为插穗，体积百分含量 50%乙醇配制的 1500~2500mg/kg 吲哚丁酸溶液中蘸 8~12s 后，扦插生根率达 95%的元宝枫的扦插繁殖方法从生根到移栽 2 个多月，时间较长。首先将元宝枫硬枝条用清水浸泡 2h，剪成 10~15cm 长的茎段，再将剪好的插穗下端朝下扎成 30~50 根/捆，然后将灭菌液、生根液和营养液充分混匀，将扎捆下端插入混合液中浸 20~40min，之后冬季沙藏 3~4 个月，第二年扦插,生根率达 90%以上的专利技术扦插时间长达半年以上,扦插处理程序复杂,不适于大规模生产。以元宝枫树嫩枝为材料,首先在清水中浸泡 2 h,然后截成 12～15cm 的茎段,在清水中浸泡 24h,每 4h 更换一次水,使插穗吸收足够的水分能够溶解一些抑制生根的物质,然后用 ABT 生根粉 100mg/kg 浸泡插穗基部 10h 的扦插方法生根率达 80%。选取元宝枫母树上当年生生长健壮、无病虫害的萌蘗嫩枝,在 100mg/L 的生根粉(ABT)中浸泡 5h 后插入河沙∶草炭∶珍珠岩=5∶3∶2(体积比)的基质中,元宝枫幼苗的生根率达到 96.67%。

（二）插穗

不同木质化程度插穗扦插成活率差异很大。使用顶端嫩枝、中部半木质化枝段、硬枝 3 种插穗作为试材开展的扦插试验结果证明,使用中部半木质化枝段得到的扦插效果是最理想的。可能是由于半木质化有利于伤口快速愈合促进生根,而嫩枝组织幼嫩,基部容易腐烂和全木质化的插穗可能难以吸收生根剂而产生不定根。

（三）扦插基质

扦插基质的种类、粒径等决定了其理化性质、营养状况、透水性能,进而影响插条的生根率,故基质不同,插条的生根率也不同。

（四）外源激素

植物生根剂在不定根的形成中起着至关重要的作用。采用 ABT 生根粉速蘸法处理,不但可以提高扦插成活率,而且可以增加皮部和愈伤组织生根数。研究结果表明,1000mg/L IAA 溶液处理能够明显提高元宝枫嫩枝插穗的生根率与生根质量;通过正交试验设计,研究激素类型、浓度和处理时间对元宝枫扦插生根的影响,结果表明 1000mg/L NAA 速蘸是最优组合,生根率与单因子的最优试验相近,生根率都达到 70%;采取 IBA+NAA 不同剂量混合及不同处理时间的多因子试验,200mg/L IBA + 100mg/L NAA 处理 1h 后生根效果最好,生根率高达 90%。采用 1 年生元宝枫实生苗嫩枝扦插生根率可达 80%,而硬枝扦插生根率只有 21.8%,成年树以伐桩萌条做插穗进行嫩枝扦插,成活率最高只能达到 32%;用 2 年生及多年生母树树冠上采集的插穗,进行嫩枝或硬枝扦插时,其成活率均极低,无论采取何种生长素处理,插穗也基本不能生根。使用 ABT1 号对丽红元宝枫进行了不同浓度、不同处理时间、不同部位、不同时期及插穗带叶与否的生根试验结果表明,丽红元宝枫嫩枝扦插适宜时间为 5 月下旬至 6 月下旬;插条部位以当年生枝条中部最好,ABT1 号适宜的浓度为 400mg/kg,处理时间为 5～6s,能够获得 80%以上的成活率。研究方法快速、简洁,适用于大规模工厂化生产的最佳处理组合为 1500 mg/L ABT1 处理 10s,扦插基质为混合基质的元宝枫最高生根率为 89%。

第五节 组 织 培 养

植物离体组织培养以不受环境、温度与季节变化影响,提高植物繁殖效率,并保持优良性状的优越性，而成为植物快速繁育的重要途径。利用组织培养技术建立槭属植物的离体再生体系，不仅繁育速度快、繁育规模大、遗传稳定性好，且能极大推进品种改良与分子育种，近年来备受研究者重视与关注。目前许多槭属植物的组织培养体系已经建立并日渐成熟，规模化与工厂化育苗也正在逐步跟进。以金陵黄枫腋芽茎段为外植体诱导产生了愈伤组织和不定芽。选用不添加植物生长调节剂的 1/2 MS 培养基诱导紫红鸡爪槭试管苗生根，生根率达 100%。金陵黄枫、紫红鸡爪槭、粉叶栓叶槭、紫叶挪威槭、秋焰红花槭等多个槭属观赏品种已建立了组织培养快繁技术体系，获得了组织培养苗（朱璐等，2021）。现就槭属植物组织培养的离体再生途径、外植体选择、基因型、基本培养基、植物生长调节剂、培养环境等分述如下。

一、组培途径

在槭属植物组织培养过程中，外植体经过不同的表面消毒剂组合进行灭菌处理后，一般可通过间接器官发生、直接器官发生或体细胞胚诱导 3 条途径实现离体再生，其中以前 2 条途径较为常见。

（一）间接器官发生途径

间接器官发生是以愈伤组织为中介的再生方式，是指通过诱导外植体产生愈伤组织，再由愈伤组织分化不定芽或不定根等特定结构与功能的器官，从而实现离体再生的方式。其再生途径为外植体→愈伤组织→芽、根等→植株。在这个过程中外植体细胞需要经历脱分化与再分化 2 个生理历程。

愈伤组织再生是槭属植物组织培养的一条重要途径。胡佳卉和王小德（2018）以羊角槭幼嫩茎段和叶片为外植体，采用不同的培养基与植物生长调节剂正交组合诱导愈伤组织，然后在添加不同质量浓度噻苯隆（TDZ）的培养基中诱导愈伤组织再分化形成不定芽，进一步诱导根等器官分化，完成体外再生。东北槭的未成熟胚、罗浮槭的嫩茎与嫩叶、栓叶槭的茎段与叶片等，均可以通过愈伤组织再生途径，建立完整的组织培养离体再生体系。

（二）直接器官发生途径

腋芽萌发是槭属植物直接器官发生的常见方式，其基本途径为外植体→腋芽、根等→植株。该途径中由外植体的分生组织直接分化形成腋芽及根等器官，不需要经过愈伤组织的中间过渡形式。许多槭属植物能够通过腋芽萌发途径实现离体再生。具体发生过程表现为两种主要形式：第一，由休眠芽萌发形成腋芽，腋芽直接生根，如尖尾槭、东北槭；第二，以带腋芽的茎段（枝条）为外植体诱导腋芽萌发，腋芽再增殖为丛生芽或不定芽，然后再分离单芽诱导生根，如鸡爪槭、大齿槭、五角枫等。

在槭属植物组织培养中，直接器官发生途径还有另外一种方式，即由外植体直接诱导产生不定芽或丛芽。这种再生方式在槭属植物中并不普遍，仅在少数以种胚或种胚的部分结构为外植体的培养中偶有发生。以欧亚槭（*A. pseudoplatanus*）的胚芽与胚轴为外植体，单独使用噻苯隆（TDZ）或 TDZ 与 6-苄氨基腺嘌呤（6-BA）组合，可诱导外植体直接形成不定芽。

（三）体细胞胚诱导途径

槭属植物也可通过体细胞胚诱导途径建立再生体系。槭属植物离体再生中的腋芽萌发途径见表 7-5。其基本过程为，细胞在离体条件下，经过脱分化形成"胚状类似物"，即体细胞胚，体细胞胚经过与合子胚类似的发育过程，进一步特化发育形成完整植株。以美国红枫十月辉煌的嫩叶与嫩茎为外植体，在 MS 培养基上附加 TDZ 0.8mg/L、6-BA 1.0mg/L、IAA 0.5mg/L，可有效诱导体细胞胚的发生，体细胞胚诱导率为 41%。

表 7-5　槭属植物离体再生中的腋芽萌发途径

槭属种类	外植体类型	直接器官发生方式	备注
鸡爪槭 *A. palmatum*	带腋芽茎段	外植体→萌芽→腋芽+不定芽→单芽→生根	陈裕德等，2019
日本红枫青龙 *A. palmatum* 'Seiryu'	半木质化枝条	半木质化枝条→腋芽萌发→丛芽→单芽→生根	孙红英等，2019
尖尾槭 *A. caudatifolium*	带芽嫩茎	带芽嫩茎→腋芽→生根	王莹等，2016
大齿槭（粗齿槭）*A. megalodum*	带 1 个节、2 个节的嫩茎	嫩茎→腋芽→芽增殖→生根	张春艳和吴瑜，2014
紫叶挪威槭 *A. platanoides* 'Crimson King'	带芽嫩茎	带芽嫩茎→腋芽→不定芽→丛芽→单芽→生根	王子岚等，2016
红枫四季红 *A. palmatum* 'Trompenburg'	带休眠芽茎段	休眠芽→萌发→成苗	吴雅琼等，2016
红花槭白兰地 *A. rubrum* 'Brandywine'	带腋芽茎段	带腋芽茎段→萌芽→不定芽→生根	李源等，2014
东北槭 *A.mandshuricum*	休眠芽	休眠芽→萌发→成苗	刘宝光和施莹，2010
自由人槭 *A.×freemanii*	顶芽、嫩茎	顶芽、嫩茎→萌芽→成苗	杨林星，2016
五角枫 *A. mono*	嫩茎	嫩茎→腋芽+不定根→腋芽增殖+不定根	顾地周等，2008
元宝枫 *A. truncatum*	带腋芽茎段	带腋芽茎段→茎段萌芽→生根	李艳菊等，2005
粉叶梣叶槭 *A.negundo* 'Flamingo'	嫩茎段	嫩茎段→腋芽→腋芽增殖+不定根	李艳敏等，2007

二、影响因素

植物组织培养受多种因素影响，是多因素相互协同或制约从而完成形态建成的复杂过程（李秀霞，2014）。外植体、基因型、培养基、植物生长调节剂、培养环境条件等因素的合理选择，对于槭属植物细胞全能性的表达具有重要意义。

（一）外植体选择与处理

1. 外植体选择

根据细胞全能性理论，高度分化的植物细胞携带该物种的全部遗传信息，具有形成完整植物体的潜能。但事实上，外植体的类型不同，取材时间不同，接种方式不同，离体再生的难易程度均存在明显差别。

木本植物的组织培养包括茎尖、茎段、胚、胚轴、子叶、未授粉子房或胚珠、授粉子房或胚珠、花瓣、花药、叶片及游离细胞和原生质体等外植体的培养。不同植物种类，包括同一植物的不同品种之间外植体的选择都有很大差异。槭属植物组织培养中外植体的类型选择多种多样，其中种胚、叶片、嫩茎、茎段、顶芽、侧芽、休眠芽等均可作为外植体诱导离体再生。从现有研究分析，槭属植物离体诱导效果相对较好的外植体类型为嫩叶与嫩茎。羊角槭、血皮槭愈伤组织诱导的最佳外植体为嫩茎。红翅槭嫩叶与嫩茎均可较好地实现离体再生，其中嫩叶的分化速率快，嫩茎的分化率高。鸡爪槭的带芽茎段，可通过器官再生途径，建立良好的离体再生体系。

取材时间很大程度上影响植物离体再生的效果，不同槭树种类取材的合适时间存在差别，但总体上以 3～6 月为宜。元宝枫茎段外植体的最佳取材时期为 4 月。红花槭白兰地带腋芽茎段外植体的最佳取材时段为 3～5 月。鸡爪槭全年中 6 月为最佳外植体采集时间。羊角槭嫩叶与嫩茎的最佳采样时间为 4 月，这个时期采集的外植体愈伤组织膨大早，且生长速度较快。另外，外植体的接种方式对初代培养效果也起着决定性作用。以东北槭休眠芽苞为外植体，采用 4 种不同的方式进行接种的实验结果发现，一定要以"去除鳞片，露出叶原基"的方式接种，才可以获得良好的培养效果。

外植体的类型也决定着植物离体再生的方式。研究发现挪威槭的腋芽外植体能够以直接器官发生途径完成离体再生，而叶柄、茎段、叶片外植体不能直接诱导芽的发生，则以愈伤组织再生途径实现细胞全能性。

研究发现，茎段的分化能力高于休眠芽；茎段的启动培养中，诱导率最高为 95.6%，而休眠芽诱导率只有 64.4%；在增殖培养中，休眠芽萌发的带芽茎段的增殖系数高于茎段分化的带芽茎段。以自由人槭冷俊和秋焰带腋芽茎段为外植体进行组织培养的最佳取材部位均为新枝的第三节和第四节芽位。

研究表明，茶条槭组织培养时外植体采摘的最佳时间为 4 月，以顶芽为外植体时，外植体的消毒效果最好；以 4 月萌发的幼嫩茎段为外植体时，褐变率和褐变死亡率相对较低，分别为 35.8% 和 37.5%。在青榨槭组织培养中，在进行不定芽诱导时，叶片与茎段的诱导率存在较大的差异，叶片的诱导率明显高于茎段。对羊角槭组织培养时，在进行外植体类型选择中，茎段的诱导效果较叶片好，茎段诱导出的愈伤组织颗粒大、愈伤量也较大，叶片愈伤组织颗粒较小、不能成块。

2. 外植体消毒处理

暴露在空气中的植物，表面带有大量的微生物，选择各个部位作为外植体时，必须进行严格的消毒灭菌，否则将直接影响到试验成功与否。茶条槭以顶芽为外植体时，外植体的消毒效果最好，最佳的外植体消毒方法是 70% 乙醇表面消毒 30s 后，无菌水冲洗 3～5 次，再用 0.1%氯化汞（$HgCl_2$）浸泡 7min，无菌水冲洗 3～5 次。以 5 月的带腋芽茎段为外植体，自由人槭最佳灭菌处理方案为 75%乙醇 20s+0.1% $HgCl_2$ 4min。

（二）基因型

基因型是槭属植物组织培养成功的先决条件，也是离体诱导与增殖的重要影响因素。槭属植物的基因型不同，组织培养成功率不同，离体再生的难易程度存在明显差别。

目前对槭属植物组培的研究，已经在实验水平上实现细胞全能性，建立起离体再生繁育体系的种类及品种有 20 多种，包括血皮槭、五角枫、罗浮槭、茶条槭、东北槭、鸡爪槭、羊角槭、尖尾槭、大齿槭、银白槭、挪威槭、自由人槭、梣叶槭、元宝枫、紫红鸡爪槭四季红、鸡爪槭青龙、红花槭十月辉煌、红花槭白兰地等。

槭属植物其他种类的组织培养技术目前仍不成熟，即使亲缘关系较近，属于同一个槭组，离体再生的难易程度相差也较大。例如，虽然羊角槭、元宝枫、五角枫都有离体培养的成功报道，但同属于桐状槭组的庙台槭，离体再生就困难得多。研究发现，以庙台槭的种胚、叶片、叶柄、花序、茎段为外植体诱导愈伤组织，种胚培养 6 个月亦无萌动，叶片与花序愈伤发生困难，叶柄与茎段相对较易脱分化，培养 10 天左右在叶柄基部及茎节处形成少量淡黄色愈伤组织，但愈伤积累量小、活力弱，随着培养时间延长，愈伤组织逐渐褐变坏死，无法进一步分裂增殖或再分化。

（三）基本培养基

培养基为植物组织提供营养物质，不同培养基营养成分不同，选择合适的基本培养基是植物离体培养成败的关键因素之一。目前槭属植物离体培养中常用的基本培养基有 WPM、DKW、N6、LS、MS、1/2MS、改良 MS、B5、NN69 等。

一般认为木本植物组织培养的基本培养基首选木本植物培养基（WPM，woody plant medium），但实际操作中具体选用哪种培养基，需要根据槭树种类、外植体类型及培养目的综合确定。研究表明，对羊角槭嫩茎与叶片诱导效果最好的基本培养基为 WPM。在 WPM、MS、1/2MS、DKW 4 种培养基中，WPM 对红花槭白兰地带腋芽的茎段外植体启动培养的效果显著优于其他 3 种。尖尾槭带腋芽嫩茎萌发的最佳基本培养基为 WPM。红花槭十月辉煌胚性愈伤组织诱导、不定芽再生、试管苗生根的最佳基本培养基均为 MS。诱导血皮槭与梣叶槭形成愈伤组织适宜以 MS 作为基本培养基。采用改良 MS 培养基（减少了部分大量元素，加倍了部分微量元素）已成功诱导东北槭未成熟胚形成愈伤组织并分化增殖。研究表明，MS 培养基无机盐含量高，有利于罗浮槭（*A. fabri*）诱导出愈，诱导率达 86.73%，而 White 培养基无机盐含量低，无法诱导罗浮槭出愈。红花槭（*A. rubrum*）不定芽在 NN69 基本培养基上的增殖系数显著高于 MS 培养基上。大齿槭初代培养的对比试验证明，培养效果依次为 DKW>MS>LS>WPM，最适基本培养基 DKW；而 DKW 同样也是大齿槭的芽增殖与生根的最优基本培养基。

梣叶槭和紫叶挪威槭组织培养研究表明，生长调节剂配比、木质化程度及蔗糖浓度都会对紫叶挪威槭的生根产生影响，在生长状态良好、无木质化的情况下，紫叶挪威槭最佳生根培养基是 MS + 6-BA 0.3mg/L + IBA 0.4mg/L + NAA 0.1 mg/L，附加 25g/L 蔗糖；对梣叶槭芽启动培养基的初步研究表明，梣叶槭芽消毒的最佳时间是氯化汞（$HgCl_2$）5min，乙醇 45s，梣叶槭芽诱导培养基是 MS + NAA 0.1mg/L + 6-BA 1.5mg/L，芽伸长培养基是 MS + NAA 0.1mg/L + 6-BA 1.5mg/L + GA 1.0mg/L。MS、1/2MS、WPM 和 B5 这 4 种基本培养基对青榨槭愈伤组织诱导的研究结果表明，MS 培养基对茎段和叶片愈伤组织诱导最佳，愈伤无褐变，表面多呈黄绿色松软颗粒状，愈伤发生率和产量均最好。WPM 培养基对羊角槭叶片和茎段的诱导效果最佳，愈伤组织诱导率分别为 33.1%和 71.0%。

（四）植物生长调节剂

植物生长调节剂是调控植物组织培养的关键物质，对植物组培成功与否起着决定性作用。槭属植物组织培养中选取的植物生长调节剂的种类与浓度不同，对外植体的脱分化及再分化效果不同。

除了基本培养基给予离体组织所需营养成分外，配合使用外源生长调节剂对植物细胞分裂、诱导器官形成也具有重要作用。发育阶段不同，其需求浓度配比自然不同。通常认为，生长素和细胞分裂素的比值较高，则愈伤组织仅生成根，在二者比值较低时，生成苗。

植物生长调节剂对自由人槭不同品种组培苗的增殖有着不同的影响。噻苯隆（TDZ）都是诱使冷俊和秋焰增殖的最重要因素；萘乙酸（NAA）不是影响组培苗增殖的主要因素。生长调节剂对青榨槭愈伤诱导的试验研究表明，TDZ 和 NAA 有利于叶片及茎段愈伤组织的诱导，最佳愈伤诱导培养基为 MS + TDZ 0.5mg/L + NAA 0.1mg/L，愈伤组织出愈率分别达 98.7%和 93.2%，且叶片叶基部位较叶片中部和尖端出愈率高，褐化率低，用 IBA 400mg/L + NAA 400mg/L + GA3 20mg/L 组合处理青榨槭插条比单独使用某一种生长调节剂插条生根效果好，生根率、生根数和根长分别达 88.5%、6 条和 15.88cm。在元宝枫组织培养研究中，已筛选出诱导元宝枫腋芽分蘖最优的激素组合为：0.02mg/L TDZ、0.15mg/L 6-BA、0.01mg/L IBA；诱导腋芽单株向上生长的培养基为：NN69+30g/L 蔗糖+0.2 mg/L IBA。并发现，在培养基中加入 1.0mg/L GA$_3$ 可促进外植体的生长，添加低浓度 IBA（0.1umol/L 或 0.2mg/L）可作直接诱导或转接继代生根培养。以元宝枫 1 年生茎段为外植体，进行的不同消毒剂处理方法、不同基本培养类型以及不同浓度外源生长调节剂对腋芽诱导、生根等过程的影响等研究表明，元宝枫带芽茎段适宜的灭菌方法为 75%乙醇处理 30s，再以 0.1%氯化汞（HgCl$_2$）处理 180s；腋芽诱导的适宜培养基为 NN69+IBA（0.2mg/L）；适宜元宝枫生根的培养基为 1/2 NN69+IBA（0.4mg/L）。按照泥炭、珍珠岩、蛭石体积比为 7：2：1 的混合基质为移栽基质时，试管苗移栽成活率可达 95.0%（马秋月等，2021）。

外源激素对槭属植物组织培养的作用主要体现在愈伤组织发生、腋芽诱导增殖、生根 3 个方面。

1. 愈伤诱导、增殖与分化

槭属植物愈伤诱导、增殖与分化中常用植物生长调节剂有 NAA（naphthyl acetic acid，萘乙酸）、2,4-D（2,4-dichlorophenoxyacetic acid，2,4-二氯苯氧乙酸）、6-BA（6-benzyl-aminopurine，6-苄氨基腺嘌呤）、KT（kinetin，激动素）、TDZ（thidiazuron，噻苯隆）、IBA（indole-3-butyric acid，吲哚丁酸）等。其中，2,4-D 对槭属植物表现出良好的愈伤诱导效果。研究发现，在梣叶槭茎段与叶片的离体培养中发现培养基中添加 0.01 mg/L 的 2,4-D 可诱导形成绿色的致密颗粒状愈伤组织。2,4-D 比 NAA 更有利于血皮槭愈伤组织的发生，愈伤诱导最佳 PGR（植物生长调节剂，plant growth regulator）组配为 6-BA 1.8mg/L+2,4-D 0.8mg/L。不同 PGR 对罗浮槭嫩叶愈伤诱导效果有显著差异，其重要次序依次为 2,4-D>NAA>KT。

TDZ 在槭属植物的愈伤诱导、愈伤增殖及分化中发挥着重要作用。相关研究表明，以茶条槭茎段作为外植体，在 WPM 培养基中同时附加 0.002～0.01mg/L TDZ 与 0.1mg/L 6-BA，培养 3 周后可诱导形成愈伤组织，诱导率为 98.0%。红花槭嫩叶与嫩茎外植体愈伤组织诱导的最佳培养基为 MS+0.8mg/L TDZ+1.0mg/L 6-BA+0.5mg/L IAA。TDZ 对羊角槭愈伤组织的分化有重要作用，较高浓度 TDZ 能促进愈伤产生较多不定芽芽点。

2. 腋芽诱导与增殖培养

槭属植物初代培养中以腋芽萌发途径最为常见，其中使用的 PGR 以细胞分裂素类为主，启动培养中常用的细胞分裂素有 BAP/6-BA、ZT、TDZ 等。

对很多槭属植物单独使用细胞分裂素，就可达到很好的启动萌发效果。例如，以鸡爪槭带腋芽的木质化枝条为外植体进行初代培养，在 WPM 基本培养基中单独添加 0.05mg/L 的 TDZ，启动率可达 96.1%。粉叶栒叶槭的带腋芽嫩茎在添加 0.1mg/L 6-BA 的培养基中，15 天腋芽开始萌动，25 天腋芽长至 1～3cm。玉米素（trans-zeatin，ZT）在大齿槭启动培养中发挥着重要作用，单独使用 ZT 可获得良好的再生效果，ZT 的最适质量浓度为 10μmol/L。

研究发现，将紫红鸡爪槭带休眠芽茎段接种至 TDZ：6-BA：NAA=1：2：2 的培养基上，休眠芽萌发率达 73.3%。尖尾槭、红花槭等其他一些槭属种类，同样以细胞分裂素与生长素类按一定浓度进行组配可实现初代培养。另外，对于个别的槭属种类，单独添加生长素类物质，也可以达到较好的初代培养效果，如鸡爪槭外植体萌发的最适培养基为 MS+0.5 mg/L IAA，萌发率达到 90% 以上。

槭属植物继代增殖培养中常常使用 TDZ。在 MS 培养基中单独附加 0.01～0.05μmol/L TDZ 时，可有效地促进元宝枫外植体的增殖。红花槭增殖培养中，若只添加 TDZ，外植体的增殖系数随着 TDZ 浓度的增加，呈现先增后降的趋势；而同时添加 TDZ 与 NAA，当 TDZ 浓度为 0.002mg/L、NAA 浓度为 0.4mg/L 时，增殖系数最大。鸡爪槭的最佳增殖培养基为 WPM+0.06mg/L TDZ+0.3mg/L IBA，增殖系数达 4.8。

槭属植物组培中，较高浓度的细胞分裂素与较低浓度的生长素类组配，同样可获得良好的增殖效果，比较常用的组配为 6-BA（或 BAP）与 NAA。紫叶挪威槭与尖尾槭的最佳增殖培养 PGR 配比分别为 1.0mg/L 6-BA+0.05mg/L NAA 与 0.7mg/L BAP+0.05g/L NAA。6-BA 与 IAA 组配有利于鸡爪槭外植体的增殖，最适 PGR 配比为 2.0mg/L 6-BA+0.5mg/L IAA。6-BA 与 GA3 按 1mmol/L 与 30mmol/L 的质量浓度组合使用，非常利于银白槭外植体的增殖与生长，增殖系数达 6.4。槭属植物腋芽诱导培养中植物生长调节剂的组配方式见表 7-6。

表 7-6 槭属植物腋芽诱导培养中植物生长调节剂的组配方式

槭树种类	植物生长调节剂类型	植物生长调节剂浓度及组配	备注
尖尾槭 A. caudatifolium	BAP，NAA	0.7mg/L BAP+0.05mg/L NAA	王莹等，2016
紫红鸡爪槭四季红 A.palmatum 'Trompenburg'	TDZ，6-BA，NAA	0.5mg/L TDZ+1.0mg/L 6-BA+1.0mg/L NAA	孙红英等，2019
红花槭白兰地 A.rubrum 'Brandywine'	IBA，6-BA	0.5mg/L IBA+2.0mg/L 6	李源等，2014
紫叶挪威槭 A.platanoides 'Crimson King'	6-BA，NAA	1.0mg/L 6-BA+0.05mg/L NAA	王子岚等，2016
东北槭 A.mandshuricum	6-BA，KT	0.5mg/L 6-BA+0.01mg/L KT	刘宝光和施莹，2010

3. 生根培养

一般植物组培苗生根培养中常用 IBA。槭属植物组培中 IBA、IAA 与 NAA 均可获得较好的生根效果。研究表明，单独添加 IBA 可成功诱导尖尾槭试管苗生根，最佳生根培养基为 1/2WPM+1.0mg/L IBA。元宝枫的最适生根培养基为 1/2MS+0.1μmol/L IBA。大齿槭生根培养最适宜的诱导条件为 DKW+2.5μmol/L IAA。NAA 有利于鸡爪槭的生根，最适生根培养基为 1/2MS+0.3mg/L NAA，生根率为 95.4%，平均生根量 3.5。鸡爪槭'青龙'试管苗单株接种至 1/2WPM+0.3mg/L NAA 生根培养基上，15 天左右根原基形成，生根率 96.7%。少数槭属植物用高浓度 NAA 与其他类型的 PGR 组合诱导生根。例如，红花槭'十月辉煌'试管苗生根的适宜 PGR 组配为 3.0mg/L NAA+0.6mg/L TDZ+1.0mg/L 6-BA。

除上述影响因素之外，碳源、光照、pH 等环境因素也是影响槭属植物组织培养的重要变量。碳源种类及浓度一般被认为是植物组织培养能否成功的重要因素之一。大多数槭属植物组培中以蔗糖作为碳源，选择浓度 3%～3.5%，可为外植体提供营养并维持渗透压。其他种类的碳源培养效果并不理想。元宝枫离体培养中以蔗糖为碳源可促使丛生芽的发生，而添加葡萄糖则易导致玻璃化苗。光照强度与光照时间是限制离体微繁的关键因素之一。糖槭离体培养更适合在 4～16μmol/（m^2·s）的低光照强度。光照时间会影响元宝枫的生根，每天光照 16h 有助于幼茎生根。自然条件下槭树植物生长环境的土层呈酸性，pH 为 4.7～5.5。而 pH 作为环境变量对槭属植物离体再生影响的实验研究很少，大多数槭属植物组培中直接选择 5.6～5.8 的通用 pH 条件。

三、问题与对策

（一）褐变及对策

褐变是槭树组织培养中常见的现象，组培中的褐变主要是酚类物质和多酚氧化酶接触发生的酶促褐变。槭属植物组织中富含酚类物质，组培中极易发生褐变，采取有效控制措施可在很大程度上提高离体培养的成功率。槭属植物组培中克服褐变的主要方法是在培养基中添加抗氧化剂或吸附剂，常用的有维生素 C、亚硫酸钠、硫代硫酸钠、柠檬酸、聚乙烯吡咯烷酮（polyvinylpyrrolidone，PVP）、硝酸银和活性炭（activated carbon，AC）等。不同抗褐化剂在不同槭树植物组织培养中发挥的作用不同。元宝枫的茎段离体培养时，培养基中添加 500～750mg/L 的 PVP，可较好地控制褐变。添加 PVP 与维生素 C 对减轻红花槭（A.rubrum）外植体褐变具有明显的效果。在不同抗褐变剂的对比研究中发现，硫代硫酸钠、柠檬酸、维生素 C、PVP、AC 不适合作为罗浮槭愈伤增殖培养的抗褐变剂，而 50mg/L 的硝酸银在罗浮槭愈伤组织增殖培养中具有良好的抗褐变作用。对上述方法效果不理想的槭属植物，也可以尝试在其他木本植物中有效的抗褐变剂 AIP（2-aminoindan-2-phosphonic acid，2-氨基茚满-2-膦酸）与 EGCG（Epigallocatechin gallate，儿茶素没食子酸酯），或选择合适的外植体进行多次转接，以及进一步优化培养基与培养条件等方式，均可起到较好的抗褐变作用。

（二）污染及防治

外植体污染是槭属植物组培中另外一大难题，槭属植物组织培养中造成污染的重要原因是植物体自身携带微生物。槭属植物组培中污染问题常常出现在初代培养环节，目前报道的高污染率可达 97.0%。离体培养操作中，可以通过以下途径降低外植体的污染率。①选择合适的取材时间。研究发现，羊角槭茎叶 6 月生长成熟，菌类等污染物易侵入木质部等细胞组织，表面消毒难以达到，污染率高，而 4 月取样相比 6 月，污染小，萌动早，生长快，且出愈率高。将鸡爪槭 2~11 月不同月份采集的外植体，对初代培养的污染率进行比较，发现 3 月与 11 月污染率很高，6 月污染率最低，选择 6 月为外植体采集的最佳时期。②合理选择表面消毒剂的种类与处理时间。红花槭白兰地最佳消毒方法为用 3% 的次氯酸钠（NaClO）处理 8 min，污染率仅为 2.22%，存活率达 91.11%。羊角槭嫩叶与嫩茎最适合的消毒方法为 75% 乙醇漂洗 30s，1.0g/kg 氯化汞 10min。鸡爪槭带腋芽茎段外植体需经 50% 多菌灵 400 倍液浸 1h 后，用 75% 乙醇处理 30s，再用 0.1% 升汞浸泡 10min，灭菌效果最佳。③培养基中添加防霉剂也能起到较好的降低污染的效果。将尖尾槭经过表面消毒的带芽嫩茎接种至附加 3ml/L 的 PPM（植物组培抗菌剂）的 WPM 培养基中，可有效防止细菌与霉菌繁殖造成的污染。

（三）离体再生体系的普适性

针对目前槭属植物组织培养繁育技术上存在的不同槭树离体再生体系的普适性问题，解决途径为，建立完整稳定的组培繁育体系，实现工厂化育苗；利用光自氧技术，实现开放式的无糖化组织培养；组培繁育技术与外源基因转化整合，培育兼具抗旱性、耐寒性、抗逆性的新品种，扩大观赏槭属植物的适生范围等。

随着科学技术的不断发展与创新，槭属植物组织培养技术愈加成熟与深入，其与分子生物学的融合度越来越高，特别是随着槭属植物叶色变化及功能调控相关基因的克隆与测序，为优良特性基因的挖掘与实践应用创造了条件，为槭树产业链的建立与潜在价值的深度开发创造了新的机遇，为槭属植物研究的横向拓延与纵向发展提供了方法与技术保障。

<h2 style="text-align:center">小　　结</h2>

槭树优良品种是产业形成和发展的根本所在，发挥品种的优势作用，是促进槭树产业快速发展的必然选择。历经半个多世纪的研究，我国已在槭树引种驯化、优树选择、实生变异种选优、优良无性系鉴定及无性系繁育等环节取得一些重要成果，并建立了基础性的良种选育、新品种研发和高效繁育体系。近年来，国内多地从北美等地引进了一些红花槭类、挪威槭类等园林绿化槭属树种及其品种，其中有些品种叶色季相变化明显，观赏价值高，但病虫害，尤其是蛀干害虫发生严重，而有的品种夏季叶片常出现枯焦和落叶现象。根据中国林业科学研究院林业科技信息研究所林业专业知识服务系统（https://forest.ckcest.cn/search/searchAction!list.action）资料，截至目前，经国家林业

和草原局植物新品种保护办公室授权登记的槭属新品种共计 55 个，其中，三角枫 2 个（金陵红、齐鲁金），红花槭 5 个（金脉红、金色秋天、橙之梦、中国红、艳红），鸡爪槭 8 个（紫红鸡爪槭、细叶鸡爪槭、深红细叶鸡爪槭、线裂鸡爪槭、小叶鸡爪槭、花叶鸡爪槭、斑叶鸡爪槭、红边鸡爪槭），元宝枫 5 个（东岳红霞、东岳紫霞、东岳彩霞、东岳佳人、丽红），均为观赏型新品种。尽管如此，但由于我国对槭树科植物的研究起步较晚，在开发利用方面远远落后于资源相对贫乏的欧美和日本等国家。据统计，目前日本拥有鸡爪槭园艺品种 450 种以上，欧洲和北美拥有的鸡爪槭园艺品种 400 种以上，而我国在园林中应用的槭树种类也很少，尤其是常绿槭树如角叶槭、平坝槭、金沙槭等在园林中尚未得到应用。落叶槭树中也只有鸡爪槭、秀丽槭、元宝枫、三角枫、青榨槭等少数种得到广泛应用，一些极具观赏价值的野生槭树如五小叶槭和扇叶槭，以及一些自然分布的变种、变异型仍处于野生状态，尚待开发利用。特别是近年来，受环境破坏和人为活动的影响，天然群体破坏严重，有些种群濒临枯竭，遗传基因大量丢失。为此，强化良种选育和种质长期保存之理念，广泛收集和保存优异种质，积极引进景观型和生态型优异的外域种质，建立种质基因保存库和可持续经营的长效机制，探索并开拓综合开发和创新利用的有效途径，意义重大而紧迫。

槭树繁殖技术主要有播种、嫁接、扦插及组织培养，且主要集中于少数造林树种、珍稀濒危树种和一些园艺品种。

播种繁殖技术具有繁殖速度快、适应性强、易于推广的优点，但其繁殖系数相对较低，且繁殖出的后代也会经常性状分离，对槭树种苗的培养易形成负面影响。不同槭树科树种播种时间有所差异。例如，茶条槭、元宝枫适宜春播和秋播，紫花槭、东北槭适宜秋播和隔年春播，三花槭适宜隔年春播，出苗率均达 81% 以上。天山槭宜春播，一般在 3 月下旬至 4 月中旬播种。但种子质量和种子休眠是影响槭树播种育苗质量的重要因子。种子休眠主要原因是果皮、种皮透水透气性差，存在机械障碍；果皮、种皮及胚存在萌发抑制物；胚存在生理后熟现象。提高种子萌芽率可以采用机械和水处理、层积处理、化学物质处理、离体胚的培养等方法。

嫁接繁殖在果树育苗及品种改良、优良林木的生产作业中技术成熟，应用广泛。不同地区的嫁接时期有所不同，通常情况下，以 2～4 月嫁接为好，根据立木的生长情况，如果当年生鸡爪槭的高度达到 50cm 以上、地径粗度达到 0.5～0.8cm，可于当年的秋季进行嫁接。在嫁接时，接穗要选取紫红鸡爪槭树冠外围中部芽眼饱满、健壮、成熟的一、二年枝条为好，嫁接方法常采用腹接法、劈接法、切接法及芽接法等，嫁接部位的选取以砧木距离地面高度 4～5cm 的地方为宜。在嫁接时要注意接穗与立木的形成层最少得有一边吻合，在接穗下部与切口下部不要留空隙，同时要用塑料带从接口处自下而上捆扎严实，胶条的宽度以 1cm 为宜，使立木与接穗结合紧密，在外面最好套上小薄塑料袋，这样可以防止接穗因失水而干枯。成活以后，要及时抹掉芽接或腹接部分以上的芽或枝条。影响嫁接成活率的因素包括树木本身特性和外部环境，树木本身特性包含嫁接亲和力和树木种类，外部环境是指温度、湿度和光照等环境因素。不同品种的槭树嫁接适期、嫁接方法、所选砧木种类、嫁接后管理技术有所差异。但是嫁接繁殖，费工费时、成本高。

扦插繁殖是保持植物优良性状常用的方法，也是目前苗木无性繁殖最常用的繁殖方式，具有容易操作、成活率高、繁殖成功率高、幼苗生长健壮等优点。槭树扦插可选用半木质化嫩茎做外植体，利用 ABT、IBA 或 NAA 等混合生根激素处理插穗的扦插效果较好。在扦插繁殖中，影响插条生根形成的因素有很多，仅内在因素就有植物种类、插条年龄及母树年龄、插穗大小等，外在因素包括扦插方法、插穗处理方法、扦插基质选择等。研究发现，1 年生元宝枫嫩枝经 ABT1、IBA 或 NAA 浸泡处理后，用河沙：草炭：珍珠岩= 6：3：1（pH=6.9～7.2）作基质，扦插成活率达 70%以上。1 年生五角枫嫩枝插穗去除顶芽并保留 2 个半片叶，NAA、IBA 或其混合剂浸泡插穗基部，按 2cm 的扦插深度，生根率达 80%以上。樟叶槭半木质化嫩枝扦插用 NAA、ABT1 浸泡处理后的苗木生根效果最佳。

组培繁殖不受外界环境、季节的限制，苗木繁殖速率高，出苗整齐，可使难生根的槭树品种实现集约、高效的苗木生产。目前，已成功建立了五角枫、茶条槭、樟叶槭、元宝枫等的组培快繁体系。相关研究结果表明，槭树组培的最适外植体为幼叶、早春未木质化嫩茎，初代和继代培养主要采用 MS 培养基，生根可采用 1/2MS 和 WPS 培养基。在愈伤诱导及芽的增殖分化过程中，生长素和细胞分裂素组合使用的诱导效果最佳，需根据树种及需求的不同，选择适宜的配比方案。此外，通过添加适当比例的聚乙烯吡咯烷酮（PVP）、抗坏血酸（AC）、硫代硫酸钠（$Na_2S_2O_3$）、活性炭等抗氧化剂可抑制外植体的褐变。但是离体培养成功率还比较低，尚待进一步研究。

参 考 文 献

曹凤鸣, 徐毓泽, 周志远, 何才生, 张斌, 许怡晓. 2021. 樟叶槭扦插繁殖试验[J]. 湖南林业科技, 48(3): 19-23.

陈裕德, 林榕燕, 林兵, 樊荣辉, 罗远华, 钟淮钦. 2019. 鸡爪槭ZDS和LCYB基因的克隆及其表达分析[J]. 分子植物育种, 17(11): 3507-3514.

成仿云. 2012. 园林苗圃学[M]. 北京: 中国林业出版社.

顾地周, 丛小力, 姜云天, 何晓燕. 2008. 色木槭的组织培养与快速繁殖[J]. 植物生理学通讯, 44(2): 314.

韩延禧. 2011. 植物扦插繁殖新技术[M]. 南宁: 广西科学技术出版社.

胡佳卉, 王小德. 2018. 羊角槭愈伤组织诱导、增殖与分化[J]. 浙江农林大学学报, 35(5): 975-980.

李秀霞. 2014. 植物组织培养[M]. 沈阳: 东北大学出版社.

李艳菊, 陶加洪, 王兰珍, 久岛繁. 2005. 元宝枫组织培养研究[J]. 北京林业大学学报, 27(3): 104-107.

李艳敏, 孟月娥, 赵秀山, 王慧娟, 张强. 2007. 粉叶槭叶槭的组织培养和快速繁殖[J]. 植物生理学通讯, (5): 895.

李源, 何丙辉, 于传, 秦华军, 毛文韬, 曾清苹. 2014. 美国红枫'白兰地'的组织培养与快繁技术[J]. 西南师范大学学报: 自然科学版, 39(8): 36-42.

刘宝光, 施莹. 2010. 白牛槭的组织培养与快速繁殖[J]. 植物生理学通讯, 46(6): 613-614.

刘勇. 2019. 林木种苗培育学[M]. 北京: 中国林业出版社.

马秋月, 李倩中, 李淑顺, 朱璐, 颜坤元, 李淑娴, 张斌, 闻婧. 2021. 元宝枫组织培养及快速繁殖技术研究[J]. 南京林业大学学报(自然科学版), 45(2): 220-224.

盛诚桂, 张宇和. 1979. 植物的驯服[M]. 上海: 上海科学技术出版社.

史玉群. 2008. 绿枝扦插快速育苗实用技术[M]. 北京: 金盾出版社.

宋松泉, 程红炎, 姜孝成, 龙春林, 黄振英. 2008. 种子生物学[M]. 北京: 科学出版社.

孙红英, 辛全伟, 林兴生, 罗海凌, 林辉, 马志慧, 严少娟, 兰思仁. 2019. 日本红枫'青龙'组织培养与快速繁殖[J]. 中南林业科技大学学报, 39(7): 44-47.

唐实玉, 崔宁洁, 冯云超, 张健, 刘洋. 2021. 赤霉素浓度对色木槭(*Acer mono* Maxim.)种子萌发的影响[J]. 应用与环境生物学报, 27(3): 555-559.

王莹, 张健, 李玉娟, 李敏, 谈峰, 张远. 2016. 槭树科树种快繁技术研究进展[J]. 南方农业, 10(3): 90-91.

王子岚, 佟欣, 杜克久. 2016. 紫叶挪威槭再生体系建立[J]. 北方园艺, (8): 96-99.

吴雅琼, 刘婧, 汪贵斌, 曹福亮. 2016. 美国红枫硬枝扦插技术研究[J]. 安徽农业大学学报, 43(6): 926-931.

杨林星. 2016. 自由人槭'秋焰'茎段和休眠芽离体快繁体系的建立[D]. 沈阳农业大学硕士学位论文.

张春艳, 吴瑜. 2014. 我国槭树科组织培养研究进展[J]. 北方园艺, (7): 181-184.

张继东, 车驰恒, 廖雄, 李国华. 2021. 庙台槭无土嫩枝扦插育苗技术试验研究[J]. 农业与技术, 41(13): 72-74.

朱璐, 李淑顺, 闻婧, 马秋月, 颜坤元, 李倩中. 2021. 鸡爪槭金陵丹枫组培再生体系的建立[J]. 江苏农业科学, 49(1): 54-58.

Vertrees J D, Gregory P. 2009. Japanese Maples: The Complete Guide to Selection and Cultivation[M]. Portland: Timber Press.

第八章 人工造林

当前，碳达峰、碳中和是全社会关注的热点话题。"森林是陆地生态系统的主体，也是陆地生态系统最重要的贮碳库。森林植被通过光合作用，可吸收固定大气中的二氧化碳，发挥巨大的碳汇功能。"发展人工林是增加森林蓄积量和森林碳汇，改善生态环境及早日实现碳达峰、碳中和目标的有效途径。

人工造林是指在无林地上人工进行植苗、播种或无性繁殖以营造森林。人工造林作业包括造林前的调查设计和采种、育苗、栽植（或播种）及幼林抚育等。与天然林相比，人工造林具有以下特点：①人工造林所用的种子、苗木或其他繁殖材料经过人为选择和培育，具有良好的遗传品质和种质，有较强的适应性。②人工林中的树木个体密度适宜，在林地上分布均匀，避免了种内竞争的消耗。③人工林的树木个体数量较少，群体结构合理。④人工林中的树木个体生长整齐、郁闭早，并且郁闭后个体分化程度相对较少。⑤人们可以通过多种有效的速生丰产措施调控人工林的生长及结构等，提高其生产力。

合理选择造林地，并通过科学造林和精细管护，建设高效生态经济型丰产栽培基地，对促进生态环境建设，实现社会与经济可持续发展及碳达峰、碳中和目标具有重要的意义。

第一节 园 地 选 址

一、造林地选择要求

槭树是长寿树种，一次定植多年受益，千年大树仍能大量结果，因此，选择适宜地点、进行高标准整地和采取科学措施保证栽植成活，是实现槭树园早实丰产、稳产的基础。综合考虑槭树树种的生物学及生态学特性和地形、地势、土壤条件等因素是选择造林地、保证造林质量和提高造林效率的基本要求。槭树造林地园址选择的基本要求如下。

1. 气候条件

造林地的气候条件要符合计划发展槭树对环境条件的要求。元宝枫、五角枫建园地气候要求为，年平均温度为 8～15℃，绝对最低温度 ≥–35℃，绝对最高温度 ≤40℃。无霜期 160～240 天，年日照时数 3000h，≥10℃积温 4000～4500℃。从地理分布看，30°～40°N 为适宜的栽培区域。适宜元宝枫、五角枫生长的年平均气温 9～16℃，极端最低温度大于–35℃；无霜期 160 天以上，栽植造林地早春无大风，无严重的晚霜冻害。

2. 地形

槭树大多为喜光树种，需要充足的光照，建园应选择背风向阳的山地、平地及排水良好的沟坪地,以平地或缓坡地为佳。山地建园时应选择南向坡,其坡度应在20°以下。建园海拔宜选择在 300~3500m。选择背风向阳、光照充足、通风良好、交通便利、自然灾害较轻的中上位水平梯田、川台地、沟坝地、反坡梯田建园,不宜在霜冻易发区、冰雹多发地带建园。

3. 土壤状况

土壤以保水、透气良好的壤土和砂壤土为宜,土层厚度应在1.0m以上;土壤 pH 6.0~7.8,无污染;以土壤肥沃,有机质含量达到 0.8% 以上,土层深厚,活土层在 60cm 以上,土壤团粒结构好的为最好。地下水位应在地表 2m 以下。沙荒地及轻盐碱地,通过合理规划,改良土壤,设置排灌系统,也可栽培元宝枫、五角枫等槭树。

4. 水利条件

开展宜林地和困难立地造林是增加森林植被、遏制水土流失、改善生态环境、维护生态安全的重要途径,对解决"三农"问题、推进社会主义新农村建设、促进社会经济健康发展具有重要作用。因此,根据槭树喜湿润但不耐涝的生态习性要求,栽植地要有较好的灌溉条件,要有水源保障,排水系统要畅通。

5. 其他条件

根据无公害食品生产要求,应选择空气清新、水质纯净、土壤未受污染、具有良好农业生态环境的地区建园,尽量避开繁华都市、工业区和交通要道。

二、造林地选择原则

槭树造林主要是宜林地造林和困难立地造林。宜林地是指各种适合种植林木的土地,通常包括采伐迹地、火烧迹地、林中空地等无林地和不利于农作物种植,而宜于林木生长发育的一切荒山荒地、农耕地、撂荒地、四旁地(村旁、宅旁、路旁、水旁)、已局部更新的迹地、次生林地及林冠下造林地和城市中适于植树造林绿化的空隙地等。困难立地是指土地地况恶劣、侵蚀强烈、植被稀疏、不能进行造林的立地,包括高陡荒坡、风沙侵蚀土地、石漠化山地、滨海滩涂、干热河谷、干旱贫瘠石质山地、盐碱地、崩塌滑坡泥石流堆积、水岸涨落带、重污染土地、采矿迹地、尾矿堆积场、道路高陡边坡和弃渣场等(沈国舫和翟明普,2011)。宜林地造林和困难立地造林关键在于造林苗木成活困难,其难点包括地理位置偏僻、水资源匮乏、土壤水分有效性低、气候条件不适宜植物生长、土质不适、地段陡峭不易进行栽种、苗木蒸散强烈、苗木根系再生困难、种植技术落后等。为此,造林地选择必须遵循以下基本原则。

1. 合理选择地形

综合考虑当地的土壤条件、地势、地形等因素,全面、正确地认识和客观地评价林地实际的立地条件是造林地选择的必要条件。其中,立地就是影响树木或树木的生长发育、形态和生理活动的地貌、气候、土壤、生物等各种外部环境条件的总和。地形是立地因子之一，在进行林木种植时，造林地的海拔及坡向等条件的差异，对树种生长产生的影响是比较显著的。海拔会对该区域的气温、降水等造成非常明显的影响，在海拔不断增加的情况下，气温会越来越低，高度每升高 100m，温度通常会下降 0.5℃左右。空气具备的绝对湿度会出现相反的变化，海拔越高湿度就会越低，其相对湿度在夏季也会呈现这种变化趋势。从降水量层面来看，一般海拔越高降水越多，其中还会出现一个最大的降水带，超过后降水又呈逐渐减少的趋势。对于坡向的选择来说，阳坡所具备的日照时间较长，而且温度高，有较强的太阳辐射，结霜降雪也会稍迟一些，而且土壤解冻会比较早，湿度比较低，阴坡的各种条件是与其相反的。一般来说，在海拔较高的地方适合种植抗寒性能强的植物，低海拔地带则应种植喜温树种；阴坡适合种植抗风、抗寒的树种，阳坡应种植喜温的植物类型。将园地选在适宜槭树生长发育的最适区和最佳地块。

2. 客观分析水文条件

水文条件是指已知水体的具体特征状况。例如，含水量多少，汛期什么时候，水能资源丰富程度等。在判断区域内的水文条件时，可从以下几个方面着手，分别为含沙量、汛期、结冰期及净流量。河流流经的主要地区是分析含沙量情况的前提条件。例如，黄土高原是黄河的主要流经区域，黄河含沙量相对于其他河流来说较大。汛期主要是针对河流经过区域的气候状况进行客观分析。在考察结冰期时，需要针对具体的河流。我国北方地区温度较低，河流结冰期相对较长。净流量分析具有一定的综合性，需要融合支流汇入情况及所在地降水情况来判定，所以其复杂性较为明显。

3. 明确土壤条件

充分了解造林地的地形特性及其变化规律、水文条件、土壤情况及正确合理地规划立地既是贯彻适地适树原则的内容，又是拟定合理的造林技术措施、提升造林工作的质量和效率的基本要求。在探究土壤性质时，可从物理性质及化学性质两个角度进行。土壤酸碱度（pH 值）、盐分浓度是土壤生存过程当中涉及的两种主要化学性质指标。在种植时一定要重视土壤实际 pH 值。

4. 地价因素和劳动力条件

槭树种植园占地面积较大，地价高低对其利润、效益的实现影响很大，所以选址地点的地价是必须考虑的因素之一。此外，种植园所采用的高效种植模式与智能化管理和机械化管理对劳动力素质要求较高，故必须要有数量充足、素质较高的劳动力资源。

5. 利用现有的基础设施

为减少成本，避免重复建设，尽量利用现有道路、水渠、护坡、防护林等基础设施。为了对外交通便捷，园址选择应尽量靠近交通主干道出入口。

6. 周围有足够的发展空间

槭树种植业的发展是当地的主要产业结构，它与提升农民的生活水平息息相关，故种植园选址要为后期相关产业发展留有足够的发展空间。

三、选择指标

（一）自然因素

（1）水资源条件：河流水面、地下水资源；
（2）地形条件：地貌、坡度；
（3）地质条件：地质稳定性；
（4）土壤条件：土壤厚度、pH、盐分浓度；
（5）植被条件：森林覆盖率。

（二）农业资源因素

（1）利用现状：利用现状；
（2）特色农业：特色产品；
（3）生产状况：生产潜力、生产效益、劳动力密集程度；
（4）排水条件：排水条件。

（三）区位因素

（1）经济区位：供给区区位、需求区区位；
（2）交通区位：主干道、次干道、高速路口、汽车站。

（四）限制因素

（1）污染程度：大气污染、水污染、土壤污染；
（2）政策导向：规划制约。

四、选址程序

（一）选址约束条件分析

选址时，首先要明确建园种植的必要性、目的和意义，然后根据种植规划，确定所需要了解的基本条件，以便大大缩小选址的范围。

（二）收集整理资料

一般通过成本计算，根据约束条件和目标建立标准，从中寻求费用最小的方案。采用这种选择方法，寻求最优的选址，必须对业务量和生产成本进行正确的分析和判断。

（三）地址筛选

对所得的上述资料进行充分的整理和分析，考虑各种因素影响并对需求进行预测后，就可初步确定选址范围，即确定初始候选地址。

（四）定量分析

针对不同情况选用不同的标准通过多元统计分析等技术对候选地址各因素指标进行定量分析和比较，得出结果。

（五）结果评价

综合市场适应性、购置土地条件及服务质量等，对对比结果进行分析评价，确定是否有现实意义和可行性。

（六）检验

分析其他影响因素，分别就比较结果的可行性对影响程度赋予一定的权重，进行复查，如果复查通过，则符合条件。

总之，选择种植园地址时，需要从整体上进行平衡和分析，既考虑宏观又兼顾微观，最终加以确定。

根据造林地的气候、土壤和土地利用的历史情况和树种的生物学与生态学特性，在对造林地的自然条件特点和生产潜力做出综合判断的基础上，槭树造林地首先是符合条件的坡耕地、采伐迹地、宜林荒山荒地，其次是灌丛地，再次是疏残林地（郁闭度在 0.2以下）及需改造的低产人工林。注意保护好造林地周围的天然次生林和生物的多样性，不得砍伐或变相砍伐有保留价值的天然林来发展人工林。一般要求选择土壤厚度 60cm以上、pH 6.0～7.5、地下水位 1.0m 以下、盐含量 0.2%以下、海拔 400～1500m 的壤土和砂壤土（含沙量占 80%，黏土占 20%左右的土壤，为介于壤土与沙土之间的土壤）。元宝枫造林地宜选择土层深厚、肥沃、排水良好的阳坡或半阳坡缓坡林荒地和坡耕地。以生产果实为主的元宝枫丰产林地，要选择在 38°N 以南、海拔 1300m 以下、土层较为深厚的缓坡地；以收获叶片或生态防护为主的元宝枫林，可适当扩大栽培范围。

第二节　规　划　设　计

造林规划设计是绿化造林的基础。它是根据自然生态规律，通过实地调查、科学分析，制定的一整套绿化造林规划方案。造林规划设计的内容包括树种选择与配置设计、整地方式设计、造林季节与造林方法设计、抚育管理设计等。造林规划设计要遵循自然生态效益、社会效益和经济效益综合考虑和因地制宜的原则。为了提高造林质量，充分发挥林木速生丰产和改善生态环境的潜在能力，实行科学造林和集约经营，在造林前必须认真进行造林规划设计，避免盲目性，保证科学施工。

一、规划设计的原则

造林规划泛指造林工程结合实际情况详细拟定造林规划设计方案，方案内容主要涉及造林规模、造林部署、工程进展、造林技术等。造林规划设计重点是完全呈现造林地区的土地功效，加快树木栽种的生长速度，营造良好的成长环境（国家林业局科学技术司，2000）。为彰显造林规划设计的合理性与严谨性，造林规划工作设计需要全面考虑对树木种植地区的地质条件、生态状况、经济发展情况。为凸显造林规划所具备的非常强的系统性与原则性及适应现代林业建设的需要，需要通过计算机技术利用模拟设计提升造林规划设计工作质量和效率。为了加强造林规划的严谨性，需要遵循下列原则。

1. 目标定位

造林规划设计依造林目标而定。造林目标因林种不同而不同。用材树种造林的目标是速生、优质、丰产、稳定和健康。生态经济林造林的目标是根据树种的生长发育特点，通过不同生态经济型树种不同品种不同配置模式下林分和群落结构对生态环境的改善效果及产品产量、生物量的综合分析比较，选择生态和经济效益的最佳结合点；通过不同集约管理模式的生态经济型综合栽培新技术的示范，为工程造林提供新技术和方法；通过产供销一条龙产业化模式，逐步实现生态经济型的产业化发展新途径。规划设计应确定主导功能、生长、产出和生态经济效果。

2. 适地适树

综合考虑各地造林地区自然环境情况，选择适合的造林地和造林树种，并依据地形、土壤、植被等因子进行规划设计，因地制宜培育和建立生态经济林的经营模式并进行科学的配套组装，以迅速提升造林工程的质量，促进生态修复和经济发展。

3. 生态优先

规划设计要在充分保护造林地上已有的天然林、稀有植物、古树和野生动物栖息地，不对自然生态系统形成不可逆的不良影响前提下，设计建设高效生态经济型经营基地，建立生态经济型的复合经营模式以实现既加快我国生态环境改善的步伐，又能使农民走上快速稳定的致富道路，促进山区经济持续健康的发展的双赢。

4. 多样性

规划设计时，要根据造林目标和树种的生物学特性，注重生态效益和经济效益的有机结合，选择适宜的造林方式设计造林模式，避免大面积集中连片营造纯林，提倡营造混交林。要优先选择乡土树种，积极示范和推广应用核桃、扁桃、杏、枣、柿、李、杜仲、树莓、黑莓等具有很好水土保持功能与较高经济价值的经济林树种，实行多树种、乔灌搭配造林。

5. 拓展性

在进行规划设计工作期间，想要确保设计工作的完善，要合理地做好每一项具体工作，结合实际状况对规划设计进行优化，使设计方案的扩展性能够得到最大限度的体现。此外，要在原先的设计方案当中进行内容上的适当补充，同时让相关设计人员更加容易对方案进行改善，让营林生产具有可持续性。

6. 便捷性

便捷性是指在造林规划设计期间，要利用各种有效的方式和新的技术，保证造林规划设计的简便性，尽可能地简化造林环节。要防止在设计过程中出现失误，从而降低造林技术的使用效果。同时要想让造林工作得到顺利的实施，就要保证造林规划设计工作能够满足林业工作的实际状况，让造林工作具有一定的当地适用性。以提升工作效率、缩减造林工程资金为目的，尽量减少设计工作内容，便于工程后续造林工作的开展。

7. 共享性

造林是一项非常烦琐的工作，在进行造林规划设计期间，要全面分析各种主客观因素，要有前瞻性，这样才会使造林规划设计工作具有合理性。现代造林工程在开展过程中要求几个部门一同参加，最终实现各个部门之间的工作任务，共享信息资源，加强各部门之间的沟通协作与交流力度，让有关部门之间能够做到协同配合，确保工作和管理制度的顺利展开。在进行造林规划设计的过程中，要将相关规划内容进行共享，以保证各部门能够在第一时间获得信息，这样可以确保造林规划设计的合理性。

二、规划设计的主要环节

在对造林进行规划的过程中，要以当地的自然地理条件和社会条件为基础，掌握社会、经济的实际状况，然后对其进行全面的分析研究，这样就会提升造林工程的整体质量。此外，要掌握造林规划所在区域的土壤质量、气候情况，然后有针对性地进行规划。而在制订造林计划期间，还要全面地掌握所在地的经济情况，采用合理的造林技术，对各种因素进行综合分析，这样才会造林成功。还要采用先进的造林技术，做好树苗的育种，编制完善的技术方案，这样会让计划得到顺利的实施。在计划实施期间，通过事先设计的方案，有针对性地采用相关的技术，加强预算等，以此让资源能够得到有效的分配，这样就会获得最为理想的工作状态。此外，要根据实际情况，对编制的设计方案进行进一步的调整，以此来满足实际要求，确保整体方案的完善性。

（一）造林规划

造林规划必须以科学的指导思想为基础，明确造林工作的最终目标，然后根据目前的发展状况制定更加科学可行的规划方案和工作计划。造林规划内容主要是对实施营林规划区域内造林的各个环节制定出系统、全面的方案。造林规划的制定，要从今后的发展方向、作业规模、作业效率、作业手段等诸多方面加以考虑，为行政部门做出总体林业规划提供参考数据。

（二）调查设计

详细系统的调查设计对于有效提高营林作业整体的效率和质量具有十分重要的作用，对于按计划完成营林作业具有十分重要的意义（高芳芳和安雅文，2019）。调查设计应综合考虑与造林规划相关的干扰因子，首先通过调查林地资源状况，对林业资源有所掌握，并将现有林业资源应用于实际造林规划设计中去。可以说，调查设计是一项比较复杂的业务内容，要在具有较完备专业知识的设计人员指导下实施。此外，调查设计工作更需要以国有林场现有林木资源和土地资源情况、林场今后的发展目标为基础，通过调查设计来完善造林规划总体实施方案。确保造林作业设计符合当地整体林业发展规划，并受其原则控制、引导；同时林业技术人员要深入山头地块，严格遵循造林设计规程开展外业调查，掌握各地林业状况、立地条件等，做到适地适树，结合实际开展造林作业设计。

（三）施工设计

施工设计也是造林规划设计的重要一环。在规模化进行造林规划施工设计之前，依据规划设计的具体内容，严格参照施工设计里的主要内容进行操作，防止出现一些不应出现的失误。造林规划施工设计的主要内容包括营林作业的造林区域、施工规模与面积、施工的具体完成时间等，在此基础上，出具详细的专业化文件内容，密切配合造林人员完成所设计的造林施工作业任务。施工设计工作服务于后续施工，在确保合理规划、调查属实的前提下，进行施工设计，以便为后续施工提供理论指导。具体包括地点选择、面积确定、树种选择、造林时间等。

三、规划设计的内容

造林作业设计是造林工作的重要依据，科学合理的造林设计方案是有效提升营造林质量和确保造林工作顺利进行的基础。只有严格按照项目的要求，才能根据地区地理位置、地质条件等设计出适合林木生长的造林方案（谭晓风，2013）。

造林规划设计主要包括制订造林规划方案和提供造林设计两项任务。造林规划方案为有关领导和决策部门制订林业发展计划和决策提供科学依据；造林设计是指导造林施工、加强造林的科学性、保证造林质量、有计划地扩大森林资源、改善生态环境、提高经济效益的基础（沈国舫和翟明普，2011）。连片造林面积达 $0.067hm^2$ 以上造林地应进行造林规划设计，工程造林执行国家林业行业标准（LY/T 1607—2003）的规定，非工程造林可结合实际简化作业设计内容。

规划设计的主要内容包括以下两方面。

（一）园地调查

在进行元宝枫园地规划前，必须对建园地点的基本情况进行详细调查，调查内容包括：社会经济情况、元宝枫生产情况、气候条件、地形及土壤条件、水利条件、土地利用现状等。

（二）园地规划

元宝枫园地选择好后，应组织有关科技人员到现场勘察，将园地形状、面积、土壤质地、土层厚度及原有植被等情况标在自己绘制的草图上或从地质部门索取的正规图上，再进行全面综合规划。规划内容包括整体规划、路网规划、排灌规划、林网规划、元宝枫园规划、水土保持工程与建筑物的安排等。

1. 整体规划

为了便于生产管理和园内各项主要设施的布置，首先要划分几个大的区域，如生活区（行政或管理中心、旅游文化区等）、加工区（主要是厂房、仓库等）、元宝枫园区（元宝枫园、其他经济作物等）等。

通常各类用地所占面积比例为，元宝枫园用地 65%～80%，农业设施用地 3%～8%，植树及其他用地 10%～15%，道路、水利设施等 10%～17%。在元宝枫园地中，元宝枫栽植面积 80%～85%；防护林 0～5%；道路 4% 左右；办公生产生活用房屋、苗圃、蓄水池、粪池等共 7% 左右。在具体规划设计中要根据元宝枫园发展目标，有不同情况和要求的可灵活变更，如旅游观光园地可适当减少元宝枫园用地来增加附属功能区面积。

2. 栽植区的划分

园内栽植小区面积、形状、方位应与当地的地形、土壤、气候特点相适应，要与园内道路系统、排灌系统及水土保持工程的规划设计相互配合。按照总体规划设计，小区按坡向进行划分，如梯田式带状建园，则要求梯面 2～3m，每小区 0.7～2.0hm²；平地面积一般不宜过大，每小区 2.0～3.3hm²；在地形变化不大、耕作比较方便的平地，小区呈长方形，长边与行向一致，南北向延伸，一般南北长度不超过 140m；有风害的地区，小区长边应与主害风方向垂直。山地园地形复杂，土壤、坡度、光照等差异很大，每个小区面积可根据具体情况确定。

有条件时，可以做水肥一体化（滴灌和喷灌等设施），在较大面积园内，要在园中配置蓄水池，以解决喷药、施肥和抗旱应急等用水问题。

3. 路网规划

园内道路设置应与小区划分相配合，一般分为干道、支道和步道，互相连接组成道路网。干道是连接各生产区、加工厂和园外公路的主道，一般路宽 6～8m，全园共通，能供两辆车对开行驶，并能连接附近公路或小路；支道是园地划分区片的分界线，连接或贯穿小区，供园区日常管理操作使用，其宽度以能通行手扶拖拉机和人力车为准，一般宽 4～5m；步道是田园地块和梯层间的人行道，宽 2～3m。有条件的主干道可硬化，道路两旁安装路灯。一般大中型元宝枫园的道路系统包括主路、支路和小路。主路应直接与外界公路相通，贯穿全园，宽 5～8m；山地元宝枫园的主路可以盘山而上或呈"之"形上山，其坡度小于 7°，转弯半径大于 10m。支路横贯于各小区之间，与主路垂直相接，宽 3～5m，能通过拖拉机，平原区支路间距一般不超过 140m，山地以适当缩小；山地元宝枫园的支路一般沿坡修筑，坡度不超过 12°。小路是贯通小区树行或梯田各台面的通道，宽 1～3m 为宜。小型元宝枫园可减少非生产用地，不设主路和小路，只设支路。凡是在规划之中的道路、树木要尽量保留，地面杂草直接翻入土中，对高低不平的地形加以整平改造。

4. 排灌规划

园内排灌设施包括保水、灌水、排水三方面，主要由渠道、主沟、支沟、隔离沟和水库、塘、管道和机埠组成。

元宝枫园内大大小小的排灌沟渠应与主道、支道、生产道旁的沟结合起来，做到既能浇水又能排水，达到排水、灌溉、隔离沟（防护林网与元宝枫园之间的沟）三结合，实现蓄水抗旱和解决施肥、喷药用水。

山地元宝枫园应结合水土保持工程修水库、开塘堰等,以保蓄降水;平地元宝枫园,除引水修渠扩大灌溉面积外,对于易造成涝害的地带,要注意排水系统的设置。

1)灌溉系统

园内灌溉系统可分为地面灌溉、地下灌溉和小管出流灌溉等。

(1)地面灌溉:地面灌溉包括漫灌、畦灌、沟灌、穴灌等。

(2)地下灌溉:地下灌溉是利用埋设在地下的渗水管道,将灌溉水直接送入植物根系分布层,借助毛细作用自下而上浸湿土壤,供元宝枫树吸收利用的灌水方法。这种方法蒸发损失少,便于田间耕作管理,适宜施用液体肥料。

(3)小管出流灌溉:小管出流的出水管直径在 4mm 左右,一般水中的杂质可以通过小管直接排出,不会造成出水管堵塞。每个出水小管基部装有一个自动流量调节器,可以根据压力大小自动调节出水量。小管出流支管控制面积不超过 3.3hm^2,走向与行向垂直。

2)排水系统

园内排水系统有明沟排水和暗沟排水。

(1)明沟排水:山地或坡地园地常用的排水系统,对于维持梯田的牢固、减少水土流失等具有重要的作用。平地元宝枫园通过排水渠排水;山地元宝枫园的排水系统按自然水路网的走势,由顶部集水的等高沟与总排水沟及拦截山洪的环山沟(亦称为拦山堰)组成。

(2)暗沟排水:在地下埋设排水管道或其他填充材料,形成地下排水系统,将地下水降低到要求的深度。暗沟排水不占用行间土地,不影响机械管理和操作,但造价较高。

根据地形、地势和种植方向设置主排水沟,沟的宽和深为 50~60cm,可设置在道路两侧,若挖排水沟较长,则需隔段距离设 1 个小水坑或拦水坎,以缓解水的冲刷力度;梯台仅在后壁开沟即可,沟深宽均为 20~30cm,形成节断沟,起到能排能蓄的作用。

5. 林网规划

防护林网不仅可保持水土、涵养水源,提高相对湿度,还可以减低风速,调节寒冬与炎夏的气温,避免或减轻元宝枫受害。同时增加了用材林,美化了园区环境并提供林副产品增加收入,还可为元宝枫园提供有机肥料。

规划营造防护林带,首先要确定林带的方向、林带间的距离、林带的结构和构成树种。宜从当地地形、气候出发,选择树种的依据首先是与元宝枫树相生,提高元宝枫叶果品质。要求与元宝枫树不互相传播病虫害,实现生物多样性。

主林带可设在山脊、风口处或者在茶园西侧、北侧,可用乔木+灌木 4~6 行,白皮松行距 1.5m,株距 1.0~1.5m,侧柏行距 1m,株距 0.3~0.5m,蜀桧(又称为塔柏)行距 1m,株距 0.5~1.0m。副林带是主林带防护效果的补充,一般是(主林带未来树高+地势–1m)×10=副林带间距。可设在路边、渠道旁、地埂上,可种乔木、灌木 2~3 行,常用树种有白皮松、侧柏等。副林带东西路一般设在路南,路北为观光树;南北路一般设在路东,路西为观光树。在地埂可以间作相生树种,如板栗、柿树等。

常用稀疏透风林带,该林带由乔木组成,或两侧栽少量灌木,使乔灌之间有一定的空隙，允许部分气流从中下部通过。山地元宝枫园主带应规划在山顶、山脊及风口处，与主害风的方向垂直，间距 200~400m；副林带与主林带垂直构成网络状，中心间距500~600m。平地元宝枫园的主林带也要与主害风的风向垂直，副林带与主林带相垂直，主副林带构成林网。防护林最好与元宝枫树同年或提前一年栽植。主要防护林树种有杨、柳、杜仲、紫穗槐、酸枣、荆条等。

6. 辅助建筑物

辅助建筑物包括办公室、宿舍、库房、晒场、堆贮场、饲养场、看护亭等，园内建筑物规划，应以宁少勿多、不占沃土、方便实用为原则，以节省土地和造价，降低建园成本。

7. 水土保持措施

山地及丘陵地建园，修筑水土保持工程是头等重要的大事，是建园成败的关键。水土保持工程主要为隔坡沟状梯田，梯田应沿等高线修筑，梯田面的宽度与坡度有关，一般田面宽 2~3m。

第三节 配 置 模 式

造林模式是根据不同区域、不同立地条件下存在的生境差异对造林成活率、保存率及生长量的影响，而研究和总结出来的不同建设思路和技术措施（国家林业局科学技术司，2000a；2000b）。造林模式针对性强、系统性好，对于提高造林工程质量、加快生态环境建设的步伐意义重大。造林模式因立地条件、造林树种、造林目的及造林技术等不同而异，选择高效的造林模式是进行槭树丰产栽培，实现优质高效目标的重要技术措施。现就适于槭树造林的几种高效配置模式介绍如下。

一、防护生态型

（一）防风固沙林

元宝枫/五角枫+樟子松（油松、刺槐、榆树、杨树、柳树、山杏、枣树、紫穗槐、沙棘、锦鸡儿、踏郎、黄柳、柽柳、沙柳、柠条、沙地柏等）混交林。

适用立地条件："三北"干旱、半干旱地区，内蒙古高原及辽西平原地势平缓开阔的沙地、沙盖漫滩及起伏较小的丘陵漫岗地。黄河上中游汾渭平原冲积沙地，关中平原泾、洛、渭河三角洲地带及渭水平原沿河两岸有沙丘的地方。

整地：土质疏松、植被稀少的地块可随开沟随造林。沙化土地不提前整地，在不致引起风蚀的地段可提前耕种一年，代替整地。非沙质土壤应在前一年雨季翻耙带状整地，带宽 1.5~2.0m。

混交树种：樟子松、油松、刺槐、榆树、杨树、柳树、山杏、枣树、紫穗槐、沙棘、锦鸡儿、踏郎、黄柳、柽柳、沙柳、柠条、沙地柏等。

混交类型及比例：元宝枫+樟子松/油松+沙柳混交，混交比例 1：1：2。元宝枫+沙柳混交，混交比例 1：3。

混交方式：带状混交。一般是一条沙柳带和几行乔木混交，乔木行与灌木沙柳带之间的距离为 2.0～4.0m，乔木株距 3.0m，行距为 4.0m，沙柳带之间的距离为 16.0～24.0m。图 8-1 为行间混交示意。

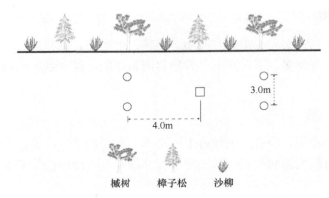

图 8-1　沙地松+槭+沙柳混交型水土保持林营造模式

造林技术：春季用机械开 40～50cm 的沟，沟内挖坑栽植高度 0.8m 以上、地径 0.6m 以上的 2～3 年生元宝枫苗木和 3～4 年生樟子松/油松苗木，或用 2～3 年容器苗按 1.5m×2.0m 的株行距穴植造林。每穴 1 株，栽后踏实，灌足定根水。流动沙丘造林时，先在中型流动沙丘的迎风坡中、下部沿等高线栽植沙棘、紫穗槐、芦竹等草灌植物，行间混交；在背风坡基部扦插根系发达、耐沙割沙埋的沙柳，株行距 1.0m×1.5m，形成前挡后拉态势。待丘顶被拉平基本稳定后，再在草灌行间栽植元宝枫，形成乔灌草混交的防风固沙林。固定沙丘造林时，在固定沙丘丘间低地内，根据立地条件、面积大小，因地制宜地营造元宝枫与杨树、柳树、榆树、刺槐混交防护用材、用果林，带状或块状混交。

抚育管理：新植幼树过冬时需用土全部埋严，翌年 4 月下旬再将其扒出。苗木成活后适时定干，并根据情况适当施肥、排灌水、整形修剪，促进早成形，早挂果。每年松土除草 3～4 次，或间作黄花菜、花生、豆类、药材、薯类作物等，以耕代抚。及时防治病虫害。结果后应及时清除密集、交叉、重叠、直立的徒长枝，以便均衡树势，保证高产稳产。灌木要适时平茬复壮。

（二）水土保持林

元宝枫（五角枫）纯林；元宝枫/五角枫+云杉（油松、圆柏、白榆、青杨、小叶杨、山杏、刺槐、白榆、沙棘、柠条、紫穗槐等）混交林。

适宜立地条件：黄河上中游黄土丘陵、黄土沟壑区，干旱山区坡陡沟深、干旱缺水、降雨集中、水土流失严重的浅山区，年平均气温 6℃以上、年降水量不足 400mm 的黄土丘陵沟壑区土层深厚、肥沃、排水良好的阳坡或半阳坡缓坡宜林荒地和坡耕地。

　　整地方式：一般缓坡地带采用带状整地，土层较薄、坡度较陡的宜林地采用穴状整地或水平阶、水平沟、反坡梯田整地。

　　整地时间：造林前一年雨季和秋季，最好在造林前一年 5～6 月第一场透雨后整地。

　　整地规格：采用沟状或坑状整地。沟状整地：长度依地形和造林面积大小而定，沟间距一般为 250～300cm，宽、深各为 60～80cm；坑状整地：长 120～200cm，宽、深各为 60～80cm。将坑的上方坡面修成扇形、长方形或三角形集水区，面积 6～20m^2，然后在其两边修小引水沟，把径流引入栽植穴内。

　　防渗、保墒处理：整修后的集水区必须扎实拍光，以便有效地减少水分入渗，尽可能多地将坡面径流汇入树坑。有条件的地区可以喷涂乳化沥青或铺塑料薄膜进行防渗处理。

　　混交树种选择：干旱阳坡、半阳坡可选沙棘、柠条、怪柳、四刺滨藜、山杏、祁连圆柏等树种，阴坡、半阴坡可选用青杨、小叶杨、云杉、油松、沙枣、白榆、沙棘等树种。气候较暖和的地方可选择核桃、花椒、苹果、杏、梨、桃等树种。

　　混交方式：以带状、块状为宜。混交比例 5：5（图 8-2）。

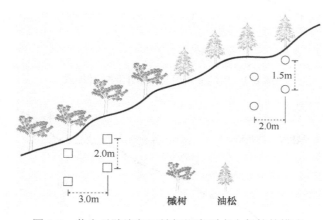

图 8-2　黄土丘陵沟壑区针阔混交型水土保持林模式

　　造林密度：3.0m×2.0m（1650 株/亩）。元宝枫、油松、侧柏、白榆、刺槐造林密度为 2.0m×3.0m（1650 株/亩）。紫穗槐造林密度为 1.0m×2.0m（4500 株/亩）。

　　造林方法：元宝枫及其他阔叶树种选用符合质量标准的 1～2 年生苗，针叶树选用 3～4 年生苗，均于春季植苗造林。造林时根据坑穴长度，每个坑穴中栽植 1 株苗木。例如，营造乔灌混交林，每穴可栽一乔一灌，分别置植于坑穴左右两侧距坑壁 20cm 处。

　　抚育管理：造林后覆盖塑料薄膜或枯草以蓄水保墒，暴雨后及时修整蓄水坡面和栽植穴；对幼树及时抹芽、修枝、松土、除草，防治病虫鼠害和人畜危害。紫穗槐第 2 年起可开始平茬利用。可捕杀或用苏云金杆菌或青虫菌 500～800 倍液喷杀金花虫、榆毒蛾等危害榆树的幼虫。

（三）水土侵蚀防护林

　　元宝枫/五角枫+刺槐/紫穗槐/荆条：密度 110 株/亩，混交方式带状混交或行间混交，混交比例 5∶5，元宝枫/五角枫株行距 4.0×3.0m（55 株/亩），整地规格 80cm×60cm×40cm。油松株行距 2.0m×2.0m（166 株/亩），整地规格 40cm×40cm×40cm。刺槐/紫穗槐/荆条的株行距 2.5m×2.0m（111 株/亩），整地规格为 60cm×50cm×40cm。该模式元宝枫/五角枫和刺槐都是阔叶树，可缓冲雨水直接冲击地表。刺槐/紫穗槐是豆科植物，有固氮作用能促进元宝枫/五角枫生长旺盛，加之密度不大，地表有杂草丛生，保持水土作用明显（图 8-3、图 8-4）。

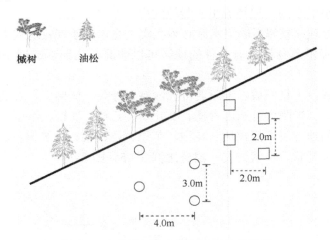

图 8-3　山地针阔混交型水土保持林模式

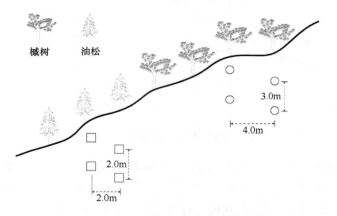

图 8-4　缓坡地针阔混交型水土保持林模式

（四）路坝防护林

　　元宝枫/五角枫+油松/国槐/侧柏/桧柏：密度 55 株/亩，混交方式带状混交，混交比例 6∶4。元宝枫/五角枫株行距 4.0m×4.0m（42 株/亩），整地规格 80cm×60cm×40cm。油松/国槐/侧柏/桧柏株行距是 2.0m×2.5m（67 株/亩），整地规格 100cm×80cm×60cm。元宝枫/五角枫与油松/国槐/侧柏/桧柏呈"品"字形排列。该模式防风固沙、冬青夏荫，是护路林的理想模式（图 8-5）。

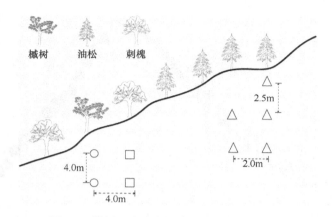

图 8-5　针阔混交生态经济型防护林营造模式

二、水源涵养生态型

元宝枫（五角枫）+青海云杉（紫果云杉、青扦、樟子松、油松、白桦、山杨、油松、华北落叶松、祁连圆柏、沙棘、小檗等）混交林。

适宜立地条件：黄河、长江源头的高寒湿润地区，黄河上中游黄土高原的陕西、山西的天然次生林区及其他自然条件相似的地区（国家林业局科学技术司，2000a）。

混交树种选择：阳坡选喜光、耐瘠薄的树种，阴坡选耐寒冷、耐阴湿的树种。主要造林树种有青海云杉、紫果云杉、青扦、白桦、山杨、油松、华北落叶松、祁连圆柏、沙棘、小檗等。

混交类型及比例：配置比例为针叶树50%，阔叶树40%，灌木10%。阴坡应加大针叶树比例，阳坡应加大灌木比例。干旱、寒冷的平缓地段的元宝枫+樟子松/油松+沙棘等针阔混交林，混交比例1∶1∶3。海拔较高、坡度较缓的地段的元宝枫+沙棘+草类乔灌草混交林，混交比例1∶1∶3。

混交方式：带状混交。每个树种2～3行，混交林带走向沿等高线设置（图8-6、图8-7、图8-8）。

整地形式：带状或块状整地。带状整地：长3.0～4.0m，宽1.5～2.0m，带间距3.0～4.0m。块状整地：1.0m×1.0m或2.0m×2.0m。草皮要翻松、打碎，拣除树根、草根。

造林技术：春季选用符合质量标准的2～3年生元宝枫苗木按3.0m×2.0m或3.0m×3.0m的株行距，3～4年生樟子松/油松/落叶松等苗木按2.0m×2.0m的株行距，青杨、沙棘等苗木按1.5m×1.0m或2.0m×2.0m的株行距穴植造林。

抚育管理：造林结束后及时补植和进行松土除草。并按山系、流域进行封山育林。在人畜危害严重的地区，采取建网围栏、筑防护墙、挖防护沟等防护设施，制定严格的管护制度，设专人管护，进行全面封禁。封育期严禁人为活动、樵采和放牧。加强病、虫、鼠害防治，杜绝森林火灾。

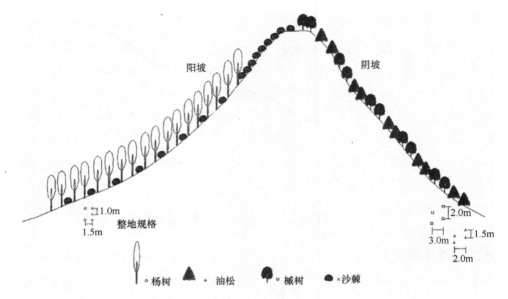

图 8-6　山地水源涵养林模式 1

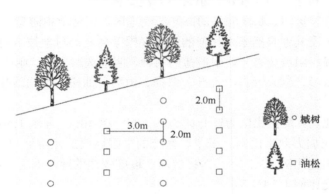

图 8-7　山地水源涵养林模式 2

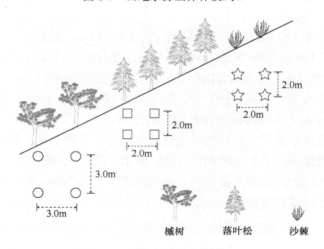

图 8-8　山地水源涵养林模式 3

三、生态经济型

（一）生物产量生态类

元宝枫（五角枫）纯林，元宝枫/五角枫+樟子松/文冠果/山杏（花椒、柽柳、文冠果、柿、桑等树种）混交林。

适宜地条件："三北"半干旱地区，内蒙古高原及辽西平原的沙区、山区；黄河上中游黄河峡谷地、黄土高原沟壑区和丘陵沟壑区。

混交树种选择：樟子松、文冠果、山杏、花椒、柽柳、文冠果、柿、桑等树种。

混交比例：1：1。混交方式：带状混交（图8-9）。

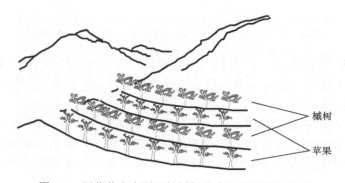

图 8-9　渭北黄土高原埂坎槭树生态经济林营造模式

整地：沙地一般起伏不平，为了方便灌水和经营管理，首先要平整土地。梁峁山坡采用水平沟、水平阶和鱼鳞坑等整地。塬面平坦地造林时大穴栽植，规格为 100cm×100cm×80cm。残塬、沟坡、沟谷地提前一年沿等高线垒石造田，缓斜坡地段垒 4m 宽外高内低的水平带。陡坡地段挖"品"字形配置的大鱼鳞坑，株行距 3.0m×4.0m，规格为长径 2.0m、短径 1.5m、深 1.0m。拣出坑内石头，回填土肥。新修、整修埝地（条田）、梯田，田边筑埝，在距地埝边缘 50cm 处挖坑，坑径 60～80cm，株距 3m，回填土时混入 20～25kg 有机肥。

土壤改良：因沙地土壤结构松散，有机质含量少，保水、保肥能力弱，容易干旱，造林时需更换部分土壤，增施底肥。方法是将表土和底土分别放置，先将表土拌农家肥 100kg 后施入坑内，然后填入底土，踏实。

栽植密度：根据地势、土壤、气候和管理条件的不同，可分别采取 3.0m×4.0m、4.0m×5.0m、5.0m×6.0m、5.0m×5.0m 集中密度（图8-10）。

造林技术：春季选用符合质量标准的 2～3 年生元宝枫苗、文冠果苗及 3～4 年生樟子松苗穴植造林。以产果为主的元宝枫纯林和混交林可采用矮化密植型和乔化稀植型两种栽培方式。在立地条件好、土层厚、灌溉条件方便的地方采用矮化密植型，株行距 2.0m×3.0m（1650 株/亩）；在稍有坡度的地方采用乔化稀植型，株行距 3.0m×4.0m（825 株/亩）。以产叶为主的元宝枫，可栽培于坡度在 10°以上的地方，密度为 2.0m×2.0m

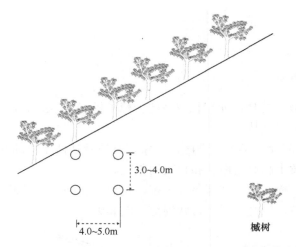

图 8-10 渭北黄土高原丘陵沟壑区槭树经济林营造模式

（2340 株/亩）；也可采用每穴 4～6 株的丛状栽植方式，主干高 0.50～0.70m，形成四射状。栽后踏实，灌足定根水。早秋、晚春或雨季植苗均可，以晚春为好，每穴 1 株，注意栽后踏实，浇足定根水。

抚育管理：苗木成活后适时定干。每年松土除草 3～4 次，或间作、豆类、药材、薯类作物等，以耕代抚。注意及时防治病虫害，适当施肥、灌水、整形修剪，促进早成形，早挂果。结果后应及时清除密集、交叉、重叠、直立的徒长枝，以便均衡树势，保证高产稳产。

（二）生态生物产量类

元宝枫/五角枫+连翘/柠条/金银花：密度 302 株/亩，混交比例 6∶4，带状混交。元宝枫/五角枫株行距 2.0m×2.5m（80 株/亩），整地规格 80cm×60cm×40cm。连翘/柠条/金银花株行距 1.5m×2m（222 株/亩），整地规格 60cm×50cm×40cm。该模式防风固沙、固氮，具有保水、固土、改良土壤的作用，元宝枫/五角枫、连翘叶可做茶，元宝枫/五角枫果实可制取高级食用油。柠条的叶可做饲料、条可编织，果可榨油。金银花叶可做茶，花、果可入药，经济效益也十分可观（图 8-11）。

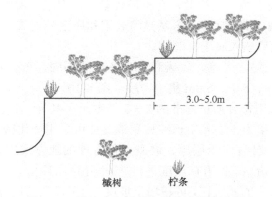

图 8-11 坡地台田槭树生态经济林营造模式

（三）生态产品产量类

　　元宝枫/五角枫+山杏/山桃/核桃/枣：密度 98～213 株/亩，混交比例 5∶5，带状混交，元宝枫/五角枫株行距 2.0m×2.5m（80 株/亩）。山杏/山桃株行距 1.5m×2m（110 株/亩），整地规格均是 60cm×50cm×40cm。核桃 18 株/亩，整地规格 100cm×100cm×100cm。枣树株行距 2.0m×2.5m（133 株/亩），整地规格为 80cm×60cm×40cm。该模式具有防风蓄水保土、净化空气作用，元宝枫/五角枫、山杏/山桃/核桃/枣果品产量高，用途广，经济效益也十分可观（图 8-12、图 8-13、图 8-14）。

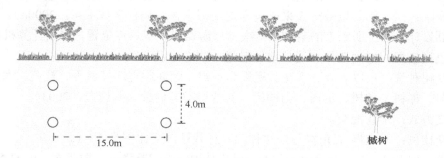

图 8-12　平原农林间作槭树经济林营造模式

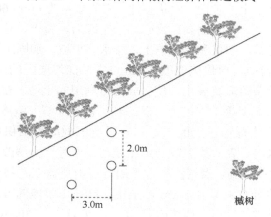

图 8-13　低中山地区槭树水保经济林营造模式

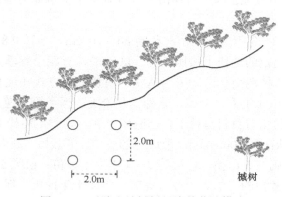

图 8-14　丘陵山地槭树经济林营造模式

四、生态观赏型

（一）风景名胜区、自然保护区生态观赏类

元宝枫/五角枫纯林和元宝枫+枫香（杜英、木兰、木莲、木荷、榉树、柿树、椿树、山樱桃、其他槭类树种）混交林；元宝枫/五角枫+松类+紫穗槐针阔混交林，元宝枫/五角枫+紫穗槐+苜蓿乔灌草混交林。

适宜立地条件：长江上游重庆、湖南、贵州山地丘陵区各风景区、自然保护区及景观林建设区；磷、铝、煤等露天采矿废弃地（国家林业局科学技术司，2000b）。

规划设计：在全面踏查的基础上，根据旅游路线、观景点位置，采用计算机模拟技术进行色调搭配、树种选择和造林地址选择，制定建设方案。

混交树种选择：以观叶、观花、观果为重点，因地制宜选择枫香、杜英、木兰、木莲、木荷、榉树、柿树、椿树、山樱桃、其他槭类等树种（藏德奎，2003）。

混交方式：带状混交。

混交比例：元宝枫/五角枫与他树种的隔行栽植混交比例为1：1。

整地：坡度25°以下的荒山、荒地、退耕林地，带状整地，一般带宽1.0～1.5m，深度20～30cm；坡度25°以上的坡面，穴状整地，穴的规格为60m×60m×50m。对于磷矿、铝矿、煤矿等露天采矿区，将先期剥离物回填采空区后，覆土、整平。对露天采矿场边坡进行施以挡墙、抗滑桩、削坡和反压填土、排水、护坡、加固工程等处理，将较陡的边坡变成缓坡或改成阶梯状。对塌陷深度在2m以上的深塌陷区的表土剥离后填入矿渣、煤粉灰等固体废弃物再覆盖剥离表土，使之成为可利用的土地。在难风化矿（石）渣倾倒的沟谷采取修建拦挡库坝等工程措施，保证难风化矿（石）渣库的稳定后覆盖客土。将露天煤矿在开采过程中煤层以上的土层和岩层全部剥离物堆积形成的排土场边坡进行放坡、设石挡和回水沟、表面覆盖等稳定化处理，再进行土壤改良。对于风化程度稍好、表面酸度过大、含盐量高、表层温度过高的矸石山覆盖2.0～5.0cm厚土壤。对于没风化或风化程度极低的矸石山覆盖50cm厚土壤。矸石山整地的方式主要有穴坑整地和梯田整地。穴坑整地时穴的规格一般为穴径50cm、穴深25～30cm。梯田整地可分为水平梯田整地和倾斜梯田整地。因倾斜梯田耐侵蚀且蓄水保墒能力强，所以多采用倾斜梯田整地方式。

苗木规格：采用2～3年生实生苗。苗高80～100cm，地径0.8～1.0cm。

造林技术：①在选定的地块上按照4.0m×4.0m的株行距于春季穴植营造元宝枫纯林或元宝枫+其他观赏树种混交林。②采用丛状、块状造林方式在现有林内空旷地补植元宝枫优质大苗。③选用元宝枫、刺槐、紫穗槐和松类、栎类等抗逆性强、耐干旱、耐瘠薄、生长快的树种及苜蓿等豆科草种于春季造林种草。④元宝枫-松类-紫穗槐树种比例为1：1：3。造林密度：株行距3.0m×4.0m。带状混交。穴植。⑤栽植穴规格：60cm×60cm×50cm。苗木规格：元宝枫、刺槐、白榆、栎类等2～3年生Ⅰ级苗；松类5～7年生苗。⑥造林采取提前挖坑、客土栽植的方法。一般可提前一年或半年挖坑，促进坑内矸石风化，将坑外的碎石、石粉填入坑内，将坑内的未风化矸石捡出，灌足底水，利于蓄水保墒，提

高栽植成活率。

抚育管理：造林后严格进行封育。每年松土除草 2～3 次，或间作药材、豆类、薯类作物，以耕代抚。注意及时防治病虫害，根据情况每年适当施肥、排灌水、整形修剪。林内"天窗"造林地要清理林内病、虫、腐、枯木，改善林内卫生条件，减少病虫害及火灾的潜在威胁。

配套措施：编号登记，建立档案，挂牌保护树木。成立专业护林队伍，建立完善的景区管理制度，在景区主要入口处设置宣传牌，张贴标语，宣告惩罚措施。对采矿（石）区要加强执法保护，严格按照《中华人民共和国森林法》和《中华人民共和国水土保持法》的有关规定，加强矿石区的植被保护、恢复及水土保持工作，及时编报并实施水土保持方案。

（二）景点旁生态观赏类

元宝枫/五角枫+白皮松/侧柏（+黄刺玫/连翘）：密度 160 株/亩，混交方式带状混交，混交比例 6：4，元宝枫/五角枫株行距 2.0m×2.5m（80 株/亩），整地规格 80cm×60cm×40cm。白皮松/侧柏株行距 2.0m×2.5m（80 株/亩），整地规格 80cm×60cm×40cm。黄刺玫株行距 1.5m×2.0m（90 株/亩），整地规格 60cm×50cm×40cm。连翘株行距 3.0m×2.0m（111 株/亩），整地规格 60cm×50cm×40cm。该模式防风、固土、保水。元宝枫/五角枫观赏性好，春观花，秋看叶果。白皮松/侧柏四季常青，黄刺玫早花且花期长，连翘药用价值高。

（三）路旁生态观赏类

元宝枫/五角枫+侧柏/山杏/山桃：密度 120 株/亩，混交比例 6：4，混交方式行状混交。元宝枫/五角枫株行距 3.0m×4.0m（60 株/亩），整地规格 100cm×80cm×60cm。侧柏/山杏/山桃在元宝枫/五角枫中间插一行，与元宝枫/五角枫呈"品"字形排列，株行距也是 3.0m×4.0m，60 株/亩。元宝枫/五角枫树体高大，树干挺拔，树形优美，侧柏四季常青，该模式具有夏有林荫、冬有生气、桃花迎春、枫叶红秋的特点。

（四）村旁生态观赏类

元宝枫/五角枫+山杏/山桃/丁香：密度 226 株/亩，混交方式带状混交。混交比例 5：5，元宝枫/五角枫株行距 3.0m×4.0m（60 株/亩），整地规格 100cm×80cm×60cm。山杏/山桃/丁香的株行距是 2.0m×2.0m（166 株/亩），整地规格为 60cm×50cm×40cm。该模式护坡保土作用明显，丁香香气四溢，山杏/山桃花色艳丽，元宝枫/五角枫秋叶红色，是美化绿化村庄周围的较好模式。

（五）城镇、村庄周围休憩娱乐生态类

元宝枫/五角枫+山桃/榆叶梅/丁香：整地规格 80cm×60cm×40cm。密度 170 株/亩，混交比例 5：5，栽植方式是以丛植为主。3～5 株元宝枫/五角枫为一丛与 3～5 株山桃/榆叶梅/丁香混交，丛内不求整齐，力争自然，丛内株行距可小些，丛与丛之间距离可大些，以便游人在林内休憩娱乐。

五、生物隔离生态型

适宜环境条件：火灾危险地段和人为活动频繁的林边、路边、村边的退耕地。

（一）火灾隔离型

元宝枫/五角枫+山桃/柳树/虎榛子/紫穗槐/山杨：密度302株/亩,混交方式带状混交,混交比例5：5。元宝枫/五角枫株行距2.0m×2.5m,80株/亩,整地规格80cm×60cm×40cm。山桃/柳树/虎榛子/紫穗槐/山杨的株行距是1.5m×2.0m,222株/亩,整地规格为60cm×50cm×40cm。元宝枫/五角枫与山桃/柳树/虎榛子/紫穗槐/山杨呈"品"字形排列,元宝枫、五角枫、山桃的叶片含水量大,防火性能强。

（二）病虫害隔离型

适宜环境条件：山凹退耕地,常与油松纯林交错分布。

槭树、山桃、山杏、连翘等纯林,可与原来油松纯林形成带状针阔混交林,既有利于防火,又能增强林分的抗病虫害性状。

第四节　建 园 技 术

一、高规格整地

槭树造林一般于前1年秋、冬季进行预整地。整地方式多样,因地制宜原则,灵活选用。降水量不足400mm的黄土丘陵和黄土沟壑区,阳坡山地土层较薄,可采用水平梯田、反坡梯田、隔坡梯田等梯田整地方式,沿等高线由下向上逐条修筑（图8-15）。土层较厚地方根据降水量确定集水面积及整地规格,可采用坑状或沟状整地。沟状整地：长度依地形和造林面积大小而定,沟间距离一般为250~300cm,宽、深各为60~80cm；坑状整地：长120~200cm,宽、深各为60~80cm。将坑的上方坡面整成扇形、长方形或三角形集水区,面积6~20m²,然后在其两边修小引水沟把径流引入栽植穴内（图8-16）。

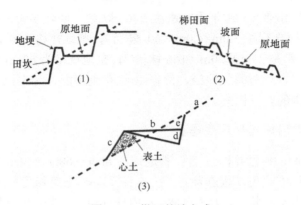

图 8-15　梯田整地方式

（1）水平梯田；（2）隔坡梯田；（3）反坡梯田；a. 自然坡田；b. 田面宽；c. 埂外坡；d. 沟深；e. 内侧坡

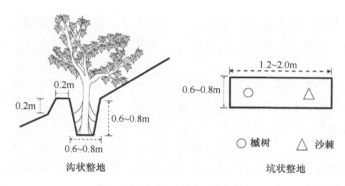

图 8-16 沟状与坑状整地方式

平地通常采用全面整地和穴状整地方式。全面整地深度为 30～40cm，穴状整地规格为 40cm×40cm×30cm；在一些立地条件差的丘陵及山地为防止全面整地带来的水土流失，常采用水平沟整地方式。水平沟整地要根据造林地的地势定长度，沟的上口宽度在 80～100cm，深度为 60～80cm，沟底宽度在 60～80cm，地面要比原土面低，以利有效蓄水。在地势陡峭水土流失较为严重的坡地、丘陵地采用鱼鳞坑整地方式，鱼鳞坑整地规格通常为 80cm×60cm×40cm。用生土或者碎石块筑外沿，树坑呈"品"字形排列，要尽量保留鱼鳞坑以外的原生植被，以利保持水土。

一般来说，山地造林宜选择土层较深厚、湿润的砂壤土。土层较厚、坡度不太陡的条件下，可用带状整地，宽 40cm，整地深度为 30～50cm，要求全面翻耕平整。土层较薄、坡度较陡之处则用穴状（鱼鳞坑）整地，整地规格 40cm×40cm×30cm。采用"一针两阔"的混交形式（1 行针叶树+2 行阔叶树），整地穴要求面外高里低，外沿做堰高于穴面 10cm，穴面略向内倾，呈反坡形，起到蓄水作用。穴内要求整细、整透，去除灌草根和石块，表土回填，保持厚度为 30cm 虚土，底土筑埂。此外，按 1500kg/亩施入腐熟的厩肥，以强化整地效果，促进成活后幼树生长。

二、选用壮苗

种苗是造林的物质基础。椴树造林树种一般采用"一针两阔"的混交形式，主要树种有油松、花曲柳、云杉、蒙古栎、刺槐、卫矛、山杏等。

树种的基本特性和造林地的立地条件是合理选择造林地种苗的客观要求和提升造林质量和效率的关键。因此，必须根据包括树木对土壤营养的需求、对温度等气候条件的适应能力，树木的生长历程、外形、寿命、生长发育特性等的树种基本特性和造林地的立地条件合理选择造林苗木。

立地条件好的造林地如土层深厚肥沃、坡度平缓、水分充足、竞争植被少、受动物危害或虫害不严重的地方，一般造林成活率高，没有必要对苗木作特殊要求。在相同的环境下，一般大苗的生长速度要大于小苗的生长速度，所以在相对较优越的立地条件下，采用大苗或合格苗中的优等苗造林，要比采用相对较小苗木造林不仅成活率高，而且会获得较快的初期生长。立地条件差的造林地是指那些需要采取特殊技术措施处理才能保证植苗造林成功的立地，如干旱半干旱地区的造林地。水分是影响苗木成活的主要因素，对于裸根苗来说，苗木必须根系发达，茎根比小，才能使苗木吸收充足的水分，满足地上部分消耗，保持水分平衡，以适应干旱条件。所以在这种立地条件下，要采用优质壮苗。

造林地最主要的限制条件是温度。由于温度低，植物生长季节和造林季节都很短，而苗圃一般都设在海拔相对较低的地方，即使在同一个地方，海拔低的苗圃地也要比海拔高的造林地温度高。在这种条件下，会出现当苗圃的苗木适宜出圃造林时，造林地却还处于冰雪覆盖下的情况，从而造成土壤尚未化冻不能造林的局面。还有的在高海拔地区，适宜造林的季节（温度和水分都合适时）很短，稍纵即逝。容器苗具有延长造林季节，不受造林季节限制的优点，移植后没有缓苗期，生长快，质量好，是高海拔造林的适宜苗木类型。

最低温度低的严寒地区易发生冻害，在这种立地条件下，苗木生理状况显得非常重要，其中最突出的一个方面是苗木木质化程度。如果苗木在秋季造林前不能适时形成顶芽，进入休眠，完成木质化，造林后很容易受冻害，出现枯梢现象。因此，用于这种立地上造林的苗木要求有完整的顶芽，木质化程度高，无徒长现象，能适时进入休眠。

在杂草丛生、竞争激烈的环境下，小苗很容易受到压抑以至于苗木虽能成活但不能成林，甚至受杂草挤压而死亡。在这种情况下，个体较大的苗木，不但初始个体大，而且成活后生长也较快，会很快超过杂草。适于这种造林用的苗木要采用大的移植苗和容器移植苗。如采用容器苗造林，育苗所用的容器规格要比常规容器大一些。

在动物和虫害危害严重的立地条件下，选用较大的苗木，会使苗木的受害相对减少一些。例如，在野兔危害严重的地方，采用一年生小苗造林，会被野兔整株啃噬，采用大的苗木造林，苗干粗壮，受野兔危害的程度相对较小。

总之，槭树建园优先选择 2 年生根系发达、健壮、无病虫害、树形端正的 I、II 级实生苗或 2～5 年生嫁接苗。优质苗标准是：要求有侧根 5 条以上，长度在 20cm 以上，基部粗度 0.45cm 以上，侧根分布要舒展而不卷曲，并有较多的小侧根和须根；苗高 120cm 以上，整形带内有饱满芽 8 个以上，嫁接口愈合良好，茎部无损伤，无皱缩，并且砧桩剪口完全愈合，无病虫害、无检疫对象。绿化用苗木规格为胸径 6cm 以上截干、半冠或全冠优质大苗。元宝枫应选择 2 年生根系发达、健壮、无病虫害、树形端正的 I、II 级实生苗或 2～3 年生嫁接苗。

三、标准化栽培

（一）栽植时间

春季土壤解冻后至发芽前，即早春或秋末冬初均可栽植，以春季为好。秋栽时间为 10 月下旬至 11 月中旬。

（二）栽植密度

栽植密度依经营目的、地形、地势、土壤肥力状况及管理水平不同而异。槭树造林模式一般为纯林或混交林。混交的树种有油松、华山松、桦、杨、栎、刺槐、紫穗槐、胡枝子等。"一针两阔"的混交林栽植常用行状混交、块状混交、带状混交的方式。一般株行距（2.0～4.0）m ×（3.0～5.0）m；行道树栽植可采用 4～6m 的距离。灌木林改造工程为株行距 3.0m×3.0m 或 1.5m×6.0m。槭树常见的栽植密度见图 8-17。

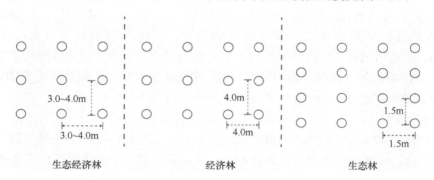

图 8-17　槭树常见栽植密度

元宝枫、五角枫等槭树侧枝发达，干形较差，树冠较大，其栽植行向通常根据坡地等高线或梯田走向确定（祝志勇和林乐静，2014）。栽植密度可因地制宜分别采用 5m×6m、5m×5m、5m×4m、4m×4m 等不同密度的株行距，以利于实行间种与机械化、标准化作业。缓坡地可采用宽窄行交替配置，宽行 6m，窄行 4m，株距以 3～4m 为宜。为了提高栽植后的前期效益，一般地，乔化栽培的果用林初植密度以 5m×3m（44 株/亩），最终栽植密度以 5m×6m（22 株/亩）。绿化模式纯林株行距为 6m×4m，与混交树种间行距为 3m。栽植穴规格不小于 100cm×100cm×70cm。以采收种子为主的元宝枫果用林，一般树形以疏散分层形为主，平地采用株行距为 5m×6m（22 株/亩）或 5m×5m（27 株/亩）；在缓坡地带采用株行距为 4m×5m（33 株/亩）或 4m×4m（42 株/亩）。以采叶为主的元宝枫叶用林、风景林、防护林等，一般树形以灌丛形为主，平地株行距为 1m×1m（667 株/亩）至 2m×2m（166 株/亩）；在缓坡地株行距为 2m×2m（166 株/亩）或 2m×3m（111 株/亩）；也可采用株行距为 4m×5m（33 株/亩）的每穴 4～6 株的丛状栽植方式，主干高 0.5～0.7m，形成四射状。

（三）栽植技术

1. 直播造林

依据槭树生物生态学特性及干旱和半干旱地区气候特点，直播造林的主要造林技术与方法简介如下。

1）树种选择

选择树干通直、长势强、结实多、无病虫害、种子质量好、出仁率高的适龄槭树树种中的树木作为母树，挂牌并标记。

2）种子采集与处理

（1）种子采集。10 月中上旬，待标记对象中，树龄 15～30 年生的壮年母树大量结出的翅果由嫩绿色变为褐色时开始采摘槭树种子。采集翅果时树冠下应大面积铺设塑料布等,以免风吹使种子大面积散落,造成种子的浪费。采集后的翅果,在阳光下晾晒4～7天后,将过8目筛后的翅果进行脱皮,所得的种子在阴凉通风环境中暂时储藏。

(2)种子处理。在11月上旬土壤上冻前,将储存的种子进行消毒后沙藏处理。储存的种子在0.1%的高锰酸钾溶液中浸泡1～2h后,清水清洗,并将其置于通风处阴干。沙藏处理的沙坑应选择通风、排水良好的地块,土坑的规格为深1.5m,长×宽为2m×1.5m。消毒后的种子和湿沙按照1∶5的比例混合,湿沙的湿度以握在手中无水滴出为准,混沙后的种子分装在编织袋中,封口平铺在土坑底部,覆盖厚度为10cm的湿润细沙土和草帘子过冬。

3)林地选择

在28°23′～47°44′N,87°50′～130°31′E,全年平均气温5.6～9.8℃,最低气温≥−30℃,年均日照时数>2000h,年降水量>500mm,无霜期>120天的气候条件下选择造林的地理位置。

(1)平原造林。选择立地条件相对较好,地势平坦,通风、采光好、排水良好、土壤肥沃、交通便利的地块,土壤pH控制在6.8～7.5。

(2)山地造林。选择坡度相对较小,阳坡、半阳坡、半阴坡的地块。土壤以砂壤土为佳,土层厚度>50cm,土壤pH控制在6.8～7.5。避免选择阴坡(光照不好)和鞍部(地势低洼)地块。

4)林地整地

(1)平原造林整地。利用旋耕机对造林地进行一次翻地作业,翻地厚度为10～15cm。推土机推平地面,人工去除造林地里较大的石子,并敲碎大块土块,耙细、整平。采用手推式开沟机做垄沟,沟深2～15cm,沟宽15～20cm。每行沟带间距控制在2～4m。每隔2～3行沟带起1行垄背,垄高20cm,便于后期浇水。

(2)山地造林整地。山坡、沟坡地采用沟带整地或穴状整地方式。沟带整地的沟带方向垂直于山坡的方向,沟深、沟宽均为100cm。沟带呈环山水平,每行沟带间距控制在3m。穴状整地规格:穴直径80～150cm,穴深60～100cm,穴纵横向间距均为150～200cm。

5)播种造林

(1)播种时间。春季播种。春季播种时间在4月上旬至谷雨之间,土壤解冻后便可播种。最好赶在第一场春雨前播种。

秋季播种。秋季播种时间在11月上旬至立冬之间,土壤上冻前播种。

(2)播种方法。秋季播种无须对种子进行沙藏处理。春季播种时,在播种前先将沙藏处理的种子取出(如种子破壳率>80%,播种出苗率最佳),然后在沟带内垫5cm厚度的土。如遇干燥热的天气,沟内垫土后需施入3cm厚度的泥浆。再每间隔0.5m向沟内播种5～10粒种子,覆厚度5cm的土,最后压实。保证株行距在0.5m×(2～3)m,造林密度在444～667株/亩。根据种苗成活率和长势强弱,后期进行移苗、补植和间苗处理,调整株行距为2m×(2～3)m,造林密度在42～111株/亩。

直播造林模式见图8-18。

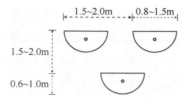

图 8-18　直播造林模式图

6）抚育管理

（1）浇水。春播和秋播后需浇一次透水。浇水条件首先考虑天气因素，赶在第一场春雨或最后一场秋雨前播种。如无雨天天气，则采用水车运水方式浇水。浇水量以水面达到垄背高度的一半为准。种苗整个生长季，浇水原则为"见干见湿"。若无浇水条件，采取适当遮阴处理。浇水后，待土面干透，撒一层薄薄的浮土，以免因土壤板结造成田间水分快速流失。一般情况，元宝枫种苗整个生长季需浇 3～5 次水。具体浇水时间需根据当地地势、天气情况而定。

（2）施肥。根据种苗生长情况决定是否采取施肥处理。

6 月上旬，种苗苗高＞30cm，地径＞3.5 mm，可以不用施肥。当种苗长势低于正常水平，顶梢叶片呈现淡黄色时，配合浇水可以适当追肥。肥料选为 N、P、K 速效复合肥，采用条状沟施肥方式，距离种苗 1～1.5m 处开沟施肥，施肥量为 75kg/亩。

（3）间苗。6 月上旬，可以初步判断出元宝枫种苗的长势强弱。发生种苗间生长过密、长势强弱悬殊的现象，应及时间苗。去除多余、密集、长势弱小的种苗。每个出苗点应保留 1～2 株种苗。

（4）除草除萌。6 月上旬开始，去除垄沟内的杂草，保证以种苗为中心、20cm 半径内无杂草。切勿喷施除草剂，以免影响种苗生长。种苗基部如有萌蘖长出，及时手工掐断，减少种苗间养分竞争。

（5）整形修剪。7～9 月，种苗如有侧生枝发生，应及时短截处理，保留粗壮挺拔主干枝。

（6）病虫害防治。元宝枫种苗生长过程中常见的病害有褐斑病和白粉病。防治方法为每隔 10 天喷施 1 次 0.11%浓度的 50%多菌灵可湿性粉剂溶液，共喷施 3 次便可。元宝枫种苗常见的虫害有天牛、黄刺蛾、木虱等，其幼虫和成虫主要啃食元宝枫种苗的嫩枝、叶柄和叶片，防治方法为每隔 7 天喷施 1 次 0.025%浓度的 10%吡虫啉溶液，共喷施 3 次便可（主要病虫害防控技术详见第八章第五节）。

（7）过冬处理。11 月上旬，浇灌冻水后，1 年生种苗主干 50cm 以下的位置刷涂一层防啃剂和白石灰，防治野兔和山羊冬季啃食种苗树皮，影响种苗的成活。

2. 营养杯苗造林

营养杯苗上山造林时间可选择在春季或雨季。春季以早春顶"凌"栽植为好，雨季在第一场透雨后 3 天内栽植。苗木出圃栽植时选用地径达到 0.5cm 以上的良种壮苗于起苗前 1 周浇透水，确保苗木吸足水分。苗木运到造林地后放置于阴凉处，或用遮阴网遮盖，若超过 1 天，应将苗杯覆湿土保湿。待杯内土壤半干时，用铁锹从床一端破土取杯，铲断长出杯外的根系，切记不要损伤杯体和苗木。在坑穴中间靠后部位，用铁镐挖比营养杯深一些的苗穴，脱掉营养杯，立地条件差的地方割掉营养杯底部。将苗放入苗穴，周围填上细土，将苗木周围踩实，再覆盖一层土，之后用薄膜或就地取材覆盖保墒。于30～40cm 高度处截干后刷油漆封顶（车晓芳，2021）。

3. 裸根苗造林

1）消灭土壤病虫鼠害

一般以 3911 药：细砂土=1：10 的比例撒施于地表面，或将 1：1500 的辛硫磷和1：500 多菌灵喷施栽植穴中，以杀死病虫害与土内越冬虫卵。对地下害虫金龟子幼虫（蛴螬）、蝼蛄、金针虫、地老虎等，每公顷施用 50%辛硫磷颗粒剂 30～37.5kg。挖坑（沟）前准备一些大葱和老鼠药，大葱切段和鼠药搅拌均匀，挖坑和栽植中遇见鼠洞时放在鼠洞里（崔纪平，2021）。

2）苗木选择与处理

（1）苗木选择。根据造林地地理条件，一般选择 3 年生以上根系发达、健壮、无病虫害、树形端正的Ⅰ、Ⅱ级实生苗或4～5 年生嫁接苗。

（2）苗木处理。植前先剪去拟用地径达到 0.5cm 以上苗木的断根、伤根及过长的根系，以利于愈合发侧根。修剪根系后用伤口愈合剂封闭较大伤口，按大小、类别、定量捆成小捆备栽。苗木栽前在 80%多菌灵可湿性粉剂 50 倍液、3%～5%的过磷酸钙溶液中浸根，消毒、吸水 12～18h，再用混有生根剂的泥浆蘸根，随即栽植。植前先剪去断根、伤根及过长的根系，以利于多发侧根。

3）挖穴

栽植时间一般在 3 月底或 4 月初。深翻后旋耕整平造林地后，按照一定的栽植密度挖栽植穴，一般穴深、宽、长均为 40～100cm（或宽 0.8m、深 1.0m 的定植沟）。

4）定植

栽植深度以根际以上 1～2cm 或嫁接口露出地面 5～8cm 为宜。定植前可用生物固氮肥或根宝 2 号拌泥浆进行蘸根处理。栽植时采用"三埋两踩一提苗"技术，将苗木垂直放入坑内，先扶正苗木，舒展根系，回填表土埋根，再分层埋土、踩实，使苗木达到高于原土 2～4cm 的栽植深度。填土深度应比原土痕略深，填土 1/2 后提苗踩实，当土填到 2/3 左右时，再把苗木往上轻提，使苗木根系舒展，最后覆上 1 层松土防止土壤水分蒸发。若带土球移栽，土球周围要以草绳捆扎，土球直径以苗木主干直径的 6～7 倍为佳。栽植时，每亩施腐熟有机肥 2000～3000kg，三元素复合肥 15～30kg，肥料与土混匀，先表土后底土进行回填，当土填到一半以上近 2/3 时，轻提苗木，防止发生窝根影响生长。之后填土、踩实，使根系与土壤密切接触，最后浇一次透水进行定根。定植沟及裸根苗栽植示范见图 8-19。

5）浇水

定植后须及时浇水定根，使根系与土壤密切接触。幼苗成活后，特别干旱时，需及时浇水。

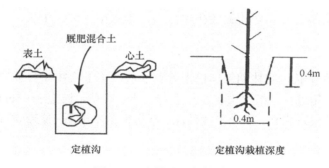

图 8-19 定植沟及栽植深度

近年来，我国华北、西北干旱半干旱地区，在海拔 800～1300m、年平均气温 6.0～10.0℃、年平均降水量在 500～620mm 的山地褐土和粗褐土地上，多采用块状预整地，40cm×40cm×30cm 栽植穴，2～3 年生、地径 0.3～0.7cm 的元宝枫、五角枫等槭树实生裸根苗，以块状混交为主造林。并在栽植前截干密封截口（封蜡、封膜），根部使用生根粉、根宝泥浆处理。春季栽植后及入冬前，分别对苗木涂抹防啃剂、套防啃网罩，以防止鼠兔对树皮和萌芽进行啃食。在气候干旱、土壤贫瘠和粗放管理条件下，栽植 3～5 年后，槭树成活率 90%、保存率 75%、树高年平均生长量 0.15m，地径年平均生长量 0.21cm。

四、精细管理

为确保造林质量，栽植后除因地制宜做好埋土防寒、覆膜、补苗及定干等管护工作外，一般需连续抚育 3 年。第 1 年抚育 2 次，第 2 年抚育 2 次，第 3 年抚育 1 次。在每年 6～9 月进行松土、除草、扶苗、抹芽、扩穴、补埂等。

（一）埋土防寒

入冬前将秋季定植的苗木埋入土中，要求苗杆顺行向压倒全部埋入土中，基部埋土厚度达到 40cm 以上。山地造林可用保水剂，封土后用薄膜或干草覆盖穴面。

（二）放苗

秋栽苗翌年春季分两次放苗，第一次在谷雨前后（4 月下旬），放出 20cm，阴天或傍晚进行，第二次新叶变绿后，一般在 5 月上旬全部放出。

（三）覆膜

春季放苗后整平树盘。春栽幼树定植后每株灌水 15～20kg，待水渗后覆土封坑用地膜覆盖树盘或通行覆盖，留足 1.0～1.5m 宽营养带，地膜两侧、断口、破洞及苗干基部的地面撕口用土压实。

（四）补苗、扶苗、抹芽

4 月上中旬检查成活率，发现缺苗及时补植。同时开展扶苗、抹芽和涂刷趋避剂、防啃剂，或带兔套等工作，防止鼠兔牛羊危害，确保苗木健康生长。

（五）松土除草

为了促进苗木生长，幼林期每年松土除草 3 次。第 1 次在 4 月下旬进行；第 2 次在 5 月下旬至 8 月上旬进行；第 3 次在 8 月上旬，结合除草，松土 3～5cm，并从定植穴向外扩展树穴，促进根系生长。松土里浅外深，不伤害苗木根系（原双进和白立强，2020）。

（六）间作套种

园内生草，即在全园或树行间适当栽培豆科草种和禾本科草种等或保留一定数量的自然杂草。实施园内生草是果园土壤管理的一种先进、实用、高效的有益方法，可以达到以草治草，以草养园的目的。共生草方式有人工种草和自然留草两种。人工种草可与间作套种相结合，因地制宜选用草种，种植绿肥或种植豆类、菜类、药材等作物。禁止间作玉米、高粱、向日葵等作物。

（七）施肥灌水

根据土壤墒情及时适量灌水。新梢长到 10cm 左右时每株追施尿素 50～70g，灌水 15kg 以上，促进幼树生长。

通常情况下，开春后宜浇 1 次水，进入雨季要修整排水沟，加强排水，注意防洪。进入结实期的树，应在萌芽前、坐果后各浇 1 次水，冬初时节应浇 1 次封冬水。五角枫喜湿润环境，栽培时应注意水分的管理。移栽时要浇好头三水，此后每月浇 1 次透水，每次浇水后应及时松土保墒。夏季雨天应少浇水或不浇水，及时排除树盘内的积水。秋末应浇足浇透封冻水。翌年早春及时浇好解冻水。4、5 月是气温快速回升期，也正值华北地区的春季季风期，这两个月可每半个月浇 1 次透水，利于植株发根长叶。此后可每月浇 1 次透水，秋末按头年方法浇好封冻水。第 3 年按第 2 年的方法浇水。从第 4 年起，注意浇好解冻水和封冻水，其他时间可靠自然降水生长，但在特别干旱的年景，也应适当浇水。

肥料种类及施肥量因树木生长阶段的不同而不同。一般休眠期基肥施撒需在树叶变色前进行，基肥肥料多用饼肥、人粪尿、农家肥，并结合实际情况适当施撒过磷酸钙、复合肥等。土壤追肥每年追施 3～4 次，以氮、钾肥为主；根外追肥在生长期内进行多次。元宝枫幼龄期一般于每年 5 月上旬至 8 月上旬追施 2～3 次速效氮肥，辅以磷、钾肥；9 月下旬，结合深翻改土施一次以有机肥为主的冬肥。成年结果期每年在休眠期施基肥，在生长期进行土壤追肥，有时还可以根外追肥。基肥以每年秋季树叶变红或变黄前施肥效果较好，以农家肥、饼肥为主，也可增施复合肥，于秋、冬季结合深翻施入。通常每株元宝枫撒施 15～20kg 农家肥与 1.0～1.5kg 饼肥。生长期追肥频率为每年 3～4 次，前 2 次追肥时间分别为 3 月中旬、5 月中旬，具体追肥量控制在 0.1～0.5kg/株，为苗木发芽、坐果提供充足养分。

研究证明：生物炭、菌肥单施或配施均能降低基质容重，提高基质总孔隙度，降低基质酸性，生物炭与菌肥配施处理显著提高了育苗基质养分含量，进而提高苗木综合质量，促进元宝枫幼苗生长。株施 16g 处理为元宝枫育苗中的建议施肥处理。红翅槭幼苗氮、磷、钾肥施用量的最优组合分别为 3g/株、10g/株、5g/株。茶条槭适宜的水肥管理措施为幼苗每年定期施肥 2～3 次，浇水 3～4 次，茶条槭大树在每年冬春发芽前施用有机堆肥，补充土壤养分，早春及时浇返青水，入冬前浇足封冻水。五角枫喜肥，移栽时要施一些经腐熟发酵的牛马粪作基肥，基肥与栽植土充分拌匀。初夏时可追施一些尿素，利于植株恢复树势，加速其长枝长叶。秋末结合浇冻水，施用 1 次腐叶肥或牛马粪。第 2 年 4 月初追施 1 次尿素，7 月初追施 1 次磷、钾肥，秋末施用 1 次牛马粪。从第 3 年起，每年只需于春天施用 1 次牛马粪即可。

（八）病虫害防治

在病虫害刚发生时采用剪枝、修冠方式去除病枝。发生根腐病时应增加土壤透气性，以根茎为中心，在周围开沟，用 50%多菌灵可湿性粉剂 800 倍液、70%甲基拖布津可湿性粉剂 1500 倍液灌根；发生叶斑病时喷洒 75%达克宁可湿性粉剂 600 倍液、50%苯菌灵 1000 倍液；发生白粉病时喷洒波尔多液或石硫合剂，初期发病可喷 1～2 次。主要虫害有刺蛾、蚜虫、天牛，用 40%氧化乐果乳油 500 倍液或 80%的敌敌畏乳剂 1500 倍液进行防治（主要病虫害防控技术详见本章第五节）。

（九）整形修剪

整形与修剪，是槭树综合管理中的重要技术环节，是达到高产优质、稳产长寿的重要技术手段。通过整形与修剪培养良好的丰产树形是幼林管理的重点。以采收种子为主的林分，一般以疏散分层形为主；叶用林以灌丛形为主。成林的管理重点是及时修剪，尤其注意剪除过密枝。

整形修剪的基本原则是"因树修剪，随枝作形""统筹兼顾，长短结合""以轻为主，轻重结合"。整形修剪的时间是在夏季或冬季进行。夏剪是从发芽后至秋季落叶前所进行的修剪，方法有抹芽与除萌、摘心、拿枝和拉枝。冬剪是从秋末落叶起至翌春发芽前所进行的修剪，方法有短截、疏枝、回缩、平茬；但在冬季、早春修剪极易遭受风寒，而且剪口处会发生伤流，故一般冬剪在 3 月底至 4 月初进行，主要剪除侧枝。此时修剪伤流量少，伤口易于愈合，且不影响树势。夏剪于 6～7 月进行，主要抹除侧芽。

一般于春节发芽前在饱满芽处定干。高度为 0.5～1.2m，定干后采取适当措施保护剪口。具体定干方法需根据苗木生长情况而定。①对于顶芽优势不强的，修剪时应对顶端摘心，选择其下一个长势旺盛的侧枝代替主枝，剪口下选留靠近主轴的壮芽，抹去另一对芽，剪口应与芽平行，间距 6～9mm。这样修剪，新发出的枝条靠近主轴，以后的修剪留芽位置方向应与上一年留芽方向相反，保证延长枝的生长不会偏离主轴，使树干长得直。可培养疏层形，定干高度 0.5～1.0m，5～7 个主枝，2～3 层排列，侧枝 20～30 个，间距 50～70cm，控制树高 3～5m。②有独立主干可在距地面高度 1.0～1.2m 处定干，剪口下留出 15～20cm 的整形带，整形带内须保留健壮芽，其余枝条剪除，促进主枝生长。

在修剪中要疏剪、短截、剥芽相结合。首先应确立主干延长枝，对呈主轴分枝式的苗木，修剪时应抑制侧枝、促进主枝生长；对顶芽优势不强，修剪时应对顶端摘心，选择其下一个长势旺盛的侧枝代替主枝，剪口下选留靠近主轴的壮芽，抹去另一对芽，剪口应与芽平行，间距6～9mm，新发出的枝条靠近主轴，以后的修剪中选留芽子的位置方向应与上一年选留的芽子方向相反，按此法才可保证延长枝的生长不会偏离主轴，使树干长得直。确立主干延长枝后，再对其余侧枝进行短截或疏剪。定干培养树冠，可在剪口下选择发育良好且不在同一轨迹的3个芽子作为主枝培养，待主枝长至80cm时应对其进行摘心，在每个主枝上培育2个侧枝，侧枝应各占一方，不互相重叠，待侧枝长至1m左右时可进行短截，培养二级侧枝。如此这般，基本树形就确定了，在以后的修剪工作中，只需对过密枝、下垂枝、病虫枝进行修剪即可。

果用林一般根据需要在树干距地面高度40～120cm定干，剪口下留出15～20cm的整形带，整形带内须保留健壮芽，其余枝条剪除，促进主枝生长。培养疏层形，定干高度0.5～1.0m，5～7个主枝，2～3层排列，侧枝20～30个，间距50～70cm，控制树高3～5m。对不具顶芽优势的主枝，摘心后选择1个长势旺盛的侧枝，使新发的枝条靠近主轴。为保证延长枝不会偏离主轴，以后修剪选留与上一年选留的芽方向相反的芽子。当主枝长至80cm时对其摘心，并使每一个主枝上的侧枝不互相重叠，当其长到1.0m左右时进行短截。然后依次培养二级侧枝、三级侧枝。

元宝枫萌蘖性特强，在修剪时需及时除去侧枝，先达到定干高度后再培养树冠。元宝枫的分枝方式很特别，属于不完全的主轴分枝式和多歧分枝式，顶芽优势有强有弱，强者成为主干延长枝，弱者冬季易冻死或生长瘦弱。在具体修剪中，应短截、疏剪并用。先确立主干延长枝，对顶芽优势强、属于明显的主轴分枝式，修剪时需抑制侧枝促进主枝；对顶芽优势不强、顶芽枯死或发育不充实者，修剪时需对顶端摘心，选其下侧枝代替主枝，剪口下留一靠近主轴的壮芽，剥除另一对生芽，剪口与芽平行，在往后的生长中剪口芽的位置方向应与上一年的剪口芽方向相反，如此才可保证延长枝的生长不会偏离主轴。确立主干延长枝后，对其余侧枝进行短截或疏剪，对主干延长枝靠下的竞争侧枝要尽早剪除，对1/3主干以上延长枝以下的中间部位可采用短截或疏剪的方法，疏剪时需注意照顾前后左右，使各方向枝条分布均匀，树体上下平衡；短截时剪口要留弱芽，以实现抑侧促主的目的。1/3以下的枝条要一概抹去。

茶条槭的树干性较差，在达到定干高度之前的整形修剪非常重要。在修剪中要疏剪、短截、剥芽相结合。修剪时首先应确立主干延长枝，对呈主轴分枝式的苗木，修剪时应抑制侧枝，促进主枝生长。对顶芽优势不强的苗木，修剪时应顶端摘心，选择其下一个长势旺盛的侧枝代替主枝，剪口下选留靠近主轴的壮芽，抹去另一对芽，剪口应与芽平行，间距6～9mm，这样修剪，新发出的枝条靠近主轴，以后的修剪中留芽的位置方向应与上一年留芽方向相反，按此法可保证延长枝的生长不会偏离主轴，使树干长得直。确立主干延长枝后，再对其余侧枝进行短截或疏剪。待养干工作完成后，接着可定干培养树冠，可在剪口下选择发育良好，且不在同一轨迹的3个芽子作为主枝培养，待主枝长至80cm时应对其进行摘心，在每个主枝上培育2个侧枝，侧枝应各占一方，不互相重叠，待侧枝长至1m左右时进行短截，培养二级侧枝。在以后的修剪工作中，只需对过密枝、下垂枝、病虫枝进行修剪即可。五角枫不宜在冬季和早春修剪，若在冬季、早春修剪均极易遭受风寒，而且剪口处会发生伤流，故最好在 3 月底至 4 月初于生长初期进行修剪，此时修剪伤流量少，伤口易于愈合，且不影响树势。

第五节 病虫害防控

槭树适应性强，繁殖容易，栽培成活率高，具有较强的抗病虫能力，近年来发展很快，但病虫危害时有发生，有时甚至还比较严重，常出现叶片枯焦和落叶现象，尤其是蛀干害虫发生严重，影响了林木的正常生长。目前，国内外对槭属植物的研究较多，并在繁殖、栽培、病虫害防控、生理生态、化学成分的鉴定和医药等方面取得了重要成果，尤其是在资源保护方面，针对槭属植物病虫害种类繁多、危害大、涉及范围广的情况，提出的主要采用生物防治和农业防治方式，尽可能减少药物防治方式，且以高效、环保型药剂为主的思路为有效防控槭树病虫害指明了方向。现就槭树常见主要病虫危害症状、发病规律及其防治方法与技术介绍如下。

一、病害

病虫害是森林灾害中最常见的形式，危害着森林安全及可持续发展（张恒庆和张文辉，2017）。槭树常见主要病害有白粉病、褐斑病、锈病、漆斑病、干腐病、枯萎病等。

（一）褐斑病

1. 危害症状

主要危害幼芽和嫩叶，受害后下部叶片先发病，后向上部蔓延，病斑紫褐色，后呈黑色，危害重时病斑连片，导致落叶。发病初期先在叶背出现针刺状、凹陷发亮的小点，2 天后扩大到 1mm 左右略隆起，呈黑色。叶正面也随之出现黑褐色点，2～3 天后扩大到 1mm。5～6 天后病斑中央出现灰白色突起点。以后病斑扩大连成大斑，多呈圆形，少数为三角形。

2. 发病规律

病菌以菌丝体在病叶或土壤中越冬，翌年春季产生分生孢子进行初侵染，在气温和降雨适宜时很快就产生分生孢子堆，孢子又能进行新的侵染，并可进行多次再侵染，危害盛期在夏季。当幼苗出土后，邻近的感病苗木和成年树是主要的侵染来源。病菌侵染寄主后，潜育期为 2～8 天。病菌孢子萌发的适温为 20～28℃，气温升至 30℃，夜间温度高于 20℃，同时湿度大（比如连阴雨或潮湿天气等），与水滴接触时萌发率较高，芽管生长较快，易造成病害蔓延，危害加重，否则不易达到侵染的要求。另外，排水不良、株间郁闭、通风较差、偏施氮肥等因素也利于发病。

3. 防治方法

（1）加强苗木管理，幼苗出齐后要及时间苗加强抚育管理。

（2）化学防治。病害发生时喷洒 50%托布津可湿性粉剂 1000 倍液、65%代森锰锌可湿性粉剂 400～600 倍液、50%多菌灵可湿性粉剂 800～1000 倍液防治。每 10～15 天喷施 1 次，连喷 2～3 次。也可用 65%的代森锌 400～500 倍液，1%的硫酸锌液喷洒叶面。

（二）白粉病

1. 危害症状

病斑圆形白色，周边为放射状，严重时，小病斑合成边缘不清晰的大片白色粉斑，擦去白色粉层，可见到黄色斑。该病多发生于叶背，侵染初期叶背出现边缘呈放射状的圆形褪绿斑，后形成边缘不明显的病斑，严重时出现白色霉层，提早落叶，危害轻时植株生长不良，危害重时植株死亡。

2. 发病规律

白粉病病原为真菌，病原以菌丝和子实体在病株或病残体上越冬，翌年 5 月可产生分生孢子，借风雨传播。生长期病菌可多次侵染，6～7 月高温高湿、种植过密有利于病害发展。30℃以上高温情况下病情减弱，到秋季又出现发病小高峰。9 月下旬叶片上白色霉层消失，病菌形成闭囊壳在病叶上越冬，翌年条件适宜时产生孢子，对嫩叶进行初侵染，后借气流、雨水进行再侵染危害，6～8 月达到危害盛期。

3. 防治方法

加强管理。育苗和绿化栽植不宜过密，改善通风透光条件；不要过量施用氮肥，增施磷钾肥。营造不利病害侵染的条件，提高植株抗病抗虫能力。

发病初期，交替喷施 25%粉锈宁 1300 倍液、70%甲基托布津 700 倍液、50%退菌特可湿性粉剂 800 倍液；或向病株上喷 0.2～0.3°Bé 石硫合剂或以硫酸铜∶生石灰∶水=1∶2∶200 配制的石灰倍量式波尔多液 1～2 次。或用 50%多菌灵可湿性粉剂 800～1000 倍液喷施，每 10～15 天喷施 1 次，连喷 2～3 次。

（三）锈病

1. 危害症状

主要危害元宝枫的叶和茎。锈菌一般只引起局部侵染，受害部位可因孢子聚集而产生不同颜色的小疱点或疱状、杯状、毛状物，有的还可在枝干上引起肿瘤、粗皮、丛枝、曲枝等症状，或造成落叶、枯梢、生长不良等。

2. 发病规律

若发病早，常造成叶片早期脱落，结荚减少，损失较大。若发病过晚，仅部分下叶发病，危害不大。气温 20～25℃，相对湿度 95%以上最适于锈病流行，叶面结露、有水膜是锈菌孢子萌发和侵入的先决条件。

露地栽培的，当季降雨时间早，降雨次数多，降雨量大，锈病将严重发生。

3. 防治方法

栽植地要选择地势高燥、排水畅通的地方。

注意通风透光，勤除杂草，合理施用氮磷钾肥，避免施氮肥过多等。

清除病原。落叶后深秋或早春彻底清除枯枝落叶，摘除树上的病组织与病株残体，集中销毁。

化学治疗。生长期喷63%代森锌600倍液防治。发病后喷具有内吸杀菌作用的25%粉锈宁1500～2500倍液或96%敌锈钠250倍液。每15天进行1次，连续2～3次；注意药剂交替使用，以免病菌产生抗药性。

（四）漆斑病

1. 危害症状

受害叶片先出现点状褪绿斑，后病斑上出现凸出黑色小漆斑，病叶提前脱落。

2. 发病规律

病菌在病叶上越冬，翌年春季借气流及水滴传播，进行初侵染。8月中旬病叶上开始出现黑色漆斑状。越冬菌源是发病主要因素，栽植密度大，林间通透性差，也容易引起病害蔓延流行。

3. 防治方法

①避免连作，实行轮作，以降低田间病原菌基数。增施腐熟有机肥，多施生物肥料，重施磷钾肥，培肥地力，增强树势，提高树体抗逆性。②及时排灌，避免积水或干旱，保持土壤疏松、透气性良好。③结合春季除草，在行间、株间进行浅耕，对根部进行培土，提高根际周围土壤温度。④修剪选择在4月初植株生长初期进行，伤口愈合容易，且不影响树势，避开冬季和早春修剪，避免植株出现伤流。⑤结合夏季修剪剪除病枝、病叶并集中销毁；冬季彻底清园，将病枝、病叶烧毁，降低病原菌基数，并对树干进行涂白；进行农事操作时避免造成各种伤口。⑥发病初期用20%腈菌·福美双可湿性粉剂800倍液，或5%己唑醇悬浮剂1500倍液，或30%苯甲·丙环唑乳油1500倍液交替喷雾，7～10天喷1次，连续喷2～3次，即可取得较好的防控效果。

（五）干腐病

1. 危害症状

主要危害树干及侧枝。初期产生褐色斑，绕树干半周以上，随着病斑的扩大，病斑干缩、龟裂，呈暗褐色至黑色，周缘或表皮翘起开裂，使树皮粗糙，表皮着生黑色小点（分生孢器），导致树干干枯；后期绕侧枝1周，导致侧枝枯死，严重时造成整株死亡。

2. 发病规律

病菌在病枝干上越冬，翌年春季潮湿条件下产生分生孢子，对当年生枝干进行初侵染。树势衰弱、干旱等可导致病斑发展速度加快。浇水条件差、土壤瘠薄、管理粗放、树体长势弱的发病重。另外，偏施氮肥，造成植株徒长、皮孔大，极易受病菌侵染发病。冬季和早春修剪易导致发病。

3. 防治方法

应以预防为主，每年 3 月对枝干喷施 0.3°Bé 石硫合剂 1 次，生长季节喷施 3%甲基硫菌灵糊剂 200 倍液 2～3 次；同时对树体定期检查，发现干腐病病斑要及时刮除，并用 0.3%四霉素水剂 50 倍液涂抹。

（六）枯萎病

1. 危害症状

发病初期植株下部叶片开始褪绿、萎蔫下垂，中午萎蔫明显，早晚尚能恢复，连续几天以后叶片发黄枯萎，不能恢复正常，造成植株死亡。茎基部生暗褐色坏死条斑，茎基部和根部皮层软腐、易剥落，高湿时病部表面生有少量粉红色霉层，在树干或主根剖面可见维管束变红褐色或黑色。初发病的地方，仅见个别植株死亡，一般发病地块出现多个点片状发病中心，重病地块几乎全部枯萎死亡。

2. 发病规律

病菌是一种土壤习居菌，通过土壤传播，从植株根部伤口或自然裂口侵入或由根毛直接侵入植物体，由维管束系统转移扩散至植物各个部位，导致植株枯萎甚至枯死。该病危害盛期在 5～10 月。连作地块病原菌连年累积，发病会逐年加重，引起植株成片枯萎死亡。施用未经充分腐熟的有机肥，土质黏重板结、高湿或地下害虫多发均利于发病，环境高温高湿会加重症状表现。夏季降水多，随后持续高温，有利于枯萎病发生。表层土壤中盐分含量过高，根部根结线虫危害较多时，发病加重。苗木移栽时伤根，伤口较多，发病率高。

3. 防治方法

苗木移栽前，可采用地面淋撒 3%甲霜·噁霉灵水剂 800 倍液对土壤进行消毒处理；发病初期，及时用 95%根腐消乳剂（有效成分是含量为 10 亿活芽孢/g 的枯草芽孢杆菌和荧光假单胞杆菌）100ml，兑水 30kg（可以处理 10^2m 面积的树穴）灌根 2 次，7～10 天灌 1 次；发现病死株要立即拔除，病穴及邻近植株用 95%根腐消乳剂 100ml，兑水 30kg 浇灌 2～3 次。

（七）黄萎病

1. 危害症状

五角枫黄萎病的发病症状为萎蔫型，其在叶部表现有两种，一种是枯黄萎型，叶片自叶尖开始向内干枯变黄，逐渐发展至全叶变黄，并干缩卷曲，但叶脉仍然为绿色，且不落叶；另一种是开始时叶片呈现萎蔫状态，叶片自边缘向里逐渐干缩卷曲，变为淡绿色或灰绿色，不落叶，不失绿，随着病害进一步发展，前期叶片以干绿状态挂在枝条上，后期逐渐变黄为黄色焦枯状，一般不脱落；继而发病部位由个别枝条蔓延到多个枝条或整个植株，树木的部分、半冠或全株茎叶枯萎，剥开叶柄、枝干和根木质部观察，会发现木质部有黑褐色的病线，病枝的横截面上有黑褐色的病斑。病害再进一步发展会导致整个植株生长势衰弱，严重者整株树木的叶片出现青枯，随后叶片逐渐变黄、干枯，最后整株死亡。

2. 发病规律

五角枫病害是由土壤传播的系统性侵染病害，引起该病害的主要病原菌是大丽轮枝菌（*Verticillium dahliae*）。一般先从根部侵染，然后传导到枝干，引起植株枯萎。该菌在带菌土壤或土壤病残组织中存活时间很长，长达多年，病原菌可在土壤、病残体、未腐熟的有机肥中越冬，成为下一季发病的初侵染菌源。可由地上、地下部分的伤口或地下根侵入，侵入后自上而下或自下而上蔓延，导致地上部分的枝叶和树干发病。适宜生长温度范围为 20～25℃；适宜生长 pH 为 7～8；发病初期叶片呈失水状萎蔫，自边缘向里逐渐干缩卷曲，后叶片逐渐变为干绿色挂在枝条上，发病后期叶片呈黄色焦枯，感病的五角枫叶片比健康树木的叶片小。树木感病后，在枝干维管束内造成输导组织堵塞，并发生毒害作用，表现在枝和根的树皮下也可以看到明显的症状，木质部明显变色，在病枝的横截面上可以观察到褐色的病斑，纵切面有褐色的呈线状或点状坏死病线，最终导致植株萎蔫至死，而且病原菌会以较快的速度传染给周边树木。该病害在山东地区林间的发病时期为 5～10 月，5 月下旬症状开始出现，6 月中下旬与 9 月中下旬有两个发病高峰，9 月发病最为严重，尤其是秋雨多时病害发生会加重，病害发展可持续至 10 月；以 2～6 年生植株为高感植株。

3. 防治方法

使用浓度为 10～60μg/ml 的咪鲜胺、戊唑醇、甲基硫菌灵、噁霉灵对五角枫黄萎病采用土壤浇灌和喷雾的方法进行防治（张建涛，2019）。

（八）腐烂病

腐烂病又称为烂皮病、破腹病，是苗圃场青竹梣叶槭常见病和多发病，常引起幼树大量死亡，大树烂皮破腹。

1. 危害症状

青竹梣叶槭腐烂病危害幼树时，树干上布满病斑，表现为干腐，随雨水冲刷后病斑连在一起，表现为一段、多段或整株腐烂死亡；危害大树时，病树干部的树皮至木质部发生纵裂塌陷，造成受害部位腐烂。破皮愈伤后产生大的瘤状物使树干畸形，严重影响树木出圃质量。

2. 发生规律

调查发现该病主要发生在春秋季温湿度适宜的季节。扦插育苗过程中，消毒到位的苗木不发病或发病轻，消毒不到位的苗木发病重或死亡。密度大的林分发病较重，密度小的林分发病较轻。大树的发病部位有明显的方向性，大多数发病的部位在树干的西面或北面。

3. 防治措施

（1）扦插育苗时，使用500倍的50%多菌灵或70%甲基托布津对种条进行10h以上浸泡消毒，这样不仅可使种条充分吸收水分和药物，亦可提高育苗存活率，保证几年内不发生腐烂病。

（2）平茬保干后，当苗木长到1m左右时，使用800倍的50%多菌灵或70%甲基托布津喷雾预防也会防止几年内不发生腐烂病的危害。

（3）大树发生腐烂病危害时，以200倍的50%多菌灵或70%甲基托布津对病害部位进行喷施或涂刷，可有效杀死病菌，形成新的愈伤组织，不再发生危害。

二、虫害

槭树常见虫害主要有黄刺蛾、光肩星天牛、蚜虫和尺蠖等。

（一）黄刺蛾

黄刺蛾又称为洋辣子、刺毛虫，是五角枫、元宝枫、核桃等经济林木最常见的害虫。

1. 危害症状

幼虫取食叶片下的表皮和叶肉，仅留上表皮，发生严重时把叶片吃光，仅留叶脉和叶柄，严重影响植株生长，甚至造成植株枯死。

黄刺蛾主要以幼虫危害叶片。初龄幼虫群聚叶背，取食叶片下表皮及叶肉，稍大后则分散为害，取食全叶，将叶片食成不规则缺刻，严重时将幼苗叶片吃光，仅残留叶柄和叶脉。幼虫触及人体，引起皮肤红肿和灼热剧痛。

2. 生活习性

黄河流域一年2代，5月上旬开始化蛹，5月下旬至6月上旬羽化，第一代幼虫6月上中旬至7月上中旬发生，成虫7月中下旬始见，第二代幼虫危害盛期在8月上中旬，8月下旬开始老熟结茧越冬，7~8月高温干旱，发生严重，四周越冬的寄主树木多，利于刺蛾发生。

3. 防治方法

消除越冬虫茧。黄刺蛾越冬茧期历时较长，可在冬季或早春摘除树上虫茧，并烧毁，以降低翌年虫口密度。

摘除虫叶。黄刺蛾初龄幼虫多群聚为害，为害后，叶片变为白膜状，易于辨认，要及时摘除虫叶并消灭幼虫。

灯光诱杀。黄刺蛾成虫具有趋光性，在成虫羽化期，每天19：00~21：00，可设置黑光灯诱杀，效果明显。

药剂防治。一般在幼虫发生初期喷施 50%杀螟松乳剂 1000 倍液，或 50%辛硫磷 800 倍液，或 90%敌百虫 500～1000 倍，或 20%杀灭菊酯乳油 3000～4000 倍液，均可收到较好效果。在幼虫 3 龄前，喷施 90%的晶体敌百虫 1000 倍液，或是 40%的锌硫磷乳油 1000 倍液，或是 20%的杀灭菊酯乳油 2000 倍液进行防治。

生物防治。用 0.3 亿个/ml 的苏云金杆菌防治幼虫，或释放赤眼蜂控制黄刺蛾危害。

（二）光肩星天牛

1. 危害症状

成虫啮食嫩枝和叶脉，幼虫蛀蚀韧皮部和边材，并将木质部蛀成不规则坑道，严重地阻碍养分和水分的输送，影响树木的正常生长，使枝干干枯甚至全株死亡（国家林业局森林病虫害防治总站，2014）。

2. 生活习性

北方 1～2 年发生一代，11 月以不同龄的幼虫在隧道内或皮下越冬。4 月下旬，在隧道末端向四周扩展，用木屑等筑成蛹室化蛹。6 月上旬初见成虫，6 月中旬至 7 月上、中旬为成虫羽化盛期。产卵期由 6 月中旬开始，7～8 月为产卵盛期。每一雌虫产卵 7～66 粒，成虫产卵部位以树干支叉密集处较为集中。7 月上旬初孵幼虫先啃食树皮下韧皮部组织，排出红褐色粪便，随着龄期的增长，幼虫在皮层下横向蛀一条宽 4mm、长 20mm 以上的隧道，待发育到 3 龄末至 4 龄时，经 25～30 天后钻入木质部穿凿隧道，排出白色木屑粪便。

3. 防治方法

调运苗木时，要严格检疫，销毁带虫苗木，杜绝光肩星天牛随苗木运输而传播。

注意消除林地周围的被害树木，由冬季修枝改为夏季修枝，以提高干皮温度，降低相对湿度，改变卵的孵化条件，增高初孵幼虫自然死亡率。

成虫羽化盛期，施放烟雾剂毒杀成虫；成虫发生期（6～7 月）人工捕捉，用锤击杀死虫卵和幼虫；或塞虫孔，即用铁丝将蘸有 2.5%溴氰菊酯乳油 1000 倍液的药棉塞入新排粪的虫孔，用泥巴堵住，杀死幼虫。也可采用 50%杀螟松乳油 150 倍液喷树干。

对卵及尚未蛀入木质部的幼虫，可用 50%杀螟松乳油 150 倍液喷布树干进行防治。对蛀入树干内的幼虫，树干喷施 50%杀螟松乳油 100～200 倍液，或 40%乐果乳油 200～400 倍液，喷药量以树干上有药液流动为止。对危害严重的幼树，从基部伐倒集中焚烧，或向蛀洞内注入 40%的乐果乳油 100～200 倍液，再用泥巴堵塞洞口。

（三）星天牛

1. 生物学特性

星天牛属多寄主昆虫，一般两年发生 1 代。由于气候变暖，常年存在各虫态叠加现象。每年惊蛰后幼虫开始活动，5 月进入羽化高峰期，6～7 月卵孵化进入高峰期，8 月之后当年幼虫危害进入高峰期，10 月还常见成虫，天气转冷时在树干基部和主干内木质部越冬。

2. 危害症状

星天牛幼虫一般在皮层下与木质部间蛀食，形成不规则的扁平虫道，没有明显的排气孔，有较明显的排粪孔，危害发生时一般虫道内塞满虫粪。危害青竹柃叶槭时从树木的树干基部开始，逐步向树干和大的分枝扩展，危害严重时造成皮层和木质部分离，树叶枯黄、树木枯萎，遇风易折，甚至死亡。

3. 防治方法

（1）农业防治。由于青竹柃叶槭是星天牛最喜爱的寄主植物之一，所以苗圃地栽植树种不宜过多，避免招引星天牛危害；合理密植，增加透风透光条件，改善降低星天牛的栖息环境，减少虫口密度；最关键是要清除田间杂草，特别是树盘周围的杂草，便于调查、预防和防治。

（2）物理防治。星天牛危害青竹柃叶槭，有虫株率较小时可采用人工防治，从排粪孔找到星天牛幼虫并杀死，多的情况下，可悬挂频振式杀虫灯，诱杀成虫，降低虫口密度。

（3）化学防治。星天牛危害严重时必须采用化学方法防治，在树干基部危害时，可采用喷药的方式进行防治，用 5～15 倍的 75% 的乙酰甲胺磷、40% 的氧化乐果、5% 的吡虫啉、40% 的毒死蜱等对树干基部进行喷雾，排粪孔处要喷湿喷透。在树干以上部位危害时，可采用打孔注药的方式进行防治，其方法是围绕树干进行打孔注药，打孔数视树干的粗度而定，在树干距离地面高度 1m 处直径 8cm 的可打 3 个孔，直径 10cm 的可打 4 个孔，打孔深度 3～5cm，钻头粗度以采用直径 0.5cm 的较好，然后注满 75% 的乙酰甲胺磷、40% 的氧化乐果、5% 的吡虫啉原药或稀释 5～10 倍药液，注药后用泥巴封孔，防治药液流出而产生药害。

（4）生物防治。目前，生物防治星天牛幼虫主要通过释放肿腿蜂和花绒寄甲虫进行，1～3 龄的星天牛幼虫释放肿腿蜂效果比较理想，4 龄以上的星天牛幼虫释放花绒寄甲虫效果比较理想，释放方法参照天敌繁育场提供的说明书为准。通过释放调查，星天牛幼虫危害青竹柃叶槭时，5 月前释放花绒寄甲虫，8 月释放肿腿蜂效果更为理想。

（5）加强植物检疫工作。加强植物产地检疫工作，及时发现病虫危害，提醒林农适时预防和防治；加强植物调运检疫工作，防止病虫输出输入，提高营造林质量。

（四）蚜虫

1. 危害症状

蚜虫主要危害幼芽、嫩叶，吸食植物汁液，使幼芽、嫩叶卷缩，不仅阻碍植物生长形成虫瘿，传布病毒，而且造成花、叶、芽畸形。

2. 生活习性

蚜虫繁殖能力强，一年发生 20～30 代，早春和晚秋繁殖 1 代需 15～20 天，夏季 4～5 天繁殖一代，1 头蚜虫一生可产 50～60 头幼蚜，幼蚜经 4 次蜕皮变为成虫，成虫寿命

20～30 天。

3. 防治方法

结合修剪，将蚜虫栖居或虫卵潜伏过的病枯枝叶彻底清除，集中烧毁；

早春孵化后及时喷洒 40%氧化乐果乳油 1000 倍液或 0.3～0.5°Bé 石硫合剂，或敌敌畏乳油 1000 倍液。

（五）尺蠖

尺蠖属鳞翅目尺蛾科，俗名弓腰虫。

1. 危害症状

尺蠖主要以幼虫危害嫩梢和叶片，严重时常把树叶吃光。

2. 生活习性

每年发生 1 代，以蛹在树下土中 8～10cm 处越冬。翌年 3 月下旬至 4 月上旬羽化。雌蛾出土后，当晚爬至树上交尾，卵多产在树皮缝内，卵块上覆盖有雌蛾尾端绒毛。4 月中下旬树发芽，幼虫孵化为害，为害盛期在 5 月。5 月下旬至 6 月上旬幼虫先后老熟，入土化蛹越夏越冬。

3. 防治方法

晚秋至早春可结合翻耕土地，把蛹挖出来，集中消灭。

喷药防治：在幼虫发生初期，喷施 90%敌百虫 1000 倍液，或 50%杀螟松乳剂 1000～2000 倍液，或 2.5%溴氰菊酯 3000 倍液，也可用 20%除虫脲悬浮剂 3000～5000 倍液或 25%灭幼脲Ⅲ号 2000 倍液或 0.36%苦参碱水剂 1000 倍液等，兑水均匀喷洒全株。

（六）瘿蚊金小蜂

膜翅目金小蜂科金小蜂亚科瘿蚊金小蜂属。

元宝枫种子瘿蚊金小蜂（*Systasis acerae*），是为害元宝枫种子的瘿蚊幼虫，是一种新的天敌昆虫，体长仅 3mm，金绿色。

元宝枫的主要病害有褐斑病、漆斑病，为害果实和叶片，严重时果实发育不全，不能萌发，或者病果长久挂在枝上不落，发育瘦小，萌发力弱。防治方法：秋季将病果病叶收集后加以处理（埋于土内或烧掉），采种时应避免在病株上采收。发病初期可喷 1∶1∶125～170（硫酸铜∶生石灰∶水）波尔多液 1～2 次。还可以向树冠喷 65%代森锌 400～500 倍液。

元宝枫主要虫害有黄刺蛾、尺蠖、天牛等，防治方法与一般害虫的防治方法相同。可通过消灭越冬虫茧，摘除虫叶或灯光诱杀进行杀灭。虫害发生时，可喷 50%辛硫磷 800 倍液，或 20%杀灭菊酯乳油 3000～4000 倍液。还可以通过释放赤眼蜂，控制为害叶片和嫩梢的黄刺蛾；6～7 月，人工捕捉、锤击为害叶柄、枝杆嫩皮的虫卵和幼虫；向树冠喷洒 65%代森锌 400～500 倍液进行防治。

小 结

人工造林是指在无林地上人工进行植苗、播种或无性繁殖以营造森林。人工造林作业包括造林前的调查设计和采种、育苗、栽植（或播种）及幼林抚育等。综合考虑槭树树种的生物学及生态学特性和地形、地势、土壤条件等因素是选择造林地、保证造林质量和提高造林效率的基本要求。

造林规划设计是绿化造林的基础。造林规划设计的内容包括树种选择与配置设计、整地方式设计、造林季节与造林方法设计、抚育管理设计等。造林规划设计要遵循自然生态效益、社会效益和经济效益综合考虑和因地制宜的原则。

造林模式是适于不同区域、不同立地条件的造林思路和技术措施。造林模式依树种特性、立地条件及营林目的不同而异。槭树适应性强，既可营造片状、块状纯林，也可按照槭树与其他树种（5～7）：（5～3）的比例，因地制宜采用块状、带状、行间混交形式与侧柏、油松、黄栌、杨树、刺槐、黄连木和栎类等多种针阔树种营造混交林。以产果为主的可采用矮化密植型和乔化稀植型两种栽培方式。在立地条件好，土层厚、灌溉条件方便的地方采用矮化密植型；在坡度平缓的地方采用乔化稀植型。以产叶为主的可采用低干杯状形（干高 0.5～0.7m）或每穴 3～5 株的丛状或平茬后每株形成四射状的栽植方式。绿化模式为单行、多行、片状、孤植、每穴 4～6 株丛植。全面整地，穴状栽植，栽植密度（2.0～5.0）m ×（3.0～6.0）m。栽植穴规格依苗木大小而异，一般长60～100cm×宽 60～100cm×深 50～70cm。

早春或秋末冬初均可进行槭树栽植，但北方地区以春季为好。栽植时优先选择 2 年生根系发达、健壮、无病虫害、树形端正的 I、II 级实生苗或 2～3 年生嫁接苗。植前先剪去断根、伤根及过长的根系，以利于愈合发侧根。穴状定植。栽植时按照"三埋两踩一提苗"的要求进行，先回填表土埋根，当土填到 2/3 左右时，把苗木往上轻提，使苗木根系舒展，再分层埋土、踩实，使苗木达到栽植所要求的深度。栽植深度为根际以上 2～3cm。植后有条件的地方可浇定根水，使根系与土壤密切接触。

建园后幼林期每年松土除草 2 次，以氮、钾肥为主土壤追肥 3～4 次，浇水 5 次。用良种嫁接苗造林的，及时抹除苗木基部的萌芽。培养良好的丰产树形是幼林的管理重点。以采收种子为主的林分一般树形以疏散分层形为主；叶用林以灌丛形为主。定干培养树冠，可在剪口下选择发育良好且不在同一轨迹的 3 个芽子作为主枝培养，待主枝长至 80cm 时应对其进行摘心，在每个主枝上培育 2 个侧枝，侧枝应各占一方，不互相重叠，待侧枝长至 1m 左右时可进行短截，培养二级侧枝。如此这般，就可确定基本树形了。成林的管理重点是及时修剪，加强土、肥、水管理，每年树木落叶后，深耕 1 次。在修剪中要疏剪、短截、剥芽相结合，尤其注意剪除过密枝、下垂枝、病虫枝。确立主干延长枝后，短截或疏剪其余侧枝、主干延长枝靠下的竞争侧枝和 1/3 主干以上延长枝以下的中间部位的枝条，1/3 以下的枝条要一概抹去，尽量使各方向枝条分布均匀，树体上下平衡；短截时剪口要留弱芽，以实现抑侧促主的目的。果用林在采收种子时，要注意保护母树；叶用林要注意采叶强度。

槭属植物病虫害种类繁多，危害大，涉及范围广。飞蛾槭、红翅槭、五角枫、金叶梣叶槭等树种主要虫害有天牛、小地老虎、蚜虫、吉丁虫、短额负蝗、褐边绿刺蛾、京枫多态毛蚜、元宝枫花细蛾、黄娜刺蛾、六星铜吉丁虫、光肩星天牛、星天牛等。如有京枫多态毛蚜危害，可在危害初期向枝叶喷洒10%吡虫啉可湿性粉剂2000倍液，或1.2%苦·烟乳油1000倍液或1%印楝素水剂7000倍液。如有元宝枫花细蛾危害，可在植株叶片表面有线状潜道时，喷洒1.8%爱福丁乳油2000倍液。如有黄娜刺蛾发生，可采取灯光诱杀成虫，在幼虫群食期喷洒森得保可湿性颗粒20g/亩。如有六星铜吉丁虫危害，可在成虫即将羽化时用10%吡虫啉可湿性颗粒1000倍液喷干封杀即将出孔的成虫，成虫羽化期喷洒1.2%烟参碱乳油1000倍液。如有光肩星天牛和星天牛危害，可在成虫期人工捕杀成虫，或喷施绿色威雷150倍液进行防治。也可选用8%氯氰菊酯微胶囊剂300~400倍液，于6月虫卵孵化后及时喷布药液，间隔7天喷药1次，连喷3次，或用50%杀螟松乳油150倍液喷树干。蚜虫常群集于叶片、嫩茎、顶芽等部位，刺吸汁液，使叶片皱缩、畸形，严重时引起枝叶枯萎甚至整株死亡。可选用48%毒死蜱800~1000倍液，在蚜虫危害初期喷药，隔10~15天喷药1次，连续喷药2~3次。也可用25%瑞毒素可湿性粉剂1000倍液或70%敌克松可湿性粉剂500倍液防治蚜虫；防治小地老虎可喷施50%辛硫磷乳油1000倍液；吉丁虫用0.3%高渗阿维菌素乳油1000倍液喷射树干、树冠防治；短额负蝗用20%菊杀乳油2000倍液防治；褐边绿刺蛾可用Bt（苏云金杆菌）可湿性粉剂500~700倍液防治。槭树主要病害有炭疽病、干枯病、褐斑病、白粉病和翅果大漆斑病等，其中，褐斑病、白粉病和翅果大漆斑病这3种病都是半知菌类真菌侵染所致。如有褐斑病发生，可喷施70%代森锰锌可湿性粉剂400倍液进行防治，每7天1次，连续喷3~4次。如有白粉病发生，可喷施50%多菌灵或70%百菌清可湿性粉剂800倍液防治，每10天1次。如有翅果大漆斑病发生，可用敌菌灵50%可湿性粉剂500倍液进行喷雾，每7天1次，连续喷3~4次。防治炭疽病可每年喷洒1%波尔多液或50%多菌灵500倍液3~4次；干枯病可喷施50%多菌灵、50%代森铵500~1000倍液防治。在槭属植物病虫害防治过程中，主要采用生物防治和农业防治方式，坚持建设环境友好型的自然，药物防治方式应当尽可能减少，且以高效、环保型药剂为主。

参 考 文 献

车晓芳. 2021. 辽西地区五角枫容器育苗及荒地造林技术[M]. 林业勘查设计, 50(1): 90-92.

崔纪平. 2021. 五角枫育苗及人工造林技术[M]. 山西林业科技, 50(1): 41-42.

高芳芳, 安雅文. 2019. 苏俊艳. 营林生产中造林规划设计及造林技术的研究[J]. 农业与技术, (6): 55-56.

国家林业局. 2003. 中华人民共和国林业行业标准 造林作业设计规程: LY/T 1607-2003.

国家林业局科学技术司. 2000a. 黄河上中游主要树种造林技术[M]. 北京: 中国林业出版社.

国家林业局科学技术司. 2000b. 长江上游主要树种造林技术[M]. 北京: 中国林业出版社.

国家林业局森林病虫害防治总站. 2014. 林业有害生物防治技术[M]. 北京: 中国林业出版社.

沈国舫, 翟明普. 2011. 森林培育学[M]. 第2版. 北京: 中国林业出版社.

谭晓风. 2013. 经济林栽培学[M]. 第3版. 北京: 中国林业出版社.

原双进, 白立强. 2020. 陕西特色经济林轻简化栽培技术[M]. 杨凌: 西北农林科技大学出版社.

藏德奎. 2003. 彩叶树选择与造景[M]. 北京: 中国林业出版社.

张恒庆, 张文辉. 2017. 保护生物学[M]. 第 3 版. 北京: 科学出版社.

张建涛. 2019. 五角枫黄萎病的研究[D]. 山东农业大学硕士学位论文.

祝志勇, 林乐静. 2014. 槭树种质资源与栽培技术研究[M]. 北京: 科学出版社.

第九章 产品开发与加工利用

械树是极具观赏性、药用保健功效和经济价值的木本植物。其树叶、树液、树皮、树根、花、果皮和种仁富含人体所必需的氨基酸、脂肪酸、脂溶性纤维素、矿质元素和多种生理活性物质，营养丰富，保健功能强，有助于维持人体的酸碱平衡，调节血压的正常波动，增强抗氧化酶的活性，抑制肿瘤细胞的再生，并对人体细胞产生一定的修复作用，是化妆品、保健品、食用油、医药和化工产品的优质原料。开发高附加值械树保健食品、药品、化工产品等为械树产业健康与持续发展的重中之重，具有重大而深远的意义。

第一节 油脂生产与利用

植物油脂通常由蛋白质和碳水化合物结合构成复合体。电镜扫描（SEM）显示，脂质体分布在细胞质网络（主要由蛋白质组成）中。子叶细胞中的蛋白质体空间充满了脂质体和细胞质网络。细胞质外面的细胞壁由纤维素、半纤维素和果胶组成，而油脂通常与其他大分子（蛋白质和碳水化合物）结合，构成脂多糖、脂蛋白等复合体。因此，植物油脂的生产和利用就是通过物理、化学或生物的作用破坏种子的细胞壁和脂质复合体，从而取出油脂并进行利用。械树是我国特有的木本油料树种，因种仁含油量高且含有人体必需的特殊脂肪酸，具有一定的营养价值与保健作用，受到人们的广泛关注，而械树籽油的高效开发利用也成为人们关注的重点。现按照油脂生产的工艺过程就械树籽油生产、利用与加工的基本方法做一介绍。

一、翅果采收

翅果采收是械树栽培管理中影响翅果质量、产量、耐贮性、抗病性和经济收入的最后一个环节。及时和合理的采收，对翅果当年和翌年的产量、品质，以及翅果的贮运加工和市场供应关系极大。翅果的采收时期可根据翅果的生理特性与采后用途、市场远近、树种、品种、当地气候、栽培条件及加工产品质量要求等来确定，生产上主要根据械树种类、品种特性、翅果成熟度和用途，以及气候条件，并适当考虑市场供应和劳动力调配确定。采收过早，由于果实尚未成熟，果个小，产量低，色泽风味不佳，贮藏性差。采收过晚，果实成熟过度，不仅减少树体贮藏养分的积累，加重大小年，而且落果严重，造成减产。只有综合考虑各方面因素，才能正确判断翅果的最佳采收期，做到适时采收，收到高产、优质和高效益的良好效果。据测定，陕西关中地区10月底元宝枫种子中干物质积累量便达到高峰。从理论上讲，10月底是关中地区元宝枫的采收期。但在此时，元宝枫树叶尚未完全脱落，采收果实夹杂大量树叶，分离清选比较麻烦，增加采收难度和成本。采收早了，种子未成熟，含油量低。所以，至 11 月上、中旬，树叶刚脱落，是采收果实的最佳时期（王性炎，2013）。这时采收的果实无杂质，种仁饱满，自然风干好。如果采收过晚，部分饱满种子易先脱落，降低收获率。

采收时期采收翅果要选好天气，晴天无风露水干后采收最佳。用细竹竿轻轻敲打果枝，切忌用粗竹竿猛击果枝折断枝梢，否则易造成次年减产。其他地区应因地制宜，根据当地元宝枫的生长物候期确定适宜的采收期。刚采收的元宝枫翅果，其含水率在 10%以上，采集后除去杂质，摊晾 1～2 天，含水率降至 8%以上，散热后可入库贮藏。老鼠喜食元宝枫种子，注意防止鼠害。

二、清选除杂

元宝枫果实采收后，立即置于干燥阴凉处摊开，一般阴干 2～3 天即可。然后用风选机进行风选，除去夹杂的树叶、枝条和空壳。再用筛选设备进行筛选，除去混入的铁钉、碎石、沙粒和泥块等，以免在进行脱粒时磨损脱粒机械。

油料在采集、暴晒、运输和贮藏过程中，不可避免会夹带泥土、沙粒、石子、梗、茎、叶等部分杂质，其含量一般在 1%～6%，最高可达 10%。

为了减少油脂损失，提高种子出油率以及油脂、饼粕和副产品的质量与设备的处理量，减轻设备机件的磨损，避免事故，提高工艺效果，减少灰尘飞扬，有利于工人健康和厂内的环境卫生，生产上常利用筛选设备、风选设备及磁选装置等来进行除杂净化处理。

三、剥壳去皮

油料的皮壳主要由纤维素和半纤维素组成，一般含油量极少。而且壳中一般含有色素，在高温状态下会溶于油中，增加毛油色泽，降低油脂质量。剥壳去皮，即脱掉果翅和去掉种皮，也称为脱粒。增加脱皮剥壳工艺不仅能提高出油率和油脂质量，而且有利于取得高质量的植物蛋白制品，并能减少对榨机的磨损，提高轧坯、蒸炒、取油设备的生产能力。

脱粒需在翅果专用脱粒机上进行。用元宝枫专用脱粒机脱粒，可顺利地将元宝枫翅果分离为果翅、种皮和种仁 3 个部分，分别为翅果重量的 33.6%、15.9% 和 50.5%。种仁是制取油脂的原料，而种皮中凝缩单宁含量达 60%，是提制优质元宝枫单宁的理想原料。种仁和种皮均可进行进一步加工利用。

剥壳去皮常采用由剥壳设备与筛选、风选系统组成的剥壳和仁壳分离的联合设备完成。剥壳去皮设备主要有：圆盘式剥壳机、离心式剥壳机、辊式剥壳机、锤式击剥壳机等，生产上的仁壳分离设备通常是采用筛选、风选和色选的方法将籽仁、皮壳和整籽进行分离。一般大多数剥壳设备本身就带有筛选或风选系统，组成联合设备，同时完成剥壳和分离任务。

脱壳工序是油料加工中预处理的一个重要工艺环节。元宝枫翅果需经过风选除去树叶、细枝、干瘪粒才能进行加工。元宝枫脱壳机能快速清理杂质并进行脱壳，脱壳率为

95%，对种子的破碎率为 5%以下。脱壳自动化的实现能提高脱壳效率、降低成本，为元宝枫油产业化生产奠定基础。

四、破碎及其他处理

为了提高出油率，还需对脱粒的种仁进行破碎、软化、轧胚、蒸炒等处理。

（一）破碎

种仁破碎的方法有压碎、劈碎、折断、磨剥、击碎等，故应根据各种油料或饼块物理性质的不同，选择具有不同破碎方法的破碎设备，通常都采用剥壳或轧胚设备进行油料的破碎。锤式破碎机，是一种适用于干脆性物料的粉碎及多种油料的破碎的通用破碎设备。

（二）软化

软化是通过温度和水分的调节，使油料质地变软、塑性增加，具备最佳的轧胚条件过程。软化所使用的设备与蒸炒设备相同，如回转干燥机和立式蒸炒锅等，只是软化锅通常较蒸炒锅层数少，一般为 2～3 层，但其直径和每层的高度较蒸炒锅为大。两种常用的软化设备是软化箱和蒸汽绞龙，即带有蒸汽加热夹套的螺旋输送机。

（三）轧胚

轧胚是指利用轧胚机碾轧经破碎、软化的油料，将其制成压榨或浸出取油所需的生胚（通常称之为料胚或生胚）的操作工序。轧胚不仅能够尽量破坏油料籽仁的细胞组织，而且减少物料厚度、增大物料表面积，从而为蒸炒创造了极其有利的条件。轧胚机的基本工作原理是依靠其主要工作部件（1 对或 1 组相对转动的轧辊）将进入轧辊间的油料碾轧成薄片，达到轧胚的目的。轧胚机类型较多，可分为平列式与直列式两类。平列式轧胚机有：单对辊轧胚机、双对辊轧胚机和液压紧辊对辊轧胚机。直列式轧胚机有：三辊轧胚机、五辊轧胚机。常用的轧胚机有三辊、五辊、单对辊、双对辊及液压紧辊对辊轧胚机等。各种类型的轧胚机，根据其辊径、辊长的不同分成许多规格，它们的性能及生产能力等也均有差别，可按不同的工艺要求选型。影响轧胚质量的因素较多，主要有油料水分、温度、油料颗粒大小、油料含油量、油料含壳量、轧胚设备及操作等。

（四）蒸炒

蒸炒是指将轧胚后所得料胚经过加水（湿润）、加热（蒸胚）、干燥（炒胚）而成为熟胚的过程。蒸炒的目的是将料胚调至最优的入榨温度和水分或浸出所需的最优温度和水分，也就是使料胚处于最适宜油分流出的状态。蒸炒通过破坏油料细胞结构，使细胞内含物蛋白质凝固变性，使细胞内含物磷脂吸水膨胀，调整料胚的塑性，不但使油脂从油料中较容易地被提取出来，最大限度地提高出油率，而且毛油的质量也有较大的提高，为油脂的精炼创造了良好的条件。

蒸炒方法按照取油方法和设备的不同，可分为润湿蒸炒和高水分蒸炒两种。前者适用于螺旋榨油机、盒式水压机及浸出取油。其性质属于湿蒸炒类型，即生胚预先润湿，润湿后水分一般不超过14%，然后再进行加热蒸炒。后者适用于螺旋榨油机取油，其性质仍属于湿蒸炒类型，特点是生胚预先润湿后的水分一般高达16%以上，甚至达20%左右，然后再进行蒸炒。

润湿蒸炒所用设备主要是蒸炒锅，蒸炒锅有立式和卧式两种类型，其中以立式应用最广。立式蒸炒锅是由数层单体蒸锅重叠装置而成的层式蒸炒设备，如果系单独安装，习惯称它为辅助蒸炒锅，常用4层或5层，将附装在榨油机上的称为榨机蒸锅，常用2层或3层。

五、油脂制备

油料种子是由大量细胞组成的，细胞由细胞壁、内容物等组成。其中细胞内容物有原生质体、细胞核、线粒体等。油脂主要存在于原生质体中，并与蛋白质结合形成脂质复合体。油脂制备的过程就是破坏油料种子细胞壁和脂质复合体的过程。目前，槭树籽油制取的方法很多，包括压榨法、溶剂浸提法、索氏提取法、水代法、水酶法、超声波辅助提取法、超临界萃取法及亚临界萃取法等。但是不同方法的提油效率和油脂品质亦有区别。

（一）机械压榨法

压榨法是通过机械外力作用，将油脂从油料中挤压出来的一种传统的制油方法。根据压榨过程机械压力大小及压榨取油的深度分为预榨和一次压榨；根据物料压榨前是否进行热处理分为冷榨和热榨。研究证明，种仁加热蒸炒温度对出油率有较大影响，温度达到100℃时，出油率可达38.45%，但考虑到温度高会对油脂中功效成分有影响，85～90℃是工业化的最佳选择，平均出油率可达36.07%（刘玉兰，2006）。压榨法的优点是工艺简单灵活，适用性广；缺点是出油率低，油品质不高，产能低。

1. 压榨法取油工艺流程

压榨法取油工艺有一次压榨法和预榨–浸出法两种类型。

1）一次压榨法

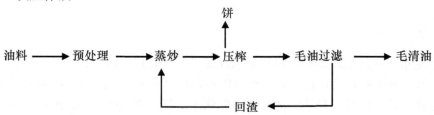

2）预榨–浸出法

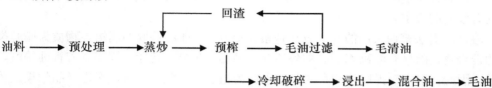

元宝枫压榨法取油工艺流程如下：翅果脱粒→种仁→加热蒸炒（85～90℃）→榨油机→真空过滤机过滤→产品。

2. 压榨设备

压榨法中较先进的压榨设备为螺旋榨油机。虽然其种类很多，但基本原理相同。总体而言，螺旋榨油机具有固定的榨笼，榨笼中间有一根螺旋形的榨螺轴，榨笼与螺轴之间的空间，称为榨膛。操作时，经预处理的料胚从一端不断送入，由于榨螺不断转动，将料胚推进，在榨膛内炒胚所受的压力随榨膛空间体积的不断缩小而逐渐加大，越压越紧，油便从榨笼的缝隙中流出，固体部分带有一定量残油，从另一端连续不断地被挤出，这就是饼，饼的厚度可以调节。饼厚的时候，压力较小，榨量较大，饼薄的时候，压力较大，榨量较小。榨螺可以调换，榨含油较多的料胚时，用压缩比较大的榨螺；榨含油较少的料胚时，则用压缩比较小的榨螺。榨条间的缝隙的宽度也可以调节，榨含油率较高的料胚时，缝隙应较宽；榨含油率较低的料胚时，缝隙应较窄。近进料的一端榨条间缝隙较宽，近出饼的一端榨条间缝隙较窄。

按形式的不同，螺旋榨油机有单级与双级之分。所谓单级，即这类榨机只有一个横卧的螺旋轴和榨膛，进行一次压榨。而所谓双级，即这类榨机除了有一个横卧的螺旋轴和榨膛外，还有一个直立的螺旋轴和榨膛，料胚从直立榨膛的上端加入，经榨螺的直榨向下推送，榨出大部分的油，然后再进入横榨膛进行第二次压榨。

目前，国内使用的动力螺旋榨油机可分为单级和双级两类，单级有：43型（公称能力1t/d），95型（公称能力3～5t/d），D151型（公称能力5t/d），200A-3型（公称能力8～10t/d）。双级有：55型（公称能力25t/d），中型安迪生（公称能力10t/d）。使用最普遍的是200A-3型和95型螺旋榨油机，其不同之点主要是，95型榨油机，是在同一榨膛内形成两次压榨过程，而200型榨油只有一次压榨过程。此外，95型榨机压力较大，饼面压力为1000～1400kg/cm^2，而200型榨机的压力为700～1000kg/cm^2。

（二）溶剂浸提法

浸提法制油是应用相似相溶原理，用一种或几种能溶解油脂的有机溶剂，通过接触（浸泡或喷淋）油料，使油料中的油脂被提取出来的方法。通常是将油料破碎压成胚片或者膨化后，用正己烷等有机溶剂和油料胚片在浸出器内接触，将油料中的油脂萃取溶解出来得到混合油。然后通过减压蒸馏，脱除油脂中的溶剂得到毛油，再对得到的毛油进行精炼，最终加工成精炼食用油，其中溶剂回收后还可以循环使用。浸出法制油的优点是粕饼中含残油少、出油率高，而且粕的质量高，是一种安全高效的油脂提取方法，适用大批量连续化生产。但存在着溶剂易燃易爆及易残留的缺点和耗时长、溶剂用量大等问题，而且在使用溶剂时，相应的溶剂回收和储存配套设施多，对整个生产的操作和管理有较高的要求。

溶剂浸提法普遍采用的经典方法是索氏提取法。此法提取的脂溶性物质为脂肪类物质的混合物，除含有游离态脂肪酸外还含有磷脂、色素、树脂、固醇、芳香油等醚溶性物质。因此，用索氏提取法测得的脂肪也称为粗脂肪。此法，对大多数样品结果比较可靠，但花费时间长、溶剂用量大、效率不高。

试验证明，以乙醚作溶剂利用索氏提取法测得元宝枫种仁含油量为 42.6%，明显高于在烘烤温度 60℃、2h 的最佳压榨提取条件下 32.3%的油脂得率。超声波辅助法提取元宝枫油，油脂得率与超声时间、超声功率、溶剂用量和提取次数呈正相关，最佳提取条件为超声功率 80W、超声时间 50min、料液比 1∶16，提取 3 次下的得率为 37.0%，也高于最佳压榨提取条件下的油脂得率（胡鹏，2017）。

元宝枫优树 03 号、04 号、05 号、08 号、09 号、10 号、11 号、12 号、13 号、14 号种实样品经去翅、去种皮、称重、粉碎、过筛（60 目）、烘干（恒重）、装入滤纸袋后，放入索氏提取器中，加入适量石油醚（沸程 60～90℃）于 65℃水浴回流提取油脂约 4h 后，蒸馏回收石油醚，取出滤纸袋，烘干至恒重，称量脱脂粉重量。将得到的油脂在 50℃下干燥 30min，称重。按下式计算元宝枫种仁出油率见表 9-1。

$$出油率 = \frac{(X_1 - X_2)}{X_1} \times 100\%$$

式中，X_1 为样品重量；X_2 为提油后的样品重量。

表 9-1   元宝枫种仁出油率

编号	种仁重量/g	饼粕重量/g	平均出油率/%
03	2.5037	1.2918	48.39
04	2.7385	1.4409	47.45
05	2.8097	1.5693	44.15
08	2.5198	1.1814	53.04
09	2.8591	1.4723	48.49
10	2.9357	1.5490	47.21
11	2.5884	1.3633	47.32
12	2.6605	1.4955	43.80
13	2.3215	1.1981	48.39
14	3.0391	1.5969	47.42

注：表中数据均为 30 粒去皮种仁所测的数值的平均值

表 9-1 显示，供试优树种仁出油率在 43.80%～53.04%，尤以 08 号元宝枫优树种实出油率为最高（53.04%），12 号元宝枫优树种实出油率为最低（43.80%）。科尔沁沙地元宝枫翁牛特旗松树山林场、科尔沁左翼后旗乌旦塔拉林场、科尔沁左翼后旗大青沟地质公园 3 个元宝枫样地的种实出油率分别为 46.66%、49.58%和 46.73%，其中以科尔沁左翼后旗乌旦塔拉林场出油率最高（49.58%）。方差分析结果表明，各优树种仁出油率之间差异显著。

（三）水酶法

1. 原理

水酶法提取植物油的原理是在机械破碎的基础上，对油料组织以及脂质复合体进行酶解处理。纤维素酶、半纤维素酶、果胶酶等能破坏细胞壁，而蛋白酶则渗透到脂质体膜内，对脂多糖、脂蛋白进行降解，有利于油脂从脂质体中释放，提高出油率。

水酶法提取植物油的方法主要是利用机械和酶解的手段来破坏、降解植物种子的细胞壁，使其中的油脂得以释放出来。首先利用机械方法把油料粉碎到一定粒径，然后加入生物酶（蛋白酶、淀粉酶、果胶酶、纤维素酶、维生素酶等）液把包裹油脂的纤维素、半纤维素、木质素等物质进行降解，使细胞壁破裂，让油脂得以释放出来，然后再利用非油成分对油和水的亲和力差异及油水比重不同，经固液分离实现非油成分（固体物料）和油（油脂）的分离。

2. 工艺流程

水酶法提取植物油的工艺是以机械和生物酶为手段，通过降解植物细胞壁的纤维素骨架和破坏其他的与碳水化合物和蛋白质等分子结合在一起的油脂复合体，从而使包裹细胞壁内的油脂释放出来。其工艺流程一般为：油料→破碎→称量→加入缓冲液→蒸汽处理→冷却→加入酶制剂→酶解→灭酶→抽滤→取出残渣→烘箱烘干→石油醚萃取→抽滤→真空干燥→烘干至恒重→植物油。

水酶法提油适合于含水量较高的油料。与传统制油工艺相比，其制油设备简单，工艺流程短，能量消耗少，生产成本低廉；酶解反应条件温和，操作安全，可同时分离油和蛋白质，得到高质量的油品和脱脂后的饼粕质量高，蛋白质几乎不发生变性；通过改进方案，可实现酶的回收和再利用，进一步降低成本；污染小，有利于环保，具有"安全、高效、绿色"的特点。

水酶法提取元宝枫种仁油的基本工艺过程包括油料清选、脱皮取仁、粉碎研磨、调温酶解、离心分离及后处理等（图 9-1）。

3. 关键影响因素

采用单因素试验方法，研究了酶的种类、酶解温度、pH、料液比、加酶量以及时间相互作用对元宝枫油脂提取率的影响。结果显示，酶种类、pH、温度、时间、酶添加量、料液比（g/ml）是影响水酶法提取元宝枫种仁油的主要因素。

1）不同酶制剂的作用效果

以元宝枫油出油率为指标，按照图 9-1 所示工艺流程操作，分别在温度为 50℃、酶添加量 4%、料液比 1∶4、酶解时间 5h 条件下，对选择的碱性蛋白质酶、中性蛋白质酶、纤维素酶、果胶酶，进行 pH=9、pH=7、pH=5、pH=3 酶解效果试验，其中每种酶反应的最适 pH 分别为 10、7.0、4.5 和 4.5，温度条件分别为 50℃、45℃、50℃和 50℃，试验结果显示，添加碱性蛋白酶所得油脂出油率明显高于中性蛋白酶、纤维素酶和果胶酶，所以优先选择碱性蛋白酶作为实验酶（图 9-2）。

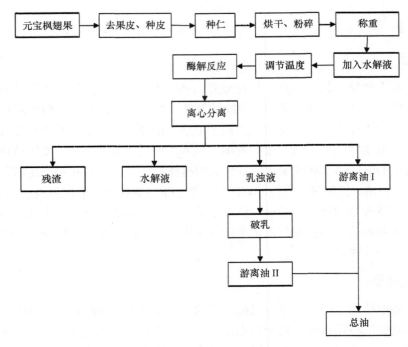

图 9-1 水酶法提取元宝枫油工艺流程图

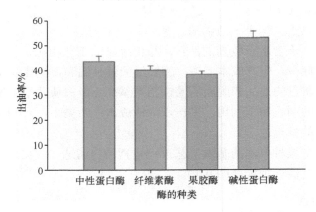

图 9-2 不同的酶对元宝枫种仁油出油率的影响

2) 酶解 pH

酶解反应具有高效性、专一性的特点，并需要最合适的反应条件（通常是指最适 pH 和最适温度）。只有反应体系 pH 是酶的最适 pH 时酶的活性才最大，酶解效率最高，pH 过高、过低都会影响酶活性，甚至导致酶失活。根据碱性蛋白酶最适 pH 范围是 9～11，设置不同 pH 梯度（pH=8、pH=9、pH=10、pH=11、pH=12）试验，选择油脂提取体系中酶解反应最适 pH。结果显示，当 pH 为 8～10 时，元宝枫种仁油出油率随 pH 增加而升高，当 pH=10 时，出油率达到峰值，随着 pH 继续增加，出油率明显呈下降趋势，因此可知，当 pH 偏离 10 时，提取效果不理想。可以确定碱性蛋白酶提取元宝枫种仁油反应体系最适 pH 为 10（图 9-3）。

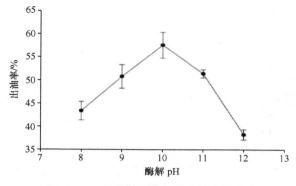

图 9-3　pH 对元宝枫种仁油出油率的影响

3）酶解时间

当酶和底物浓度一定时，酶解速率一定，反应时间越长，底物被分解得越充分，当达到一定时间，底物完全反应，酶解反应终止。不同酶解时间（1h、3h、5h、7h、9h）下的底物完全反应的时间点试验结果显示，出油率随时间增加而升高，当反应时间达到7h 以后，出油率不再增加，因此确定最佳反应时间为 7h（图 9-4）。

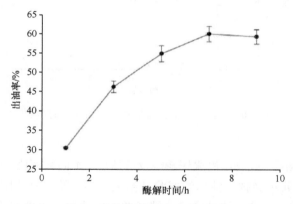

图 9-4　酶解时间对元宝枫种仁油出油率的影响

4）酶解温度

酶的本质是蛋白质，温度对酶的活性影响较大。高温容易导致酶失活，每种酶都有各自的最适反应温度。不同温度（35℃、40℃、45℃、50℃、55℃）下的碱性蛋白酶酶解反应试验结果显示，当温度为 35℃和 40℃时，由于温度低，酶作用效果较差。当温度达到 50℃时，出油率最高，温度继续升高，出油率明显降低。碱性蛋白酶的最适反应温度为 50℃（图 9-5）。

5）酶添加量

酶的用量影响酶在反应体系中浓度的大小，一般来讲，酶量越大，酶越能够与底物充分接触，进而增加酶解反应速率。不同酶添加量（2.0%、2.5%、3.0%、3.5%、4.0%）下的元宝枫种仁油出油率测试结果显示，随着酶量的增加，出油率明显上升，当酶添加量达到 3.5%，出油率最高，继续增加酶的用量，出油率不再上升，故确定最佳酶添加量为 3.5%（图 9-6）。

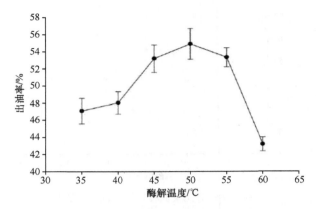

图 9-5　酶解温度对元宝枫种仁油出油率的影响

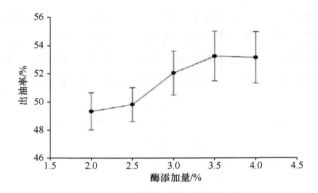

图 9-6　酶添加量对元宝枫种仁油出油率的影响

6）料液比

料液比通过影响酶和底物浓度来影响酶反应速率。不同料液比（1∶3、1∶3.5、1∶4、1∶4.5、1∶5）下的元宝枫种仁油出油率测试结果显示，随着料液比增加，出油率上升，当料液比为 1∶4 时，出油率达到峰值，继续增加料液比，出油率逐渐降低。原因可能是加入一定量的水，能够使酶与底物充分接触，有利于酶解反应，但过量的加水会使底物浓度过低不利于酶解反应进行（图 9-7）。

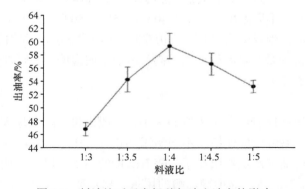

图 9-7　料液比对元宝枫种仁油出油率的影响

4. 元宝枫制油的工艺优化

在单因素试验的基础上，以元宝枫种仁油出油率为考察指标，采用 4 因素 3 水平正交试验技术方法，综合分析酶解时间、酶解温度、酶添加量、料液比对出油率的影响，通过最优水平筛选出水酶法提取元宝枫油的适宜工艺。水酶法提取元宝枫种仁油的正交试验的因素水平见表 9-2。

表 9-2　水酶法提取元宝枫种仁油因素水平表

水平	因素			
	A（酶解时间）/h	B（酶解温度）/℃	C（酶添加量）/%	D（料液比）/（g/ml）
1	3	45	3.0	1/3.5
2	5	50	3.5	1/4
3	7	55	4.0	1/4.5

1）正交试验设计与极差分析

水酶法提取元宝枫种仁油的正交试验设计与极差分析见表 9-3。

表 9-3　正交实验设计与极差分析表

试验号	因素				提取率（试验结果）/%
	A（酶解时间）/h	B（酶解温度）/℃	C（酶添加量）/%	D（料液比）/（g/ml）	
1	1	1	1	1	46.48
2	1	2	2	2	49.32
3	1	3	3	3	45.41
4	2	1	2	3	57.55
5	2	2	3	1	58.60
6	2	3	1	2	56.47
7	3	1	3	2	60.44
8	3	2	1	3	55.29
9	3	3	2	1	57.45
K_1	141.21	164.47	158.24	162.53	
K_2	172.62	163.21	164.32	166.23	
K_3	173.18	159.33	164.45	158.25	
X_1	47.07	54.82	52.75	54.18	
X_2	57.54	54.40	54.77	55.41	
X	57.73	53.11	54.82	52.75	
优水平	A_3	B_1	C_3	D_2	
R	10.66	1.71	2.07	2.66	
主次顺序		ADCB			

注：表中 K_{jm}（$j=1,2,3,4$；$m=1,2,3$）表示 j 因素 m 水平所对应的试验结果之和；X_{jm} 为 j 因素 m 水平所对应的试验结果的平均值（即 K_{jm} 平均值）。由 X_{jm} 大小能够判定 j 因素优水平和各因素水平组合，即最优组合。R_j 为第 j 列因素极差，即第 j 列因素各水平下平均指标值中的最大值和最小值之差。

分析结果显示，R（A）>R（D）>R（C）>R（B），说明酶解时间对提取率影响最大，其次是料液比，酶添加量、酶解温度对出油率影响最小。从平均值看，A 因素的第 3 水平最好，B 因素的第 1 水平最好，C 因素的第 3 水平最好，D 因素的第 2 水平最好。也就是说最好搭配是 A3B1C3D2，即酶解时间为 7h，酶解温度为 45℃，酶添加量为 4%，料液比为 1∶4。在 9 个处理中，这一组合是第 6 组试验。通过极差分析初步选出了最优组合条件。

2）正交试验的 SPSS 分析

正交试验的 9 个组合，每次试验重复 3 次，用 SPSS17.0 进行因素方差显著性分析。在此基础上进一步优化工艺最佳条件筛选。结果表明，A 因素的水平 1 和水平 2、3 之间差异显著，而水平 2 和水平 3 之间不存在显著差异，因此考虑实际应用，确定 A 因素最佳水平为水平 2，即酶解时间 5h。B 因素的三水平之间差异显著，其中以水平 1 最好，因此选择 B 因素的最佳水平为水平 1，即酶解温度 45℃。C 因素的水平 1 和水平 2、3 之间差异显著，而水平 2 和水平 3 之间不存在显著差异，因此确定 C 因素最佳水平为水平 2，即酶添加量为 3.5%。D 因素的三水平之间差异显著，其中以水平 2 最好，因此选择 D 因素的最佳水平为水平 2，即料液比为 1∶4（表 9-4）。

表 9-4　影响水酶法提取元宝枫种仁油因素试验结果统计表

水平	因素			
	A（酶解时间）/h	B（酶解温度）/℃	C（酶添加量）/%	D（料液比）/（g/ml）
1	47.07±1.80[b]	54.82±6.39[a]	52.75±4.74[b]	54.18±5.80[b]
2	57.54±0.95[a]	54.41±4.08[b]	54.78±4.09[a]	55.41±4.88[a]
3	57.73±2.25[a]	53.11±5.80[c]	54.82±7.11[a]	52.75±5.60[c]

注：不同小写字母标识的同列数据在 $P<0.05$ 上差异显著

水酶法提取元宝枫种仁油的适宜工艺研究正交试验方差分析结果表明，A、B、C、D 四个因素对试验结果均有显著影响（$P<0.05$），顺序由大到小依次为 A＞D＞C＞B，各因素的最佳水平组合为 A2B1C2D2，即酶解时间 5h、酶解温度 45℃、酶添加量 3.5%、料液比 1∶4。在此条件下提取元宝枫种仁油的出油率达 60.51%。

5. 水酶法制油应用前景

在水酶法制油中，生物酶除了能降解油料细胞、分解脂蛋白、脂多糖等复合体外，还能破坏油料在磨浆过程中形成的包裹在油滴表面的脂蛋白膜，降低乳状液的稳定性，从而提高油脂的得率。研究证明，水酶法、索氏提取法、浸提法、超声波辅助提取法、机榨法提取的元宝枫种仁油的透明度、色泽基本无差异；水酶法得到的油酸值最低、皂化值最高、过氧化值最低；机榨法得到的油碘值最高；综合比较水酶法提取的油品质相对更优（徐丹，2016）。但是水酶法制油存在着酶资源不足，使用成本高、稳定性差和酶易失活等问题。相信随着生物工程、基因工程和固定化酶技术及酶制剂工业的迅猛发展，酶的专一性会更强，尤其是纤维素酶、果胶酶、蛋白酶等的大规模工业化生产，酶的生产成本会更低。另外，还可以通过降低能耗，获得优质的蛋白源，提高出油率等优点来弥补因添加高成本的酶而增加的费用。加之，水酶法工艺易与现行的设备配套，不需要额外添加设备，其应用前景十分广阔。

（四）超声波辅助提取法

超声波是指频率为 20～50MHz 的电磁波。超声波辅助提取油脂的理论依据是超声波的热学机理、机械机制和空化作用。超声波辅助提取技术是利用超声波的空化和机械作用，破碎组织后加速细胞内物质的释放、扩散及溶解。与水代法及常规压榨法和萃取工艺相比，超声波辅助提取法具有如下突出特点：①在水温 40～50℃下超声波辅助提取，不破坏油料中某些具有热不稳定、易水解或氧化特性的功效成分。②常压萃取，安全性好，操作简单易行，维护保养方便。③超声波辅助提取 20～40min 即可获最佳提取率，萃取时间仅为常规萃取法的 1/3 或更少。萃取充分，效率高，萃取量是传统方法的 2 倍以上。据统计，超声波在 65～70℃工作效率非常高。而温度在 65℃内油料植物的有效成分基本没有受到破坏。加入超声波后（在 65℃条件下），植物有效成分提取时间约 40min。而常规萃取法往往需要 2～3h，是超声波辅助提取时间的 3 倍以上。每罐提取 3 次，基本上可提取有效成分的 90%以上。④具有广谱性。适用性广，绝大多数的油料均可超声波辅助萃取。⑤超声波辅助萃取与溶剂和目标萃取物的性质（如极性）关系不大。因此，可供选择的萃取溶剂种类多、目标萃取油脂范围广泛。⑥超声波辅助萃取加热温度低，萃取时间短，能耗小。⑦油料处理量大，成倍或数倍提高，且杂质少，有效成分易于分离、净化。⑧萃取工艺成本低，综合经济效益显著。

以石油醚（沸程 60～90℃）为提取溶剂，在超声功率 80W、超声时间 50min、料液比 1：16 下提取 3 次后进行减压抽滤将提取液与残渣分离，然后对提取液进行减压浓缩，蒸发收集提取溶剂，将浓缩液干燥至恒重，超声波辅助提取元宝枫油的得率为 37.02%（胡鹏，2017）。

（五）超临界萃取法

物质以气、液和固 3 种形式存在，在不同的压力和温度下可以进行相转换。当温度高于某临界数值时，再大的压力也不能使该纯物质由气相转化为液相，此温度被称为临界温度；在临界温度下，气体能被液化的最低压力称为临界压力。当物质所处的温度高于临界温度，而压力大于临界压力时，该物质处于超临界状态。此时气体不会液化，只是密度增大，具有类似液体的性质，但同时保留有气体的性能，这种状态下的流体被称为超临界流体。超临界流体渗透到提取材料的基质中，会发挥非常有效的萃取功能。

超临界流体，是指某种气体液体或气体液体混合物在操作压力和温度均高于临界点时，其密度接近液体，而其扩散系数和勃度均接近气体，其性质介于气体和液体之间的流体。超临界流体萃取技术就是利用超临界流体为溶剂，从固体或液体中萃取出某些有效组分，并进行分离的一种技术。其基本原理是在超临界状态下，超临界流体与待萃取的物质接触，使其有选择地将所需有效成分萃取，然后借助减压和升温的方法降低待分离物质的溶解度而析出，从而达到萃取分离的目的。

二氧化碳、乙烯、氨、氧化亚氮、二氯二氟甲烷等很多气体都可用作超临界流体。用二氧化碳超临界流体作为超临界萃取溶剂，具有临界温度与临界压力低、化学惰性等特点，适合于提取分离挥发性物质及含热敏性组分的物质，并具有充分利用超临界流体兼有气、液两重性的特点，在临界点附近，超临界流体对组分的溶解能力随体系的压力和温度变化发生连续变化，从而可方便地调节组分的溶解度和溶剂的选择性。超临界流体萃取法具有萃取和分离的双重作用，物料无相变过程因而节能明显，工艺流程简单，萃取效率高，无有机溶剂残留，产品质量好，无环境污染。但是，超临界流体萃取法也有其局限性，二氧化碳超临界流体萃取法较适合于亲脂性、相对分子质量较小的物质萃取，超临界流体萃取法设备属高压设备，要求甚为精密，具有造价高、系统高压装置操作和自控要求严、设备一次性投资大、产品成本较高的特点，然而因其设备随着国产设备技术的成熟，超临界设备的投资将会大大降低，对促进功能性油脂的生产将会起到积极的推动作用。

超临界流体萃取技术是新发展起来的一种萃取分离技术。温度、压力高于其临界状态的物质会同时拥有液体和气体的特点，即密度大、黏稠度小、有极高的溶解性。超临界二氧化碳对脂溶性物质溶解能力强，传质性能好，并具有无毒、环境友好等优点，在天然产物特别是功能性植物籽油萃取中得到广泛应用（彭英利和马承愚，2005）。试验证明，元宝枫原油的超临界二氧化碳连续萃取可在萃取压力 24 MPa、萃取温度 35℃、二氧化碳流量 250 L/h 的条件下进行。五角枫翅果油的最佳超临界二氧化碳萃取条件是：147min 的萃取时间，36MPa 的萃取压强，98ml/min 的二氧化碳流速，47℃萃取温度，五角枫翅果油的平均得率为 71.3mg/g（高文博，2016）。超临界流体萃取克服了高温油脂易氧化酸败、有溶剂残留、色泽不好等缺陷，同时保持较高的出油率，提升油品质。受设备比较复杂、操作烦琐、提取范围窄等因素限制，超临界流体萃取运行成本高，目前在实际生产中应用极其有限。

亚临界流体萃取法是利用亚临界流体（在温度高于其沸点但低于临界温度，且压力低于其临界压力的条件下，以流体形式存在的物质）作为萃取剂，在密闭、低压的压力容器内，通过萃取物料与溶剂在浸泡过程中的分子扩散作用，使物料中的脂溶性成分转移到液态的萃取剂中，然后通过减压蒸发工艺将萃取剂与产物分离，最后得到目标产物的一种新型萃取与分离技术。

亚临界流体萃取法除具有设备简单、易于操作、生产成本低等优点外，相对于超临界流体萃取技术而言，具有提取压力低、生产产能高及成本低廉等优点；相对于传统溶剂提取工艺而言，具有提取时间短、提取温度低等优点。

亚临界流体萃取法的溶剂主要有丙烷和丁烷。正丁烷是液化石油气的主要成分，沸点较低（−0.5℃）。在 25℃时的绝对压力是 0.27MPa，50℃时的绝对压力是 0.53MPa，在此压力和温度范围内正丁烷被液化为液体，以它作为溶剂在专门的压力容器中可对各种油脂和脂溶性成分进行萃取。研究证明，在超临界萃取最佳油脂提取条件为 39MPa、44℃和 10h 下，元宝枫油得率为 43.07%（为种仁含油量的 93.67%）。在亚临界萃取的最佳萃取条件为 40℃、1:3（$m:V$）的料液比萃取 3 次，每次 30min，元宝枫油得率为 43.60%（为种仁含油量的 94.82%）。对比两种方法提取的元宝枫油的得率和品质，其中亚临界萃取方法的提取效果较为理想，并且亚临界萃取压力低、萃取时间短。

（六）不同制油方法效果比较

在目前众多的槭树籽制油方法中，压榨法与浸出法是最为常见的方式，具有较高的效率和质量水平。水酶法是由水代法发展起来的新型绿色环保的提油工艺，很有发展前景。超声波辅助提取的得率较高，且提取时间短，均在 40～50℃ 的条件下进行浸提，不会破坏元宝枫油中的天然营养成分，适合特种油脂提取。现就水酶法、索氏提取法、浸提法和超声波辅助提取法与机械压榨法制备元宝枫油的出油率、理化特性、脂肪酸组成和含量及生产成本的影响相比较如下。

1. 不同提取方法的出油率比较

水酶法、索氏提取法、浸提法和超声波辅助提取法与机械压榨法制备元宝枫油的实验结果见表 9-5。

表 9-5　不同提取方法的元宝枫种仁油出油率　　　　　（单位：%）

项目	水酶法	索氏提取法	浸提法	超声波辅助提取法	机械压榨法
出油率	60.44±0.21e	99.96±0.04a	93.03±0.17b	90.43±0.31c	83.72±0.02d
饼粕残油率	39.56±0.12a	0.04±0.04e	6.97±0.17d	9.57±0.31c	16.28±0.02d

注：不同小写字母表示在 $P<0.05$ 水平上差异显著；机械压榨法数据来自文献盛平想和杨鹏辉（1998）

表 9-5 显示，供试提取方法的出油率由高到低依次为索氏提取法、浸提法、超声波辅助提取法、机械压榨法、水酶法，饼渣残油率由高到低依次为水酶法、机械压榨法、超声波辅助提取法、浸提法、索氏提取法，且不同方法之间差异显著（$P<0.05$）。其中，索氏提取法、浸提法和超声波辅助提取法都是以有机溶剂为提取液，有机溶剂能有效地渗透入油料，将油料中的油脂释放出来，因此，这三种方法出油率相对较高。机械压榨法，饼粕中会残留部分油脂，影响种仁出油率。碱性蛋白酶虽能有效地水解细胞壁中的脂蛋白成分，释放油脂，但水酶法乳化问题严重，这是造成水酶法出油率低的主要原因。

2. 不同提取方法对元宝枫油脂肪酸组成及含量的影响

不同方法提取元宝枫种仁油脂肪酸甲酯色谱见图 9-8。

不同提取方法下的元宝枫油脂肪酸组成及含量测试结果（表 9-6）显示，5 种方法提取的元宝枫油的总不饱和脂肪酸含量都在 90% 以上，以油酸、亚油酸为主。油酸以机械压榨法显著高于其他 4 种方法，浸提法次之，水酶法、索氏提取法、超声波辅助提取法差异不明显。亚油酸以机械压榨法最高，其他方法不存在显著差异。水酶法、索氏提取法、浸提法、超声波辅助提取法所得元宝枫油的芥酸的含量均在 20% 以上，以浸提法最高（20.65%±0.04%），水酶法、索氏提取法、浸提法、超声波辅助提取法之间不存在显著差异；水酶法、索氏提取法、浸提法、超声波辅助提取法所得元宝枫油的神经酸含量平均在 7% 以上，其中机械压榨法最低（5.8%）。表明，不同提取方法对元宝枫种仁油脂肪酸组成及含量影响差异不显著。

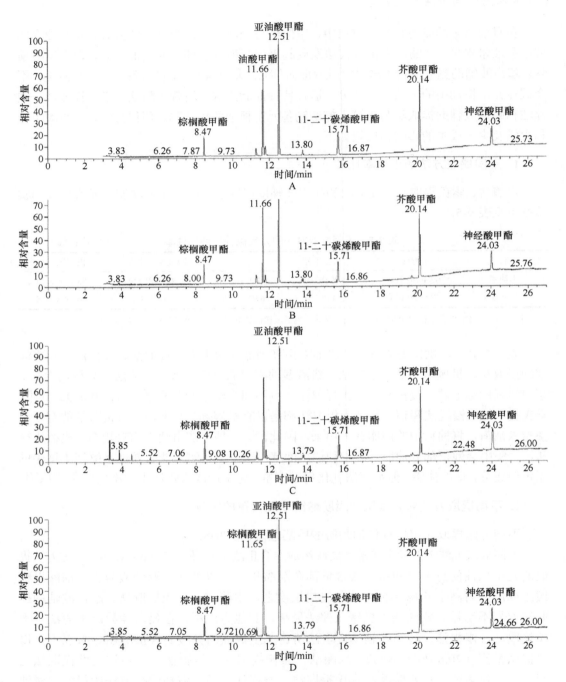

图 9-8　不同方法提取元宝枫种仁油脂肪酸甲酯色谱图

A. 水酶法；B. 索氏提取法；C. 浸提法；D. 超声波辅助提取法

表 9-6　不同提取方法元宝枫油脂肪酸组成及含量比较　　　　（单位：%）

脂肪酸	水酶法	索氏提取法	浸提法	超声波辅助提取法	机械压榨法
棕榈酸	3.40±0.01[a]	3.41±0.01[a]	3.40±0.02[a]	3.39±0.02[a]	3.90±0[b]
棕榈油酸	0.07±0.01[a]	0.07±0.01[a]	0.06±0.01[a]	0.06±0.01[a]	
硬脂酸	1.83±0.01[ab]	1.87±0.05[b]	1.81±0.01[a]	1.86±0.03[b]	2.20±0[c]
油酸	22.81±0.04[a]	21.82±0.02[a]	22.9±0.06[b]	22.79±0.01[a]	23.8±0.02[c]
亚油酸	31.72±0.09[a]	31.79±0.01[b]	31.72±0.02[ab]	31.74±0.01[ab]	33.9±0[c]
亚麻酸	1.32±0.02[a]	1.30±0.01[a]	1.31±0.02[a]	1.31±0.01[a]	2.60±0[b]
花生酸	0.08±0.02[a]	0.07±0.01[a]	0.09±0.01[a]	0.09±0.02[a]	0.30±0[b]
二十碳烯酸	7.69±0.01[b]	7.31±0.01[a]	7.70±0.03[b]	7.86±0.05[c]	7.90±0[d]
山嵛酸	0.77±0.03[a]	0.77±0[a]	0.78±0.01[a]	0.77±0.01[a]	0.90±0[b]
芥酸	20.64±0.05[b]	20.59±0.01[b]	20.65±0.04[b]	20.60±0.06[b]	17.20±0[a]
木焦油酸	0.31±0.01[bc]	0.27±0.06[ab]	0.32±0.01[c]	0.24±0.01[a]	0.40±0[d]
神经酸	7.24±0.01[b]	7.23±0.02[b]	7.25±0.01[b]	7.24±0.01[b]	5.80±0[a]
总不饱和脂肪酸	91.49±0.04[b]	91.12±0.02[a]	91.60±0.09[c]	90.61±0.05[c]	91.2±0[d]
总饱和脂肪酸	6.39±0.03[a]	6.38±0.09[a]	6.40±0.01[a]	6.35±0.04[a]	7.70±0[b]
总计	97.88±0.01[b]	97.50±0.10[a]	98.00±0.09[c]	97.96±0.01[bc]	98.90±0[d]

注：不同小写字母表示同行数据在 $P<0.05$ 水平上差异显著

3. 不同提取方法对元宝枫油理化性质的影响

不同提取方法对元宝枫油脂的酸价、碘价、皂化值、过氧化值、色泽、气味等理化性质的影响测试结果（表 9-7）显示，不同提取方法对元宝枫油脂透明度等影响不大。5 种不同方法提取的元宝枫油脂均为透明、澄清状，说明这 5 种方法提取的元宝枫油脂杂质较少。但不同提取方法对元宝枫油脂的酸价、碘价、皂化值、过氧化值、色泽、气味等均有较大影响。水酶法、索氏提取法、浸提法、超声波辅助提取法和机械压榨法提取的元宝枫油脂酸价分别为 0.68±0.02、1.45±0.67、0.91±0.25、1.04±0.71、2.06±0.00，差异显著，均小于 5，符合国家食用油脂标准。其中，水酶法提取的元宝枫油脂酸价最低，其次为浸提法和超声波辅助提取法，索氏提取法稍高，机械压榨法最高，这说明水酶法提取的元宝枫油脂游离脂肪酸较少，油脂新鲜度较好。机械压榨法得到的元宝枫油脂碘价（131.00±0.00）显著高于其他 4 种方法，说明机械压榨法提取的元宝枫油脂不饱和程度较高。水酶法提取的油皂化值（191.33±0.58）显著高于另外 4 种方法制得的油的皂化值可能是由于水酶法在水解液体系中进行，使油脂发生水解，导致皂化值升高。水酶法提取的油的过氧化值显著低于其他 4 种方法制得的油的过氧化值，且超声波辅助提取法、机械压榨法、索氏提取法和浸提法制得的油的过氧化值差异显著，由高到低依次为浸提法、索氏提取法、机械压榨法和超声波辅助提取法。可能与制油工艺条件有关。水酶法反应条件温和，持续时间短，因此过氧化值低。色泽和气味方面，索氏提取法、浸提法、超声波辅助提取法均表现为浅黄色、有种仁香味但伴随有轻微溶剂味；水酶法颜色较浅，表现为柠檬黄色，有浓郁种仁香味，无其他异味；机械压榨法颜色较深，种仁香味浓郁，无其他异味。

表 9-7 不同提取方法油脂理化性质比较

指标	水酶法	索氏提取法	浸提法	超声波辅助提取法	机械压榨法
颜色	柠檬黄	浅黄色	浅黄色	浅黄色	黄色
气味	浓郁种仁香，无异味		种仁香味，轻微溶剂味		浓郁种仁香，无异味
透明度			透明，澄清		
酸值/（mg/g）	0.68 ± 0.02^a	1.45 ± 0.67^d	0.91 ± 0.25^b	1.04 ± 0.71^c	2.06 ± 0^e
碘值/（g/100g）	108.67 ± 0.42^b	108.43 ± 0.51^{ab}	108.00 ± 0^a	108.73 ± 0.23^b	131.00 ± 0^c
皂化值/（mg/g）	191.33 ± 0.58^d	185.67 ± 0.58^{ab}	186.33 ± 0.58^b	187.33 ± 0.58^c	185.00 ± 0^a
过氧化值	1.47 ± 0.22^a	5.43 ± 0.08^d	5.43 ± 0.20^d	2.74 ± 0.11^b	3.54 ± 0^c

注：机械压榨数据来源（李岱龙等，2015）；不同小写字母表示同行数据在 $P<0.05$ 水平上差异显著

综合比较供试的 5 种制油方法可知，水酶法所需设备简单，投资较小，但所需劳动强度大，适合小批量工业生产。索氏提取法虽设备简单，能耗较小出油率高，但要消耗大量溶剂，且劳动强度大，存在溶剂残留问题，仅适用于实验室提取，难以实现工业化大规模生产。浸提法虽能耗低，出油率高，但同样要消耗大量溶剂。超声波辅助提取法尚处于实验室研究阶段，未实现工业生产。机械压榨法是传统的制油工艺，可以实现小批量连续性生产，但其能耗大，对设备零件磨损较严重，劳动强度较大，高温易破坏营养成分。可见，只有水酶法生产过程无污染、油品高且能实现工业化连续性生产，是适于元宝枫油生产的最佳方法。

六、油脂加工

以元宝枫油为原料，可制得珍贵的优质食用油及医药和保健品原料神经酸、维生素E 等，同时得到性能优异的生物柴油。

根据元宝枫油酸值高低分为两种工艺。

1. 工艺流程

（1）原料的酸值（KOH）小于 5mg/g 时，先进行碱炼，使酸值（KOH）降到 1mg/g以下，以使元宝枫油能在碱性催化剂作用下与过量的乙醇进行酯化反应。

元宝枫油 —磷酸→ 脱胶 —NaOH→ 碱炼 —→ 洗涤 —→ 脱水 —乙醇 催化剂2→ 酯交换 —→ 洗

涤 —→ 脱水 —→ 多级分子蒸馏洗涤 —→ 生物柴油
　　　　　　　　　　↓
　　　　　　　　神经酸乙酯

操作要点：

A. 脱胶：将元宝枫原料油与定量的磷酸在一定温度下搅拌反应，静置沉淀使油脚完全分离，用温水洗涤数次脱除原料油中的胶质。

B. 碱炼：将脱胶后的元宝枫油与一定浓度的氢氧化钠溶液在一定温度下搅拌反应，静置沉淀使皂粒完全分离，使酸值（KOH）降到 1mg/g 以下，用温水洗涤数次，再脱除水分。

C. 酯交换：将经过脱胶、碱炼洗涤和脱水后的元宝枫油与一定量的乙醇和催化剂 2 混合后，在一定的温度下进行酯交换反应，反应完后回收溶剂、水洗除去反应副产物。

D. 分子蒸馏：在一定的真空度和温度下进行真空脱水和多级分子蒸馏，收集不同温度和真空度条件下的馏分。

（2）原料的酸值（KOH）大于 5mg/g 时，先以硫酸为催化剂进行预酯化反应，待酸值（KOH）小于 2mg/g 以后，再在碱性催化剂作用下与过量的乙醇进行酯交换反应。

元宝枫油 —磷酸→ 脱胶 —乙醇 催化剂1→ 预酯化 —→ 洗涤 —→ 脱水 —→ 酯交换 —催化剂1→

补充酯化 —→ 洗涤 —→ 碱炼 —→ 沉淀 —→ 洗涤 —→ 脱水 —→ 多级分子蒸馏

洗涤 —→ 生物柴油

↓

神经酸乙酯

操作要点：

A. 脱胶：将元宝枫原料油与定量的磷酸在一定温度下搅拌反应，静置沉淀使油脚完全分离，用温水洗涤数次脱除原料油中的胶质。

B. 预酯化：将脱胶后的元宝枫油与一定量的乙醇和催化剂 1 混合后，在一定的温度下反应一定时间，使酸值（KOH）降到 2mg/g 以下，进行水洗，达到中性以后进行真空脱水，使水分降到 0.2% 以下。

C. 酯交换：将预酯化、洗涤和脱水后的产物加入乙醇和催化剂 1 进行酯交换反应 2h 后；再加入催化剂 1 进行补充酯化反应，反应产物酸值（KOH）降到 2mg/g 以后，进行水洗除去反应副产物。

D. 碱炼：上述反应产物与一定浓度的氢氧化钠溶液在一定温度下搅拌进行脱酸反应，静置沉淀使皂粒完全分离，使酸值（KOH）降到 1mg/g 以下，用温水洗涤数次，再脱除水分。

E. 分子蒸馏：在一定的真空度和温度下进行真空脱水和多级分子蒸馏，收集不同温度和真空度条件下的馏分。

2. 最佳工艺参数

元宝枫油在提取神经酸同时制备生物柴油的最优预酯化工艺参数为，原料油与乙醇的物质的量比为 1：6，酯化时间 2.5h，催化剂用量 4.0%；酯交换工艺参数为，预酯化混合物和乙醇的物质的量比为 1：6，催化剂用量 1.0%，酯化时间为 3h；分子蒸馏工艺参数为，初级蒸馏绝对压力 97Pa，蒸馏温度 60℃，物料流量 1kg/h；二级蒸馏绝对压力 50Pa，蒸馏温度 170℃，物料流量 1kg/h；三级蒸馏绝对压力 10Pa，蒸馏温度 170℃，物料流量 0.3kg/h。

3. 工艺效果

两批放大试验所得到的产品神经酸含量达到 47% 左右，其产品质量指标见表 9-8。生物柴油产品经检测质量指标达到了 GB/T 20828—2015《柴油机燃料调合用生物柴油（BD100）》国家标准的要求，其产品质量指标见表 9-9（史宣明等，2013）。

表 9-8　元宝枫油神经酸乙酯产品质量指标

项目	企业标准	实测数据
神经酸乙酯含量/%	≥40	47.8
其他脂肪酸乙酯含量/%	≤60	52.2
状态	油状液体	淡黄色油状液体
色泽（比色槽133.4mm）	Y=35，R≤4.0	Y=20，R=1.2
水分及挥发物/%	≤0.05	0.04
杂质/%	≤0.05	0.03
酸值（KOH）/（mg/g）	≤1.0	0.6
过氧化值/（mmol/kg）	≤5.0	1.7

注：表中 R（red）、Y（yellow）分别代表红色的和黄色的

表 9-9　元宝枫油生物柴油产品质量指标

项目	国家标准	实测数据
密度（20℃）/（kg/m³）	820～900	872.2
运动黏度（40℃）/（mm²/s）	1.9～6.0	5.1
闪点（闭口）/℃	≥130	188
冷滤点/℃	报告	0
硫含量/%	≤0.05	0.0002
残炭/%	≤0.3	0.25
硫酸盐灰分/%	≤0.02	0.005
水分/%	≤0.05	0.02
机械杂质/%	无	无
铜片腐蚀（级）	≤1	1a
十六烷值	≥49	51
酸值（KOH）/（mg/g）	≤0.8	0.5
90%馏出温度/℃	≤360	356

第二节　叶茶制作

　　茶叶，俗称茶，一般包括茶树的叶片和芽。茶叶中含有儿茶素、胆甾烯酮、咖啡碱、肌醇、叶酸、泛酸等有益于人体健康的化学功能成分。茶叶加工又称为"制茶"，是将茶树鲜叶经过各道加工工序，制成各种半成品茶或成品茶的过程。按加工过程不同，可分为初制（初加工）、精制（精加工）、再加工和深加工（周红杰和李亚莉，2018）。茶叶制成的茶饮料，是世界三大饮料之一。中国茶文化源远流长，中国茶叶品种丰富，茶叶不仅有着外在视觉、味觉交织的瑰丽与奇妙，更有着深邃的城府与浓郁的文化内涵。元宝枫叶中富含 SOD、维生素 E、硒等抗氧化、抗衰老的成分，是生产具有营养价值和医疗保健作用的元宝枫茶、茶饮料等多种产品的新资源。

一、枫叶茶

枫叶茶是指用元宝枫叶加工而成的供饮用的植物饮料。我国古代采摘元宝枫叶制取的珍贵饮品"枫露茶"由于年代久远，加之工艺烦琐，现已不被采用。现有的枫叶茶，基本上都是采用蒸青或炒青绿茶的生产工艺生产的。采用水浸提，包埋剂络合、真空冷冻干燥技术制作速溶枫露茶的工艺流程与方法如下：新鲜元宝枫叶→萎凋→阴干→添加浸提水、包埋剂→浸提→过滤→滤汁预冻→真空冻干→包装。随叶片粉碎度的增加，浸提液黏度增加，胶状物增加，干物质得率下降。加入包埋剂，可以及时包络浸提出来的色素分子、香味分子等成分，避免分解、挥发。最佳工艺流程和参数是：整叶浸提，包埋剂在浸提前加入，包埋剂用量：元宝枫叶用量＝1∶1.7，浸提温度 40℃，浸提时间 25min，浸提叶量∶浸提用水＝1∶20。该工艺可以较好地保护色素成分、呈味成分及活性成分，使产品具有营养保健、速溶方便的功能。

元宝枫叶茶含有丰富的营养成分与生物活性成分，具极大的开发利用价值。传统茶叶中的主要功能成分多酚类、蛋白质、氨基酸、脂类、多糖等在元宝枫叶茶中均含有，尤其是氨基酸、黄酮和绿原酸等含量远高于传统茶业中的含量。

研究证明，元宝枫叶汁最佳浸提条件为温度 70℃、时间 40min、叶水比 1∶10、ZTC（北京正天成澄清技术有限公司）澄清剂用量 40g/kg、护色剂维生素 C 用量 0.5g/kg；饮料最佳配方为元宝枫叶汁稀释 15 倍、柠檬酸 0.04%、白砂糖 4%、蜂蜜 0.5%、D-异抗坏血酸钠 0.01%；最佳杀菌方法为微波 2200MHz、杀菌 2min；产品色泽为淡黄色，澄清透明，酸甜适中，口感良好（夏辉，2010）。

云南元宝枫粗蛋白质含量为 13.42%，氨基酸为 117.9g/kg 干叶，其中必需氨基酸占氨基酸总量的 41.48%，单宁含量 10.82%，SOD 含量 91.40mg/kg，维生素 E 含量 141.3g/kg，总黄酮含量 4.13%，绿原酸含量 2.38%，Ca、K 等矿质元素含量丰富，具有十分典型的高钾低钠特点。元宝枫叶提取物的食用安全性评价结果显示，在小鼠急性经口毒性试验、遗传毒性试验（小鼠骨髓细胞微核试验、小鼠精子畸变试验和污染物致突变性检测（Ames 试验））及亚慢性毒性试验（90 天喂养试验）条件下，元宝枫叶提取物未表现出有急性毒性和遗传毒性；在 1～2g/kg 体重剂量范围内未显示有亚慢性毒性。

二、绿茶饮料

不发酵茶，是以适宜做茶的树叶为原料，经杀青、揉捻、干燥等典型工艺过程制成的茶叶，其干茶色泽和冲泡后的茶汤、叶底以绿色为主调，故名绿茶。研究表明，元宝枫叶中富含 K、Na、Ca、Mg 等矿质元素、多种氨基酸和多酚类化合物及 SOD、维生素 B_2、维生素 E、维生素 C 等抗氧化、抗衰老成分（表 9-10），对于清除人体内过多的自由基、抵抗疾病、减缓衰老具有一定作用，尤其维生素 E 含量高达 14.22mg/100g，有抗癌、防癌作用。

表 9-10　元宝枫叶的矿质元素、营养成分、氨基酸含量

矿质元素	含量/（μg/g）	营养成分	含量/%	氨基酸	含量/AA	相对含量/%
K	9750	含水量	11.39	天冬氨酸	1.08	9.73
Na	12.8	总糖量	8.65	苏氨酸	0.52	4.68
Ca	55000	总酸量	0.77	颉氨酸	0.66	5.95
Mg	4430	矿质元素	10.42	蛋氨酸	0.12	1.08
Cu	6.50	单宁	11.46.	异亮氨酸	0.51	4.59
Zn	22.9	儿茶素	74mg/100g	亮氨酸	0.99	8.92
Fe	201	SOD	96.97μg/g	苯丙氨酸	0.70	6.31
Mn	185	维生素 C	10.4mg/100g	赖氨酸	0.77	6.94
Co	0.03	维生素 B_1	0.27μg/g	组氨酸	0.26	2.34
Pb	0.02	维生素 B_2	5.43μg/g	色氨酸	0.592	5.33
Ni	0.42	维生素 E	14.22mg/100g	必需氨基酸	5.122	46.14
Se	0.072			总氨基酸	11.102	100

注：含水量是指风干叶中的含水量。总酸量以苹果酸计

以新鲜元宝枫叶为主要原料，98%甜菊糖、香精、柠檬酸、抗坏血酸、苯甲酸钠、纯净水为辅料，生产元宝枫绿茶饮料（即饮型茶饮料）的工艺技术如下。

（一）工艺流程与操作要点

1. 工艺流程

元宝枫→采叶→清洗→摊晾→剪碎→杀青→揉捻→烘干→浸提→浓缩→净化→调配→杀菌→罐装→成品

2. 操作要点

1）原料采集与处理

采摘：除了做到"六不采"之外，2003 年 4～5 月采摘原料叶。采取时注意嫩叶和老叶之分，叶质厚薄、颜色深浅之分。尽量选取地处肥沃向阳土壤上的树，叶片应以深绿色、叶肉肥厚为佳。

摊放：新鲜叶采摘后立即用自来水冲洗后，甩干、摊晾至水分散失30%。一般在通风条件下，夜间摊放 10h，白天摊放 4h。在冲洗甩干后至少摊放 4h 以上，待叶片萎蔫失去光泽，略有清香为好。

杀青：摊晾到叶质变软后，将叶片剪为 1cm 宽的条状后调节电磁锅温度至 120℃恒温，当锅开始冒青烟时将适量的叶下锅均匀翻炒 10～20min 后，起锅摊凉并烘干低温储存备用。

揉捻：当叶片变软并感觉黏手时，开始揉捻，但要掌握好揉捻的力度和时间。若是做绿茶，则揉捻时间不能太长，而且力度不能过大，否则，酶细胞被破坏，浸提液呈红色或橙红色。而做红茶揉捻要求则相反。当茶叶的青草味消失，叶色变浅，水分含量约为30%时起锅，需要 10～20min，摊凉后真空干燥，并避光、低温条件下储藏。

2）茶汤的制作

浸提：称取干燥的茶叶 5g，80℃以上纯净水 500ml，按照茶叶∶水=1∶100 比例浸提 2 次，每次浸泡时间在 3h 以上。将 2 次所得到的茶汤混合（总量为 1000ml 左右）后低温保存待用。将茶叶粉碎或者剪碎后混合少许的茉莉花浸提，比例 1∶100，水温 95℃，浸提 2～3 次，每次 3h 以上，在 60℃真空条件下按照 1∶0.4 浓缩，其营养成分损失较少。

浓缩：采用 R520B 旋转蒸发仪器在 60℃以下温度，按照 1∶0.4 左右的比例浓缩，并用 400 目的尼龙布、绒布、高速管式离心等进行过滤。

净化：即除去浓缩后茶汤中的杂质，包括沉淀等。

3）成品的调配

选取品质较优的浓缩茶汤进行调配实验，主要的调配原料应该包括蔗糖、柠檬酸、香精、抗坏血酸、苯甲酸钠等，并从中筛选出最好的调配比例方案。主要原料调配比例是（1∶0.4）比例浓缩茶汤（ml）∶1%浓度的纯度为 98%的甜菊糖（ml）∶0.5%浓度的维生素 C 溶液∶0.5%浓度的柠檬酸溶液（ml）=100∶1∶0.08∶0.05，各个添加剂必须先溶解调制好后量取加入。

4）品质检测

成品茶汤感官评价可通过评价小组对茶汤进行品评打分，茶汤的感官品质选优评分标准按汤色、香气、口味、成分、沉淀量各占 20 分，总分 100 分计算。其中，汤色黄绿明亮，香气清纯、不带青草味，口感鲜爽而无酸涩感、后味甘甜清爽，粉状和絮状沉淀量少为品质好的茶汤。平均分在 85 分以上的为优秀。成品茶汤中营养成分中总糖、还原糖分析用斐林试剂法，酸度用碱式滴定法，黄酮测定用比色法，单宁测定用福林-尼斯比色法。

（二）工艺参数分析

1. 元宝枫茶叶炒制工艺

元宝枫茶叶炒制工艺参数分析见表 9-11。

表 9-11　茶叶炒制工艺参数分析表

	I	II	III	IV	V
采摘时间（年.月.日）	2003.4.20	2003.4.28	2003.5.1	2003.5.8	2003.5.15
叶片特征	叶质薄浅绿色，近透明，成年树	叶质薄，浅绿色，纸质，幼树	叶质厚，深绿色，挂果树	叶质厚，深绿色，挂果树	叶质薄，浅绿色，幼树
摊放时间/h	4	6	8	12	4
杀青时间/min	10	15	20	15	20
杀青温度/℃	100	120	120	120	100
茶叶特征	色泽黄，不匀透有青草味，不成型	色泽黄绿，有淡青草味，不易成型	色泽较绿，匀透较浓清香味，成型较好	色泽亮黄，较匀透浓清香味，成型较好	色泽黄，匀透，浓清香味，不成型
备注			较优	较优	较优

根据试验结果，茶叶炒制必须注意以下问题，并选取茶叶品质较好的Ⅲ、Ⅳ、Ⅴ三种茶叶用于浸提、浓缩和调配。①在原料叶采摘过程中要做到"六不采"：雨水叶、露

水叶、对夹叶、短芽叶、紫色叶、病虫叶。②在原料叶采摘回来清洗后，必须甩干或者用吹风机将表面水分吹干方才摊晾，否则会使叶中有效成分损失。③叶质较薄的嫩叶经过较长时间的摊放后，杀青比较容易，但由于太薄而不容易成型；反之，叶厚而深绿，杀青较困难，时间较长，温度要适当高些。④在揉捻过程中，同样要注意，时间过长、温度超过130℃就容易使酶细胞遭到破坏，从而达不到炒制绿茶的目的。⑤在炒制过程中对于难以成型和杀青的老叶和叶肉较厚叶，可以在100℃蒸青2～5min，摊凉后再炒制。⑥可根据茶叶色泽的变化来判断杀青程度，当茶叶颜色开始变黄，并且光亮，接触有黏手的感觉时，表明糖分开始蒸发出来，杀青较成功。⑦元宝枫叶比普通的茶叶要大，而且叶质较硬，不容易成型和杀青匀透，所以，在摊晾到水分散失30%左右时，将叶片剪成1cm宽的条状易于杀青均匀。

2. 浸提、浓缩工艺

茶叶炒制、粉碎、过8～32目筛后，去掉粒度32目以下的粉末并加入适量的茉莉花进行浸泡试验。经3种茶叶、3种浸提水温度、3个不同浸提时间、3个不同浸提比例进行排列组合试验后，通过感官评价选择最优化的浸提参数，见表9-12。将2003年5月15日采摘制作的茶叶按照1∶120比例，80℃水浸提一次和两次再浓缩至同样体积，分析其中有效成分含量进行对比可知：一次浸提不能充分提取出茶叶中的有效成分，只是两次浸提出成分的70%左右。

表9-12　浸提、浓缩参数因子

茶叶	水平	浸提水温度/℃	浸提时长/h	浸提比例	浓缩比例
	1	60	2	1∶100	10∶7
III	2	80	4	1∶120	10∶6
	3	95	6	1∶140	10∶5
	1	60	2	1∶100	10∶7
IV	2	80	4	1∶120	10∶6
	3	95	6	1∶140	10∶5
	1	60	2	1∶100	10∶7
V	2	80	4	1∶120	10∶6
	3	95	6	1∶140	10∶5

试验结果表明，茶叶品质，浸提水温度、浸提时长、浓缩比例是最重要的3个参数因子。综合以上几个因子，参考感官评价和有效成分分析可得较优品质的茶汤，并冷藏以备浓缩和调配之用。

试验表明，①浸提次数对茶汤有效成分含量的影响实验结果和分析表明，一次浸提不能充分提取出茶叶中的有效成分，只是两次浸提出成分的70%左右。②根据浸提水温度差异试验的成分分析可知，水温高低对茶汤中矿物质、糖分含量没有很大影响，而氨基酸和SOD等物质含量影响很大，当水温和浓缩温度超过95℃后，SOD、氨基酸损失20%～30%。③对3种不同地点采摘的原料叶用相同方法炒制而成的茶叶进行浸提后的成分分析可知：土壤肥沃且阳面的树叶，叶质厚，深绿色，其有效成分含量较高。反之，则较低。④浓缩比例大小对茶汤品质没有较大的影响，因为调配时调配原料的加入还必须通过溶解，水的酸碱度为中性或微酸性，切勿用碱性水，以免茶汤深暗。煮水初沸即可，这样泡出的茶水鲜爽度较好。沏茶的水温，要求在80℃左右最为适宜，因为优质绿茶的叶绿素在过高的温度下易被破坏变黄，同时茶叶中的茶多酚类物质也会在高温下氧化，使茶汤很快变黄，很多芳香物质在高温下也很快挥发散失，使茶汤失去香味。⑤经过浓缩后的优质茶汤还必须经过过滤杀菌等处理，先用400目的尼龙布进行粗滤，后用绒布进行精滤，也可用高速管式离心，除去细微颗粒及悬浮物，可增加茶汤的色泽和光亮度。

3. 茶汤调配工艺

按照《饮料通则》（GB/T 10789—2015），除过所选择的最优茶汤中已经含有的成分，再加入适量的甜味剂、酸味剂、抗氧化剂、防腐剂、色素等，即糖分、柠檬酸，少量的苯甲酸钠、抗坏血酸、香精。

因茶汤中加入的如柠檬酸、抗坏血酸、苯甲酸钠都是十分微量的，加之茶汤的量也不多，且通过品评而确定出各个添加剂的量不太理想。所以，只对抗坏血酸、甜菊糖、柠檬酸的添加量做初步探究。经过调配实验和品尝小组品尝鉴定，一致认为100ml中加入1%浓度的纯度为98%的甜菊糖1ml、0.5%浓度的维生素C溶液0.08ml、0.5%浓度的柠檬酸溶液0.05ml。

考虑到苯甲酸钠属碱性，柠檬酸为酸性，所以在加工过程中，必须将试剂稀释为稀溶液，再进行调配，避免酸碱中和，造成调配失败。

调配好的茶汤经过135℃恒温5s高温瞬时灭菌后，放入冰箱冷藏或者进行罐装，即得元宝枫即饮型茶饮料成品。罐装、灭菌后再经过质检部门检验就可上市出售。

元宝枫绿茶的制作工艺与红茶、冰茶等制作工艺只有很小的差异，主要表现在炒制方法和调配时添加剂的种类及其用量不同。红茶开始创制时称为"乌茶"。红茶在加工过程中发生了化学反应，鲜叶中的化学成分变化较大，茶多酚减少90%以上，产生了茶黄素等新的成分。香气物质从鲜叶中的50多种，增至300多种，一部分咖啡碱、儿茶素和茶黄素络合成滋味鲜美的络合物，从而形成了红茶、红汤、红叶和香甜味醇的品质特征。冰茶的调制方法是：将速溶红茶用温开水或饮用冷水冲泡成茶汤，注入预先放有冰块的玻璃杯内，加入适量的调味果汁或新鲜柠檬片。也有添加各种调味的速溶红茶，直接用冰水冲饮的。这种不同滋味的冰茶是夏令的清凉饮料。

三、水浸枫叶饮料

（一）原料配方

元宝枫叶茶饮料的配方为100ml元宝枫叶汁中加柠檬酸0.04g、白砂糖4g、蜂蜜0.5g、D-异抗坏血酸钠0.01g。

（二）工艺流程及操作要点

1. 工艺流程

元宝枫叶→前处理→烘干→粉碎→水浸提→过滤→澄清→调配→杀菌→灌装→封口→包装→成品

2. 操作要点

原料叶的选择：选用秋末采收的元宝枫老叶，无病虫害，无霉变腐烂，无其他植物杂叶、残枝及异物。

原料叶处理：将选好的元宝枫叶用清水漂洗，去除尘土、泥沙等；沥水后风干，再切成直径 0.5～1cm 的碎片。

原料叶提取：将处理好的元宝枫叶按 1∶10 的比例加水置于提取罐中，并按 0.5g/kg 加入维生素 C 护色。加热至 70℃，恒温提取 40min。然后过滤除去残叶和其他杂质，冷却至常温。

澄清处理：在冷却后的提取液中按每 100ml 提取液中加入 ZTC 澄清剂，混匀、静置，再过滤。

调配：按配方将各种辅料加入适量生产用水中，搅拌溶解，加热煮沸，冷却过滤，再加入处理好的提取液中，加水定容。

微波杀菌：将调配好的饮料在功率为 1000W、频率为 2200MHz 条件下微波杀菌 2min，然后进行灌装。

（三）元宝枫叶茶饮料主要指标

元宝枫叶茶饮料感官指标、理化指标和卫生指标见表 9-13。

表 9-13　元宝枫叶茶饮料的感官指标、理化指标和卫生指标

项目	感官指标	项目	理化指标	实测值	项目	卫生指标
色泽	淡黄色	绿原酸（mg/L）	60	78.863	总砷（以 As 计，mg/L）	≤0.2
					铅（mg/L）	≤0.3
滋味气味	具有元宝枫特有的滋味与气味，酸甜适中，无其他异味				铜（mg/L）	≤5
					菌落总数（cfu/ml）	≤100
					大肠菌群（MPN/ml）	≤6
组织状态	澄清透明液体				霉菌（cfu/ml）	≤10
					酵母（cfu/ml）	≤10
杂质	允许有少量元宝枫提取物沉淀				致病菌（沙门氏菌、金黄色葡萄球菌）	不得检出

注：元宝枫叶茶饮料的卫生指标根据国家茶饮料卫生标准 GB 19296—2003 制定

第三节　饮料加工

饮料是人们日常生活中不可或缺的一种产品，它不仅能补充人体所需的营养元素，有些饮料还起到食疗的作用。饮料的种类繁多，从原料角度可划分为天然植物型（水果、蔬菜、谷物、茶叶等）、中草药型、蛋白质氨基酸类、菌类、矿物类、海产品类（陈中和芮汉明，2005）。随着人们健康意识和营养观念的增强，对饮料的消费趋向于营养化、疗效化、组合化、多味化、清淡化、速溶化、环保化。纵观全球饮料市场结构，目前果汁和乳酸等饮料趋于饱和，消费者更趋于购买更健康、天然的饮料产品。

植物蛋白质饮料是以植物果仁、果肉和大豆为原料，如大豆、花生、杏仁、核桃仁和椰子等，经加工、调配后，再经过高压杀菌或无菌包装而制得的乳状饮料。制作植物蛋白质饮料的原料主要为油料植物的种子，这些原料中含有大量的蛋白质、脂肪、维生素、矿物质等。由于这些原料加工而成的植物蛋白质饮料不含乳糖和胆固醇，而富含亚油酸和亚麻酸，长期食用有利于治疗和预防动脉硬化、高血压、肥胖病和冠心病等。另外，这些植物的种子含有维生素 E 成分，对于防止不饱和脂肪酸氧化、血管硬化、清除过剩的胆固醇、防止老年病的发生和减少褐斑都有很好的疗效。植物蛋白质饮料成品中的蛋白质含量应≥0.5%（质量浓度）。根据加工特性，植物蛋白质饮料可分为发酵、调和、天然、复合和果蔬植物蛋白质饮料。

元宝枫种仁富含蛋白质和多种人体必需氨基酸，是新型植物蛋白质资源。以元宝枫种实为原料，以蔗糖、单苷脂（GM）、蔗糖酯（SE）、吐温 80（Tween80）、黄原胶（XG）、海藻酸钠、羧甲基纤维素钠（CMC-Na）为辅料，经过打浆、研磨、均质、调配和杀菌等过程制成元宝枫种仁蛋白质饮料，其加工工艺技术如下。

一、工艺流程与操作要点

1. 工艺流程

元宝枫种子→筛选→脱皮→烘烤→清洗→浸泡→磨浆→过滤→调配→细磨→均质→装瓶、封盖→杀菌→冷却→成品。

元宝枫种实经剥壳（去翅）后在 130℃条件下烘烤 30min，取出并在常温下浸泡 4h 后剥去种皮，置于胶体磨中，加入 15 倍的水磨浆，将磨好的料液过 200 目筛，再加入蔗糖（添加量为 80～90g/L），将料液 pH 调节至 7.0～7.4，再加入 0.1%的蔗糖酯、0.15%的单甘酯、0.05%的黄原胶和 0.06%的羧甲基纤维素钠，装瓶，在 121℃下杀菌 20min，即得成品。

2. 操作要点

（1）原料的精选要求。为使所制产品风味较好，质量更高，在试验前对元宝枫种子进行精选，挑选的元宝枫种子籽粒饱满、颗粒新鲜、完整、干燥、无虫蛀。

（2）烘烤。为了去除饮料的生涩味，使所得饮料的风味更加淳厚、浓香，需要烘烤精选的种子。分别设定 100℃、110℃、120℃、130℃、140℃ 5 个温度，15min、25min、35min 3 个时间，进行正交试验，通过比较元宝枫蛋白质乳的热稳定性，最后得到一个最佳烘烤条件。

（3）浸泡与脱皮。元宝枫翅果被剥去翅之后，仍剩一层深褐色的皮，该皮层含有单宁成分。单宁的存在会严重影响种仁蛋白质乳的品质，因此在加工元宝枫种仁之前，需要去掉深褐色的皮层。该试验的方法为，将烘烤过后的种子在常温下用清水浸泡 4h，然后手工剥去除种皮。

（4）磨浆与过滤。将元宝枫种仁分别加入 10 倍、15 倍的水，分别倒入胶体磨中进行磨浆，再过 200 目筛过滤。然后测定两种料液比下元宝枫种仁浆中的蛋白质含量，并对其料液进行感官评价，综合确定最佳料液比。

（5）调配。为使产品的风味更佳，可加入蔗糖调节口味。将元宝枫种仁浆和蔗糖按不同比例调配，通过多人品尝，对不同比例下的蔗糖添加量进行打分，最终选出合适的蔗糖添加量。另外，为易于产品保存，稳定性更佳，需在其中加入一定种类、一定剂量的食品稳定剂。该试验选择的稳定剂有单苷脂（GM）、蔗糖酯、吐温 80（Tween80）、黄原胶（XG）、海藻酸钠、琼脂、羧甲基纤维素钠（CMC-Na）。通过单因素试验和正交试验，得到最佳的稳定剂，并确定最优的稳定剂添加量。料液的 pH 也会影响其最终的稳定性，因此，还需通过预试验确定最佳 pH。

（6）均质。高压均质技术是将物料在柱塞作用下加入可调节压力大小的阀组中，经过特定宽度的限流缝隙（工作区）后，瞬间失压的物料以极高的流速（1000～1500m/s）喷出，碰撞在碰撞阀组件之一的冲击环上，产生剪切、撞击、空穴和湍流漩涡作用而把物料破碎的一种技术。植物种子里蛋白质的主要成分是球蛋白、谷蛋白、醇溶蛋白及白蛋白，其中白蛋白可溶于水，球蛋白、谷蛋白和醇溶蛋白都不溶于水。植物蛋白饮料不是纯溶液，不存在布朗运动及与其相关的性质，如动力学稳定性和扩散性。植物蛋白质饮料在双层电的作用下能维持短暂稳定，影响饮料稳定性的因素还有介质粒度的大小。在介质粒度较大的情况下，由于重力的作用很容易以沉淀的形式析出。为提高元宝枫种仁蛋白质饮料的口感，并使其具有较好的稳定性，需要将配制好的料液预热，用均质机在一定的温度、压力下均质，使元宝枫种仁料液在特定的温度和高压下，其中的胶体颗粒在剪切力、冲击力的作用下达到微细化，形成均匀的分散液。

（7）杀菌。植物蛋白质饮料极容易出现腐败变质的现象，是因为蛋白质饮料中含有微生物。植物蛋白质饮料是微生物生长的优良培养基，微生物如细菌、霉菌和酵母菌等都能在饮料中繁殖、生长，进而导致饮料变质和腐败。经过适当的方法进行杀菌处理的植物蛋白质饮料，其质量能得到保证，且能保存较长的时间。该试验使用高压蒸汽灭菌，选用 100℃、10min，100℃、20min 和 121℃、20min 3 个灭菌条件，根据产品的可保存（保证质量）情况，对 3 种方法进行评价，选择最优的杀菌条件。

二、工艺条件的筛选

（一）烘烤温度及时间

通过查阅文献，对比多种材料的烘烤温度，设置烘烤温度分别为 100℃、110℃、120℃、130℃、140℃，烘烤时间分别为 15 min、25 min、35min。进行正交试验，而后浸泡、脱皮、磨浆，再对料液进行热稳定性试验，根据其稳定性，选择原料的最佳烘烤条件。

采用 100℃、110℃、120℃、13℃0、140℃ 5 个不同温度和 10min、20min、30min、40min 4 个不同时间，处理未脱皮的元宝枫种仁，然后烘烤种仁。经浸泡、脱皮、磨浆后，对各处理条件下所得料液分别在 100℃ 条件下处理 10min，并对磨浆后所得料液的色泽、香气、口感进行打分。不同烘烤温度和时间下元宝枫种仁料液的稳定性试验结果见表 9-14。

表 9-14　不同烘烤温度及时间下元宝枫种仁料液的稳定性

时间/min	温度				
	100℃	110℃	120℃	130℃	140℃
10	++	++	+	±	+
20	+	±	−	−	±
30	+	±	−	−	−
40	±	−	−		−

注：表中"++"表示对料液热处理后有严重絮状沉淀产生；"+"表示对料液热处理后出现絮状浑浊；"±"表示对料液进行热处理后有轻微絮状浑浊；"−"表示对料液进行热处理后，料液正常。不同条件下所得料液的热处理条件均为 100℃、10min

表 9-14 表明，当烘烤温度在 120～140℃ 时，所得料液色泽较好（乳白色）、香气浓郁，口感纯正，热稳定性较高。在此基础上，选用 130℃ 的烘烤温度，分别对元宝枫种仁烘烤 10min、20min、30min、40min，对所得料液进行热稳定性试验，并对其色泽、香气、口感进行观测鉴别。结果表明，在 130℃ 对元宝枫种仁烘烤 30～40min，所得料液的热稳定性较高，且所得料液的色泽纯正（乳白色），香气浓郁，口感适宜。而当元宝枫种仁未经烘烤或者烘烤时间低于 10min 时，所得料液的热稳定性较差，颜色泛黄，有生涩味，香气较淡。综合评定，得出元宝枫种仁烘烤的最佳条件为，在 130℃ 下烘烤 30min 左右。另外，试验证明，元宝枫种仁料液的热稳定性随着种仁烘烤时间的延长而提高。

对元宝枫种仁的烘烤，可有效地改善元宝枫种仁蛋白质饮料的色泽和增强最终产品的香气，并对改善元宝枫种仁蛋白质饮料的稳定性起到了良好的作用。烘烤的最佳条件是在 130℃ 下烘烤 25min。且随着元宝枫种仁烘烤时间的延长，元宝枫种仁蛋白质饮料的稳定性提高，这种现象与花生蛋白质乳的热稳定性的表现相异。

（二）元宝枫种仁与水的比例

在元宝枫种仁蛋白质饮料的加工过程中，通过感官评价浸泡后并脱皮的元宝枫种仁质量与所加水的质量的比例（稀释倍数）为 5 倍、10 倍、15 倍、20 倍、25 倍、30 倍条件下的口感、风味、香气、蛋白质含量，确定最适宜的种仁与水的质量比为 1∶15。此时，元宝枫种仁蛋白质饮料中固形物含量为 50g/L 左右。

（三）原料配比

经过单因素试验，确定辅料的添加比例和料液比。按照感官评分标准（表 9-15）经 30 人打分后，对产品的口感及风味采用感官综合评价，得出最佳的原料配比。

表 9-15 元宝枫种仁蛋白质饮料感官评分标准

组织状态/分值	颜色/分值	气味/分值	口感/分值
均匀一致，无沉淀，无悬浮物/15 分	纯白色，均匀/15 分	种仁味独特，香气浓郁，无生涩味/30 分	甜味适中，口感细腻/40 分
基本均匀一致，无沉淀，无悬浮/10～15 分	淡白色/10～15 分	种仁味不明显，香气较淡/20～30 分	甜味较适宜，口感较细腻/30～40 分
基本均匀一致，无分层/5～10 分	淡黄色/5～10 分	种仁味不明显，香气淡，有生涩味/10～20 分	种仁乳味过重，口感粗糙/20～30 分
不均匀，有分层、沉淀和悬浮物/0～5 分	淡黄色，不均匀/0～5 分	无种仁味，香气极淡，生涩味较重/0～10 分	种仁乳味较淡，口感不协调/0～20 分

注：组织状态、颜色、气味和口感的总分值分别为 15 分、15 分、30 分和 40 分

1. 蔗糖的添加量

不同的蔗糖添加量，可对最终所得产品的口味产生较大的影响，本试验中分别将所得元宝枫料液配成糖浓度为 50g/L、60g/L、70g/L、80g/L、90g/L、100g/L、110g/L，经 30 人品尝对其口感进行打分并投票得出，当糖浓度在 80～90g/L 时较为适宜。元宝枫种仁蛋白质饮料的最适宜蔗糖添加量为 80～90g/L。

2. 稳定剂的添加量

食品稳定剂同时含有亲水基团和亲油基团，其稳定作用的原理是作为一个媒介，同时抓住水溶性和油溶性的物质。食品稳定剂在乳制品中发挥着重要的作用，乳制品中的食品稳定剂虽然用量很少，但对延长乳制品的货架寿命起着至关重要的作用。常用的乳制品饮料中的食品添加剂可分为两类，即增稠剂和乳化剂。乳化剂是指能使互不相溶的油和水形成稳定乳浊液的食品添加剂；增稠剂又称为食品胶，是指使食品增加黏稠度，使其均匀分布的物质，并在一定条件下充分水化，形成黏稠、油腻或胶冻液的大分子物质。由于食品种类繁多，一般情况下，一种单一的稳定剂往往不能完全满足人们对食品的口感、外观、色泽、澄清度等方面的要求。在实际生产过程中，有的需要黏稠一些，而有的需要与乳化剂共同达到乳化稳定的效果，因此稳定剂的复配就显得更为重要。

选用单苷脂（GM）、蔗糖酯（SE）、吐温 80（Tween 80）3 种乳化剂和黄原胶（XG）、海藻酸钠、羧甲基纤维素钠（CMC-Na）3 种增稠剂。总添加量控制在 0.3% 以内。为使最终效果更理想，分别进行单因素试验和正交试验，根据料液离心沉淀率（沉淀率=沉淀的质量/离心总质量×100%）及得分情况，最后综合选择能使元宝枫种仁蛋白质饮料稳定性最佳、保存时间最长的复合稳定剂组合。具体试验设计如下。

（1）单因素试验：只在元宝枫种仁料液中添加一种添加剂，每种添加剂添加不同的剂量，通过观察 120℃、20min 处理后的分层情况（以不添加添加剂的元宝枫种仁料液为空白对照），选择出对元宝枫种仁料液稳定性影响较好的添加剂及添加剂量。

（2）正交试验：根据单因素试验的结果，选择可以使元宝枫种仁料液稳定性较好的两种乳化剂和两种增稠剂及其最佳添加量，进行正交试验，对不同添加剂组合下元宝枫种仁料液的沉淀率进行分析，最终得到最佳的复合稳定剂组合。

植物蛋白质饮料属于水包油（O/W）乳液，可根据 HLB 值（亲水亲油平衡值，是表示表面活性剂中亲水基团和亲油基团之间的大小和力量平衡程度的量）选择合适的乳化剂。用于食品中的乳化剂通常是非离子型表面活性剂，它的基本分子结构特征是在同一分子中既有亲水基团，又有亲油基团，即同时有极性（亲水）基团和非极性（亲油）基团存在于分子中的一类表面活性物质。当在油水混合物中加入乳化剂时，乳化剂被吸附在油水界面上，且乳化剂分子定向排列起来，亲水基团朝向水层，亲油基团朝向油层，形成吸附薄膜。在植物蛋白质饮料中加入乳化剂，分子在油水界面定向吸附，减小表面张力，可有效阻止脂肪上浮及溶液中粒子相互聚合，使植物蛋白质饮料处于一种相对稳定的状态。从供试的单苷脂（GM，HLB 值 3.8）、蔗糖酯（SE，HLB 值 11）、吐温 80（Tween80，HLB 值 15）、黄原胶（XG）、海藻酸钠、琼脂、羧甲基纤维素钠（CMC-Na）乳化稳定剂中筛选蔗糖酯、单甘酯（即单硬脂酸甘油酯，又名二羟基丙基十八烷酸酯）、黄原胶、羧甲基纤维素钠进行正交试验结果显示，各添加剂对元宝枫种仁蛋白质饮料稳定性的影响顺序为 A>C>B>D，即蔗糖酯对元宝枫种仁蛋白质饮料的稳定性的影响最大，其次是羧甲基纤维素钠，再次为单甘酯，黄原胶的影响最小。表明，A2B3C3D2 为元宝枫种仁蛋白质饮料稳定性最好的添加剂组合（表 9-16）。

表 9-16　L_9（3）^{4} 正交试验结果

实验组	蔗糖酯	单甘酯	黄原胶	羧甲基纤维素钠	沉淀率/%
1	1	1	1	1	11.77
2	1	2	2	2	8.46
3	1	3	3	3	6.13
4	2	1	2	3	7.02
5	2	2	3	1	4.74
6	2	3	1	2	3.26
7	3	1	3	2	5.58
8	3	2	1	3	10.12
9	3	3	2	1	7.84
K1	8.787	8.123	8.383	8.14	
K2	5.03	6.283	7.773	5.767	
K3	7.847	5.743	5.507	7.757	
R	3.757	2.38	2.876	2.373	

注：表中 K 表示任一列（处理）上水平号为 i 时，所对应的试验结果之和（i=1，2，3），R 称为极差，表明因子对结果的影响幅度，在任一列上的 R 值等于该列各个平均中的最大值减去最小值之差

蔗糖酯（SE）、单甘酯（GM）、吐温（Tween 80）均可对元宝枫种仁蛋白质饮料的稳定性起到一定的效果，但单一稳定剂效果不够理想，应选用复合稳定剂，元宝枫种仁蛋白质饮料中复合稳定剂的最佳配比为 0.1%的蔗糖酯、0.15%的单甘酯、0.05%的黄原胶和 0.06%的羧甲基纤维素钠。

（四）元宝枫种仁蛋白质饮料的 pH

在料液中加入 NaHCO₃，分别将 pH 调节至 5.5、6.0、6.5、7.0、7.5、8.0，再对其

进行热稳定性试验，最后选择可以使料液稳定性最佳 pH。

　　蛋白质分子是由若干个氨基酸分子和多肽链连接而成，具有两性电解质的性质，在蛋白质分子的表面有很多极性基团分布。其解离基有氨基、羟基和巯基等，是多价电解质。当溶液 pH 低于蛋白质的等电点值时，蛋白质呈复杂的正离子状态，此时，呈离子状态的蛋白质粒子可与溶液中的其他异性离子结合，形成较为复杂的盐类的蛋白质。蛋白质中某些基团的解离程度会随着溶液 pH 改变而改变，蛋白质的等电点值与溶液 pH 相差越大，解离的蛋白质分子越多，形成蛋白质盐类的亲水胶体，这就使得乳状液的稳定性较好。

　　由于水分子与蛋白质分子的表面基团之间的吸引力作用，蛋白质分子在水溶液中高度水化，并在其分子周围形成一层水化膜，这时的溶液就是稳定的蛋白质胶体溶液。蛋白质的水化作用可受到溶液 pH 的显著影响，当溶液的 pH 接近蛋白质的等电点值时，蛋白质分子处于电中性状态，不能吸引水分子，这时蛋白质表面的水化层就会遭到破坏，蛋白质分子容易相聚形成更大的团块而下沉或者上浮，破坏溶液的稳定性，此时，蛋白质溶解性最小，乳化性最差。相反地，当蛋白质的等电点值与溶液的 pH 相差较大时，蛋白质的水化作用就越强，溶液的稳定性越好。不同种类的植物蛋白质，等电点也不尽相同。同种植物的蛋白质，也会随着结构与环境条件的不同，各等电点有所差异。大多数蛋白质的等电点的 pH 在 4~6，部分蛋白质的等电点在 6.5 左右，也有的甚至接近 7.0。为提高植物蛋白质水化能力，促使植物蛋白质充分解离，保证植物蛋白质饮料的稳定性，在不影响风味和口感的前提下，应对所得料液的 pH 进行调节，使料液的 pH 远离该类植物蛋白质的等电点。

　　元宝枫种仁蛋白质等电点的 pH 为 4.36。本次研究，将料液的 pH 分别调至 5.5、6.0、6.5、7.0、7.5、8.0 后分别装于 6 个试管里，在 90℃、100℃、120℃三个温度条件下进行热处理的结果（表 9-17）显示，当元宝枫种仁蛋白质乳的 pH 在 5.5~6.5 时，其稳定性最差；当 pH 在 7.0~7.5 时，元宝枫种仁料液的热稳定性较好，但由于当元宝枫种仁蛋白质乳液过高时，会使其口感下降，影响最终产品的风味，因此，选择元宝枫种仁料液的最适 pH 在 7.0~7.5。

表 9-17　pH 对元宝枫种仁料液稳定性的影响

乳液 pH 值	热处理条件				
	90℃		100℃		120℃
	10min	20min	10min	20min	10min
5.5	+	+	+	+	+
6.0	+	+	+	+	+
6.5	±	+	±	+	+
7.0	−	−	−	−	−
7.5	−	−	−	−	−
8.0	−	−	−	−	±

　　注：表中"+"表示对料液热处理后出现絮状浑浊；"±"表示对料液进行热处理后有轻微絮状浑浊；"−"表示对料液进行热处理后，料液正常

元宝枫种仁蛋白质饮料的最适宜 pH 为 7.0～7.4，略高于大豆、核桃、花生椰奶等蛋白质饮料的最适宜 pH。

（五）杀菌条件

为延长最后所得产品的保存时间，应对其进行杀菌处理，本试验共设置 3 个杀菌条件：100℃，20min；121℃，10min；121℃，20min。杀菌处理后，将样品置于 37℃恒温条件下连续观察 10 天，根据出现霉变的情况，选择最佳杀菌条件为 121℃下 20min。

（六）产品质量

（1）感官评价：色泽呈乳白色。产品具有元宝枫种仁所特有的浓郁的乳香味，无异味。乳液呈稳定均匀的乳状液，口感细腻、爽滑。

（2）理化指标：pH 在 7.0～7.5，食品添加剂符合《食品安全国家标准　食品添加剂使用标准》（GB 2760—2014）。试验测得当稀释倍数为 15 时，同时做 3 个重复，用考马斯亮蓝法测得样品溶液的吸光度分别为 2.970、2.853、3.116，计算蛋白质含量分别为 3.436mg/ml、3.300mg/ml、3.605mg/ml，平均值为 3.447mg/ml。

（3）微生物：微生物指标在保质期内，无致病菌及微生物引起的腐败迹象。微生物指标测试结果见表 9-18。

表 9-18　微生物指标

项目	指标
菌落总数/（cfu/ml）	≤100
大肠菌群/（MPN/100ml）	≤3
霉菌和酵母/（cfu/ml）	≤20
致病菌（沙门氏菌、志贺氏菌、金黄色葡萄球菌）	无检出

第四节　芽菜加工

芽菜，是芽苗菜的组成部分。未长真叶的称为芽菜，长出真叶的称为苗菜，统称芽苗菜。植物芽苗菜是各种谷类、豆类、树类的种子培育出可以食用的芽菜，也称为活体蔬菜。芽苗菜鲜嫩、短小，处于植物的初生阶段，不但色泽美观，营养丰富，风味独特，而且清香脆嫩适口，易消化吸收，并具有抗疲劳、减肥、美容等多种医疗保健功能。还含有丰富的膳食纤维能帮助胃肠蠕动防止便秘。作为富含营养、优质、无污染的保健绿色食品而受到广大消费者青睐（郭树声，2008）。目前市场上火爆的芽苗菜有：香椿芽苗菜、松柳、芽球菊苣、荞麦芽苗菜、苜蓿芽苗菜、花椒芽苗菜、绿色黑豆芽苗菜、相思豆芽苗菜、葵花籽芽苗菜、萝卜芽苗菜、龙须豆芽苗菜、花生芽苗菜、蚕豆芽苗菜等多个品种。现就元宝枫嫩芽采集、贮藏保鲜、干制方法、工艺技术及干制的质量品质与安全性等研究介绍如下。

一、芽菜的生产

（一）试验材料

1. 树体芽菜采摘

元宝枫树体芽菜，即元宝枫的嫩芽鞘，其生产过程是培育元宝枫植株，待元宝枫长出嫩芽时，采摘新鲜的嫩芽作为食用材料，采摘最佳时间为 4 月上旬。供试元宝枫树体嫩芽于 2015 年 4 月 15 日采自陕西杨凌职业技术学院 10 年生元宝枫园无病虫害的健康树的嫩枝上，长度 4~5cm。

2. 种植芽菜

元宝枫种植芽菜是指利用元宝枫种子发芽所得到的芽菜，生产技术主要为生豆芽式。研究表明，元宝枫芽菜的最佳环境生长条件为黑暗、透气、温度为 26~30℃。元宝枫芽菜生产的工艺流程为：选种→消毒→催芽→播种→采收。分述如下。

（1）选种。选用新收获的元宝枫种子，要求种粒饱满、大小一致、完整无损、发芽率在 90% 以上。将 2014 年 12 月 24 日购自杨凌陕西高农种业有限公司的元宝枫种子剥去种翅，利用水选法去秕去杂后备用。

（2）消毒。使用 0.01% 的高锰酸钾溶液浸泡 15min，然后用清水漂洗干净。

（3）催芽。水浸催芽，将元宝枫种子放在容器中，用 60℃ 左右的温水浸泡 24h，每 6h 换一次水，直至元宝枫种子充分吸水膨胀，大部分种子露白之后即可播种。

（4）播种。把种子从水中捞出后，沥干表面水分放入消过毒的干净容器里，容器的下面应排水良好，元宝枫发芽过程中需要氧气，容器中的种子厚度以不超过 4.0cm 为宜，出芽前，盖上厚的毛巾，控制温度在 26~30℃，且要求做到整个生长过程不能见光，每日用清水冲洗 2~3 次，以避免种子过热，出芽后，将不能发芽的种子和残芽烂籽挑出，继续发芽。

（5）采收。子叶尚未展开，种皮还未脱落，芽体粗壮白嫩，长 4.0~6.0cm，即为最佳采收时期。收获后将芽苗放在容器中用清水漂洗后，沥干水分，即可包装上市。

二、芽菜干制

（一）工艺流程

原料选剔分级→清洗→修整→烫漂→冷却→热风干燥→回软→真空包装。

（二）工艺参数

试验采用 4 因素 4 水平正交试验设计。其中，漂烫温度（A）设 85℃、90℃、95℃、100℃ 共 4 个水平；漂烫时间（B）设 60s、80s、100s、120s 共 4 个水平；护绿剂（C）采用 0.8%、1.0%、1.2%、1.4% 这 4 个不同浓度的食用碱溶液；干燥温度（D）设 50℃、55℃、60℃、65℃ 共 4 个水平。试验结果简介如下。

1. 树体芽菜干制工艺

元宝枫树体芽菜制作热风干燥工艺正交试验结果见表 9-19。

表 9-19　树体芽菜干制工艺正交试验结果

处理				干燥率/%	复水率/%	色泽得分	总得分
漂烫温度/℃	漂烫时间/s	护绿剂/%	干燥温度/℃				
1	1	1	1	6.98	270	5.3	54.73
1	2	2	2	7.56	384	7.4	56.39
1	3	3	3	9.19	405	7.5	84.55
1	4	4	4	8.40	392	6.9	80.04
2	1	2	3	8.41	298	6.5	72.31
2	2	1	4	9.73	327	8.1	80.40
2	3	4	1	7.14	409	7.9	80.01
2	4	3	2	8.02	356	8.3	83.25
3	1	3	4	6.70	382	8.3	78.70
3	2	4	3	9.98	411	7.7	88.59
3	3	1	2	7.12	359	7.0	59.00
3	4	2	1	7.51	365	8.0	64.17
4	1	4	2	7.24	323	7.5	86.06
4	2	3	1	7.36	319	8.7	83.27
4	3	2	4	9.18	409	8.6	80.12
4	4	1	3	8.25	252	8.7	62.98

注：表中 A（漂烫温度）为 85℃、90℃、95℃、100℃；B（漂烫时间）为 60s、80s、100s、120s；C（护绿剂）为 0.8%、1.0%、1.2%、1.4%的食用碱溶液；D（干燥温度）为 50℃、55℃、60℃、65℃

2. 元宝枫树体芽菜干燥率

试验结果表明，漂烫温度、漂烫时间、食用碱含量、干燥温度对元宝枫树体芽菜干燥率的影响由大到小依次为干燥温度＞漂烫时间＞漂烫温度＞食用碱含量。每个因素的最佳水平为，A 漂烫温度为 90℃，B 漂烫时间为 80s，C 食用碱含量为 1.4%，D 干燥温度为 60℃（表 9-20）。

3. 干制品的复水

样品在烘箱中均干燥 5h。干燥率的计算方式为干燥后的样品质量/干燥前的样品质量；产品干燥后，称取 2g 于烧杯中，加入 20ml 水，放置 1h 后，用滤纸吸干表面水分，进行称重，复水率为复水后样品的质量/复水前样品的质量。试验结果表明，漂烫温度、漂烫时间、食用碱含量、干燥温度对元宝枫树体芽菜复水率的影响由大到小依次为漂烫时间＞食用碱含量＞漂烫温度＞干燥温度。每个因素的最佳水平为，A 漂烫温度为 95℃，B 漂烫时间为 100s，C 食用碱含量为 1.4%，D 干燥温度为 65℃（表 9-21）。

表 9-20　漂烫温度、漂烫时间、食用碱含量、干燥温度对树体芽菜干燥率的影响

指标		干燥率均值	标准误差	95%置信区间	
漂烫温度/℃	85	8.032	0.527	6.355	9.71
	90	8.325	0.527	6.648	10.002
	95	7.828	0.527	6.15	9.505
	100	8.008	0.527	6.33	9.685
漂烫时间/s	60	7.333	0.527	5.655	9.01
	80	8.658	0.527	6.98	10.335
	100	8.157	0.527	6.48	9.835
	120	8.045	0.527	6.368	9.722
食用碱含量/%	0.8	8.02	0.527	6.343	9.697
	1	8.165	0.527	6.488	9.842
	1.2	7.818	0.527	6.14	9.495
	1.4	8.19	0.527	6.513	9.867
干燥温度/℃	50	7.248	0.527	5.57	8.925
	55	7.485	0.527	5.808	9.162
	60	8.958	0.527	7.28	10.635
	65	8.503	0.527	6.825	10.18

注：均值表示在各个程度下的平均值，均值越大，影响越大；标准误差是样本均值的标准差，衡量的是样本均值的离散程度；95%置信区间是指按95%估计，总体参数所在的可能范围

表 9-21　漂烫温度、漂烫时间、食用碱含量、干燥温度对树体芽菜复水率的影响

指标		复水率均值	标准误差	95% 置信区间	
漂烫温度/℃	85	362.75	8.34	336.208	389.292
	90	347.5	8.34	320.958	374.042
	95	379.25	8.34	352.708	405.792
	100	325.75	8.34	299.208	352.292
漂烫时间/s	60	318.25	8.34	291.708	344.792
	80	360.25	8.34	333.708	386.792
	100	395.5	8.34	368.958	422.042
	120	341.25	8.34	314.708	367.792
食用碱含量/%	0.8	302	8.34	275.458	328.542
	1	364	8.34	337.458	390.542
	1.2	365.5	8.34	338.958	392.042
	1.4	383.75	8.34	357.208	410.292
干燥温度/℃	50	340.75	8.34	314.208	367.292
	55	355.5	8.34	328.958	382.042
	60	341.5	8.34	314.958	368.042
	65	377.5	8.34	350.958	404.042

注：均值表示在各个程度下的平均值，均值越大，影响越大；标准误差是样本均值的标准差，衡量的是样本均值的离散程度；95%置信区间是指按95%估计，总体参数所在的可能范围

4. 干制品感官评定

采用评分法对元宝枫树体芽干制品的色泽与质地进行感官评定。菜干制品的色泽与质地评分标准见表9-22。

表9-22 元宝枫树体芽菜干制品的色泽与质地评分标准

标准/分	色泽	质地
2	深褐色	很差
3	褐色	很差
4	黄褐色	差
5	黄色	差
6	黄绿色	一般
7	浅绿色	一般
8	深绿色	好
9	绿色	好
10	翠绿色	很好

元宝枫树体芽菜的化学成分采用考马斯亮蓝染色法测蛋白质；吸光光度法测定黄酮、亚硝酸盐；用石油醚提取油脂。测定结果显示，元宝枫树体芽菜中含有蛋白质0.212mg/ml、黄酮0.0109mg/ml、亚硝酸盐0.146mg/ml；元宝枫种植芽菜中含蛋白质25%、油脂50%、黄酮0.0248mg/ml、亚硝酸盐0.299mg/ml。亚硝酸盐引起食物中毒的概率较高，蔬菜中亚硝酸盐限量指标为小于或等于4mg/kg。

元宝枫树体芽菜色泽得分为30位同学对色泽打分的平均分。试验结果表明，影响元宝枫树体芽菜色泽得分的因素顺序为漂烫温度＞食用碱含量＞漂烫时间＞干燥温度。每个因素的最佳水平为，A漂烫温度为100℃，B漂烫时间为80s，C食用碱含量为1.2%，D干燥温度为65℃（表9-23）。

表9-23 漂烫温度、漂烫时间、食用碱含量、干燥温度对树体芽菜色值的影响

指标		色值均值	标准误差	95% 置信区间	
漂烫温度/℃	85	6.775	0.35	5.661	7.889
	90	7.7	0.35	6.586	8.814
	95	7.75	0.35	6.636	8.864
	100	8.375	0.35	7.261	9.489
漂烫时间/s	60	6.9	0.35	5.786	8.014
	80	7.975	0.35	6.861	9.089
	100	7.75	0.35	6.636	8.864
	120	7.974	0.35	6.8601	9.088
食用碱含量/%	0.8	7.275	0.35	6.161	8.389
	1	7.625	0.35	6.511	8.739
	1.2	8.2	0.35	7.086	9.314
	1.4	7.5	0.35	6.386	8.614

续表

指标		色值均值	标准误差	95% 置信区间	
干燥温度/℃	50	7.475	0.35	6.361	8.589
	55	7.55	0.35	6.436	8.664
	60	7.6	0.35	6.486	8.714
	65	7.973	0.35	6.859	9.086

注：均值表示在各个程度下的平均值，均值越大，影响越大；标准误差是样本均值的标准差，衡量的是样本均值的离散程度；95%置信区间是指按95%估计，总体参数所在的可能范围

元宝枫树体芽菜质地总得分为 10 名同学对树体芽菜质地评分的总和。试验结果表明，影响元宝枫树体芽菜总得分的因素顺序为食用碱含量＞干燥温度＞漂烫温度＞漂烫时间。每个因素的最佳水平为，A 漂烫温度为 90℃，B 漂烫时间为 80s，C 食用碱含量为 1.4%，D 干燥温度为 65℃（表 9-24）。

表 9-24 漂烫温度、漂烫时间、食用碱含量、干燥温度对树体芽菜质地的影响

指标		质地均值	标准误差	95% 置信区间	
漂烫温度/℃	85	68.928	4.024	56.121	81.734
	90	78.993	4.024	66.186	91.799
	95	72.615	4.024	59.809	85.421
	100	78.108	4.024	65.301	90.914
漂烫时间/s	60	72.95	4.024	60.144	85.756
	80	77.163	4.024	64.356	89.969
	100	75.92	4.024	63.114	88.726
	120	72.61	4.024	59.804	85.416
食用碱含量/%	0.8	64.278	4.024	51.471	77.084
	1	68.248	4.024	55.441	81.054
	1.2	82.443	4.024	69.636	95.249
	1.4	83.675	4.024	70.869	96.481
干燥温度/℃	50	70.545	4.024	57.739	83.351
	55	71.175	4.024	58.369	83.981
	60	77.108	4.024	64.301	89.914
	65	79.815	4.024	67.009	92.621

注：均值表示在各个程度下的平均值，均值越大，影响越大；标准误差是样本均值的标准差，衡量的是样本均值的离散程度；95%置信区间是指按95%估计，总体参数所在的可能范围

综上分析，元宝枫树体芽菜所含营养价值丰富，有害物质含量较少，可以作为蔬菜资源进行开发利用。

5. 元宝枫树体芽菜热风干燥的工艺优化

元宝枫树体芽菜热风干燥的优化工艺试验结果极差分析如表 9-25 所示。

极差分析结果表明，元宝枫树体芽菜热风干燥的优化工艺为漂烫温度 90～100℃、漂烫时间 80s、食用碱含量为 1.4%，干燥温度 65℃。

表 9-25　元宝枫树体芽菜热风干燥工艺优化结果极差分析

极差	干燥率				复水率				色泽得分				总得分			
k_1	32.13	29.33	32.08	28.99	1451	1273	1208	1363	27.1	27.6	29.1	29.9	275.71	291.80	257.11	282.18
k_2	33.30	34.63	32.66	29.94	1390	1441	1456	1422	30.8	31.9	30.5	30.2	315.97	308.65	272.99	284.7
k_3	31.31	32.63	31.27	35.83	1517	1582	1462	1366	31	31	32.8	30.4	290.46	303.68	329.77	308.43
k_4	32.03	32.18	32.76	34.01	1303	1365	1535	1510	33.5	31.9	30	31.9	312.43	290.44	334.7	319.26
R	1.99	5.3	1.49	6.84	214	309	327	147	6.4	4.3	3.7	2	40.26	18.24	77.59	37.08

注：k 值表示在各个因素组合下每个因子所对应数值的总和，k 值越大，影响越大；R 值表示 k 值最大值与最小值之间的差值

三、芽菜系列产品

（一）脱水元宝枫芽菜

（1）烫漂：选料时要保持元宝枫树芽完整，尽量避免断芽伤叶。将整理好的元宝枫树芽浸入含 0.8%小苏打（碳酸氢钠 NaHCO₃）的沸水里，不断搅拌保持水始终处于沸腾状态。烫漂 1min，以保持元宝枫树芽的色泽。

（2）烘烤：立即将烫漂后的树芽移入加有少量柠檬酸的冷水中浸泡 10min，捞出后沥干水分，在 60℃温度下烘烤 5h 即可。也可将原料切成 2～3cm 的小段，晒干。

（3）食用时用水浸泡 30min 即可。

（二）糖渍元宝枫芽菜

（1）浸泡：用加入 1%小苏打的温水逐个清洗元宝枫芽，后放入含 3%食盐和 0.6%抗坏血酸的水溶液中浸泡 1h，用石头压实。

（2）糖渍：出缸后晾干至芽表面无水渍，进行糖浆腌制。配料：8%的蔗糖、12%的食盐、0.6%的抗坏血酸，并加入一定量的焦亚硫酸钠。配料混合均匀后加入等量的元宝枫芽菜，装坛浸渍。浸渍期间翻缸 2～3 次，10h 后即可捞出干制。

（3）定形：将捞出的元宝枫芽稍微晾干，用手逐个扭成麻花形，使元宝枫芽造型美观，方便保存，又可清除产品表面的黏附物；也可以使用挤压法清除浆汁黏附物，但不能折断枝叶。然后摊开晾干，待元宝枫芽含水量降到 18%时包装。

（4）成品：芽菜形态整齐美观，含盐量不超过 15%，10 个月内不发生霉变。

（三）糖醋元宝枫芽菜

（1）装缸：将元宝枫芽经护色脱涩处理后，按一层元宝枫芽一层食盐装缸，食盐用量为元宝枫芽质量的 6%。

（2）翻缸：每天早上、中午、晚上各翻缸一次，到第 3 天时捞出，并晾晒 1 天。

（3）复腌：用元宝枫芽重量 2%的糖、15%的白醋和 2%的辣椒丝作为调料复腌，先将元宝枫芽和辣椒丝混合均匀装缸，然后将白糖溶于醋中，倒入缸内，用厚纸封住缸口，一周后即可食用。

（4）成品：颜色微黄，含盐量低于 8%，保存 8 个月左右。也可将产品分装于食品

袋内，放入防潮纸箱，置于阴凉干燥的地方贮藏。

（四）油汁元宝枫芽菜

（1）浸泡：将元宝枫芽在含有 3%食盐、1%小苏打、10%左右白酒的水溶液中浸泡 1h，捞出，加入含 0.5%抗坏血酸、0.2%柠檬酸钙的水溶液中压实浸泡 1h，捞出，晾干至芽表面无水渍。

（2）调配：用元宝枫芽菜重量 15%的香油、20%的米糟、2%的食盐、0.5%的大料粉、2%的白糖，再加入少许生姜丝搅拌均匀。

（3）翻缸：浸泡处理中的元宝枫芽，初期每天翻缸 2～3 次，后期每 3 天翻缸 1 次，浸泡 10 天左右即可。

（4）晾晒：将缸中的元宝枫芽菜捞出晾晒 2～3 天，稍干之后，将缸底的汁液淋在芽上，并淋上一些米醋，晾晒至不粘手时包装，含盐量不超过元宝枫芽菜质量的 5%。

（5）包装：为便于贮藏，包装前可在元宝枫芽上喷洒少许 0.1%山梨醇水溶液。

（五）元宝枫芽菜酱

（1）漂烫：元宝枫芽经过选择、清洗，放入一定浓度的乙酸铜和亚硫酸钠在 90℃的护绿液中漂烫 30s，然后进行冷却、控水、斩切、打浆等步骤。

（2）调配：使用元宝枫芽重量 4%左右的食盐、2%的辣椒面、1%的芝麻、3%的菜籽油、0.2%的味精进行调配后装入密封的瓶中，经过 2 周的后熟过程即为成品。

（3）酱体均匀细腻，呈深绿色、咸淡适口、微辣、具有浓郁的元宝枫芽香味。

（六）元宝枫芽油罐头

（1）浸泡：将元宝枫芽用含 3%的食盐、1%的小苏打的水溶液浸泡 30min，捞起，投入含 0.4%抗坏血酸和 0.2%柠檬酸钙的溶液中浸泡。捞出芽菜，沥干水分。每次浸泡都要压实，使元宝枫芽全部浸没。

（2）切段：将元宝枫芽按嫩叶和粗大叶茎分级，分别切成 1cm 左右的元宝枫芽段。

热油：用大火将食用油烧沸腾后，改用小火，将切碎的辣椒和花椒放入油锅，加入大料、香油。也可以先将调料配好后，与香油混匀。

（3）搅拌：将混匀的热油调料倒入盛有元宝枫芽段的容器内，待油温稍微降低时倒入盛嫩叶芽容器中，边倒油边进行搅拌，使元宝枫芽受热均匀。将两种芽段合并混匀，当油温降到 50℃时加入适量味精。

（4）装罐：元宝枫芽冷却后，装入罐中，使元宝枫芽完全浸泡在油中，密封后贮藏在温度 4℃左右的仓库中，4 天后食用。装罐过程中，若油温过高，元宝枫芽易烧焦变黑，色泽欠佳。油温过低，元宝枫芽有生味。

（5）成品：香味浓郁，颜色略微发黄，食盐含量不超过 7%。

小 结

槭树翅果是槭树加工利用的主要原料，翅果采收是槭树翅果加工利用的第一道工序。适宜的槭树翅果采收期因槭树种类及其所在生长地的物候期不同而异。一般采收翅果以晴天无风露水干后采收最佳。目前采收翅果的方法以人工为主，人工采收时为避免折断枝梢造成翌年减产常用细竹竿轻轻敲打果枝，使其掉落到树冠下铺设的塑料布上，除去杂质收集后摊晾干燥，入库贮藏。

采收的槭树翅果经风选机进行风选，除去所夹杂的树叶、细枝、干瘪粒和空壳；用筛选设备进行筛选，除去混入的铁钉、碎石、沙粒和泥块等，再用脱壳机将翅果分离果翅、种皮和种仁。种仁经破碎、榨坯、软化、蒸炒等处理后，可用机械压榨法、溶剂浸提法、索氏提取法、水代法、水酶法、超声波辅助提取法、超临界萃取法及亚临界萃取法等制取食用、医用和工业用油脂。果翅和种皮可通过破碎、浸提、蒸发、干燥等工艺提制医用和工业用缩合类单宁。

槭树种仁油的提取方法多样，其中，压榨法主要是通过外力的作用将油脂从油料中分离出来，压榨法根据压榨过程机械压力大小及压榨取油深度分为预榨和一次压榨；根据物料压榨前是否进行热处理分为冷榨和热榨。压榨法提取油脂适应性强，简单灵活，适用于多种油脂的提取，但是它也存在消耗动力大、油脂提取率低等缺点。浸提法是应用相似相溶原理，用一种或几种能溶解油脂的有机溶剂，通过接触油料，使油料中的油脂被提取出来的方法。溶剂浸提法有出油率高、适用大批量连续化生产的特点，但存在着溶剂易燃易爆及易残留等缺点。超声波辅助提取技术是利用超声波的空化和机械作用，破碎组织后加速细胞内物质的释放、扩散及溶解。与压榨法和浸提法相比，超声波辅助提取法具有缩短提取时间、提高出油效率、减少溶剂用量、保持油脂高营养价值等优点。水酶法是通过生物酶催化，分解原料组织，用水作为溶剂将油脂置换出来。水酶法制油操作方便，反应条件温和，蛋白质变性程度小，得到的油品质高，能耗也低，同时由于酶解法环境是水相，细胞中磷脂成分会扩散到水相中，避免了复杂的脱胶处理，简化生产工艺，发展前景良好。超临界流体萃取克服了高温油脂易氧化酸败、有溶剂残留、色泽不好等缺陷，同时保持较高的出油率，提升油品质。受设备比较复杂、操作烦琐、提取范围窄等因素限制，超临界流体萃取运行成本高，在实际生产中应用极其有限，传统的压榨法仍是目前油脂生产的主要方法。

元宝枫生物柴油是一种可再生的绿色柴油，对环境友好，有优良的环保特性，其含硫量低可使二氧化硫和硫化物的排放减少约 30%，且不含对环境造成污染的芳香烃；安全性能高，元宝枫生物柴油的燃点约为 180℃，远高于普通柴油的燃点（50℃），因此使用、运输、处理和储藏都更加安全；它的燃料性能佳，在所有燃油中，生物柴油的能量衡算最高。达到了 GB/T 20828—2007 国家标准。

槭叶富含 K、Na、Ca、Mg、P、S、Fe、Mn、Cu、Zn 矿质元素和蛋白质、氨基酸、单宁、SOD（超氧化物歧化酶）、维生素 E、黄酮、绿原酸等功能成分。槭叶经摊晾、杀青、揉捻、烘干制得的槭叶茶；槭叶经水浸提，包埋剂络合、真空冷冻干燥技术可制成速溶枫露茶。元宝枫叶茶及饮料加工工艺流程如下：鲜槭叶→萎凋→阴干→添加浸提水、包埋剂→浸提→过滤→滤汁预冻→真空冻干→包装→枫叶茶。槭叶→前处理→烘干→粉碎→水浸提→过滤→澄清→调配→杀菌→灌装→封口→包装→槭叶茶饮料；槭叶→清洗→摊晾→剪碎→杀青→揉捻→烘干→浸提→浓缩→净化→调配→杀菌→罐装→即饮型茶饮料。

芽苗菜是鲜嫩、短小，处于初生阶段的植物有机体，不但色泽美观、营养丰富、风味独特，而且清香脆嫩适口、易消化吸收，并具有抗疲劳、抗衰老、减肥、美容、防止便秘等多种医疗保健功能。选取种粒饱满、大小一致、完整无损、发芽率在 90% 以上的槭树种子在黑暗、透气、温度为 26～30℃ 环境生长条件下，经过选种→消毒→催芽→播种→采收→漂洗→沥干→包装等工艺流程可制成槭树芽菜。槭树芽菜经选别分级→清洗→修整→烫漂→冷却→热风干燥→回软→真空包装等工艺流程可制成芽菜干制品，或经过不同工艺处理，可分别制得脱水槭树芽菜、糖渍槭树芽菜、糖醋槭树芽菜、油汁槭树芽菜、槭树芽菜酱、槭树芽油罐头等富含营养、优质、无污染的保健绿色食品产品，具有良好的市场前景。

参 考 文 献

陈中, 芮汉明. 2005. 软饮料生产工艺学[M]. 广州: 华南理工大学出版社.

高文博. 2016. 超临界 CO_2 提取色木槭翅果油工艺优化及果粕综合利用研究[D]. 东北林业大学硕士学位论文.

郭树声. 2008. 芽菜苗菜生产技术[M]. 北京: 金盾出版社.

胡鹏. 2017. 元宝枫油的提取及其功能特性研究[D]. 上海交通大学博士学位论文.

李岱龙, 王鹏, 张伟, 刘敬斌, 李丽, 田业园. 2015. 元宝枫籽油精炼工艺探究[J]. 山东工业技术, (20): 9-10.

刘玉兰. 2006. 油脂制备工艺学[M]. 北京: 化学工业出版社.

彭英利, 马承愚. 2005. 超临界流体技术应用手册[M]. 北京: 化学工业出版社.

芮旭耀, 林艳平, 刘白璐, 徐静. 2021. 青竹复叶槭星天牛及腐烂病防控技术[J]. 河南林业科技, 41(2): 53-54.

沈国舫, 翟明普. 2011. 森林培育学 [M]. 第 2 版. 北京: 中国林业出版社

盛平想, 杨鹏辉. 1998. 元宝枫种子榨油试验初报[J]. 陕西林业科技, (1): 21.

史宣明, 陈燕, 张骊, 夏辉, 鲁海龙, 孟佳, 韩少威. 2013. 从元宝枫油中提取神经酸并制备生物柴油的技术研究[J]. 中国油脂, 38(2): 61-65.

王性炎. 2013. 中国元宝枫[M]. 杨凌: 西北农林科技大学出版社.

夏辉. 2010. 元宝枫叶茶饮料加工工艺研究[J]. 饮料工业, 13(7): 14-17.

徐丹. 2016. 水酶法提取元宝枫种仁油研究[D]. 西北农林科技大学硕士学位论文.

中华人民共和国国家质量监督检验检疫总局, 中国国家标准化管理委员会. 2015. 柴油机燃料调合用生物柴油(BD100): GB/T 20828—2015.

中华人民共和国国家质量监督检验检疫总局, 中国国家标准化管理委员会. 2015. 饮料通则: GB/T 10789—2015.

周红杰, 李亚莉. 2018. 制茶工艺[M]. 昆明: 云南科学技术出版社.

图 版

常 见 槭 树

青榨槭

茶条槭

三角枫

元宝枫

五角枫

森林资源

美 景 艺 术

园 林 绿 化

沧桑古树